内 容 简 介

多孔介质细观流动规律是多孔介质宏观流动特征的本质。本书从多孔介质基本属性和细观尺度流动的力学特性出发，深入揭示多孔介质中固-液界面微观力作用对流动的影响，建立了多孔介质细观流动理论及模拟方法。本书主要内容包括考虑固-液界面微观力作用下微可压缩流体的微圆管稳态流动、不稳定流动、两相流动，考虑固-液界面微观力作用下的毛细管束模型模拟多孔介质宏观流动规律、纳微米流体流动动力学数学模型和油水流动动力学机制，考虑分子间作用力、空间位形力、双电层效应的均匀和非匀相流体不可压缩流体流动规律，考虑微观力作用的微观网络数值模拟方法及室内实验模拟方法，结合油田实际储层模拟孔介质细观剩余油形成机制，并提出如何启动剩余油的方法等。

本书可供从事石油工程、渗流力学、流体力学、地下水和地热资源开发与利用、矿产资源开发与利用、化工、水利、能源与环境、材料科学与工程、生物学、医学、物理学及国防科学与技术应用等专业的高等学校师生、科研人员和工程技术人员参考使用。

图书在版编目（CIP）数据

多孔介质细观流动理论及模拟方法 / 朱维耀，王玉普，邓庆军著. —北京：科学出版社，2021.9

（油气藏渗流理论与开发技术系列）

ISBN 978-7-03-067132-5

Ⅰ. ①多… Ⅱ. ①朱… ②王… ③邓… Ⅲ. ①石油化工-多孔介质-流体输送-研究 Ⅳ. ①TQ022.1

中国版本图书馆CIP数据核字（2020）第239594号

责任编辑：万群霞　冯晓利 / 责任校对：彭珍珍
责任印制：赵　博 / 封面设计：无极书装

科学出版社 出版
北京东黄城根北街 16 号
邮政编码：100717
http://www.sciencep.com
北京建宏印刷有限公司印刷
科学出版社发行　各地新华书店经销
*
2021 年 9 月第 一 版　开本：720 × 1000 1/16
2025 年 2 月第四次印刷　印张：20 1/4
字数：408 000

定价：178.00 元

（如有印装质量问题，我社负责调换）

油气藏渗流理论与开发技术系

多孔介质细观流
理论及模拟方法

朱维耀　王玉普　邓庆军

科学出版

北　京

前　言

自1856年达西定律问世以来，多孔介质中流动的宏观理论得到了广泛的应用，已经渗透到许多领域，如油气藏开采、地下水和地热资源开发利用、化工、水利、能源与环境、生物医疗、植物、煤炭的开发利用等领域，并解决了许多工程领域的问题。但随着对客观物理问题认识的深入，以及多孔介质和流体的复杂性增加，许多多孔介质中的流动已表现为非线性流动特征，不再遵循达西定律(线性定律)，一定条件下，即使是牛顿流体也表现出非牛顿流体的非线性渗流特征，究其本质是多孔介质细观流动机制，多孔介质细观流动机制决定着多孔介质中的宏观流动规律。

虽然近年来人们开展了大量的数值岩心和微尺度效应方面的研究工作，但由于理论、方法和计算能力的限制，难以得出突破性的认识。在数值岩心研究方面，因为理论上仍采用纳维-斯托克斯(N-S)方程，孔隙作为网格节点，目前计算最大宏观尺寸仅为毫米级，难以给出多孔介质细观流动与宏观尺度流动间关系的规律性认识。在微尺度效应研究方面，随着低渗透、致密储层油水流动、微流控流体流动实验技术进步，启动压力梯度的存在得以证实，宏观规律实验及数学表达已给出明确结论，但其多孔介质中细观流动规律也尚无阐述，其存在的本质原因仍未给出。为此，迫切需要从细观流动角度开展系统研究，建立多孔介质细观流动理论模型、实验方法及数值模拟方法，阐明低速非线性渗流机理，揭示非线性渗流规律和影响因素，搞清多孔介质细观流动机制与宏观流动规律间的关系，形成多孔介质细观流动理论，从而为低速非线性渗流的工程开发问题提供理论基础和技术支撑。

本书是作者在跟踪国内外理论和技术研究的基础上，经过多年积累和创新，通过室内渗流物理模拟实验、理论方程建立、数值模拟计算和现场实际应用相结合的方法建立起理论及模拟方法，所取得的原创性成果。经过矿场应用和验证，取到了较好的效果。本书旨在反映流体力学、油气藏开发领域的新科技研究成果，解答现有渗流力学和油气田开发中诸多认识不清的问题。目前已出版的渗流理论、油气藏工程类专著涉及上述部分内容较少，因此希望本书能为流体力学、油气田开发及相关领域的科研人员和工程技术人员、大专院校师生在科学研究与工程技术的学习和应用中起到积极的作用，也希望对能源开发起到推动作用。

全书共14章：第1和第2章介绍多孔介质基本属性和多孔介质细观尺度流动的力学问题；第3和第4章介绍考虑固-液界面作用下微可压缩流体的微圆管稳态

流动规律、不稳定流动和两相流动分析；第 5 和第 6 章介绍毛细管束模型模拟多孔介质宏观流动规律和纳微米流体流动动力学数学模型；第 7～9 章重点介绍纳微米尺度油水流动动力学机制、考虑空间位形力的非匀相流体渗流规律和考虑双电层效应的不可压缩流体流动规律；第 10～12 章重点介绍考虑微观力作用的微观网络数值模拟方法及室内模拟方法；第 13 和第 14 章重点结合油藏储层实际，揭示多孔介质细观剩余油形成机制，进行系统的聚合物驱网络模型和数值模拟研究及应用。

本书是国家自然科学基金项目“考虑微观力作用的纳微米孔隙流动理论及模拟研究”（项目编号：51974013）、“多孔介质中细观剩余油成因与流动动力学机制研究”（项目编号：11372033）的部分研究成果，感谢国家自然科学基金委员会的支持；感谢第一著者的博士研究生王小锋、娄钰、张雪龄、马启鹏等为本书成果的研究做出的大量贡献，也感谢科研团队的同事对本书给予的支持和帮助。

由于时间仓促及作者水平有限，书中不妥之处在所难免，恳请读者批评指正。

作　者

2021 年 2 月 20 日

目　　录

前言
第1章　多孔介质基本属性……1
1.1　基本概念和定义……1
1.1.1　多孔介质……1
1.1.2　流体饱和度……3
1.1.3　浸润性……3
1.1.4　界面张力……4
1.1.5　毛细管压力……4
1.2　多孔介质的种类及特征……5
1.2.1　单重孔隙介质……5
1.2.2　裂隙介质……6
1.2.3　双重介质……6
1.2.4　多重介质……7
1.2.5　多孔介质的复杂性……7
1.3　多孔介质中流体的物理特性……8
1.3.1　与压力相关的气体物理特性……8
1.3.2　与压力相关的物理特性……8
1.3.3　与压力相关的水的物理特性……9
1.3.4　饱和多相流体岩石的渗流特性……9
1.3.5　非牛顿流体的物理性质……10
1.4　多孔介质的应用领域……11
1.4.1　地下水开发与利用……11
1.4.2　油气开发领域……12
1.4.3　化工领域……13
1.4.4　医学领域……14
1.4.5　生物体介质……14
第2章　多孔介质细观尺度流动的力学问题……16
2.1　不同尺度下的基本概念及定义……16
2.1.1　微观尺度……17
2.1.2　细观(介观)尺度……17

2.1.3 宏观尺度……18
2.2 细观尺度中流动的微观力类型及作用范围……18
2.2.1 微圆管内微观力类型及作用范围分析……18
2.2.2 微圆管界面与流体特性参数表征……25
第3章 考虑固-液界面作用下微可压缩流体的微圆管稳态流动规律……31
3.1 微可压缩流体在圆管内的流动规律……31
3.1.1 不可压缩牛顿流体在圆管内的流动规律……31
3.1.2 微可压缩牛顿流体的本构方程……33
3.1.3 微可压缩流体在圆管内的流动规律数学模型……34
3.1.4 正则摄动法求解非线性方程组……35
3.2 考虑固-液界面静电作用力下的微可压缩流体稳态流动规律……36
3.2.1 物理模型和数学模型……36
3.2.2 正则摄动法求解……41
3.2.3 结果与讨论……45
3.3 考虑固-液分子间作用力的纳微米圆管中流体的流动规律……46
3.3.1 物理模型和数学模型……46
3.3.2 正则摄动法求解……52
3.3.3 流动规律及影响因素……61
第4章 圆管中微可压缩流体的单相和两相不稳定流动分析……69
4.1 无限长圆管-单相微可压缩流体不稳定流动……69
4.2 有限长圆管-单相微可压缩流体不稳定流动……72
4.3 无限长圆管内有动界面的两相微可压缩流体不稳定流动……75
4.4 有限长圆管内有动界面的两相微可压缩流体不稳定流动……80
4.4.1 不考虑固-液界面作用力的两相流动……80
4.4.2 考虑固-液界面作用的微可压缩流体的水驱油两相圆管流动……83
第5章 毛细管束模型模拟多孔介质宏观流动规律……89
5.1 毛细管束模型……89
5.2 进出口端定压时的毛细管束模型……93
5.2.1 数学模型……93
5.2.2 数学拟合分析……95
5.3 进口端定流量出口端定压力时的毛细管束模型……98
5.3.1 数学模型……98
5.3.2 考虑固-液界面作用力的影响……101
5.3.3 数学拟合分析……102

第6章　纳微米流体流动动力学数学模型……105
6.1　纳微米单相流体流动动力学数学模型……105
6.1.1　纳微米管单相流动数学模型……105
6.1.2　纳微米管单相流体流动特性模拟分析……110
6.2　纳微米两相流体流动动力学数学模型……117
6.2.1　纳微米管两相流体流动数学模型……117
6.2.2　纳微米管两相流体流动影响因素模拟分析……121
第7章　纳微米尺度油水流动动力学机制……128
7.1　细观尺度油水动力学机制……128
7.1.1　微观剩余油主控因素动力学分析……128
7.1.2　油水分布状态与动力学分析……132
7.1.3　网络结构细观尺度油水流动规律……135
7.2　细观尺度油水动力学关系数学模型……136
7.2.1　网络结构油水动力学关系模型……136
7.2.2　网络结构细观尺度油水流动数值模拟方法……141
7.2.3　网络结构细观尺度油水动力学关系数值模拟……142
7.2.4　油水动力学特性影响因素研究……142
7.3　反映细观动力学特性的宏观渗流力学数学描述……149
7.3.1　细观与宏观尺度力学参数关系表征……149
7.3.2　宏观渗流力学数学描述方法……150
第8章　考虑空间位形力的非匀相流体渗流规律……152
8.1　考虑空间位形力的微圆管流动模型……152
8.1.1　不同形状颗粒通过圆柱形孔道……152
8.1.2　速度和流量模型……158
8.1.3　微圆管流动影响因素分析……160
8.2　考虑空间位形力作用微圆管两相流数学模型及影响因素分析……168
8.2.1　考虑空间位形力作用微圆管两相流体流动数学模型研究……168
8.2.2　微圆管两相流体流动影响因素模拟分析……169
8.3　微圆管流动规律特征实验验证渗流模型……174
8.3.1　纳微米聚合物颗粒的性质……174
8.3.2　实验流速与压力梯度的关系……176
第9章　考虑双电层效应的不可压缩流体流动规律……180
9.1　物理模型和数学模型……180
9.1.1　电势场方程……181
9.1.2　电场方程……183

9.1.3 流动控制方程……184
9.2 数值求解……185
9.2.1 计算方案……185
9.2.2 网格设计与边界处理方法……186
9.2.3 人工压缩算法求解……187
9.3 结果与讨论……190
9.3.1 电势分布……190
9.3.2 电荷密度和电场分布……191
9.3.3 考虑双电层效应的微圆管流体流动特性……192
第 10 章 考虑微观力作用的二维微观网络数值模拟……196
10.1 二维微观网络岩心网络模型模拟计算方法……196
10.1.1 考虑微观力作用的二维微观网络模型……196
10.1.2 水驱动态网络模型的计算流程……204
10.2 油水分布规律模拟动态显示……205
10.3 二维尺度剩余油成因微观力作用机理模拟研究……210
10.3.1 微观孔隙结构对剩余油分布影响分析……210
10.3.2 不同类型储层剩余油微观分布特征……228
10.3.3 不同类型储层剩余油成因微观力作用机制研究……236
第 11 章 考虑微观力作用的三维微观网络岩心仿真模拟……240
11.1 岩心三维微观网络模型构建……240
11.1.1 微 CT 扫描实验仪器及工作原理……241
11.1.2 微 CT 扫描构建三维数字岩心的过程……241
11.1.3 孔隙网络模型的提取……244
11.2 三维微观网络岩心水驱油网络模型建立……245
11.2.1 孔隙空间的描述……245
11.2.2 引流过程及毛细管力……247
11.2.3 渗吸过程及毛细管力……250
11.3 三维微观网络岩心网络模型模拟计算方法……254
11.3.1 饱和度的计算方法……254
11.3.2 渗透率的计算方法……255
11.3.3 传导率的计算方法……256
11.4 三维尺度剩余油成因微观力作用机理模拟研究……259
11.4.1 模拟参数……259
11.4.2 相对渗透率曲线……260
11.4.3 含水率曲线……261
11.4.4 采出程度曲线……262

第 12 章　微观网络仿真模拟与室内模拟验证及分析 …… 265
12.1　二维微观网络水驱模拟的实验模拟验证 …… 265
12.1.1　实验设计 …… 265
12.1.2　实验结果及分析 …… 269
12.1.3　剩余油分布与数值仿真模拟比对 …… 271
12.2　岩心水驱相对渗透率曲线规律影响分析 …… 273
12.2.1　实验原理 …… 273
12.2.2　实验方法 …… 273
12.2.3　岩心选取 …… 273
12.2.4　实验结果及分析 …… 274
12.3　三维网络模型仿真模拟的岩心水驱实验模拟验证 …… 275
12.3.1　模拟参数 …… 275
12.3.2　模拟结果和实验结果对比 …… 277
12.4　室内岩心水驱实验与三维网络模型仿真模拟结果对比分析 …… 278
第 13 章　多孔介质细观剩余油形成机制 …… 282
13.1　微观剩余油成因机理分析 …… 282
13.1.1　介质细观力作用与剩余油特征关系 …… 282
13.1.2　介质细观各种力的相互作用关系及对驱动影响 …… 291
13.2　不同类型微观剩余油启动条件 …… 297
13.2.1　调整驱动压力梯度 …… 297
13.2.2　调整驱替方向 …… 300
13.2.3　剩余油有效动用方法 …… 301
第 14 章　聚合物驱网络模型及数值模拟 …… 303
14.1　聚合物溶液黏度方程 …… 303
14.2　聚合物溶液二维动态网络模型及数值模拟 …… 304
14.3　聚合物溶液三维网络模型及数值模拟 …… 306
参考文献 …… 309

第1章 多孔介质基本属性

1.1 基本概念和定义

多孔介质是指由固体骨架和相互连通的孔隙、裂缝或各种类型的毛细管所组成的材料。多孔介质广泛存在于自然界、工程材料和生物体内，常见的多孔介质有土壤、孔隙或裂隙岩石、陶瓷、纤维聚合物、过滤纸、砂过滤器、金属泡沫及动物的脏器等。这些物体都具有若干可以把它们归结为多孔介质的共同特征：①孔隙中含有单相或多相物质(液相或气相物质等)；②多孔介质的每一单位体积内均有作为骨架的固体相物质，且具有较高的比表面积，多孔介质中的孔隙较小；③构成孔隙空间的某些孔洞应当是互相连通的，液体能在连通的孔隙中流动。流体通过多孔介质的流动称为渗流[1,2]。

1.1.1 多孔介质

1. 孔隙度

孔隙度是指岩石中孔隙体积(或岩石中未被固体物质填充的空间体积)与岩石总体积的比值[2]，其表达式为

$$\phi = \frac{V_p}{V_b} \times 100\% \tag{1-1}$$

式中，ϕ为孔隙度，%；V_b为储集层岩石的总体积，cm^3；V_p为孔隙体积，cm^3。

2. 渗透率

渗透率是由达西定律定义的，它是多孔介质的一个重要特性参数，表述了在一定流动驱动力推动下，流体通过多孔材料的难易程度[2]。它表达了多孔介质对流体的传输性能。渗透率值可由达西渗流定律来确定。

达西渗流定律[1]是法国水文工程师达西在1856年为解决城市供水问题而进行的未胶结砂水流渗滤试验时所得出的，可以用式(1-2)来表达：

$$u = -\frac{K}{\mu}\frac{\Delta P}{L} \tag{1-2}$$

则渗透率K的公式为

$$K = -u\mu \frac{L}{\Delta P} \tag{1-3}$$

式(1-2)和式(1-3)中，ΔP为流动方向上的压差，Pa；L为岩心长度，cm；μ为流体的黏度；u为流体在孔隙中的流速。物理系统的渗透率计量单位为 cm^2，而工程上常用D(达西)和mD(毫达西)表示，$1D=1000mD=1.02\times10^{-8}cm^2$。

渗透率可分如下三类。

(1)绝对渗透率。通常是以空气通过多孔介质测定的渗透率值，由实验确定。显然，孔隙大小及其分布对其具有决定性影响，因此又称为固有渗透率。

(2)相(有效)渗透率。相渗透率是指多相流体共存和流动时，其中某一相流体在多孔介质中通过能力的大小，称为该相流体的相渗透率或有效渗透率。例如，当研究含湿非饱和多孔介质时，流体为气液两相，则分别对应两个相渗透率，即气相渗透率K_g和液相渗透率K_l。

(3)相对渗透率。在实际应用中，为了应用方便(将渗透率无因次化)，也为了便于对比出各相流动阻力的比例大小，引入了相对渗透率的概念，即相渗透率与绝对渗透率的比值。

3. 比表面积

比表面积[2]定义为固体骨架总表面积与多孔介质总容积之比，即

$$S_p = \frac{A_s}{V_p} \tag{1-4}$$

式中，S_p为多孔体的比表面积，m^2/m^3或1/m；A_s为多孔体面积或多孔体孔隙的总表面积，m^2；V_p为多孔体外表体积，m^3。

多孔材料的比表面积定义也可以理解为多孔材料每单位总体积中的孔隙的隙间表面积。细颗粒物质的比表面显然要比粗粒物质的比表面积大得多，如砂岩(粒径为1～0.25mm)的比表面积小于$950cm^2/cm^3$；细砂岩(粒径为0.25～0.1mm)比表面积为$950\sim2300cm^2/cm^3$；泥砂岩(粒径为0.1～0.01mm)的比表面积大于$2300cm^2/cm^3$。很明显，细颗粒构成的材料将较粗颗粒材料将显示出更大的比表面积，即多孔体比表面积越大，其骨架的分散程度越大，颗粒越细。

4. 迂曲度

一般说来，多孔介质空隙连通通道是弯曲的。显然，其弯曲程度将对多孔介质中的传递过程产生影响。对多孔介质的这一结构性用迂曲度τ[1]表示为

$$\tau = \left(\frac{L}{L_e}\right)^2 \tag{1-5}$$

式中，L_e、L 分别为弯曲通道真实长度与连接弯曲通道两端的直线长度。按此定义，τ 必小于 1，但也有文献将其定义为

$$\tau' = \left(\frac{L_e}{L}\right)^2 \tag{1-6}$$

显然，此时 τ' 必大于 1。

1.1.2　流体饱和度

多孔材料中的孔隙，可以部分为液体占有，另一部分则为空气或其他蒸汽占有，或者由两种以上互不相溶液体共同占有。这样一来，每种流体所占据孔隙容积的多少，就成为多孔材料的一个重要特性参数。

在多孔材料中某特定流体所占孔隙容积的百分比，称之为流体饱和度 S_w [2]，即

$$S_w = \frac{V_w}{V_v} \times 100\% \tag{1-7}$$

式中，V_w 为流体所占据的多孔材料孔隙容积；V_v 为多孔材料孔隙总容积。

当多种流体共同占有多孔材料的孔隙时，有

$$\frac{1}{R_m} = \frac{1}{R_1} + \frac{1}{R_2} \tag{1-8}$$

式中，R_m 为整体孔隙半径，m；R_1 和 R_2 分别为流体 1 和流体 2 所占孔隙半径，m。

1.1.3　浸润性

在固体和两种流体(两种非互溶液体或液体与气体)的三相接触面上出现的流体浸润固体表面的一种物理性质。浸润现象是三相的表面分子层能量平衡的结果。表面层的能量通常用极性表示，浸润性也可用固体液体之间的极性差来表示。极性差越小，就越易浸润。例如，金属表面的极性较小，水的极性比油脂的极性大，金属表面往往容易被油湿而不易被水湿，因此可称金属具有亲油性或憎水性；玻璃和石英的表面极性较大，容易被水浸润而不易被油脂浸润，因此可称玻璃和石英具有亲水性或憎油性。

在一定条件下，浸润性与温度、压力等因素有关。流体的性质等因素也可能

影响固体表面的浸润性。例如，含有表面活性物质的流体与固体表面接触后，可能改变后者的浸润性。有些固体表面的浸润性呈现复杂的状态，例如，由于曾经与不同的液体接触，在同一块储油岩石上可能出现亲油表面和亲水表面同时存在的现象。

浸润性对多孔介质中流体运动的规律及有关的生产过程有重要影响。例如，储油岩石的浸润性不同，则渗流力学计算方法、油田开发原则和生产控制措施都不同。

1.1.4　界面张力

在油气层中，除各流体间如油-水、气-水、油-气的界面之外，还存在着流体与岩石各个界面上的界面张力，但因为固体表面张力很难测定，这里只讨论油层中流体的界面张力。油层中流体的界面张力直接影响到油层中流体在岩石表面上的分布、孔隙中毛细管力的大小和方向，因而也直接影响着流体的渗流，有关界面张力的研究对油气的开采、提高原油采收率都有极其重要的意义。

由于油层中流体组成的复杂性及流体所处的温度、压力条件不同，油层中流体界面张力的变化要比纯液体复杂得多，不同油气层的界面张力差别很大。

1. 油-气界面张力

先讨论石油-天然气界面上的表面张力的变化情况。油藏中的原油通常都含有一定数量的溶解气，此时油中溶解气量的大小对界面张力起着十分重要的作用。由于空气中 80%的气体是氮气，而氮气在油中的溶解度极低，因此，尽管压力增加到很高的数值，其表面张力减小仍然不大。对天然气而言，情况就不同。天然气中最多的是甲烷，尽管甲烷的饱和蒸汽压比其他的烷烃大，但比氮气却要小得多，比氮气更易溶于油中。其次天然气中并非只含甲烷，还含有乙烷、丙烷、丁烷等，这些烷烃的饱和蒸汽压比甲烷还要小得多，它们就更容易溶解于油中。这样不难看出，由于天然气比氮气易溶于油中，所以随着压力的增加，石油-天然气的表面张力降低较多。

2. 油-水界面张力

关于原油-地层水间的界面张力，目前多是在取得地下油、水样后，在地面模拟地下温度等条件下测定，但至今对准确测定在油层条件下的油-水界面张力的方法还需进一步完善。

1.1.5　毛细管压力

当两种互不相溶的流体相互接触时，它们各自的内部压力在接触面上存在着

不连续性，两压力之差称作毛细管压力 p_c[2]，其大小取决于分界面的曲率，即

$$p_c = \sigma_{12}\left(\frac{1}{r}+\frac{1}{r'}\right) \tag{1-9}$$

式中，σ_{12} 为互不相溶流体 1、2 之间的表面张力(又称表面张力系数)，它是形成交界面所需的比自由能；r、r' 为界面的两个主曲率半径。式(1-10)即为著名的拉普拉斯方程。对于一个由固体表面所构成的毛细管(或更一般地说，是一个围起来的固体表面)，其内部若有两种相互接触但互不相溶的流体 1 与流体 2，其接触界面切线与指向液体(流体 2)的固体表面切线的夹角称为接触角 θ，由式(1-10)确定：

$$\cos\theta = (\sigma_{s1}-\sigma_{s2})/\sigma_{12} \tag{1-10}$$

式中，σ_{s1}、σ_{s2} 分别为流体 1、流体 2 与固体界面上的表面张力。若 $\theta<\dfrac{\pi}{2}$ 则定义流体对固体润湿；若 $\theta>\dfrac{\pi}{2}$ 则流体对固体不润湿。

在流体互相驱替过程中，毛细管压力可以是驱动力，也可以是流动的阻力。浸润相在毛细管压力作用下，可以自发地驱替非浸润相，即渗吸作用。毛细管压力的存在影响多孔介质内的流体运动规律，因此，是多孔介质传热传质问题所必须考虑的，尤其是在含湿非饱和多孔介质中。毛细管压力与流体饱和度有紧密联系为

$$p_{nw}-p_w = p_c(S_w) \tag{1-11}$$

式中，p_{nw}、p_w 分别为非润湿和润湿流体侧压力；S_w 为润湿流体饱和度。式(1-11)表明，毛细管压力 p_c 是润湿流体饱和度的函数。

1.2　多孔介质的种类及特征

多孔介质是油气储集的场所和油气运移的通道。它有着极其复杂的内部空间结构和不规则的外部几何形状，它是渗流的前提条件，所以有必要对其进行了解。多孔介质有多种形式，若按其内部空间结构特点可分为三种介质，即单重孔隙介质、裂隙介质、双重介质和多重介质[2]。

1.2.1　单重孔隙介质

以固体颗粒为骨架，在颗粒之间形成连通的孔隙，即粒间孔隙。如砂岩、黏土都可以称为孔隙介质，其孔隙结构类型分类如下。

(1)粒间孔隙结构。这是碎屑岩的基本孔隙结构，但部分碳酸盐岩也具有这种孔隙内结构。这种结构是由大小和形状不同的颗粒组成，颗粒之间间隙又被胶结物填充。由于胶结不完全，在颗粒之间形成了粒间孔隙。这些粒间孔隙既是储油空间，又是油气渗流的通道。

对于单重孔隙介质粒间孔隙结构的储层岩石，早期是把它作为等直径的球体来研究，后来则把岩石的孔隙空间视为一束等直径的微细毛细管或变截面和弯曲的毛细管模型，近来又引入网络模型的概念去研究。

(2)纯裂缝结构。致密的碳酸盐岩基本上是不渗透的。在这种岩石中，如果产生微裂缝称为“纯裂缝结构”，这时储油气空间和油气渗流通道都是裂缝。裂缝的发育和延伸往往是不规则的，因此很难定量描述裂缝的形态。有时简化为一种理想的，垂直方格的裂缝网格，即裂缝将岩层分隔成许多方块。

1.2.2 裂隙介质

在地下水动力学中，把具有空隙的岩体称为多孔介质。根据岩体中空隙的类型，多孔介质可分为孔隙介质、裂隙介质和溶穴介质。含孔隙水的岩层，如砂岩或疏松砂岩等称为孔隙介质。含裂隙水的岩体，如裂隙发育的石英岩、花岗岩等称为裂隙介质。含溶穴水的岩体，如发育溶穴的石灰岩、白云岩等称为溶穴介质。广义上，溶穴介质也归属于裂隙介质。与孔隙介质相比，由于裂隙(溶穴)发育、分布的方向性和不均匀性，裂隙介质的渗透具有明显的各向异性和不均一性特点。

在裂隙介质中，一般固、液、气三相都可能存在。固相称为骨架；气相多为空气，主要存在于非饱和带中；液相或是地下水或是水与其他物质的混合物或是其他流体(如石油等)，地下水可能以吸附水、薄膜水、毛细管水和重力水等多种形式存在。

1.2.3 双重介质

双重介质是指具有裂缝和孔隙双重储油(气)和流油(气)的介质。一般情况下，裂缝所占的储集空间远远小于基岩的储集空间，因此裂缝的孔隙度就小于基岩的孔隙度，而裂缝的流油能力却大大高于基岩的流油能力，因此裂缝渗透率就大于基岩渗透率。其孔隙结构类型分类如下。

(1)裂缝-孔隙结构。该类型主要发育于石灰岩与白云岩中。这种孔隙结构是粒间孔隙介质又被裂缝分隔成多个块状单元，块状单元中的粒间孔隙是主要的储油气空间，而块状单元之间的裂缝是油气渗流的主要通道。也就是说在这种结构中，粒间孔隙有较大的孔隙度，但渗透率很小；相反，裂缝有很小的孔隙度，但具有较高的渗透率。由于两种并存的孔隙体系物理参数(孔隙度和渗透率)相差悬殊，所以形成了两个水力系统。因此，裂缝-孔隙结构的基本特点：双重孔隙度、双重渗透率和两个性质差异较大的水动力场。

(2)孔洞-孔隙结构。该类型主要发育于碳酸盐岩。它是在粒间孔隙的岩石中分布着大的洞穴，洞穴的尺寸超过毛细管大小，所以在这种孔隙结构中，两种不同孔隙服从两种不同范畴的流动规律。流体在粒间孔隙中的流动服从渗流规律，而在洞穴中的流动服从流体力学纳维-斯托克斯方程。因此洞穴-孔隙结构也是一种服从两种流体流动规律的双重孔隙介质。

1.2.4　多重介质

当多孔介质内兼有多种形态的微小孔隙时，称为多重介质。其孔隙结构类型分类如下。

(1)孔隙-微裂缝-大洞穴。由粒间孔隙、微裂缝再加上大洞穴构成。

(2)孔隙-微裂缝-大裂缝。这种系统为粒间孔隙、微裂缝、大裂缝三重孔隙并存的混合结构，特别发育于碳酸盐岩中。

1.2.5　多孔介质的复杂性

多孔介质的微观孔隙结构非常复杂且不规则，其孔隙结构具有不连续、非均质和复杂多变的结构特征。所谓的孔隙结构特征是指岩石所具有的孔隙和喉道的几何形状、大小、分布及其相互的连通关系等。大小不同、极其不规则的孔隙直接影响着岩石材料的物理、机械和化学特性等，如强度、弹性模量、扩散、渗透率、传导率、波速、颗粒表面吸附特性和岩石储层的储量等。定量研究和刻画多孔介质结构特征对很多工业工程系统是基础而又重要的。以石油勘探为例，储层岩石的孔隙结构直接影响石油采收率、流体湿润性和传热传质特性等。到目前为止，为了准确地描述孔隙结构及其对流体运动规律的影响，研究人员建立了多种研究方法，已经提出了三十多种特征参数。孔隙结构的研究方法主要分为两大类：室内实验方法和建立模型法。

室内实验方法是目前最主要也是应用最广泛的描述和评价岩石孔隙结构特征的方法，其主要是通过数理统计方法对孔隙结构进行研究。具体的实验方法：毛细管压力曲线法(半渗透隔板法、压汞法和离心机法等)、铸体薄片法、扫描电镜法、MRI 成像技术和 Micro-CT 扫描成像技术等。实验室方法的优点在于其对象直接明确，缺点是实验耗时、实验周期长、可重复性低的，而且其统计分析的是整体岩心的孔隙特性，而对于微观的孔隙结构它们却无能为力。孔隙的微观结构非常复杂且不规则的。欧式几何理论和传统的实验方法给出宏观孔隙的参数在此已不再适应，这就需要通过其他非物理实验的方法或手段来寻找能够量化描述微观孔隙结构复杂性和不规则性的特征参数。

建立模型法开辟了孔隙结构研究的新路子，其着眼于真实的孔隙结构空间，借助于体视学理论的图像处理方法，能够给出岩石的微观孔隙结构。物理模型法的研究思想是假设岩石孔隙为孤立的板状孔隙、球形孔隙和管状孔隙，通过数学推导的方法或制作真实物理模型如毛细管束模型来进行研究。模型大致有夹珠模型、毛细管网络模型、砂岩孔隙模型和孔隙网络模型，这四种微观模型各自具有不同的优点和缺点。由于孔隙网络模型能够比较真实地反映储层岩石的孔隙结构特征，近年来被广泛应用。自从 Fatt[3]首次提出孔隙网络模型并将其成功用于研究毛细管压力开始，其就在多孔介质的多相流体流动过程的模拟研究中得到了快速发展和广泛应用，构建出能够反映真实岩心孔隙结构的网络模型的技术和算法也日趋完善和走向成熟。

1.3 多孔介质中流体的物理特性

油气藏多孔介质中的流体是指存储与地下油藏和气藏中的石油、天然气和地层水，其特点是存于高温、高压地层状态下，特别是其中的石油溶解有大量的天然气，从而使处于地下多孔介质中的油气藏流体的物理性质预期在地面的性质有很大差别[2]。本节简单介绍流体在多孔介质中的物理特性。

1.3.1 与压力相关的气体物理特性

广义而言，天然气是指自然界中所有天然生成的气体，如干气、湿气、凝析气等气田气、油田伴生气和煤成气。也有人认为凡是从地下采出的可燃气体，统称为天然气。本书所讲的天然气是指从地下采出的、在常温常压下其相态为气态的烃类和少量非烃类气体组成的混合物，主要包括气田气和油田伴生气。

若要认识气田的勘探开发规律，了解其开发动态特征，就需要掌握气藏工程分析方法，而气体的物理化学性质及其关系是解决气藏工程问题的基本知识。处于地层压力、温度条件下的天然气，由于高压而呈压缩状态，当其采到地面条件时，其体积会发生膨胀，随之其高压物性也会不同。通常可用表征天然气压力、体积、温度(p、V、T)间关系的状态方程、天然气体积系数、压缩率等来描述地下与地面条件改变时，天然气体积所发生的变化。天然气的高压物性参数可以通过实验测定的方法得到，也可以通过天然气的化学组成计算得到。

1.3.2 与压力相关的物理特性

由于原油所处的地下条件和地面不同，致使地下原油在地下的高压和较高温度下具有某些特性，例如，地下原油一般溶有大量的气体；因溶有气体和温度高，使地下原油体积比地面体积大；地下原油更容易压缩；地下原油黏度比地面油黏度低等。

因此，当原油由地下采到地面时，原油会脱气，体积缩小，原油变稠。那么，用哪些参数来描述原油中分离出气量的多少？原油地下体积与地面体积间有什么关系？地下原油随着压力降低其体积变化率如何？高温高压下原油黏度怎样？在超深地层，流体又有什么特点？

原油的化学组成不同是使原油性质不同和产生各种变化的内因，压力和温度则是引起各种变化的外部条件，考虑和研究问题时一定要注意这一点。

1.3.3 与压力相关的水的物理特性

地层水是指油气层边部、底部、层间和层内的各种边水、底水、层间水及束缚水的总称。

油层内的这种含水区一般远比气顶区大，甚至比含油区大，因而作为驱油能量来说，底水或边水可能比气顶或溶解气的能量更大。地层水的压缩系数是其弹性能量大小的重要参数之一。地层水所具有的一些物理和化学性质，如黏度和洗油能力等，在一定程度上比气体作为驱油介质更好。因此，了解地层水的物理和化学性质，如压缩系数、黏度、相对密度、含盐量，以及气体在水中的溶解度等是非常重要的。

油气层内总是存在有束缚水，它多以毛细管滞水和薄膜滞水存在于含油岩石的孔道中。一般认为，束缚水的存在是由于石油运移至储油构造时，将原来存在于岩石孔隙中的地层水“顶替”出来，在这一顶替、置换过程中，原来存在于微毛细管孔道和部分毛细管孔道中的地层水及部分附着在岩石颗粒表面上的地层水往往未被石油驱出。而仍然存在于油层中含油部位与油气共存，成为共存水或称束缚水。

地下原油中溶气，是影响原油高压物性的主要因素；而地层水中溶盐，则是考虑地层水高压物性参数的主要出发点。

地层水中溶有大量盐类，而溶解的天然气很少，一般 10.0MPa 地层水中所溶解的气量也不超过 $1\sim2m^3/m^3$，因而溶解气对地层水性质的影响就降为很次要的地位，真正影响和控制地层水高压物性的是矿化度。

由于地层水与油、气同样是处于高压、高温条件，这使地层水在地下与在地面的溶解油气量、体积大小、弹性压缩性、黏度等均不相同，为此，也需要对地层水的体积系数、天然气的溶解度、水的压缩率、黏度等进行研究。这些参数，在油藏工程计算、数值模拟中同样不可缺少。

1.3.4 饱和多相流体岩石的渗流特性

岩石颗粒细、孔道小，使岩石具有巨大的比表面积；流体本身又是多组分的不稳定体系，在孔道中又有可能同时出现油、气、水三相，这种流体分散储集在岩石中会造成流体各相之间、流体与岩石颗粒之间存在着多种界面(气-固、气-液、液-液、固-液)。界面现象极为突出，表现出与界面现象有关的界面张力、吸附作用、润湿作用及毛细管现象、各种附加阻力效应等，对流体在岩石中的分布和流动会产生重大影响。

油藏在注水开发情况下，岩石孔隙内油、水共存，究竟是水附着到岩石表面把油吸起，还是水只能把孔隙中部的油挤出，这都根据岩石的润湿性而定。

岩石润湿性是岩石-流体综合特性。一般认为润湿性、毛细管压力特性属于岩石-流体静态特性，而相对渗透率则属于岩石-流体动态特性。但无论是静态、还是动态特性，均与流体(油、水)在岩石孔道内的微观分布和原始分布状态有关。

润湿性是研究外来工作液注入(或渗入)油层的基础，是岩石与流体间相互作用的重要特性。研究岩石的润湿性十分重要，它是和岩石孔、渗、饱、孔隙结构等同样重要的一个储层基本特性参数。特别是油田注水时，研究岩石的润湿性，对判断注入水是否能很好地润湿岩石表面，分析水驱油过程水洗油能力，选择提高采收率方法及进行油藏动态模拟试验等方面都具有十分重要的意义。

地层中流体流动的空间是一些弯弯曲曲、大小不等、彼此曲折相通的复杂小孔道，这些孔道可单独看成是变断面、表面粗糙的毛细管，而储层岩石则可看成为一个多维的相互连通的毛细管网络。由于流体渗流的基本空间是毛细管，因此研究油气水在毛细管中出现的特性就显得十分重要。

岩石的润湿性、各种界面阻力、孔隙结构等都会影响岩石中油水的流动能力。即在多相流体流动时，各相间会发生相互作用、干扰和影响。相对渗透率是岩石-流体间相互作用的动态特性参数，也是油藏开发计算中最重要的参数之一。

1.3.5 非牛顿流体的物理性质

非牛顿流体在工程和生活中十分常见，如含蜡原油、生物流体、乳浊液、高分子聚合物；建筑施工中的油漆、涂料等都属于典型的非牛顿流体。同时它还普遍存在于实际生产过程中，例如，聚合物的生产加工过程、聚合物表面活性剂溶液减阻过程，原油的输配过程等都会涉及非牛顿幂律流体的流动问题。非牛顿液体的渗流性质与牛顿液体相比有很大的不同，常常表现出复杂的性质，而且研究也比较困难，故目前有关的研究成果较少，尚未形成完整的理论体系。

物体受到外力作用时发生流动和变形的性质叫流变性。研究物体流变性的学科叫流变学。因为物体受到外力作用时都要发生流动和变形，所以流变学的观点认为世界上的物体都可以被统一看作是“流体”，即所谓“万物皆流”，只是其流动的速度不同而已。由此可见，流变现象也是一种力学现象。一般地说，全面描述物体运动规律的内容应包括两个方面：一是连续介质的运动方程；二是物体的流变状态方程，即本构方程(表示切应力和切速率关系的方程)。流变学所研究的是非牛顿流体的流动和变形，是全面的，重点是流变状态方程。而非牛顿流体力学所研究的是非牛顿流体的一般流动规律。

物体处于某一形态是指构成该物体的各个物理点在某一坐标中相对有一个确定的位置，换言之，即各个点之间有一定的结构形态。当物体发生流变现象时，构成该物体的材料中的各点会发生一确定的相对位移。变形是指该物体两个形态之间的变化，而这一变化的特性取决于构成该物体的材料的特征。

所谓非牛顿流体是相对牛顿流体而言的。符合牛顿内摩擦定律的液体叫作牛顿液体[2]，即

$$\tau = \mu\dot{\gamma} \tag{1-12}$$

式中，τ 为切应力，Pa；$\dot{\gamma}$ 为剪切速率或速度梯度，1/s。不符合上述定律的液体称为非牛顿液体。

在温度一定的条件下，对于牛顿液体，其黏度为常数，不随剪切速率的改变而改变，而非牛顿液体与牛顿液体在宏观上表现出来的明显差异是在不同的剪切速率下，其黏度不是常数。这一特性主要是由非牛顿液体的分子结构特点所决定的。

广义上说，非牛顿液体包括两大类：一是纯黏性的非牛顿液体；二是黏弹性的非牛顿液体。

流变性不受弹性影响的非牛顿液体叫纯黏性非牛顿液体，即狭义上的非牛顿液体。根据其流变特性又可分为两类：一类是流变性与剪切速度有关的非牛顿液体；另一类是不仅与剪切速度有关，而且与时间有关的非牛顿液体。

一般认为，自然界中的物质按状态划分可分为两大类：一类是具有黏性的流体；另一类是具有弹性的固体。流变学的研究结果表明，自然界中还存在一大类介于所谓流体和固体之间的物质，这就是黏弹体。它们既有流体的黏性特性，同时又具有固体的弹性特性(即拉伸和压缩)，这种特性叫黏弹性。

1.4　多孔介质的应用领域

多孔介质在地下水利用、油气田开发、冶金、化工、生物工程、水利、交通、环境保护等各行各业中应用广泛。

1.4.1　地下水开发与利用

地下水是我国宝贵的水资源，也是人们赖以生存和社会经济发展不可缺少的重要基础。地下水是岩土空隙中的水，是自然水循环系统中的一部分。地下水既影响人类的活动，也被人类活动所影响。地下水与人类活动相互作用的问题有很多，如地下水资源开发、地热开发、岩土与地下工程降水、地下结构防水、废物

地质处置、地下水污染控制与治理、能源地下储存等[4]。

地下水渗流主要是指地下水在地下多孔介质中的流动。孔隙岩土属典型的多孔介质，岩溶含水介质是一种相当复杂或不够典型的多孔介质，裂隙岩土则介于两者之间。地下水的渗流取决于地下水的特性及多孔介质的性质。影响地下水运移的多孔介质性质主要是地层的颗粒分布、空隙大小、连通性、可压缩性等。赋存于多孔介质中的地下流体，不管是单相流体还是多相流体，在流体势的作用下从高势向低势发生运动，均构成统一的水动力学系统。多孔介质的空间分布及结构，控制着地下流体渗流的区域及渗流特征。含水层系统(含水系统)控制着地下水分布及地下水的运动特征，储油层制约着油田中油、气、水的分布及渗流。

自然界中的岩层按其透水性能可分为透水层与隔水层。在寻常条件下能普遍透水的岩层便是透水层，如各种砂土、砾石及裂隙、溶穴发育较好的岩层。相反，在寻常条件下不能透水或只能透过数量很少水的岩层则属隔水层，如黏土、页岩、片岩。位于地下水面之下的透水层经常为地下水所饱和，称之为含水层。隔水层并不等于其中不含水，而是因为其空隙小，它所含的水绝大部分是属于不受重力作用影响的结合水；含水层因其空隙较大，它所含的水主要是重力水，因而它不仅饱含水，而且在重力作用下水能在其中运动。

自然界中还存在一些介于含水与隔水之间的过渡类型的岩层，例如，松散岩层中含砂的黏性土，固结岩石中的砂质页岩、泥质粉砂岩(裂隙一般密而细)等，这些岩石空隙中的水往往处在结合水向重力水过渡的状态，故在寻常条件下这类岩层能给出和透过少量的水，但在一定的水头差作用下，给出和透过的水量便显著增加。这种岩层的水文地质意义具有明显的相对性，如果它和强透水岩层组合在一起，能起到一定的隔水作用，相反，如果周围是透水性更差的岩层，则相对而言它就是含水层。

在判断一个岩层能否起隔水作用时，不能单纯从岩性考虑，必然结合其厚度、分布、实际承受的水头及其所处的构造部位综合考虑。例如，黏土一般条件下不能透水，但当水头差达到足以克服其中结合水的抗剪强度时，结合水便产生移动而起到透水作用，在该情况下的黏土就不能称为隔水层。这说明含水层和隔水层在一定的压力条件下可以相互转化。岩性相同的隔水层，如果厚度越大，分布越稳定，则它抗御水头差作用的能力便越强，隔水性能越好。

1.4.2 油气开发领域

石油及天然气是当今世界各国必不可少的主要能源和物资，其开发和合理利用受到各国的普遍重视。但是要研究油气就必须研究其居留于地下的空间，即油气储集层(简称储层)。油气是储存于地下深处的储油气层中，研究储层就必须研究储层岩石骨架、储存于骨架孔隙中的流体(油、气和水)及流体在孔隙中的渗流机理三个部分[1]。

石油与天然气储层是指埋藏在地下深处的多孔岩层，地下多孔岩层的储集空间结构、性质等特征决定了油气的赋存特点、油气储量与储量丰度、油气井产能及油气资源开发的难易程度和开发效果。研究和掌握油气储层的物理性质是认识储层、评价储层、保护和改造储层的基础，是从事油气勘探、钻井、开发与开采及提高油气采收率等工作所必须掌握的基础知识。

沉积岩储集层是地下石油与天然气的主要储层，世界上已发现 99%以上的油气储量集中在沉积岩储集层中，而沉积岩储集层中又以碎屑岩和碳酸盐岩储集层为主。碎屑岩储集层是世界含油气区的主要储集层，它具有分布广、物性好的特点。碎屑岩储集层包括各种类型砂岩、砾岩、砂砾岩、泥岩，以及没有或胶结很松散的砂层。其中，中、细砂岩和粉砂岩储集层分布最广。碳酸盐岩储集层也是重要的油气储集层。根据全球资料统计，约有一半的世界油气储量存在于碳酸盐岩储集层中，达到世界油总产量的 60%以上，可谓"半壁河山"。世界上有 9 口日产量曾达万吨以上的高产井，其中 8 口井产自碳酸盐岩储集层。以产油著称的波斯湾盆地是世界碳酸盐岩油田分布最集中的地区。四川气田储集层基本上都属碳酸盐岩类型，其中川南自流井气田已有 2000 多年的勘探和开发历史；在油田方面，我国继川中大安寨碳酸盐岩油田发现之后，在河北任丘等地发现了古潜山油田，在塔里木盆地发现了塔河油田。

1.4.3　化工领域

多孔介质在化工领域的应用也相当广泛。活性炭、催化剂等都属于多孔介质。活性炭[5]是由石墨微晶、单一平面网状碳和无定形碳三部分组成，其中石墨微晶是构成活性炭的主体部分。活性炭的微晶结构不同于石墨的微晶结构，其微晶结构的层间距在 0.34～0.35nm，间隙大。即使温度高达 2000℃以上也难以转化为石墨，这种微晶结构称为非石墨微晶，绝大部分活性炭属于非石墨结构。石墨型结构的微晶排列较有规则，可经处理后转化为石墨。非石墨状微晶结构使活性炭具有发达的孔隙结构，其孔隙结构可由孔径分布表征。活性炭的孔径分布范围很宽，从小于 1nm 到数千纳米。有学者提出将活性炭的孔径分为三类：孔径小于 2nm 的为微孔，孔径在 2～50nm 的为中孔，孔径大于 50nm 的为大孔。活性炭中的微孔比表面积占活性炭比表面积的 95%以上，在很大程度上决定了活性炭的吸附容量。中孔比表面积占活性炭比表面积的 5%左右，是不能进入微孔的较大分子的吸附位，在较高的相对压力下产生毛细管凝聚。大孔比表面积一般不超过 $0.5m^2/g$，仅仅是吸附质分子到达微孔和中孔的通道，对吸附过程影响不大。

在催化剂工业中大量生产的是固体催化剂。这些催化剂不仅要求具有一定化学组成和杂质限度，还要求具有一定形状、颗粒大小、强度、比表面积和孔径等，以保证一定的催化活性、催化剂选择性和催化剂寿命，所以催化剂属于精细化工产品。催化剂种类繁多，主要有金属催化剂、金属氧化物催化剂、硫化物催化剂、酸碱催化剂、络合催化剂和生物催化剂等，其制造方法各异。催化剂工业中的主要产品种类有：石油炼制催化剂、石油化工催化剂(包括高分子合成中用的聚合催化剂)、无机化工催化剂(主要是制造氮肥和硫酸的催化剂)和环境保护催化剂等。

1.4.4 医学领域

多孔介质在医学领域的应用主要是过滤器和多孔材料[6]。过滤器是输送介质管道上不可缺少的一种装置，通常安装在减压阀、泄压阀、定水位阀，过滤器及设备的进口端。过滤器由筒体、不锈钢滤网、排污部分、传动装置及电气控制部分组成。待处理的水经过过滤器滤网的滤筒后，其杂质被阻挡，当需要清洗时，只要将可拆卸的滤筒取出，处理后重新装入即可，因此，使用维护极为方便。按照过滤介质分为空气过滤器、液体过滤器、网络过滤器和光线过滤器。

多孔材料普遍存在于我们的周围并广泛出现在我们的日常生活中，起着结构、缓冲、减震、隔热、消音和过滤等方方面面的作用。高孔率固体刚性高而且体积密度低，故天然多孔间体往往作为结构体，如木材和骨骼；而人类对多孔材料的使用，除了结构方面之外，更多的是功能方面的用途，而且开发了许多功能与结构一体化的应用。

顾名思义，多孔材料是一类包含大量孔隙的材料。这种多孔固体主要由形成材料本身基本构架的连续固相和形成孔隙的流体相组成，其中流体相又可能随孔隙中所含介质的不同而出现两种情况，即介质为气体的气相和介质为液体的液相。但并不是含有孔隙的材料就能称之为多孔材料。例如，在材料使用过程中经常遇到的孔洞、裂隙等以缺陷形式存在的孔隙，这些孔隙的出现会降低材料的使用性能，因而这些材料就不能叫作多孔材料。所谓多孔材料，必须具备如下两个要素：一是材料中包含有大量的孔隙；二是所含孔隙被用来满足某种或某些设计要求以达到所期待的使用性能指标。可见，多孔材料中的孔隙是设计者和使用者所希望出现的功能相，它们为材料的性能提供优化作用。

1.4.5 生物体介质

多孔介质在生物体介质的应用主要是微流控技术。微流控指的是使用微管道(尺寸为数十到数百微米)处理或操纵微小流体的系统所涉及的科学和技术，是一门涉及化学、流体物理、微电子、新材料、生物学和生物医学工程的新兴交叉学科[7]。因为具有微型化、集成化等特征，微流控装置通常被称为微流控芯片，也被称为芯片实验室和微观分析系统。微流控的早期概念可以追溯到 19 世纪 70 年代采用光刻技术在硅片上制作的气相色谱仪，而后又发展为微流控毛细管电泳仪和微反应器等。微流控的重要特征之一是微尺度环境下具有独特的流体性质，如层流和液滴等。借助这些独特的流体现象，微流控可以实现一系列常规方法所难以完成的微加工和微操作。目前，微流控被认为在生物医学研究中具有巨大的发展潜力和广泛的应用前景。这种势头在一定程度上归功于利用聚二甲基硅氧烷(polydimethylsiloxane，PDMS)通过软光刻方式制作芯片的方法的开发。

在微流控技术蓬勃发展的情况下，传统生物学技术也找到了新的发展方向，通过与微流控技术的结合，体外模拟生物组织体内的微尺度血管网络中的血液流动的前景，终于变得十分光明。现在，微尺度加工工艺、技术发展的相当成熟可靠，各种微米量级的微尺度管道都可以以相对低廉的价格和简便的工艺进行加工，并且能按照不同的需求，自由的设计各种管道结构。而引起微流控芯片风潮的功臣之一——PDMS，由于有良好的生物亲和性，在研究血管生成与生物细胞流动特性体外实验方面得到了广泛的关注和应用。

第 2 章　多孔介质细观尺度流动的力学问题

2.1　不同尺度下的基本概念及定义

细观力学是 20 世纪 30 年代萌生的一个固体力学的分支，20 世纪 50 年代，钱学森第一次阐述“细观力学”的概念。在水文地质工程地质领域，“介观”被“细观”取代，主要是指裂隙网络或孔隙结构等岩石结构特征，这种特征一般肉眼难以观察，但是可以借助室内试验使其呈现宏观特征。在细观层面上，岩石内部的孔隙或裂隙水流动可能就像是一个奇形怪状布满管道的大屋子，我们的视野是整个屋子，内部水的流动是不符合宏观的渗流规律的，甚至有点倾向于管流[8]。对于微观、细观(介观)、宏观三种出现在科学研究领域中的物质的理解的存在状态，其研究对象大小数量级的差别直接导致了它们的理论基础和适用范围有很大的差别，宏观认为材料满足连续介质，如石油工程研究中的微观-细观-宏观尺度流动范围分布(图 2-1)。

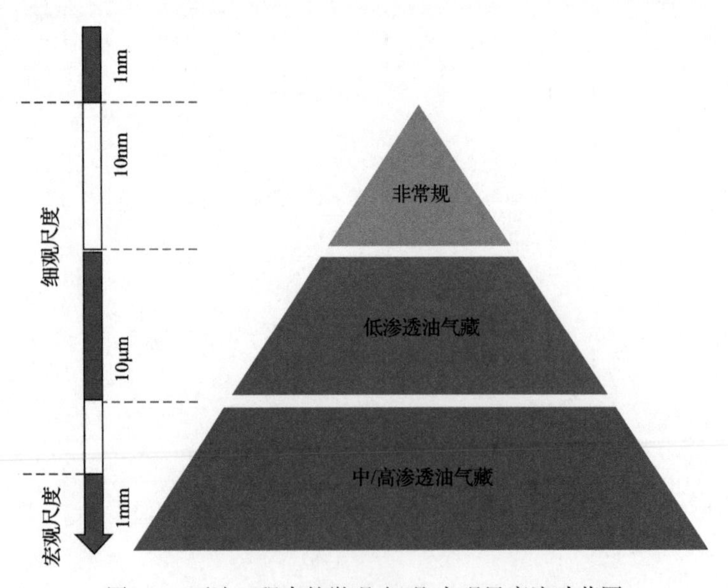

图 2-1　石油工程中的微观-细观-宏观尺度流动范围

有很多学者致力于微尺度效应的机理研究，对其产生原因，主要有以下几方面的解释：固-液界面作用、粗糙度、可压缩性和表观黏度等，他们达成了一个共同认识，即壁面和液体之间的相互作用是纳微米尺度下流体流动最主要的附加阻力。这是由于纳微米尺度下，固-液界面作用力的范围相对于流动通道的尺度的比例变大，不能简单忽略为边界层来处理，固-液界面作用力对纳微米尺度流动的影响远远大于对宏观尺度流动的影响。

2.1.1　微观尺度

微观(microscopic)在物理学和化学中的含义是指原子和小分子的尺度，即纳米的尺度。微观尺度(microscale)指的是物体或事件的尺度小于能够被肉眼观看的尺度，因此需要使用放大镜或显微镜来进行清楚地观察。在物理学里，微观系统的尺度大约为原子尺度或小于原子尺度(大约 10Å)。粒子自然科学中一般指空间线度小于 10^{-9}～10^{-8}m 的物质系统。这个尺度可用扫描隧道显微镜(STM)、原子力显微镜(AFM)等来观察。因为它的特征是量子状态和经典状态的交叉和混合，因而赋予纳米分子、纳米材料、纳米器件等许多特异的性质和功能，有广阔的应用前景。在这个尺度范围，主要作用力是万有引力、电磁作用力及由表面张力、平均自由途径等引起的效应，主要学科是纳米科学和纳米技术。在纳米科学领域，量子力学和经典力学同时起作用，在理论探讨上有特殊难度，包括分子、原子、原子核、基本粒子及与之相应的场。基本粒子也有其内部结构。量子力学所研究的就是微观世界的物理行为。到目前为止，对微成形中的尺度效应的定义还并不十分明确完整，概括地讲，所谓的尺度效应就是指在微成形过程中由于制品整体或局部尺寸的微小化引起的成形机理及材料变形规律表现出不同于传统成形过程的现象。究其原因，目前的理解是，与宏观成形相比，微成形制品的几何尺寸和相关的工艺参数可以按比例缩小，但仍然有一些参数是保持不变的，如材料微观晶粒度及表面粗糙度等，从而引起材料的成形性能、变形规律及摩擦等表现出特殊的变化。在微观层面上对孔隙或裂隙内部特征的研究往往针对的是单个孔隙或裂隙管道的，比如研究孔喉半径、孔喉形状和颗粒表面形态等特征，这种情况下的流动可能已经完全可以按管流考虑。

2.1.2　细观(介观)尺度

细观尺度(mesoscopic scale)，又称介观，就是指介于宏观和微观之间的尺度；一般认为它的尺度在1nm到1mm之间(有的学者认为其特征尺度为10^{-9}～10^{-7}m)。物体的尺寸具有宏观大小，但原来认为只能在微观世界中才能观察到的许多物理现象，研究内容：①细观力学方法论。主要探讨各个细观尺度之间、宏观与细观之间力学量的转化规律，如自洽理论、随机夹杂理论、分形理论、重整化群理论等。②细观塑性理论。从位错、滑移、单晶和多晶不同层次探讨塑性变形的物理规律。③细观损伤力学。从孔洞、微裂纹、局部化带、界面失效等细观损伤基元出发定量地刻画固体破坏行为的孕育和发展过程。④材料细观力学。具体结合材料构造来定量表述金属、陶瓷、高分子、岩土、生物材料和复合材料的力学行为，寻求材料与高新技术微结构的硬化与韧化机制，也包括对功能电子材料在电子学、磁学和力学耦合意义上的失效力学和可靠性研究。⑤细观计算力学。将细观力学的算法引入细观分析构型，并发展适宜各种典型细观结构的专用算法和表达宏细观结合的统计型计算方法。⑥细观实验力学。它发展具有高分辨率的力学量测方法和对材料内部细观形变、损伤、断裂过程的非破坏式测量技术。固体力学的分支，用连续介质力学方法分析具有细观结构(即在光学或常规电子显微镜下可见的材料细微结构)的材料的力学问题。

2.1.3 宏观尺度

宏观(macroscopic)是指人眼能够直接观察到的尺度，大致从 0.1mm 到 1km。在这个尺度范围，主要作用力也是万有引力和电磁作用力，主要学科是经典力学、经典物理学、经典化学、经典生物学、工程科学、技术科学等。通常被认为是宏观的长度尺度，大致在 1mm 至 1km。宏观体系的特点是物理量具有自平均性，即可以把宏观物体看成是由许多的小块组成，每一小块是统计独立的，整个宏观物体所表现出来的性质是各小块的平均值，如果减小宏观物体的尺寸，只要还是足够大，测量的物理量和系统的平均值的差别就很小。宏观上而言，水文地质中的渗流特征是符合达西定律的，达西定律也是一种宏观的、整体的表现形式，但是再延伸至细观-微观层面可能不合适。

2.2 细观尺度中流动的微观力类型及作用范围

2.2.1 微圆管内微观力类型及作用范围分析

多孔介质储层孔隙喉道半径细微，孔喉通道的比表面积大，使分子尺度的微观力相对增大，固-液之间的界面作用增强，对流体的流动规律产生重要影响。这些微观力主要有分子间作用力、表面张力、静电力和空间位形力等。

1. 分子间作用力

分子间作用力，又称范德瓦耳斯力(van der Waals force)，是存在于分子与分子之间或高分子化合物分子内官能团之间的一种弱的作用力[9]。

分子中含有正电荷部分(各原子核)和负电荷部分(电子)，例如，氢分子的正电荷分布在两个氢原子核上，负电荷分布于两个电子(共用电子对)上。对于一个分子，可以取一个正电中心和一个负电中心，偶极矩就是指分子正电中心或负电中心上的电量与两个中心之间距离所得的乘积。偶极距一般用μ来表示：

$$\mu = qx \tag{2-1}$$

式中，q为正、负电荷中心所带的电荷量，C；x为正、负电荷中心间的距离，m。

偶极矩是矢量，有方向性，偶极距的方向由正电中心指向负电中心。由于氢分子正电中心和负电中心之间的距离为零，因而偶极矩为零，把这种偶极矩为零的分子称为非极性分子；把正电中心和负电中心不重合，二者间有一定距离的分子称极性分子，极性分子的偶极矩不等于零，水分子就是典型的极性分子。

物质分子总是处于不停的运动之中，其中原子与原子间的距离，还有电子的分布随时间不停地发生变化，然而这种变化是有规律的，正是由于这种规律，才出现了某一瞬间的分子构型。分子以原子核为骨架，电子受着原子核骨架吸引发生运动，这种运动又反过来影响原子核骨架的构型。当一个分子受另一个分子的电子或原子核作用时，它的电子运动状态和原子核骨架就会发生变化，这种变化导致分子的正负电荷中心发生变化，从而引起分子极性的变化。分子的正负电中心分化过程叫极化，如图 2-2 所示。极化率由实验测出，它反映了物质在外电场(包括其他分子)作用下分子变形性质。

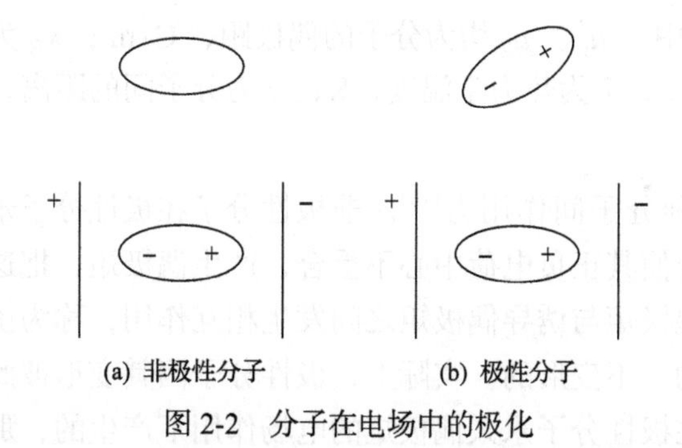

图 2-2　分子在电场中的极化

分子的变形与分子的大小有关，一般情况下，分子越大，包含的电子越多，有一些电子受核吸引小，外电场对这些电子的影响较大，分子变形也较大。由于极化作用，非极性分子也可显示出极性，在极化状态下，由非极性分子变为极性分子。极性分子被极化，极性会进一步增加。

分子间作用力包括三个部分，即取向力、诱导力和色散力[10]。

1)取向力

当两个极性分子(如水分子)靠近时，发生同极相斥，异极相吸的现象，因而导致两分子的方向发生变化，形成如图 2-3 所示的结果，把这种极性分子因取向而产生分子间吸引作用称作取向力。取向力发生在极性分子与极性分子之间[10]。

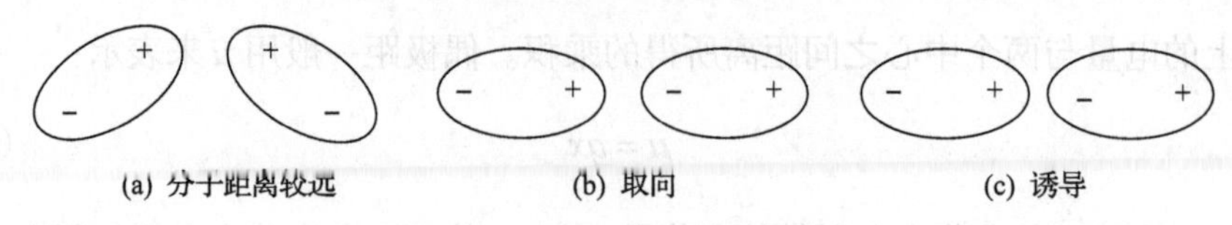

图 2-3 极性分子间的相互作用

取向力的强弱除了与分子间距离有关外，还取决于极性分子之间的偶极矩，偶极矩越大，取向力越大。水分子的极性是很强的，其取向力占据决定性的地位。

不同类分子间的取向力为

$$V_{\mathrm{k}}=-\frac{2}{3}\frac{\mu_1^2\mu_2^2}{kTx^6} \tag{2-2}$$

对于同类分子，即 $\mu_1=\mu_2$，则有

$$V_{\mathrm{k}}=-\frac{2}{3}\frac{\mu^4}{k_{\mathrm{B}}Tx^6} \tag{2-3}$$

式(2-2)和式(2-3)中，μ_1、μ_2 均为分子的偶极距，C·m；k_{B} 为玻尔兹曼常数，$k=1.38\times10^{-23}\,\mathrm{J/K}$；$T$ 为热力学温度，K；x 为分子间的距离，m。

2) 诱导力

诱导力是一种分子间作用力[10]。非极性分子在极性分子永久偶极矩的电场作用下，因变形会使其正负电荷中心不重合，产生偶极矩，把这种偶极矩称为诱导偶极矩。永久偶极矩与诱导偶极矩之间发生相互作用，称为诱导力。诱导力将分子看成是刚性的，不变形的。实际上，极性分子因其变形彼此之间同样存在诱导力。诱导力是在极性分子永久偶极矩的电场作用下产生的，那么永久偶极矩的电场强度显然是影响诱导作用的重要因素。诱导作用能一般包括两个部分：一是指在永久偶极矩电场作用下诱导产生偶极矩所做的功；二是诱导偶极矩电场与永久偶极矩电场之间相互作用能。永久偶极矩在其周围形成电场，处于其中的电荷将受到电场力作用。

不同类分子间的诱导相互作用能：

$$V_{\mathrm{D}}=-\frac{\alpha_1\mu_2^2+\alpha_2\mu_1^2}{x^6} \tag{2-4}$$

对于同种分子，式(2-4)化简为

$$V_{\mathrm{D}}=-\frac{2\alpha\mu^2}{x^6} \tag{2-5}$$

式(2-4)和式(2-5)中，α_1、α_2 为分子 1 和分子 2 的极化率；α 为分子的极化率。

3) 色散力

取向力和诱导力要求相互作用的分子对中至少有一个是极性分子，对于两个都是非极性分子的情况，通过取向力和诱导力无法解释其间的相互作用。但是非极性分子之间同样存在相互作用，且并不比极性分子间的相互作用小。原子中的电子总是在不停地运动，将原子核与电子之间的相互振动看成折合质量为 m(近似等于电子质量)的单质点在平衡位置附近做简谐振动，尽管平均偶极矩可以为零，但偶极矩的瞬间值总是不等于零，即某一瞬间由于原子核与电子的运动，正负电荷中心是不重合的，原子是“极性”的。这种瞬间偶极矩可视为振动偶极子。振动偶极子间的相互作用，导致零点能的降低，表现为相互吸引，这种作用成为色散力[11]。

对于同类分子：

$$V_{\mathrm{L}}=-\frac{3h\nu\alpha^2}{4x^6} \tag{2-6}$$

式中，ν 为分子的独立特征振动频率；h 为普朗克常数，$h=6.62\times10^{-34}\,\mathrm{J\cdot s}$。

对于不同类分子：

$$V_{\mathrm{L}}=-\frac{3h}{2x^6}\frac{\nu_1\nu_2}{\nu_1+\nu_2}\alpha_1\alpha_2 \tag{2-7}$$

式中，ν_1 和 ν_2 分别为分子 1 和分子 2 的振动频率。

取向力、诱导力和色散力相互作用之和构成分子间作用力，即范德瓦耳斯力，对于同类的两个分子之间，如图 2-4 所示，分子间作用力的表达式为

1　1

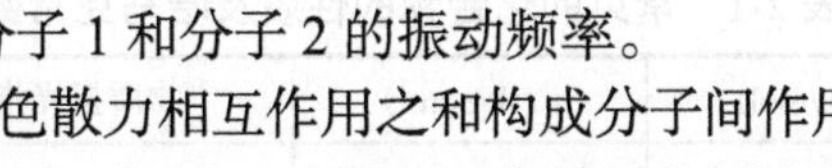

图 2-4　同类分子之间作用示意图

$$V=V_{\mathrm{k}}+V_{\mathrm{D}}+V_{\mathrm{L}}=-\left(\frac{2}{3}\frac{\mu^4}{kT}+2\alpha\mu^2+\frac{3h}{2}\nu\alpha^2\right)\frac{1}{x^6} \tag{2-8}$$

对于不同类的两个分子，如图 2-5 所示，分子间作用力的表达式为

图 2-5 不同类分子之间作用示意图

$$V = V_{\mathrm{k}} + V_{\mathrm{D}} + V_{\mathrm{L}} = -\left(\frac{2}{3}\frac{\mu_1^2\mu_2^2}{kT} + \alpha_1\mu_2^2 + \alpha_2\mu_1^2 + \frac{3h}{2}\frac{\nu_1\nu_2}{\nu_1+\nu_2}\alpha_1\alpha_2\right)\frac{1}{x^6} \tag{2-9}$$

以上描述的是两个分子之间的作用力，属于短程力。大量分子之间叠加作用的分子间作用力属于长程力。例如，对于一个半径为 R 的粒子体和一个固体平板之间的分子间作用力作用，如图 2-6 所示，由界面化学 DLVO (Derjaguin-Landau-Verdau-Overbeek) 理论可知，其表达式为

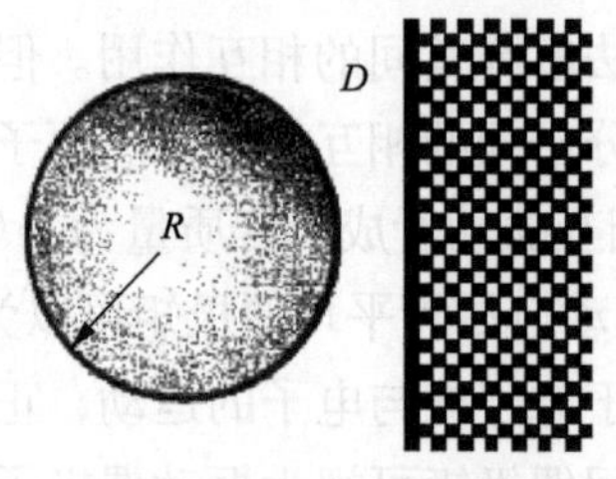

图 2-6 长程分子间作用力作用示意图

$$V = -\frac{AR}{D} \tag{2-10}$$

$$\beta = \frac{2}{3}\frac{\mu^4}{kT} + 2\alpha\mu^2 + \frac{3h}{2}\nu\alpha^2 \tag{2-11}$$

式(2-10)和式(2-11)中，A为物质的哈马克常数，被定义为 $A=\left(\frac{\pi\rho N_{\mathrm{A}}}{M}\right)^2\beta$（$\rho$为物质密度，$\mathrm{kg/m^3}$；$N_{\mathrm{A}}$ 为阿伏加德罗常数，$N_{\mathrm{A}}=6.02\times10^{23}$；$M$ 为物质的摩尔质量，g/mol；D 为粒子体与平板之间的距离，m），其中，常见化合物的相关参数如表 2-1 所示。

表 2-1 常见的化合物的性质及哈马克常数

化合物	M/(g/mol)	ρ/(kg·m³)	物质折光指数 n	A / J
庚烷	100.2	684	1.39	1.05×10^{-20}
十二烷	170.3	749	1.42	9.49×10^{-21}
二十烷	282.5	789	1.44	2.07×10^{-20}
石英	60	2650	1.54	4.14×10^{-20}
石油磺酸盐	417	1090	1.58	5.62×10^{-20}
聚苯乙烯	104	1050	1.59	2.2×10^{-20}
水	18	1000	1.33	2.43×10^{-20}

2. 表面张力

一般由于环境不同，液体表面的分子与处于相本体内的分子受力不同。在水

的内部，一个水分子受到周围水分子的作用力的合力为零，但是在表面的一个水分子却不如此。因为处于表面分子上层空间的气相分子对它的吸引力小于内部液相分子对它的吸引力，所以液体表面层的分子所受合力不等于零，力场不再平衡，其合力方向垂直指向液体内部。表层分子比液相内分子储存有多余的自由能，即两相界面层产生的自由表面能。如果要将液相内的水分子举升到水表面上，必须付出能量做功，这种能量将转化为表面自由能。只有当存在两相界面时，才有分子力场的不平衡，才有自由表面能的存在。任何自由能都有趋于最小的趋势，所以液体表面具有自动缩小的趋势，这种收缩力称为表面张力。表面张力可表示为

$$\sigma=\left(\frac{\partial U}{\partial A}\right)_{T,p,n} \tag{2-12}$$

式中，U 为体系自由能，J；∂A 为增加的新表面面积，m^2；T、p、n 分别表示体系的温度、压力和组分；σ 为表面张力，N/m。

3. 静电力

静电力是带电分子或粒子间的作用力，这种作用在金属与金属接触，或者金属与半导体接触时特别重要，对于固-液两相或液-液两相接触界面这种作用大大减小，其大小与距离的平方呈反比，其作用距离比分子间作用力长，在距离小于 0.1μm 时最为重要，在 10μm 时仍有影响[12]。通常，固壁面在与含有带电离子的溶液接触后，溶液中会有净电荷的形成，并在固壁面形成电势。具体来讲，溶液中的正电荷与负电荷的数目相同，溶液呈电中性，而当固体壁面与溶液接触后，固体壁面的电荷在静电作用下将吸引溶液中与其带电性质相反的离子，排斥与其带电性质相同的同号离子，使固壁面附近带电性质相反离子的浓度高于远离固体壁面的溶液中的离子浓度，固壁面附近同号离子的浓度低于远离固体壁面的溶液中的离子浓度。固壁面附近区域的净电荷不再为零(带电性质相反离子积累)，其净电荷量与固壁面所带电荷量相同。于是，带电固壁面与其附近溶液中的净电离子层形成双电层，如图 2-7 所示。

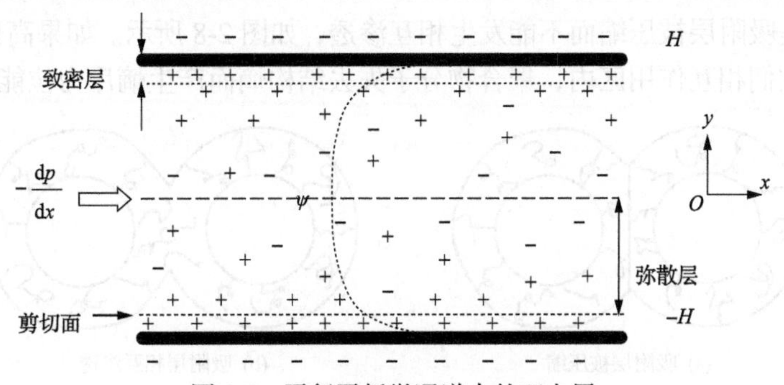

图 2-7　平行平板微通道中的双电层

H 为固壁面距中心的距离

实验证实在一定压差下驱动微通道内液体流动阻力比理论预测的要大，该现象被认为是由于固体与液体两相界面存在双电层的电黏性效应引起的。大多数固体与电解质溶液接触时，固壁面会带上净电荷，该净电荷吸引溶液中的反电荷离子，排斥同电荷离子，造成壁面附近离子重排形成双电层，当液体受到压力差驱动流动时，双电层内的净电荷随液体运动，电荷的运动在微通道两端形成电位差，称之为流动电位势，其负梯度称为流动诱导电场，流动诱导电场作用在微通道双电层的净电荷上，使其向流动反方向运动，并通过黏性力带动液体一起反向流动，使微通道流动速度及流量小于传统流体动力学的预测值，这就是“电黏性效应”。当微通道尺寸缩小到微米尺度时，微通道流动电黏性效应更加明显。实验研究表明，离子浓度越低，双电层厚度越大，电黏性效应越明显，如表 2-2 所示。

表 2-2　各种不同浓度及价数的电解质水溶液的双电层厚度(κ^{-1})数值

电解质类型	c / (mol/m^3)	κ^{-1}/m
1-1 型电解质	10^{-3}	1.0×10^{-7}
	10^{-2}	1.0×10^{-8}
	10^{-1}	1.0×10^{-9}
2-2 型电解质	10^{-3}	5.0×10^{-8}
	10^{-2}	5.0×10^{-9}
	10^{-1}	5.0×10^{-10}

4. 空间位形力

在含有链状分子的溶液中，链状分子的一端附着在固体表面上，另一端在溶液中自由摆动，当其靠近其他分子或表面时，会产生一类十分不同的作用力，称为空间位形力，分子构形越复杂，其相互作用也复杂，空间位形力可能是吸引力也可能是排斥力[13]。高分子链状聚合物溶液流动时，该作用力尤为重要。当两个带有聚合物吸附层的粒子靠拢到吸附层相互作用后，会出现如图所示的两种情况：一种情况是吸附层被压缩而不能发生相互渗透，如图 2-8 所示。如果高聚物为钢棒状，则在它们相互作用区内，聚合物分子失去结构熵而产生熵斥力位能$U_{\mathrm{R}}^{\mathrm{e}}$，但是

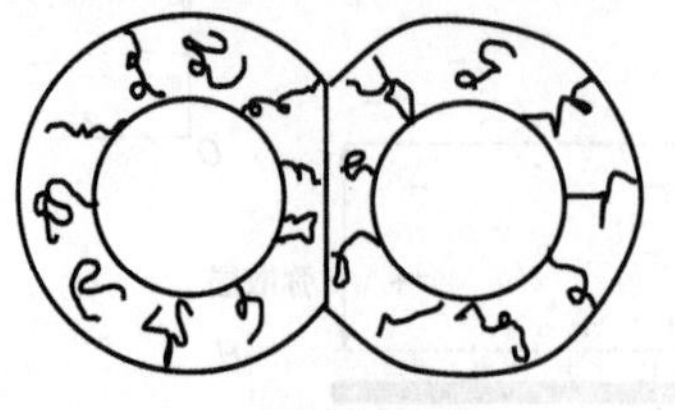

(a) 吸附层被压缩

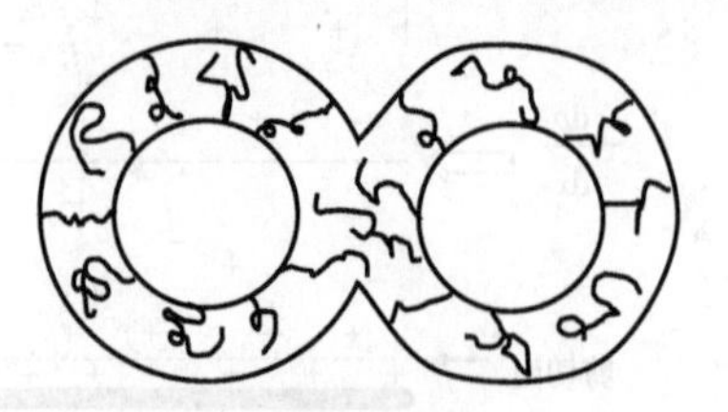

(b) 吸附层相互渗透

图 2-8　聚合物吸附层相互作用示意图

在同一种情况下，如果高聚物分子是弹性体，则由于被压缩而产生弹性斥力位能 U_R^E；另一种情况是吸附层发生相互重叠，互相渗透。由于粒子靠拢时吸附层的重叠，使重叠区内高聚物的浓度增大，而导致出现渗透压及“溶液的压缩”，相应产生渗透斥力位能 U_R^O 和焓斥力位能 U_R^H。所以通常的空间斥力位能由这四部分组成的，并可以写成：

$$U_R^S = U_R^e + U_R^E + U_R^O + U_R^H \tag{2-13}$$

影响空间位形力的因素很多，如吸附分子的分子量、离子强度和体系温度等，但是对其影响最显著的主要是分子量和离子强度：①高分子化合物的分子量越大，在相同的距离下，空间位形力越大；②在相同距离下，随着电解质浓度的增加，空间位形力降低。因为随着电解质浓度的增大，盐析效应显著，高分子化合物在固体颗粒表面吸附层厚度降低，穿插作用显著减弱。

5. 微观力作用范围

通过以上对表面张力、分子间作用力、静电力和空间位形力的描述，参考大量国内外的数据和相关文献[14-18]，对这几种微观力做了如下总结，如表 2-3 所示。

表 2-3　主要微观力情况分析

微观力	定义	表达式	作用范围	考虑条件
表面张力	液体表面层与液体内部分子引力不均衡而产生的沿表面作用于任一界面上的张力	$\sigma = \left(\dfrac{\partial U}{\partial A}\right)_{T,p,n}$	毛细尺度，可达几百微米	单相流动时不考虑，两相流动时考虑
分子间作用力	分子间作用力	$V = V_k + V_D + V_L$	其累积效果远远大于 0.1μm，可达 10μm	微尺度条件下考虑
静电力	静止带电体之间的相互作用力	$F = \dfrac{kq_1q_2}{r^2}$	作用距离可达 10μm，距离小于 0.1μm 时其作用最强	流体为电解质溶液时考虑
空间位形力	在含有链状分子的液体中产生的一种特殊作用力	$U_R^S = U_R^e + U_R^E + U_R^O + U_R^H$	作用距离大于 0.1μm	链状分子的聚合物溶液流动时考虑

2.2.2　微圆管界面与流体特性参数表征

1. 比表面积影响

在微流动系统中，大部分情况下，流体几乎完全是层流，而且流体内部黏性力和流体与外部接触界面上的作用力起着主要作用。相对宏观流动而言，由于尺寸效应的影响，微流动系统的表面积与体积之比更大，可达百万倍之大，由于尺度微小，接触面更平滑，致使表面力的作用远大于体积力的作用。由图 2-9 可以看出，在微尺度级别下的比表面积是宏观尺度下的几百万倍。

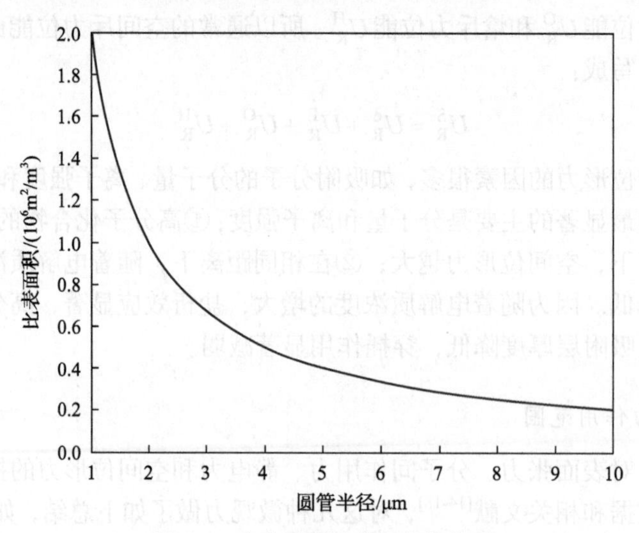

图 2-9　比表面积随半径变化关系

对于地层孔隙结构做如下假设：岩心样品由 n 根水平毛细管组成，毛细管之间由胶结物质密闭，水平毛细管截面积为 A，毛细管半径 r 和长度 L 都相同，岩心的截面积为 A_c，岩心两端压力差为 Δp。根据泊肃叶方程，通过岩心(毛细管束)的流体流量为

$$q=\frac{n\pi r^4}{8\mu}\frac{\Delta p}{L} \tag{2-14}$$

由达西定律也可以计算出通过岩心的流体流量为

$$q=\frac{KA_c}{\mu}\frac{\Delta p}{L} \tag{2-15}$$

则可以求解出渗透率 K：

$$K=\frac{n\pi r^4}{8A_c} \tag{2-16}$$

由孔隙度 ϕ 的定义可知：

$$\phi=\frac{V_p}{V_b}=\frac{n\pi r^2}{A_c} \tag{2-17}$$

式中，V_p 为孔隙体积，cm^3；V_b 为储层岩石的总体积，cm^3。

则可以得到岩石孔隙度和渗透率之间的关系式：

$$K = \frac{1}{2S_p^2}\frac{\phi^3}{(1-\phi)^2} \tag{2-18}$$

式中，S_p 为以孔隙体积为基础的比表面积。

式(2-14)～式(2-18)的推导是基于岩石空隙为一束直毛细管的假设。但是实际流体流过的平均路径大于岩心的长度 L。引入迂曲度的概念来校正孔隙介质毛细管束模型的偏差，迂曲度用 τ 来表示，参考相关文献，校正后的渗透率为

$$K = \phi\frac{1}{5\tau S^2} \tag{2-19}$$

或者可写为

$$K = \frac{1}{5yS_p^2}\frac{\phi^3}{(1-\phi)^2} \tag{2-20}$$

如图 2-10 所示，描述了岩石渗透率随毛细管比表面积的变化关系，模拟参数为 $y = 2.5$，$\phi = 0.32$；从图中可以看出，随着比表面积的增大，岩石渗透率迅速减小，当毛细管比表面积为 $0.2\times10^6\text{m}^{-1}$ 时，岩石渗透率达到 0.63mD；当管比表面积为 $2\times10^6\text{m}^{-1}$ 时，岩石渗透率达到 0.0064mD。

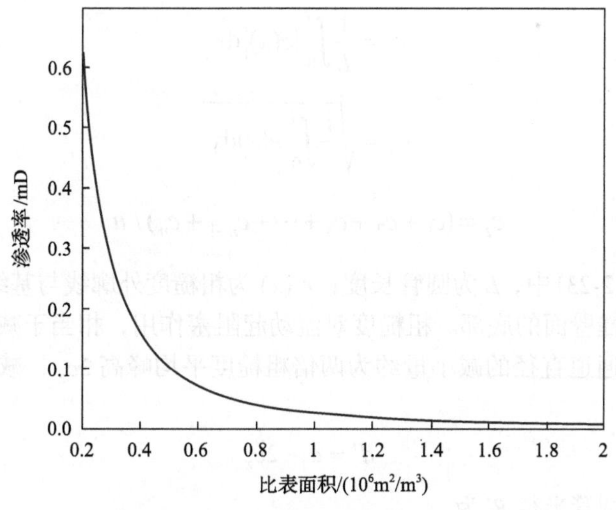

图 2-10　渗透率随比表面积的变化关系

把岩石结构近似看成毛细管束模型，则从图中的模拟结果可以看出，微圆管的比表面积对渗透率的影响巨大，随着比表面积的增大，渗透率逐渐降低。

2. 粗糙度的影响

在常规流动中，管壁的表面形状对层流没有明显的影响，仅对紊流流动及由层流向紊流的过渡区有一定的影响。但是在微流动中，虽然管内流动几乎为层流，但由于尺寸微小，使表面粗糙度的影响相对增加，进而对流动产生不可忽略的影响。微流动时，表面粗糙度使流体的流动阻力明显增大。粗糙度一般由平均峰高 c_z、算术平均高度 c_a、均方根高度 c_q 等参数来表示。如图 2-11 所示一段圆管内壁的粗糙度示意图。

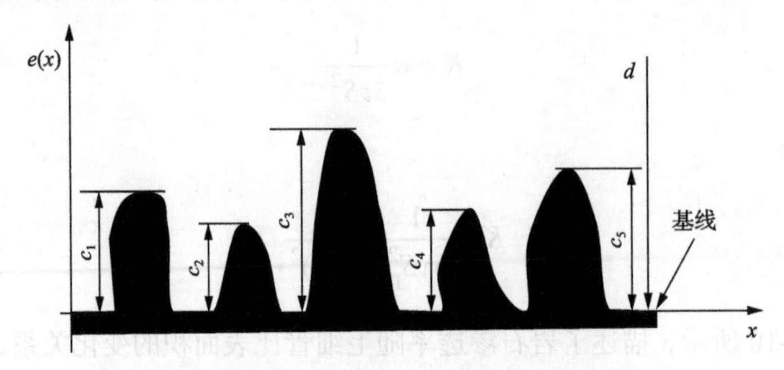

图 2-11　管壁的表面形状粗糙度示意图

d 为圆管直径；c_1～c_5 均为粗糙表面的随机峰高

这些参数可表示为

$$c_a = \frac{1}{L}\int_0^L |e(x)| \mathrm{d}x \tag{2-21}$$

$$c_q = \sqrt{\frac{1}{L}\int_0^L e(x) \mathrm{d}x} \tag{2-22}$$

$$c_z = (c_1 + c_2 + c_3 + \cdots + c_{n-1} + c_n) / n \tag{2-23}$$

式(2-21)～式(2-23)中，L 为圆管长度；$e(x)$ 为粗糙度外廓线与基线的垂直距离。这里基线是粗糙壁面的底部。粗糙度对流动起阻塞作用，相当于减小流体的流通截面积，流动通道直径的减小量约为两倍粗糙度平均峰高 $2c_z$，减小后的圆管直径 d' 为

$$d' = d - 2c_z \tag{2-24}$$

缩小后的圆管半径 R' 为

$$R' = \frac{d'}{2} = R - c_z \tag{2-25}$$

假设有一个微圆管其半径为 R，管轴线为 x 轴，径向为 r 轴，沿 x 轴任取一

微元流体，长为 $\mathrm{d}x$，半径为 r，微圆管内为层流，因此作用在该微元流体上的合外力为零。忽略重力，那么在 x 方向向力的平衡关系为

$$p\pi r^2-\left(p+\frac{\partial p}{\partial x}\right)\pi r^2-\tau 2\pi r\mathrm{d}x=0 \tag{2-26}$$

整理得

$$\frac{2\tau}{r}=-\frac{\mathrm{d}p}{\mathrm{d}x} \tag{2-27}$$

式中，τ 为剪应力，Pa 或 $\mathrm{N/m^2}$。

由牛顿内摩擦定律可知：

$$\tau=-\mu\frac{\mathrm{d}v}{\mathrm{d}r} \tag{2-28}$$

式中，v 为流体速度，m/s；μ 为流体黏度，mPa·s。

将式(2-27)代入式(2-28)，可得

$$\frac{\mathrm{d}v}{\mathrm{d}r}=-\frac{r}{2\mu}\frac{\mathrm{d}p}{\mathrm{d}x} \tag{2-29}$$

对式(2-29)积分可得

$$v=-\frac{r^2}{4\mu}\frac{\mathrm{d}p}{\mathrm{d}x}+C \tag{2-30}$$

将边界条件 $r=R'$，$v=0$ 代入式(2-30)，求出 C 值，则流体的速度 v 分布为

$$v=-\frac{R'^2-r^2}{4\mu}\frac{\mathrm{d}p}{\mathrm{d}x} \tag{2-31}$$

那么通过微圆管的流量 Q 为

$$Q=\int_0^R 2\pi r v\mathrm{d}r=-\frac{\pi R'^4}{8\mu}\frac{\mathrm{d}p}{\mathrm{d}x} \tag{2-32}$$

考虑粗糙度对微圆管内流体流动的影响，将式(2-25)代入式(2-31)和式(2-32)，那么通过微圆管内流体的流体速度 v 为

$$v=\begin{cases}-\dfrac{(R-c_z)^2-r^2}{4\mu}\dfrac{\mathrm{d}p}{\mathrm{d}x}, & r\leqslant R-c_z\\ 0, & r>R-c_z\end{cases} \tag{2-33}$$

本节用管径缩小系数来表征粗糙度的大小，管径缩小系数可表示为

$$\xi=\frac{c_z}{R} \tag{2-34}$$

将式(2-34)代入式(2-33)可得

$$v=\begin{cases}-\dfrac{(1-\xi)^2R^2-r^2}{4\mu}\dfrac{\mathrm{d}p}{\mathrm{d}x}, & \dfrac{r}{R}\leqslant 1-\xi \\ 0, & \dfrac{r}{R}>1-\xi\end{cases} \tag{2-35}$$

通过对式(2-35)可以求得考虑粗糙度影响的微圆管流量 Q，其表达式为

$$Q=\int_0^R 2\pi rv\mathrm{d}r=-\frac{\pi(1-\xi)^4R^4}{8\mu}\frac{\mathrm{d}p}{\mathrm{d}x} \tag{2-36}$$

从图 2-12 可以看出，管径为 10μm 的圆管，不考虑粗糙度时，流体的速度最大，随着粗糙度增大，流体的速度逐渐减小；从图 2-13 可以看出，随粗糙度越大，流动阻力越大，通过微圆管的流体平均流量越小。

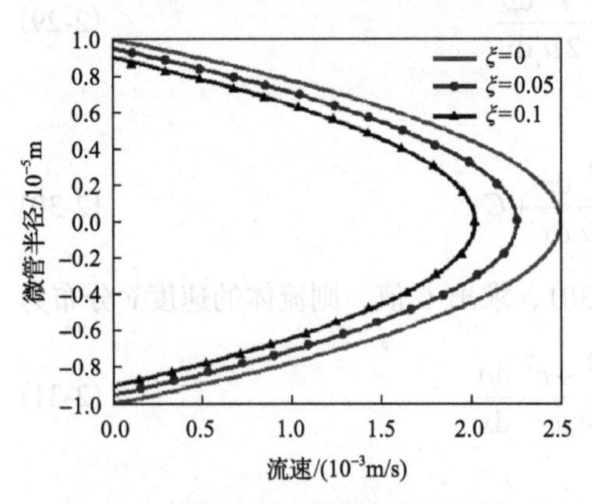

图 2-12　不同粗糙度下微管内流体速度分布

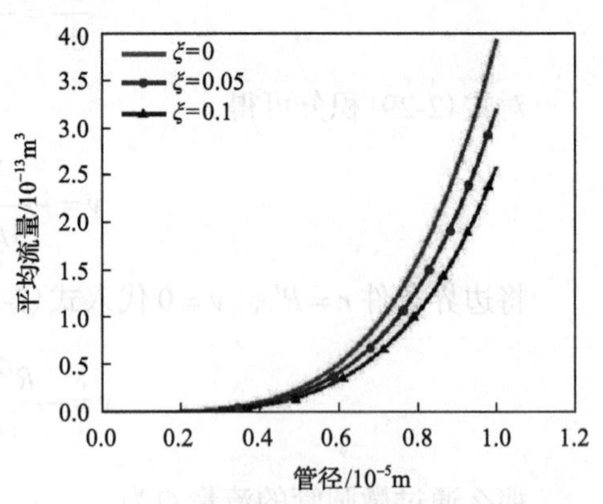

图 2-13　不同粗糙度下流量随管径的变化

第3章 考虑固-液界面作用下微可压缩流体的微圆管稳态流动规律

在致密的多孔介质或低渗透油层中，流体的行为偏离了广泛使用的达西定律，出现了明显的非达西或非线性现象，或者出现启动压力梯度的现象，这些流动现象引起了大量学者的广泛研究。其中不少学者从实验和理论角度来研究其现象或原因，如从纳微米尺度来研究流体流动规律，发现在纳微米管道内的流动具有明显的微尺度特征，具体表现在：在给定压力下，流体的流动速度偏离经典的哈根-泊肃叶方程计算的速度，或者流动通道降低到一定尺度，流体不能流动。Pfahler 等[14]发现，当流动通道小于 20μm 时，流体的流速明显低于泊肃叶流速。Cheikh 和 Koper[15]发现，表面活性剂溶液通过有纳米孔的薄膜时，流量和压力梯度表现出了非线性关系。

本章将对固-液分子间作用力和固-液静电力的作用形式和作用范围进行分析，对微可压缩流体的流动规律进行分析，对考虑固-液静电作用力的微可压缩流体的流动规律进行分析，对考虑固-液分子间作用力的微可压缩流体的流动规律进行分析，把固-液界面作用力引入微可压缩流体的径向运动方程中，把流体力学运动方程写成涡函数和流函数的形式，运用正则摄动法求解解涡函数流函数的控制方程，得到零阶和一阶的涡函数和流函数，并反求速度和压力，第一次得到了微圆管流动中考虑固-液界面作用的微可压缩流体的速度和压力的近似解析解，并分析了流动规律，考虑了固-液界面作用力和微可压缩流体对流体流动规律的影响，揭示微尺度效应产生的原因。

3.1 微可压缩流体在圆管内的流动规律

3.1.1 不可压缩牛顿流体在圆管内的流动规律

牛顿流体的本构方程[16]的完整形式如下所示，它也称为“广义牛顿定律”：

$$\boldsymbol{p}_{ij} = \left[-p + \left(\mu' - \frac{2}{3}\mu\right)S_{kk}\right]\boldsymbol{\delta}_{ij} + 2\mu \boldsymbol{S}_{ij} \tag{3-1}$$

式中，$\boldsymbol{p}_{ij}$ 为表面应力张量；μ 为第一黏性系数或动力黏性系数，简称黏性系数；μ' 称为第二黏性系数；p 为热力学压强；$\boldsymbol{\delta}_{ij}$ 为单位张量；$\boldsymbol{S}_{ij}$ 为流体运动的变形率。

$$S_{kk} = S_{11} + S_{22} + S_{33} = \partial U_i / \partial x_i = \nabla \cdot U \tag{3-2}$$

式中，$\nabla \cdot U$ 为流场的散度，也称成流体的质点的休积膨胀率，如果是不可压缩流体，那么质点的体积膨胀率 $\nabla \cdot U$ 为零，第二黏性系数 μ' 一般只在高温和高频声波等极端情况下考虑，其他情况一般忽略为零，即不可压缩牛顿流体的本构方程简化为

$$\boldsymbol{p}_{ij} = -p + 2\mu \boldsymbol{S}_{ij} \tag{3-3}$$

式中，p 为热力学压强，它是流体的状态参数，与流体的变形率没有直接关系；$\boldsymbol{S}_{ij}$ 为流体运动的变形率，它等于速度梯度的对称张量之半，对于柱坐标系，变形速率张量各分量表示如下：

$$\begin{aligned}
S_{r\theta} &= \frac{1}{2}\left[\frac{1}{r}\frac{\partial U_r}{\partial \theta} + r\frac{\partial}{\partial r}\left(\frac{U_\theta}{r}\right)\right] \\
S_{\theta z} &= \frac{1}{2}\left[r\frac{\partial}{\partial z}\left(\frac{U_\theta}{r}\right) + \frac{1}{r}\left(\frac{\partial U_z}{\partial \theta}\right)\right] \\
S_{zr} &= \frac{1}{2}\left(\frac{\partial U_z}{\partial r} + \frac{\partial U_r}{\partial z}\right)
\end{aligned} \tag{3-4}$$

在无限长水平圆管内的不可压缩流体的定常层流流动中，已知圆管半径为 R，流体的密度为 ρ，黏度为 μ，相距长度为 L 的两截面 1 和截面 2 之间的压强差为 $p_1 - p_2$。

不可压缩牛顿流体的运动方程在柱坐标系中的表达式为

$$\frac{\partial v_r}{\partial r} + \frac{1}{r}\frac{\partial v_\theta}{\partial \theta} + \frac{\partial v_z}{\partial z} + \frac{v_r}{r} = 0 \tag{3-5}$$

$$\frac{\partial v_r}{\partial t} + v_r\frac{\partial v_r}{\partial r} + \frac{v_\theta}{r}\frac{\partial v_r}{\partial \theta} + v_z\frac{\partial v_r}{\partial z} - \frac{{v_\theta}^2}{r} = -\frac{1}{\rho}\frac{\partial p}{\partial r} + \frac{\mu}{\rho}\left(\Delta v_r - \frac{v_r}{r^2} - \frac{2}{r^2}\frac{\partial v_\theta}{\partial \theta}\right) \tag{3-6}$$

$$\frac{\partial v_\theta}{\partial t} + v_r\frac{\partial v_\theta}{\partial r} + \frac{v_\theta}{r}\frac{\partial v_\theta}{\partial \theta} + v_z\frac{\partial v_\theta}{\partial z} + \frac{v_r v_\theta}{r} = -\frac{1}{\rho r}\frac{\partial p}{\partial \theta} + \frac{\mu}{\rho}\left(\Delta v_\theta + \frac{2}{r^2}\frac{\partial v_r}{\partial \theta} - \frac{v_\theta}{r^2}\right) \tag{3-7}$$

$$\frac{\partial v_z}{\partial t} + v_r\frac{\partial v_z}{\partial r} + \frac{v_\theta}{r}\frac{\partial v_z}{\partial \theta} + v_z\frac{\partial v_z}{\partial z} = -\frac{1}{\rho}\frac{\partial p}{\partial z} + \frac{\mu}{\rho}\Delta v_z \tag{3-8}$$

式中，v_r 为径向速度分量；v_θ 为周向速度分量；v_z 为轴向速度分量。

边界条件为

$$v_r\big|_{r=R} = v_\theta\big|_{r=R} = v_z\big|_{r=R} = 0 \tag{3-9}$$

$$v_r = v_\theta = 0,\ \ \partial/\partial\theta = 0,\ \ \partial U/\partial z = 0 \tag{3-10}$$

通过求解，得到速度场的解为

$$U(r)=\frac{1}{4\mu}\frac{p_1-p_2}{L}(R^2-r^2) \tag{3-11}$$

沿程压降分布为

$$p(z)=p_1-\frac{p_1-p_2}{L}z \tag{3-12}$$

将速度场积分求得体积流量公式：

$$Q=2\pi\int_0^R U(r)r\mathrm{d}r=\frac{\pi R^4(p_1-p_2)}{8\mu L} \tag{3-13}$$

圆管截面上的平均速度为

$$v_{\mathrm{m}}=\frac{Q}{\pi R^2}=\frac{R^2(p_1-p_2)}{8\mu L} \tag{3-14}$$

管内流动的沿程压降的无量纲量称为沿程阻力系数 λ，求得

$$\lambda=\frac{p_1-p_2}{\rho v_{\mathrm{m}}^2/2}\frac{2R}{L}=\frac{R^2(p_1-p_2)}{8\mu L}=\frac{32\mu}{R\rho v_{\mathrm{m}}}=\frac{64\mu}{2R\rho v_{\mathrm{m}}}=\frac{64}{Re} \tag{3-15}$$

式中，Re 为圆管内流动的雷诺数，$Re=\dfrac{2R\rho v_{\mathrm{m}}}{\mu}$。

3.1.2 微可压缩牛顿流体的本构方程

流体的微可压缩性的判断准则是满足状态方程 $\rho=\rho_0[1+(p-p_0)\beta]$，即 $(p-p_0)\beta$ 是小于 1 的小参数，这与气体等强可压缩流体相区别。

对于微可压缩流体，流体质点的体积膨胀率 $\nabla\cdot U$ 不为零，即 $S_{kk}=S_{11}+S_{22}+S_{33}=\partial U_i/\partial x_i=\nabla\cdot U$ 不能忽略。

即微可压缩牛顿流体的本构方程简化为

$$\boldsymbol{p}_{ij}=-p\boldsymbol{\delta}_{ij}+2\mu\left(\boldsymbol{S}_{ij}-\frac{1}{3}\mu S_{kk}\boldsymbol{\delta}_{ij}\right) \tag{3-16}$$

对于柱坐标，$\boldsymbol{S}_{ij}$ 对于 S_{kk}，则有

$$S_{rr}=\frac{\partial U_r}{\partial r},\quad S_{\theta\theta}=\frac{1}{r}\frac{\partial U_\theta}{\partial\theta}+\frac{U_r}{r},\quad S_{zz}=\frac{\partial U_z}{\partial z} \tag{3-17}$$

故微可压缩流体在柱坐标系中的本构方程为

$$p_{rr} = -p + 2\mu S_{rr} - \frac{2}{3}\mu(S_{rr} + S_{\theta\theta} + S_{zz}) \tag{3-18}$$

$$p_{\theta\theta} = -p + 2\mu S_{\theta\theta} - \frac{2}{3}\mu(S_{rr} + S_{\theta\theta} + S_{zz}) \tag{3-19}$$

$$p_{zz} = -p + 2\mu S_{zz} - \frac{2}{3}\mu(S_{rr} + S_{\theta\theta} + S_{zz}) \tag{3-20}$$

$$p_{r\theta} = p_{\theta r} = 2\mu S_{r\theta},\quad p_{\theta z} = p_{z\theta} = 2\mu S_{\theta z},\quad p_{zr} = p_{rz} = 2\mu S_{zr} \tag{3-21}$$

3.1.3 微可压缩流体在圆管内的流动规律数学模型

假定微圆管水平放置,因此重力可以忽略不计。如果微圆管长度 L 相对管径 R 很长，则在轴向上流动是均匀的，相距长度为 L 的两截面 1 和 2 之间的压强差为 Δp ，任意点上的压降梯度为 $\Delta p / L$ 。假定输送的质量流量 W 恒定，因此流动是定常的。已知圆管管径 R ，流体密度为 ρ ，黏度为 μ ，那么流速为 $W/(\rho\pi R^2)$ 。将各参量进行无量纲化，无量纲径向速度 U ，模型的状态方程、连续性方程及动量方程，经过无量纲化后如下所示：

$$\rho = 1 + \varepsilon p \tag{3-22}$$

$$\frac{1}{r}\frac{\partial}{\partial r}(r\rho U) + \frac{\partial}{\partial z}(\rho V) = 0 \tag{3-23}$$

$$\begin{aligned}\alpha^3 Re\rho\left(U\frac{\partial U}{\partial r} + V\frac{\partial U}{\partial z}\right) = &-8\frac{\partial p}{\partial r} + \alpha^2\frac{\partial}{\partial r}\left[\frac{1}{r}\frac{\partial}{\partial r}(rU)\right] + \alpha^4\frac{\partial^2 U}{\partial z^2} \\ &+ \frac{1}{3}\alpha^2\left\{\frac{\partial}{\partial r}\left[\frac{1}{r}\frac{\partial}{\partial r}(rU)\right] + \frac{\partial^2 V}{\partial r\partial z}\right\}\end{aligned} \tag{3-24}$$

$$\begin{aligned}\alpha Re\rho\left(U\frac{\partial V}{\partial r} + V\frac{\partial V}{\partial z}\right) = &-8\frac{\partial p}{\partial z} + \left[\frac{1}{r}\frac{\partial}{\partial r}\left(r\frac{\partial V}{\partial r}\right)\right] + \alpha^2\frac{\partial^2 V}{\partial z^2} \\ &+ \frac{1}{3}\alpha^2\left\{\frac{\partial}{\partial z}\left[\frac{1}{r}\frac{\partial}{\partial r}(rU)\right] + \frac{\partial^2 V}{\partial z^2}\right\}\end{aligned} \tag{3-25}$$

式(3-22)～式(3-25)中，ε 为无量纲压缩系数；p 为无量纲压力；V 为无量纲轴向速度；α 为管径与管长之比。

3.1.4　正则摄动法求解非线性方程组

正则摄动法也被称为小参数展开法。用摄动法求解方程的渐进解，通常需要先对物理方程和定解条件进行无量纲化，然后在无量纲方程中选择一个能反映物理特征的小参数作为摄动的特征参数，并假设方程的解可以按该小参数展开成幂级数的形式，将这一形式的级数解代入无量纲方程后，得到各级近似方程，依据这些方程可确定幂级数的系数，对级数进行截断，便得到原方程的渐进解[17]。

Ververs[18]正是通过正则摄动法，选取微可压缩流体的无量纲微可压缩系数为正则摄动的小参量，求得微可压缩流体的速度场、压力场和密度场分布：

$$V = 2(1-r^2)\left\{1+\varepsilon\left[-(1-z)-\frac{1}{36}\alpha Re(2-7r^2+2r^4)\right]\right\}+O(\varepsilon^2) \tag{3-26}$$

$$U = 0+O(\varepsilon^2) \tag{3-27}$$

式中，z 为轴向坐标。

$$p=(1-z)+\varepsilon\left[-\frac{1}{2}(1-z)^2+\frac{1}{4}\alpha Re(1-z)+\frac{1}{12}\alpha^2(1-r^2)\right]+O(\varepsilon^2) \tag{3-28}$$

$$\rho_{\mathrm{b}} = 1+\varepsilon p_{\mathrm{b0}} = 1+\varepsilon(1-z)+O(\varepsilon^2) \tag{3-29}$$

将速度场积分求得平均流速 V_{m}：

$$V_{\mathrm{m}} = \frac{2\pi\int_0^1 Vr\mathrm{d}r}{\pi r^2} = 1-\varepsilon(1-z) \tag{3-30}$$

管内流动的沿程压降的无量纲量称为沿程阻力系数，求得

$$\lambda = \frac{p_1-p_2}{\rho v_{\mathrm{m}}^2/2}\frac{2R}{L} = \frac{R^2(p_1-p_2)}{8\mu L} = \frac{32\mu}{R\rho v_{\mathrm{m}}} = \frac{64\mu}{2R\rho v_{\mathrm{m}}} = \frac{64}{Re}$$

根据表 3-1 的计算参数和式(3-26)的结果，画出微可压缩流体的无量纲速度场，并和不可压缩流体的无量纲速度场进行对比，如图 3-1(a)所示。由图可知，微可压缩流体和不可压缩流体的速度场相差不大，都是从轴心(r=0)到壁面(r=1)无量纲速度逐渐降低；但是不可压缩流体的速度在轴心线上由进口到出口端保持一致，而微可压缩流体的速度由进口到出口端有逐渐增大的趋势，这是由流体的微可压缩性引起的。但速度在轴向上增大的幅度较小，这是由于无量纲微可压缩系数 ε 、径长比 α 和雷诺数 Re 都很小，故流体的微可压缩性对速度的影响很小。

根据式(3-28)的结果，画出微可压缩流体的无量纲压力场，并和不可压缩流体的无量纲压力场进行对比，如图 3-1(b)所示。由图可知，微可压缩流体和不可压缩流体的压力场相差不大，这是由于微可压缩系数 ε，径长比 α 和雷诺数 Re 都很小，故流体的微可压缩性对压力场的影响很小。

表 3-1　速度及压力场计算参数

参数名称	参数取值	参数名称	参数取值
特征管径 R_a/μm	1	液体黏度 μ/(Pa·s)	0.00089
特征管长 L_a/cm	5	液体初始密度 ρ_a/(kg/m^3)	1000
径长比 α	2×10^{-5}	雷诺数 Re	0.0032
进出口压力差 Δp /MPa	0.01	无量纲可压缩系数 ε	0.0001～0.01
微可压缩系数 κ /Pa^{-1}	10^{-10}～10^{-8}		

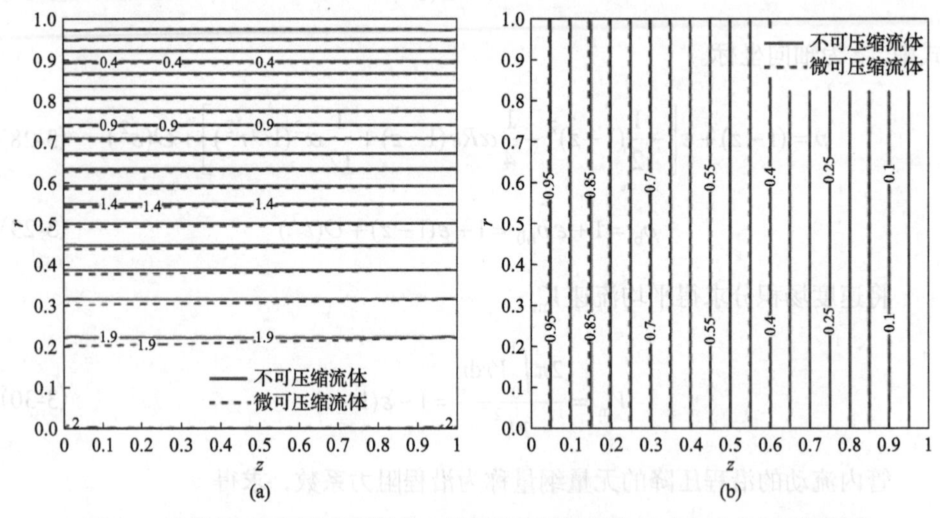

图 3-1　流体是否可压缩时圆管轴心截面的无量纲速度(a)和压力(b)等值线图

3.2　考虑固-液界面静电作用力下的微可压缩流体稳态流动规律

3.2.1　物理模型和数学模型

物理模型如图 3-2 所示：具有常黏度为 μ 的微可压缩牛顿流体在半径为 R(50nm～10μm)、长度为 L(0.001～0.01m)的纳微米圆管中定常流动，进口端压力为 p_1，出口端壁面处的压力为 p_2，壁面处进出口压力差为 Δp，流体以恒定的质

量流速 W 做稳定流动。假设流体密度是压力的线性函数，流体流动是轴向对称的，重力作用可以忽略，但固壁面和液体之间的固-液静电力不能忽略，管壁是不可渗透的，考虑为无滑移的壁面条件。

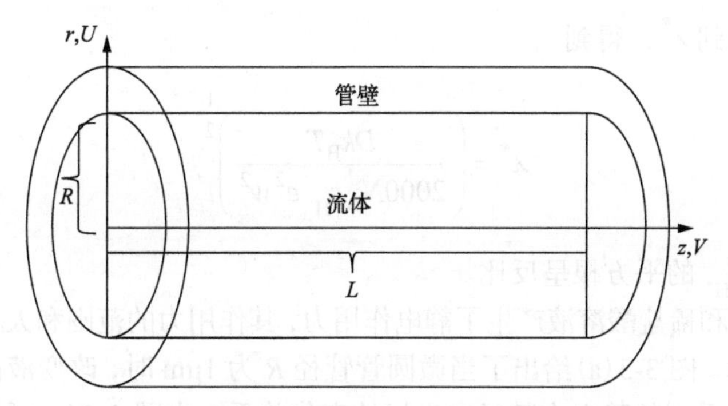

图 3-2　考虑静电作用力的微可压缩流体的物理模型

考虑微圆管是石英材质，因此固壁面带有负电荷；微圆管中的流体为纯水溶液或带 H^+的稀电解质溶液。那么 H^+溶液和带 OH^-石英固壁面将产生较为强烈的静电作用，形成双电层效应，液体和固壁面之间的静电势能为

$$E^* = wq\phi_0 \exp\left[-(R-r^*)/\lambda^*\right] \tag{3-31}$$

式中，q 为电荷量。

那么，液体中的离子和固壁面的静电作用力为

$$f_E^* = -\frac{\partial E^*}{\partial r^*} = -\frac{wq\phi_0}{\lambda^*}\exp\left[-(R-r^*)/\lambda^*\right] \tag{3-32}$$

式(3-31)和式(3-32)中，r^* 为管中心至管壁距离；w 为流体中离子所带电荷价数为+1；ϕ_0 为固-液表面电势，V；λ^* 为 EDL 双电层的德拜长度，代表静电作用力的范围，可知：

$$\lambda^* = \left(\frac{Dk_B T}{2\bar{n}e^2 w^2}\right)^{\frac{1}{2}} \tag{3-33}$$

其中，D 为液体的介电常数；k_B 为玻尔兹曼常数；T 为液体温度；$\bar{n}$ 为单位体积的正电荷或负电荷的离子平均数；e 为每个电子的带电量。

$\bar{n}$ 通过下式计算得到

$$\bar{n} = N_A c_{H^+} = N_A 1000 c_{H^+} = 1000 N_A \cdot c_{H^+} \tag{3-34}$$

式中，c_{H^+} 为 H^+的浓度，mol/L。

q 可通过式(3-35)计算得到

$$q = N_A e c_{H^+} = 1000 c_{H^+} N_A e \tag{3-35}$$

将 $\bar{n}$ 代入到 λ^*，得到

$$\lambda^* = \left(\frac{D k_B T}{2000 N_A c_{H^+} e^2 w^2} \right)^{\frac{1}{2}} \tag{3-36}$$

可知，λ^* 与 c_{H^+} 的平方根呈反比。

石英管壁和稀盐酸溶液产生了静电作用力，其作用力的范围和大小如图 3-3(a)和 3-3(b)所示。图 3-3(a)给出了当微圆管管径 R 为 1μm 时，改变液体中的氢离子浓度，液体所受到的静电力随径向坐标的变化关系。由图 3-3(a)可知，液体在壁面附近的静电力最大，越靠近中心，静电力越小。液体中的 c_{H^+} 由 1.00×10^{-6}mol/L 增大至 2.25×10^{-6}mol/L 和 1.00×10^{-5}mol/L 时，根据式(3-36)可知，λ^* 由 300nm 降低为 200nm 和 100nm，圆管中壁面附近的液体所受到的最大静电作用力由 -2.36×10^7N/m^3 增强至 -7.47×10^8N/m^3，但静电力的下降速度变快，在圆管中心区域内，最大静电作用力由 -8.61×10^5N/m^3 降低至 -2.11×10^4N/m^3，液体离子浓度越大时，静电力反而越小。

图 3-3(b)给出了当 c_{H^+} 为 1.00×10^{-6}mol/L 时，微圆管中心处的静电作用力随微圆管半径变化的关系曲线。由图可知，在微圆管壁面处，静电力都为 -2.36×10^7N/m^3，随着管径由 10μm 降低到 5μm 和 1μm，管径中心的静电力绝对值由 9.77×10^{-8}N/m^3 升高到 1.52N/m^3 和 8.61×10^5N/m^3，说明随着管径减小，静电力覆盖的范围比例增大。

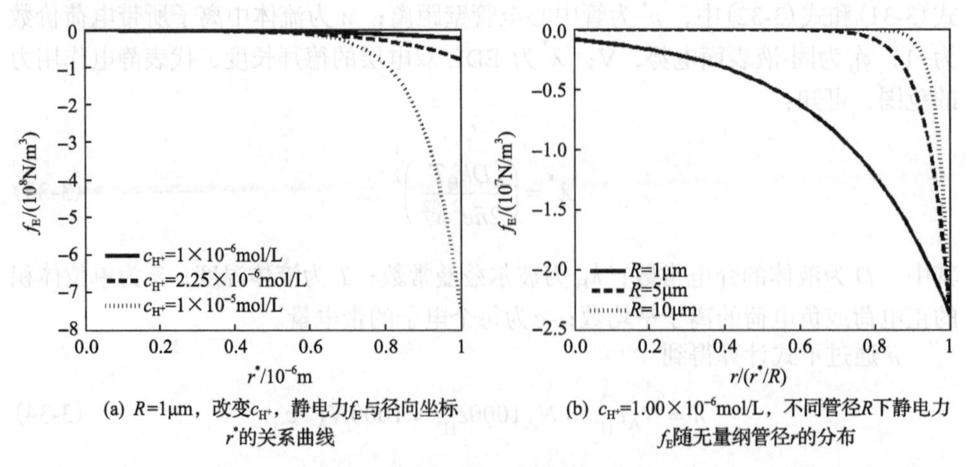

(a) R=1μm，改变 c_{H^+}，静电力 f_E 与径向坐标 r^* 的关系曲线　　(b) $c_{H^+}=1.00\times10^{-6}$mol/L，不同管径 R 下静电力 f_E 随无量纲管径 r 的分布

图 3-3　静电作用力的分布和大小

为了使方程形式不受变量单位的影响，对方程进行无量纲化。采用初始流体密度 ρ_a、进出口压力差 Δp、管径 R_a、管长 L_a 和流速 $\frac{W}{\rho_a \pi R_a^2}$ 分别作为流体的密度、压力、径向位置、纵向位置和流速的特征参量。包含如下无量纲的参量：$\alpha = \frac{R_a}{L_a}$，$r = \frac{r^*}{R_a}$，$z = \frac{z^*}{L_a}$，$\lambda = \frac{\lambda^*}{R_a}$，$\rho = \frac{\rho^*}{\rho_a}$，$p = \frac{p^*}{\Delta p}$，$V = \frac{V^*}{\frac{W}{\rho_a \pi R_a^2}}$，$U = \frac{U^*}{\alpha \frac{W}{\rho_a \pi R_a^2}}$，$\varepsilon = \Delta P \kappa$，$Re = \frac{W}{\pi R_a \mu}$。其中，$r^*$、$z^*$、$\lambda^*$、$\rho^*$、$p^*$、$V^*$、$U^*$和$\kappa$分别为有量纲的径向坐标、轴向坐标、电偶层长度、密度、压力、轴向速度、径向速度和微可压缩系数；r、z、ρ、p、V、U和ε分别为无量纲的径向坐标、轴向坐标、电偶层长度、密度、压力、轴向速度、径向速度和微可压缩系数。并令静电力系数 $k^* = -\frac{zq\phi_0}{\lambda^*}$，$k = \frac{k^*}{\Delta p / R_a} = \frac{zq\phi_0}{\lambda^* \Delta p / R_a}$，$f_E = \frac{f_E^*}{\Delta p / R_a}$。

那么，无量纲化的静电力公式为

$$f_E = k \mathrm{e}^{\frac{r-1}{\lambda}} \tag{3-37}$$

无量纲的状态方程、连续性方程及引入固-液静电力的动量方程如下：

$$\rho = 1 + \varepsilon p$$

$$\frac{1}{r}\frac{\partial}{\partial r}(r\rho U) + \frac{\partial}{\partial z}(\rho V) = 0$$

$$\alpha^3 Re\rho\left(U\frac{\partial U}{\partial r} + V\frac{\partial U}{\partial z}\right) = -8\frac{\partial p}{\partial r} + 8f_E + \alpha^2\frac{\partial}{\partial r}\left[\frac{1}{r}\frac{\partial}{\partial r}(rU)\right] + \alpha^4\frac{\partial^2 U}{\partial^2 z} + \frac{1}{3}\alpha^2\left\{\frac{\partial}{\partial r}\left[\frac{1}{r}\frac{\partial}{\partial r}(rU)\right] + \frac{\partial^2 V}{\partial r\partial z}\right\}$$

$$\alpha Re\rho\left(U\frac{\partial V}{\partial r} + V\frac{\partial V}{\partial z}\right) = -8\frac{\partial p}{\partial z} + \left[\frac{1}{r}\frac{\partial}{\partial r}\left(r\frac{\partial V}{\partial r}\right)\right] + \alpha^2\frac{\partial^2 V}{\partial z^2} + \frac{1}{3}\alpha^2\left\{\frac{\partial}{\partial z}\left[\frac{1}{r}\frac{\partial}{\partial r}(rU)\right] + \frac{\partial^2 V}{\partial z^2}\right\}$$

壁面边界条件为

$$U(1,z)=V(1,z)=0, \quad 0\leqslant z\leqslant 1 \tag{3-38}$$

进口和出口边界条件为

$$p_0(1,0)=1, \quad p_0(1,1)=0 \tag{3-39}$$

引入流函数:

$$U=\frac{1}{r\rho}\frac{\partial \Psi}{\partial z}, \quad V=-\frac{1}{r\rho}\frac{\partial \Psi}{\partial R} \tag{3-40}$$

涡函数:

$$\omega=\alpha^2\frac{\partial U}{\partial z}-\frac{\partial V}{\partial r} \tag{3-41}$$

式(3-40)和式(3-41)通过流函数和涡函数来表达，分别得

$$8\frac{\partial p}{\partial r}=8f_{\mathrm{E}}+\alpha^2\frac{\partial \omega}{\partial z}+\frac{4}{3}\alpha^2\frac{\partial}{\partial r}\left[\frac{1}{r}\frac{\partial}{\partial r}(rU)+\frac{\partial V}{\partial z}\right]-\alpha^3 Re\left(\frac{1}{r}\frac{\partial \psi}{\partial z}\frac{\partial U}{\partial r}-\frac{1}{r}\frac{\partial \psi}{\partial r}\frac{\partial U}{\partial z}\right) \tag{3-42}$$

$$8\frac{\partial p}{\partial z}=-\frac{1}{r}\frac{\partial}{\partial r}(r\omega)+\frac{4}{3}\alpha^2\frac{\partial}{\partial z}\left[\frac{1}{r}\frac{\partial}{\partial r}(rU)+\frac{\partial V}{\partial z}\right]-\alpha Re\left(\frac{1}{r}\frac{\partial \psi}{\partial z}\frac{\partial V}{\partial r}-\frac{1}{r}\frac{\partial \psi}{\partial r}\frac{\partial V}{\partial z}\right) \tag{3-43}$$

通过式(3-42)对 z 微分,式(3-43)对 r 微分后将两式相减,得到涡量输运方程:

$$\begin{aligned}\frac{\partial}{\partial r}\left(\frac{1}{r}\frac{\partial}{\partial r}(r\omega)\right)+\alpha^2\frac{\partial^2 \omega}{\partial z^2}=&\alpha Re\left(\frac{1}{r}\frac{\partial \psi}{\partial z}\frac{\partial \omega}{\partial r}-\frac{1}{r}\frac{\partial \psi}{\partial r}\frac{\partial \omega}{\partial z}-\frac{\omega}{r^2}\frac{\partial \psi}{\partial z}\right)\\&-\alpha Re\left[\omega\left(U\frac{\partial \rho}{\partial r}+V\frac{\partial \rho}{\partial z}\right)+\frac{\partial \rho}{\partial r}\left(U\frac{\partial V}{\partial r}+V\frac{\partial V}{\partial z}\right)\right.\\&\left.-\alpha^2\frac{\partial \rho}{\partial z}\left(U\frac{\partial U}{\partial r}+V\frac{\partial U}{\partial z}\right)\right]\rho\end{aligned} \tag{3-44}$$

两个流函数代入涡函数 $\omega=\alpha^2\dfrac{\partial U}{\partial z}-\dfrac{\partial V}{\partial r}$ 中，得到流函数的输运方程:

$$r\frac{\partial}{\partial r}\left(\frac{1}{r}\frac{\partial \psi}{\partial r}\right)+\alpha^2\frac{\partial^2\psi}{\partial z^2}=\rho\omega r+\left(\alpha^2 U\frac{\partial \psi}{\partial z}-V\frac{\partial \rho}{\partial r}\right)r \tag{3-45}$$

3.2.2　正则摄动法求解

选取微可压缩系数 ε 作为摄动的小参量，采用正则摄动法，将 $\rho, p, U, V, \psi, \omega$ 分别展开成零阶量和一阶小参量：

$$\rho=\rho_0+\varepsilon\rho_1+O(\varepsilon^2) \tag{3-46}$$

$$p=p_0+\varepsilon p_1+O(\varepsilon^2) \tag{3-47}$$

$$U=U_0+\varepsilon U_1+O(\varepsilon^2) \tag{3-48}$$

$$V=V_0+\varepsilon V_1+O(\varepsilon^2) \tag{3-49}$$

$$\omega=\omega_0+\varepsilon\omega_1+O(\varepsilon^2) \tag{3-50}$$

$$\psi=\psi_0+\varepsilon\psi_1+O(\varepsilon^2) \tag{3-51}$$

1. 零阶摄动解

如上面介绍的情况，对本模型中的流体流动采用涡流函数的形式来求解比较方便。零阶的流函数定义为

$$U_0=\frac{1}{r}\frac{\partial \psi_0}{\partial z},\quad V_0=-\frac{1}{r}\frac{\partial \psi_0}{\partial r} \tag{3-52}$$

涡函数定义为

$$\omega_0=\alpha^2\frac{\partial U_0}{\partial z}-\frac{\partial V_0}{\partial r} \tag{3-53}$$

零阶涡流函数的控制方程：

$$\frac{\partial}{\partial r}\left[\frac{1}{r}\frac{\partial}{\partial r}(r\omega_0)\right]+\alpha^2\frac{\partial^2\omega_0}{\partial z^2}=aRe\left[\frac{\partial}{\partial r}\left(\frac{\omega_0}{r}\right)\frac{\partial \psi_0}{\partial z}-\frac{\partial \psi_0}{\partial r}\frac{\partial\left(\frac{\omega_0}{r}\right)}{\partial z}\right] \tag{3-54}$$

$$r\frac{\partial}{\partial r}\left[\frac{1}{r}\frac{\partial}{\partial r}(\psi_0)\right]+\alpha^2\frac{\partial^2\psi_0}{\partial z^2}=\omega_0 r \tag{3-55}$$

零阶上的边界条件：

$$\begin{aligned}&\psi_0(0,z)=\frac{1}{2},\quad \omega_0(0,z)=0,\qquad 0\leqslant z\leqslant 1\\&\frac{\partial\psi_0}{\partial r}(1,z)=\psi_0(1,z)=0,\qquad 0\leqslant z\leqslant 1\\&\rho_0(1,z)\psi_0(1,z)=\frac{\partial^2\psi_0}{\partial r^2}(1,z),\qquad 0\leqslant z\leqslant 1\end{aligned} \tag{3-56}$$

通过计算得到解为

$$\omega_0=4r \tag{3-57}$$

$$\psi_0=\frac{1}{2}-r^2\left(1-\frac{r^2}{2}\right) \tag{3-58}$$

零阶的压力方程：

$$\frac{\partial p_0}{\partial r}=f_{\mathrm{E}} \tag{3-59}$$

$$\frac{\partial p_0}{\partial z}=-\frac{1}{8r}\frac{\partial}{\partial r}(r\omega_0) \tag{3-60}$$

零阶上的压力边界条件为

$$p_0(1,0)=1,\quad p_0(1,1)=0 \tag{3-61}$$

求得速度，压力和密度的解为

$$V_0=2(1-r^2),\quad U_0=0 \tag{3-62}$$

$$p_0=(1-z)+k\lambda\left(\mathrm{e}^{\frac{r-1}{\lambda}}-1\right) \tag{3-63}$$

$$\rho_0=1 \tag{3-64}$$

2. 一阶摄动解

一阶的流函数定义为

$$U_1=\frac{1}{r}\frac{\partial\psi_1}{\partial z},\quad V_1=-\frac{1}{r}\frac{\partial\psi}{\partial r}-V_0 p_0 \tag{3-65}$$

一阶涡函数定义为

$$\omega_1 = \alpha^2 \frac{\partial U_1}{\partial z} - \frac{\partial V_1}{\partial r} \tag{3-66}$$

一阶摄动的涡、流函数控制方程：

$$\frac{\partial}{\partial r}\left[\frac{1}{r}\frac{\partial}{\partial r}(r\omega_1)\right] + \alpha^2 \frac{\partial^2 \omega_1}{\partial z^2} = 2\alpha Re(1-r^2)\left(\frac{\partial \omega_1}{\partial z} + 4r\right) \tag{3-67}$$

$$r\frac{\partial}{\partial r}\left[\frac{1}{r}\frac{\partial}{\partial r}(r\psi_1)\right] + \alpha^2 \frac{\partial^2 r\psi_1}{\partial z^2} = r\left(\omega_1 + p_0\omega_0 - V_0\frac{\partial p_0}{\partial r}\right) \tag{3-68}$$

一阶上的边界条件为

$$\begin{cases} \psi_1(0,z)=0,\ \omega_1(0,z)=0,\ \dfrac{\partial \psi_1}{\partial r}(1,z)=\psi_1(1,z)=0, & 0 \leqslant z \leqslant 1 \\ \omega_1(1,z)=\dfrac{\partial^2 \psi_1}{\partial r^2}(1,z)-\omega_0 p_0, & 0 \leqslant z \leqslant 1 \end{cases} \tag{3-69}$$

通过计算得到一阶涡、流函数为

$$\begin{aligned} \omega_1 = & -4r(1-z) - \frac{2}{3}\alpha Re r^3(r^2-3) - \alpha Re r \\ & + k\left[96\lambda^5\left(\mathrm{e}^{-\frac{1}{\lambda}}-1\right) + 96\lambda^4 - 32\lambda^3 - 16\lambda^3\mathrm{e}^{-\frac{1}{\lambda}} + 4\lambda\right]r \end{aligned} \tag{3-70}$$

$$\begin{aligned} \psi_1 = & -\frac{1}{72}\alpha Re r^8 + \frac{1}{12}\alpha Re r^6 - \frac{1}{8}\alpha Re r^4 - \frac{1}{18}\alpha Re r^2 \\ & + k\left[\begin{aligned} & \left(-12\lambda^5\mathrm{e}^{-\frac{1}{\lambda}} - 2\lambda^3\mathrm{e}^{-\frac{1}{\lambda}} - 4\lambda^3 - 12\lambda^5 + 12\lambda^4\right)r^4 + 2\lambda^2\mathrm{e}^{\frac{r-1}{\lambda}}r^3 \\ & + \left(-6\lambda^3\mathrm{e}^{\frac{r-1}{\lambda}} - 24\lambda^5\mathrm{e}^{-\frac{1}{\lambda}} + 4\lambda^3\mathrm{e}^{-\frac{1}{\lambda}} + 8\lambda^3 + 24\lambda^5 - 24\lambda^4\right)r^2 \\ & + \left(12\lambda^4\mathrm{e}^{\frac{r-1}{\lambda}} - 2\lambda^2\mathrm{e}^{\frac{r-1}{\lambda}}\right)r + \left(-12\lambda^5\mathrm{e}^{\frac{r-1}{\lambda}} + 2\lambda^3\mathrm{e}^{\frac{r-1}{\lambda}} + 12\lambda^5\mathrm{e}^{-\frac{1}{\lambda}} - 2\lambda^3\mathrm{e}^{-\frac{1}{\lambda}}\right) \end{aligned}\right] \end{aligned} \tag{3-71}$$

一阶的压力方程：

$$\frac{\partial p_1}{\partial r} = f_{\mathrm{E}} + \frac{\alpha^2}{8}\frac{\partial \omega_1}{\partial z} + \frac{1}{6}\alpha^2 \frac{\partial}{\partial r}\left[\frac{1}{r}\frac{\partial}{\partial r}(rU_1) + \frac{\partial V_1}{\partial z}\right] + \frac{\alpha^3 Re}{8}\left(\frac{1}{r}\frac{\partial \psi_0}{\partial r}\frac{\partial U_1}{\partial z}\right) \tag{3-72}$$

$$\frac{\partial p_1}{\partial z} = -\frac{1}{8r}\frac{\partial}{\partial r}(r\omega_1) + \frac{1}{6}\alpha^2 \frac{\partial}{\partial z}\left[\frac{1}{r}\frac{\partial}{\partial r}(rU_1) + \frac{\partial V_1}{\partial z}\right] - \frac{\alpha Re}{8}\left(\frac{1}{r}\frac{\partial \psi_1}{\partial z}\frac{\partial V_0}{\partial r} + \frac{1}{r}\frac{\partial \psi_0}{\partial z}\frac{\partial V_1}{\partial r} - \frac{1}{r}\frac{\partial \psi_1}{\partial r}\frac{\partial V_0}{\partial z} - \frac{1}{r}\frac{\partial \psi_0}{\partial r}\frac{\partial V_1}{\partial z}\right) \tag{3-73}$$

一阶上的压力边界条件为

$$p_1(1,0) = 1, \quad p_1(1,1) = 0 \tag{3-74}$$

速度、压力在界面作用层和体相层的结果分别为

$$\begin{aligned} V_1 &= -\frac{1}{r}\frac{\partial \psi_1}{\partial r} - V_0 p_0 \\ &= -2(1-r^2)\left\{\begin{aligned}&(1-z) + \frac{1}{36}aRe(2 - 7r^2 + 2r^4) \\ &-k\left[-48\lambda^5\left(1 - \mathrm{e}^{-\frac{1}{\lambda}}\right) + 48\lambda^4 - 8\lambda^3\left(2 + \mathrm{e}^{-\frac{1}{\lambda}}\right) + 2\lambda\right]\end{aligned}\right\} \end{aligned} \tag{3-75}$$

$$\begin{aligned} p_1 &= k\lambda\left(\mathrm{e}^{\frac{r-1}{\lambda}} - 1\right) + \frac{1}{4}\alpha^2(r^2 - 1) - \frac{1}{2}(1-z)^2 + \frac{1}{4}\alpha Re(1-z) \\ &\quad + (1-z)k\left[24\lambda^5\left(\mathrm{e}^{-\frac{1}{\lambda}} - 1\right) + 24\lambda^4 - 4\lambda^3\left(\mathrm{e}^{-\frac{1}{\lambda}} - 2\right) - \lambda\right] \end{aligned} \tag{3-76}$$

最后，一阶精度上的总的速度，压力和密度的结果分别为

$$\begin{aligned} V &= V_0 + \varepsilon V_1 + O(\varepsilon^2) \\ &= 2(1-r^2)\left\{\begin{aligned}&1 - \varepsilon(1-z) - \frac{1}{36}\varepsilon\alpha Re(2 - 7r^2 + 2r^4) \\ &+\varepsilon k\left[-48\lambda^5\left(1 - \mathrm{e}^{-\frac{1}{\lambda}}\right) + 48\lambda^4 - 8\lambda^3\left(2 + \mathrm{e}^{-\frac{1}{\lambda}}\right) + 2\lambda\right]\end{aligned}\right\} \end{aligned} \tag{3-77}$$

$$U = U_0 + \varepsilon U_1 = 0 \tag{3-78}$$

$$\begin{aligned} p &= p_0 + \varepsilon p_1 + O(\varepsilon^2) \\ &= (1-z) + k\lambda\left[\exp\left(-(1-r)/\lambda\right) - 1\right] \\ &\quad + \varepsilon\left\{\begin{aligned} &k\lambda\left(\mathrm{e}^{\frac{r-1}{\lambda}} - 1\right) + \frac{1}{4}\alpha^2(r^2-1) - \frac{1}{2}(1-z)^2 + \frac{1}{4}\alpha Re(1-z) \\ &+(1-z)k\left[24\lambda^5\left(\mathrm{e}^{-\frac{1}{\lambda}} - 1\right) + 24\lambda^4 - 4\lambda^3\left(\mathrm{e}^{-\frac{1}{\lambda}} - 2\right) - \lambda\right] \end{aligned}\right\} + O(\varepsilon^2) \end{aligned} \tag{3-79}$$

总的密度场为

$$\begin{aligned} \rho &= 1 + \varepsilon p = 1 + \varepsilon(1-z) + \varepsilon k\lambda\left(\mathrm{e}^{\frac{r-1}{\lambda}} - 1\right) \\ &\quad + \varepsilon^2\left\{\begin{aligned} &k\lambda\left(\mathrm{e}^{\frac{r-1}{\lambda}} - 1\right) + \frac{1}{4}\alpha^2(r^2-1) - \frac{1}{2}(1-z)^2 + \frac{1}{4}\alpha Re(1-z) \\ &+(1-z)k\left[24\lambda^5\left(\mathrm{e}^{-\frac{1}{\lambda}} - 1\right) + 24\lambda^4 - 4\lambda^3\left(\mathrm{e}^{-\frac{1}{\lambda}} - 2\right) - \lambda\right] \end{aligned}\right\} \end{aligned} \tag{3-80}$$

3.2.3　结果与讨论

根据式(3-77)可知：所得无量纲速度中$2(1-r^2)$是不可压缩流体的速度项，即泊肃叶的速度；$-\varepsilon(1-z)$项是由流体的微可压缩性引起的；$-\dfrac{1}{36}\varepsilon\alpha Re(2-7r^2+2r^4)$项是由流体的惯性作用引起的；$\varepsilon k\left[-48\lambda^5\left(1-\mathrm{e}^{-\frac{1}{\lambda}}\right)+48\lambda^4-8\lambda^3\left(2+\mathrm{e}^{-\frac{1}{\lambda}}\right)+2\lambda\right]$项由流体的静电作用力引起的。

根据以上正则摄动解的结果，给定以下计算参数(表 3-2)，来进行后续计算。

表 3-2　考虑静电力作用和微可压缩性的流场计算参数

参数名称	参数取值	参数名称	参数取值
特征管径 R_a/μm	1	液体黏度 μ /(Pa·s)	0.00089
特征管长 L_a/cm	5	液体初始密度 ρ_a/(kg/m^3)	1000
径长比 α	2×10^{-5}	液体介电常数 D/(F/m)	6.95×10^{-10}
进出口压力差 Δp /MPa	0.01	液体温度 T/K	293
固-液表面电势 ϕ_0 /V	0.074	流体离子电荷数 w	+1
HCl 溶液的浓度 c_{H^+} /(mol/L)	$10^{-6}\sim10^{-5}$	雷诺数 Re	0.0032

续表

参数名称	参数取值	参数名称	参数取值
德拜长度 λ^* /m	9.55×10^{-8}～3.019×10^{-7}	无量纲德拜长度 λ	0.0955～0.3019
静电力系数 k^* /(N/m^3)	-2.36×10^{7}～-7.47×10^{8}	微可压缩系数 κ /Pa^{-1}	10^{-10}～10^{-8}
无量纲静电力系数 k	-2.36×10^{-5}～-7.47×10^{-4}	无量纲可压缩系数 ε	0.0001～0.01

根据表 3-2 中的计算参数，可以判断，静电作用力引起的项 $\varepsilon k\left[-48\lambda^5\left(1-\mathrm{e}^{-\frac{1}{\lambda}}\right)+48\lambda^4-8\lambda^3\left(2+\mathrm{e}^{-\frac{1}{\lambda}}\right)+2\lambda\right]$ 在 10^{-6}～10^{-5} 的数量级上，而惯性项引起的项 $-\dfrac{1}{36}\varepsilon\alpha Re(2-7r^2+2r^4)$ 在 10^{-12}～10^{-10} 的数量级上，这两项对流动速度引起的作用可以忽略。因此，可以判断当流体为电解质流体时，静电作用力对流动的影响可以忽略不计。

3.3 考虑固-液分子间作用力的纳微米圆管中流体的流动规律

3.3.1 物理模型和数学模型

1. 问题描述

水平放置的纳微米圆管中假设有流体在其中定常流动，忽略重力影响(图 3-4)。图 3-4 中把 z 轴设在管轴上，令 r 表示由轴心向管壁度量的径向坐标，轴向和径向的速度分别设为 V、U，微圆管的半径为 R，微圆管的长度为 L，分子间作用力为 f_{vdw}，入口压力为 p_1，出口压力为 p_2，进出口压差为 Δp，流体在 r 方向受固体壁面与流体间的分子间作用力作用。

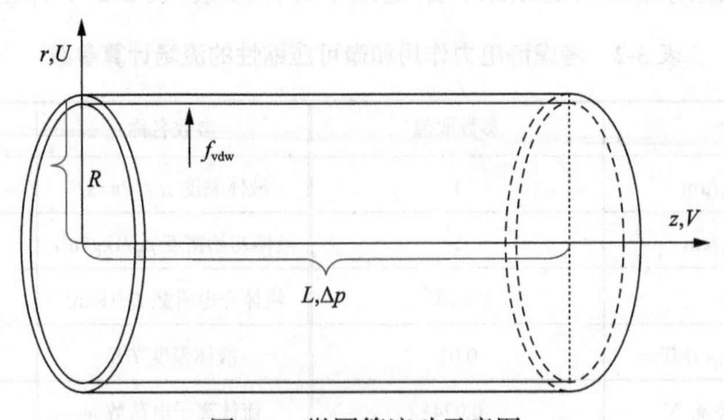

图 3-4　微圆管流动示意图

2. 分子间作用力引起体积力

两个平面之间单位面积上的分子间作用势能为：$E(r^*)=-\dfrac{A}{12\pi r^{*2}}$，那么对于微圆管中离轴心为 r 的圆面上的液体单位面积所受到的圆管壁面的分子间作用势能也可以近似为两个平面上的分子间作用势能。

根据势能和力的关系，可知分子间作用力表示为

$$f_{\mathrm{vdw}}^*(r^*)=-\frac{\mathrm{d}E}{\mathrm{d}r^*}=-\frac{A^*}{6\pi r^{*3}} \tag{3-81}$$

由于最贴近壁面处的分子间作用力为无穷值，可以采用近似的方法，取 δ^* 为界面层厚度，假设在 $R-\delta^* \leqslant r^* \leqslant R$ 的范围内，分子间作用力的导数等于分子间作用力在 $r^*=R-\delta^*$ 的导数，且分子间作用力在 $r^*=R-\delta^*$ 处连续可导。

结合王小峰等[13]已有的研究成果，即分子间作用力采用分段函数的表现形式：

$$f_{\mathrm{vdw}}^*(r^*)=\begin{cases}-\dfrac{A^*}{6\pi(R-r^*)^3}, & 0\leqslant r^*<R-\delta^* \\ -\dfrac{A^*}{2\pi\delta^{*4}}r^*+\dfrac{A^*}{2\pi\delta^{*4}}R-\dfrac{4A^*}{6\pi\delta^{*3}}, & R-\delta^*\leqslant r^*\leqslant R\end{cases} \tag{3-82}$$

式(3-82)反映出固-液分子间作用力引起体积力的改变。对控制方程可以进行无量纲化处理：采用初始流体密度 ρ_{a} 、进出口压力差 Δp 、特征管径 R_{a}、管长 L_{a} 和流速 $\dfrac{W}{\rho_{\mathrm{a}}\pi R_{\mathrm{a}}^2}$ 分别作为流体的密度、压力、径向位置和轴向位置和流速的特征参量，分子间作用力的特征参量是 Δp ，那么分子间作用力中其他无量纲参数为：$f_{\mathrm{vdw}}=\dfrac{f_{\mathrm{vdw}}^*}{\Delta p}$， $A=-\dfrac{A^*}{6\pi R_{\mathrm{a}}^3\Delta p}$ ， $r=\dfrac{r^*}{R_{\mathrm{a}}}$， $\delta=\dfrac{\delta^*}{R_{\mathrm{a}}}$。

3. 分子间作用力引起黏度方程

当流体在纳微米圆管内流动时，流体与微圆管管壁间的分子间作用力作用会使流体间的分子引力增大，进而使流体的黏度 μ 增大，假设流体黏度由两部分组成：一部分是不考虑固-液分子间作用力作用时流体的黏度 μ_0；第二部分是考虑固-液分子间作用力作用后增大的黏度。

由于最贴近壁面处的黏度为无穷值，同样可以采用近似的方法，假设在 $R-\delta^* \leqslant r^* \leqslant R$ 的范围内，黏度对 r^* 的导数等于黏度在 $r^*=R-\delta^*$ 的导数，且黏度在 $r^*=R-\delta^*$ 处连续可导。即黏度采用分段函数的形式为

$$\mu^* = \begin{cases} \mu_0\left(1+\dfrac{b^*}{R-r^*}\right), & 0 \leqslant r^* < R-\delta^* \\ \mu_0\left(1+\dfrac{b^*}{\delta^{*2}}r^*+2\dfrac{b^*}{\delta^*}-\dfrac{b^*}{\delta^{*2}}R\right), & R-\delta^* \leqslant r^* \leqslant R \end{cases} \tag{3-83}$$

式中，b^* 为有量纲的黏度增加因数。

4. 动力学方程

根据流体的微可压缩性质，考虑到流体密度和压强的关系，根据张雪龄等[19]的研究结果，得到微可压缩流体的无量纲状态方程[式(3-22)]。

无量纲的连续性方程及引入固-液分子间作用力的动量方程如下：

$$\frac{1}{r}\frac{\partial}{\partial r}(r\rho U)+\frac{\partial}{\partial z}(\rho V)=0$$

当 r 取值为 $0 \leqslant r < 1-\delta$ 时，速度控制方程为

$$\begin{cases} \alpha^3 Re\rho\left(U\dfrac{\partial U}{\partial r}+V\dfrac{\partial U}{\partial z}\right)=8\rho f_{\mathrm{vdw}}-8\dfrac{\partial p}{\partial r}+\alpha^2\left(1+\dfrac{b}{1-r}\right)\dfrac{\partial}{\partial r}\left[\dfrac{1}{r}\dfrac{\partial}{\partial r}(rU)\right] \\ \qquad +\alpha^4\left(1+\dfrac{b}{1-r}\right)\dfrac{\partial^2 U}{\partial z^2}+\dfrac{1}{3}\alpha^2\left(1+\dfrac{b}{1-r}\right)\left\{\dfrac{\partial}{\partial r}\left[\dfrac{1}{r}\dfrac{\partial}{\partial r}(rU)\right]+\dfrac{\partial^2 V}{\partial r\partial z}\right\} \\ \qquad +\dfrac{4}{3}\alpha^2\dfrac{b}{(1-r)^2}\dfrac{\partial U}{\partial r}-\dfrac{2}{3}\alpha^2\dfrac{b}{(1-r)^2}\dfrac{U}{r}-\dfrac{2}{3}\alpha^2\dfrac{b}{(1-r)^2}\dfrac{\partial V}{\partial z} \\ \alpha Re\rho\left(U\dfrac{\partial V}{\partial r}+V\dfrac{\partial V}{\partial z}\right)=-8\dfrac{\partial p}{\partial z}+\left(1+\dfrac{b}{1-r}\right)\left[\dfrac{1}{r}\dfrac{\partial}{\partial r}\left(r\dfrac{\partial V}{\partial r}\right)\right] \\ \qquad +\alpha^2\left(1+\dfrac{b}{1-r}\right)\dfrac{\partial^2 V}{\partial z^2}+\dfrac{1}{3}\alpha^2\left(1+\dfrac{b}{1-r}\right)\left\{\dfrac{\partial}{\partial z}\left[\dfrac{1}{r}\dfrac{\partial}{\partial r}(rU)\right]+\dfrac{\partial^2 V}{\partial z^2}\right\} \\ \qquad +\dfrac{b}{(1-r)^2}\left(\dfrac{\partial V}{\partial r}+\alpha^2\dfrac{\partial U}{\partial z}\right) \end{cases} \tag{3-84}$$

当 r 取值为 $1-\delta < r \leqslant 1$ 时，速度控制方程为

$$\begin{cases}
\alpha^3 Re\rho\left(U\dfrac{\partial U}{\partial r}+V\dfrac{\partial U}{\partial z}\right)=8\rho f_{\mathrm{vdw}}-8\dfrac{\partial p}{\partial r}+\alpha^2\left(1+\dfrac{b}{\delta^2}r+\dfrac{2b}{\delta}-\dfrac{b}{\delta^2}\right)\dfrac{\partial}{\partial r}\left[\dfrac{1}{r}\dfrac{\partial}{\partial r}(rU)\right] \\
\qquad +\alpha^4\left(1+\dfrac{b}{\delta^2}r+\dfrac{2b}{\delta}-\dfrac{b}{\delta^2}\right)\dfrac{\partial^2 U}{\partial z^2}+\dfrac{1}{3}\alpha^2\left(1+\dfrac{b}{\delta^2}r+\dfrac{2b}{\delta}-\dfrac{b}{\delta^2}\right) \\
\qquad \left\{\dfrac{\partial}{\partial r}\left[\dfrac{1}{r}\dfrac{\partial}{\partial r}(rU)\right]+\dfrac{\partial^2 V}{\partial r\partial z}\right\} \\
\qquad +\dfrac{4}{3}\alpha^2\dfrac{b}{\delta^2}\dfrac{\partial U}{\partial r}-\dfrac{2}{3}\alpha^2\dfrac{b}{\delta^2}\dfrac{U}{r}-\dfrac{2}{3}\alpha^2\dfrac{b}{\delta^2}\dfrac{\partial V}{\partial z} \\
\alpha Re\rho\left(U\dfrac{\partial V}{\partial r}+V\dfrac{\partial V}{\partial z}\right)=-8\dfrac{\partial p}{\partial z}+\left(1+\dfrac{b}{\delta^2}r+\dfrac{2b}{\delta}-\dfrac{b}{\delta^2}\right)\left[\dfrac{1}{r}\dfrac{\partial}{\partial r}\left(r\dfrac{\partial V}{\partial r}\right)\right] \\
\qquad +\alpha^2\left(1+\dfrac{b}{\delta^2}r+\dfrac{2b}{\delta}-\dfrac{b}{\delta^2}\right)\dfrac{\partial^2 V}{\partial z^2}+\dfrac{1}{3}\alpha^2\left(1+\dfrac{b}{\delta^2}r+\dfrac{2b}{\delta}-\dfrac{b}{\delta^2}\right) \\
\qquad \left\{\dfrac{\partial}{\partial z}\left[\dfrac{1}{r}\dfrac{\partial}{\partial r}(rU)\right]+\dfrac{\partial^2 V}{\partial z^2}\right\} \\
\qquad +\dfrac{b}{\delta^2}\left(\dfrac{\partial V}{\partial r}+\alpha^2\dfrac{\partial U}{\partial z}\right)
\end{cases} \tag{3-85}$$

上述方程中包含如下无量纲的参量：

$$r=\frac{r^*}{R},\ \rho=\frac{\rho^*}{\rho_{\mathrm{a}}},\ V=\frac{V^*}{\dfrac{W}{\rho_{\mathrm{a}}\pi R^2}},\ Re=\frac{W}{\pi R\mu_0},\ p=\frac{p^*}{\Delta p},\ b=\frac{b^*}{R},\ f_{\mathrm{vdw}}=\frac{f_{\mathrm{vdw}}^*}{\dfrac{\Delta p}{R\rho_{\mathrm{a}}}},$$

$$W=\frac{\rho_a \pi R^4\Delta p}{8\mu_0 L},\ \delta=\frac{\delta^*}{R}$$

其中，r^*、z^*、ρ^*、p^*、V^*、U^* 分别为有量纲的径向坐标、轴向坐标、密度、压力、轴向速度、径向速度；Δp 为泊肃叶流管道压差；W 为哈根-泊肃叶质量流速；r、z、ρ、p、V、U 分别为无量纲的径向坐标、轴向坐标、密度、压力、轴向速度和径向速度；δ 为定义界面层厚度。

上述物理模型的速度边界条件可以表示为

$$U(0,z)=\frac{\partial V}{\partial r}(0,z)=0,\ U(1,z)=V(1,z)=0 \tag{3-86}$$

微观模型的进出口压力边界可以表示为

$$p(1,0)=1,\ p(1,1)=0 \tag{3-87}$$

为解决上述数学模型的求解方便，使压力与速度的控制方程解耦，引入流函数ψ及涡函数ω，用式(3-88)、式(3-89)表示：

$$U=-\frac{1}{r\rho}\frac{\partial\psi}{\partial z},\quad V=\frac{1}{r\rho}\frac{\partial\psi}{\partial r} \tag{3-88}$$

$$\omega=\alpha^2\frac{\partial U}{\partial z}-\frac{\partial V}{\partial r} \tag{3-89}$$

对式(3-88)和式(3-89)采用涡、流函数进行处理，使压力跟速度进行解耦，控制方程通过流函数和涡函数来表达，当$0\leqslant r<1-\delta$时，有

$$\begin{cases}8\frac{\partial p}{\partial r}=8\rho f_{\mathrm{vdw}}-\alpha^2\left(1+\frac{b}{1-r}\right)\frac{\partial\omega}{\partial z}+\alpha^3 Re\left(\frac{1}{r}\frac{\partial\psi}{\partial z}\frac{\partial U}{\partial r}-\frac{1}{r}\frac{\partial\psi}{\partial r}\frac{\partial U}{\partial z}\right)\\ \qquad+\frac{4}{3}\alpha^2\left(1+\frac{b}{1-r}\right)\frac{\partial}{\partial r}\left[\frac{1}{r}\frac{\partial}{\partial r}(rU)+\frac{\partial V}{\partial z}\right]+\frac{4}{3}\alpha^2\frac{b}{(1-r)^2}\frac{\partial U}{\partial r}\\ \qquad-\frac{2}{3}\alpha^2\frac{b}{(1-r)^2}\frac{U}{r}-\frac{2}{3}\alpha^2\frac{b}{(1-r)^2}\frac{\partial V}{\partial z}\\ 8\frac{\partial p}{\partial z}=\left(1+\frac{b}{1-r}\right)\frac{1}{r}\frac{\partial}{\partial r}(r\omega)+\frac{b}{(1-r)^2}\left(\frac{\partial V}{\partial r}+\alpha^2\frac{\partial U}{\partial z}\right)\\ \qquad+\frac{4}{3}\alpha^2\left(1+\frac{b}{1-r}\right)\frac{\partial}{\partial z}\left[\frac{1}{r}\frac{\partial}{\partial r}(rU)+\frac{\partial V}{\partial z}\right]\\ \qquad+\alpha Re\left(\frac{1}{r}\frac{\partial\psi}{\partial z}\frac{\partial V}{\partial r}-\frac{1}{r}\frac{\partial\psi}{\partial r}\frac{\partial V}{\partial z}\right)\end{cases} \tag{3-90}$$

当$1-\delta\leqslant r\leqslant 1$时，涡、流函数控制方程为

$$\begin{cases}8\frac{\partial p}{\partial r}=8\rho f_{\mathrm{vdw}}+\frac{4}{3}\alpha^2\left(1+\frac{b}{\delta^2}r+\frac{2b}{\delta}-\frac{b}{\delta^2}\right)\frac{\partial}{\partial r}\left[\frac{1}{r}\frac{\partial}{\partial r}(rU)+\frac{\partial V}{\partial z}\right]\\ \qquad-\alpha^2\left(1+\frac{b}{\delta^2}r+\frac{2b}{\delta}-\frac{b}{\delta^2}\right)\frac{\partial\omega}{\partial z}+\alpha^3 Re\left(\frac{1}{r}\frac{\partial\psi}{\partial z}\frac{\partial U}{\partial r}-\frac{1}{r}\frac{\partial\psi}{\partial r}\frac{\partial U}{\partial z}\right)\\ \qquad+\frac{4}{3}\alpha^2\frac{b}{\delta^2}\frac{\partial U}{\partial r}-\frac{2}{3}\alpha^2\frac{b}{\delta^2}\frac{U}{r}-\frac{2}{3}\alpha^2\frac{b}{\delta^2}\frac{\partial V}{\partial z}\\ 8\frac{\partial p}{\partial z}=\left(1+\frac{b}{\delta^2}r+\frac{2b}{\delta}-\frac{b}{\delta^2}\right)\frac{1}{r}\frac{\partial}{\partial r}(r\omega)+\frac{b}{\delta^2}\left(\frac{\partial V}{\partial r}+\alpha^2\frac{\partial U}{\partial z}\right)\\ \qquad+\frac{4}{3}\alpha^2\left(1+\frac{b}{\delta^2}r+\frac{2b}{\delta}-\frac{b}{\delta^2}\right)\frac{\partial}{\partial z}\left[\frac{1}{r}\frac{\partial}{\partial r}(rU)+\frac{\partial V}{\partial z}\right]\\ \qquad+\alpha Re\left(\frac{1}{r}\frac{\partial\psi}{\partial z}\frac{\partial V}{\partial r}-\frac{1}{r}\frac{\partial\psi}{\partial r}\frac{\partial V}{\partial z}\right)\end{cases} \tag{3-91}$$

根据不同 r 取值条件下控制方程式(3-90)、式(3-91)，为使涡量输运方程中不包含压力 p，控制方程分别对 z、r 求导后相减，得到涡量输运方程。

当 $0 \leqslant r < 1-\delta$ 时，涡量输运方程为

$$
\begin{aligned}
&\frac{\partial}{\partial r}\left[\left(1+\frac{b}{1-r}\right)\frac{1}{r}\frac{\partial}{\partial r}(r\omega)\right]+\alpha^2\left(1+\frac{b}{1-r}\right)\frac{\partial^2\omega}{\partial z^2}= \\
&+\alpha Re\left[-\omega\left(U\frac{\partial\rho}{\partial r}+V\frac{\partial\rho}{\partial z}\right)+\frac{\partial\rho}{\partial r}\left(U\frac{\partial V}{\partial r}+V\frac{\partial V}{\partial z}\right)-\alpha^2\frac{\partial\rho}{\partial z}\left(U\frac{\partial U}{\partial r}+V\frac{\partial U}{\partial z}\right)\right] \\
&-\alpha Re\left(\frac{1}{r}\frac{\partial\psi}{\partial z}\frac{\partial\omega}{\partial r}-\frac{1}{r}\frac{\partial\psi}{\partial r}\frac{\partial\omega}{\partial z}-\frac{\omega}{r^2}\frac{\partial\psi}{\partial z}\right)-2\alpha^2\frac{b}{(1-r)^2}\frac{1}{r}\frac{\partial U}{\partial z} \\
&-2\alpha^2\frac{b}{(1-r)^2}\frac{\partial^2 V}{\partial z^2}-\frac{\partial}{\partial r}\left[\frac{b}{(1-r)^2}\left(\frac{\partial V}{\partial r}+\alpha^2\frac{\partial U}{\partial z}\right)\right]
\end{aligned}
\tag{3-92}
$$

当 $1-\delta \leqslant r \leqslant 1$ 时，涡量输运方程为

$$
\begin{aligned}
&\frac{\partial}{\partial r}\left[\left(1+\frac{b}{\delta^2}r+\frac{2b}{\delta}-\frac{b}{\delta^2}\right)\frac{1}{r}\frac{\partial}{\partial r}(r\omega)\right]+\alpha^2\left(1+\frac{b}{\delta^2}r+\frac{2b}{\delta}-\frac{b}{\delta^2}\right)\frac{\partial^2\omega}{\partial z^2}= \\
&+\alpha Re\left[-\omega\left(U\frac{\partial\rho}{\partial r}+V\frac{\partial\rho}{\partial z}\right)+\frac{\partial\rho}{\partial r}\left(U\frac{\partial V}{\partial r}+V\frac{\partial V}{\partial z}\right)-\alpha^2\frac{\partial\rho}{\partial z}\left(U\frac{\partial U}{\partial r}+V\frac{\partial U}{\partial z}\right)\right] \\
&-\alpha Re\left(\frac{1}{r}\frac{\partial\psi}{\partial z}\frac{\partial\omega}{\partial r}-\frac{1}{r}\frac{\partial\psi}{\partial r}\frac{\partial\omega}{\partial z}-\frac{\omega}{r^2}\frac{\partial\psi}{\partial z}\right)-2\alpha^2\frac{b}{\delta^2}\frac{1}{r}\frac{\partial U}{\partial z} \\
&-2\alpha^2\frac{b}{\delta^2}\frac{\partial^2 V}{\partial z^2}-\frac{\partial}{\partial r}\left[\frac{b}{\delta^2}\left(\frac{\partial V}{\partial r}+\alpha^2\frac{\partial U}{\partial z}\right)\right]
\end{aligned}
\tag{3-93}
$$

将流函数[式(3-88)]代入到涡函数[式(3-89)]中，得到流函数的输运方程：

$$
r\frac{\partial}{\partial r}\left(\frac{1}{r}\frac{\partial\psi}{\partial r}\right)+\alpha^2\frac{\partial^2\psi}{\partial z^2}=\rho\omega r-\left(\alpha^2 U\frac{\partial\rho}{\partial z}-V\frac{\partial\rho}{\partial r}\right)r \tag{3-94}
$$

根据边界条件[式(3-86)、式(3-87)]及涡、流函数的定义[式(3-88)、式(3-89)]，得出流函数和涡函数的边界条件为

$$
\begin{cases}
\psi(0,z)=-\dfrac{1}{2},\ \omega(0,z)=0, & 0\leqslant z\leqslant 1 \\
\dfrac{\partial\psi}{\partial r}(1,z)=\psi(1,z)=0, & 0\leqslant z\leqslant 1 \\
\rho(1,z)\omega(1,z)=\dfrac{\partial^2\psi}{\partial r^2}(1,z), & 0\leqslant z\leqslant 1
\end{cases}
\tag{3-95}
$$

3.3.2 正则摄动法求解

1. 零阶摄动求解

根据上面定义的涡、流函数[式(3-88)、式(3-89)]，零阶涡函数和流函数可以分别表示为

$$U_0=-\frac{1}{r\rho_0}\frac{\partial\psi_0}{\partial z},\quad V_0=\frac{1}{r\rho_0}\frac{\partial\psi_0}{\partial r} \tag{3-96}$$

$$\omega_0=\frac{\partial V_0}{\partial r}-\alpha^2\frac{\partial U_0}{\partial z} \tag{3-97}$$

根据摄动求解方法，把式(3-96)代入涡函数控制方程中[式(3-92)、式(3-93)]，通过摄动法得到零阶涡函数的控制方程。

当$0\leqslant r<1-\delta$时，零阶涡函数控制方程为

$$\begin{aligned}&\frac{\partial}{\partial r}\left[\left(1+\frac{b}{1-r}\right)\frac{1}{r}\frac{\partial}{\partial r}(r\omega_0)\right]+\alpha^2\left(1+\frac{b}{1-r}\right)\frac{\partial^2\omega_0}{\partial z^2}\\&=\alpha Re\left[\frac{\partial}{\partial r}\left(\frac{\omega_0}{r}\right)\frac{\partial\psi_0}{\partial z}-\frac{\partial\psi_0}{\partial r}\frac{\partial\left(\frac{\omega_0}{r}\right)}{\partial z}\right]-2\alpha^2\frac{b}{(1-r)^2}\frac{1}{r}\frac{\partial U_0}{\partial z}\\&\quad-2\alpha^2\frac{b}{(1-r)^2}\frac{\partial^2 V_0}{\partial z^2}-\frac{\partial}{\partial r}\left[\frac{b}{(1-r)^2}\left(\frac{\partial V_0}{\partial r}+\alpha^2\frac{\partial U_0}{\partial z}\right)\right]\end{aligned} \tag{3-98}$$

当$1-\delta\leqslant r\leqslant 1$时，零阶涡函数控制方程为

控制方程：

$$r\frac{\partial}{\partial r}\left(\frac{1}{r}\frac{\partial\psi_0}{\partial r}\right)+\alpha^2\frac{\partial^2\psi_0}{\partial z^2}=\omega_0 r \tag{3-99}$$

涡、流函数的零阶边界条件根据摄动法可以写为

$$\begin{aligned}&\psi_0(0,z)=-\frac{1}{2},\ \ \omega_0(0,z)=0,\qquad 0\leqslant z\leqslant 1\\&\frac{\partial\psi_0}{\partial r}(1,z)=\psi_0(1,z)=0,\qquad 0\leqslant z\leqslant 1\\&\rho_0(1,z)\omega_0(1,z)=\frac{\partial^2\psi_0}{\partial r^2}(1,z),\qquad 0\leqslant z\leqslant 1\end{aligned} \tag{3-100}$$

计算求解得出零阶涡函数 ω_0：

$$\omega_0=\begin{cases} C_1\dfrac{r-1}{1-r+b}r, & 0\leqslant r\leqslant 1-\delta \\ C_2\dfrac{r}{2b\delta+br+\delta^2-b}, & 1-\delta\leqslant r\leqslant 1 \end{cases} \tag{3-101}$$

求解得出的涡函数 ω_0 中包含的参数为

$$C_1=\frac{12b^4}{D}\text{，}\quad C_2=-C_1\delta^2$$

$$\begin{aligned} D=&(-12\delta^8-72b\delta^7+36b\delta^6-144b^2\delta^6+144b^2\delta^5-36b^2\delta^4-96b^3\delta^5+144b^3\delta^4 \\ &-72b^3\delta^3+12b^3\delta^2)\ln\left(\frac{\delta^2+2b\delta}{\delta^2+b\delta}\right)+(12b^8+36b^7+36b^6+12b^5)\ln\left(\frac{\delta+b}{1+b}\right)+12b^7(1-\delta) \\ &+b^6(30-36\delta+6\delta^2)+b^5(22-36\delta+18\delta^2-4\delta^3)+b^4(3-12\delta+18\delta^2-12\delta^3+3\delta^4) \\ &+b^3(36\delta^3-90\delta^4+64\delta^5)+b^2(-36\delta^5+54\delta^6)+12b\delta^7 \end{aligned}$$

根据求解出的零阶涡函数 ω_0，通过涡函数控制方程［式(3-99)］求解得出零阶流函数 ψ_0，进一步根据零阶涡函数和流函数定义可以求解得到零阶速度方程：

$$U_0=0 \tag{3-102}$$

$$V_0=\begin{cases} -\dfrac{C_2}{b}\delta+\left(\dfrac{2C_2\delta}{b}+\dfrac{C_2\delta^2}{b^2}-\dfrac{C_2}{b}\right)\ln\left(\dfrac{2b\delta+\delta^2}{b\delta+\delta^2}\right)+\dfrac{1}{2}C_1[(1-\delta)^2-r^2] \\ +C_1b(1-\delta-r)+(C_1b^2+C_1b)\ln\left(\dfrac{\delta+b}{1-r+b}\right), \quad 0\leqslant r\leqslant 1-\delta \\ \dfrac{C_2}{b}(r-1)+\left(\dfrac{2C_2\delta}{b}+\dfrac{C_2\delta^2}{b^2}-\dfrac{C_2}{b}\right)\ln\left(\dfrac{2b\delta+\delta^2}{2b\delta+br+\delta^2-b}\right), \quad 1-\delta\leqslant r\leqslant 1 \end{cases} \tag{3-103}$$

式中，C_1、C_2 均为零阶涡函数 ω_0 中所包含的参数。

对于零阶压力方程的求解，同样根据摄动法对压力方程［式(3-91)］进行摄动求解，通过摄动参量的处理，得到零阶情况下压力的控制方程：

$$\begin{cases}\dfrac{\partial p_0}{\partial r}=f_{\text{vdw}}\\[2mm]\dfrac{\partial p_0}{\partial z}=\dfrac{1}{8}\left(1+\dfrac{b}{1-r}\right)\dfrac{1}{r}\dfrac{\partial}{\partial r}(r\omega_0)+\dfrac{1}{8}\dfrac{b}{(1-r)^2}\dfrac{\partial V_0}{\partial r}\end{cases} \tag{3-104}$$

零阶压力边界条件为 $p_0(1,1)=0$，根据压力控制方程[式(3-95)]及求解出的速度方程[式(3-93)、式(3-94)]和零阶压力的边界条件，求解得到零阶压力：

$$p_0=\begin{cases}-\dfrac{1}{4}(z-1)C_1+A\left[\dfrac{1}{(1-r)^3}-\dfrac{4}{\delta^3}\right], & 0\leqslant r\leqslant 1-\delta,\ 0\leqslant z\leqslant 1\\[2mm]\dfrac{1}{4}(z-1)\dfrac{C_2}{\delta^2}+\dfrac{3A}{\delta^4}(r-1), & 1-\delta\leqslant r\leqslant 1,\ 0\leqslant z\leqslant 1\end{cases} \tag{3-105}$$

2. 一阶摄动求解

根据摄动原理得到一阶流函数和涡函数方程。

$$r\frac{\partial}{\partial r}\left(\frac{1}{r}\frac{\partial\psi_1}{\partial r}\right)+\alpha^2\frac{\partial^2\psi_1}{\partial z^2}=r\left(\omega_1+p_0\omega_0+V_0\frac{\partial p_0}{\partial r}\right) \tag{3-106}$$

将式(3-97)代入涡函数控制方程中[式(3-92)、式(3-93)]，通过摄动法得到一阶阶涡函数的控制方程。

当 $0\leqslant r<1-\delta$ 时，一阶涡函数控制方程为

$$\begin{aligned}&\frac{\partial}{\partial r}\left[\left(1+\frac{b}{1-r}\right)\frac{1}{r}\frac{\partial}{\partial r}(r\omega_1)\right]+\alpha^2\left(1+\frac{b}{1-r}\right)\frac{\partial^2\omega_1}{\partial z^2}\\&=-\alpha Re\left(\frac{1}{r}\frac{\partial\psi_1}{\partial z}\frac{\partial\omega_0}{\partial r}-\frac{1}{r}\frac{\partial\psi_0}{\partial r}\frac{\partial\omega_1}{\partial z}-\frac{\omega_0}{r^2}\frac{\partial\psi_1}{\partial z}+\omega_0V_0\frac{\partial p}{\partial z}\right)\\&\quad-2\alpha^2\frac{b}{(1-r)^2}\frac{1}{r}\frac{\partial U_1}{\partial z}-2\alpha^2\frac{b}{(1-r)^2}\frac{\partial^2V_1}{\partial z^2}-\frac{\partial}{\partial r}\left[\frac{b}{(1-r)^2}\left(\frac{\partial V_1}{\partial r}+\alpha^2\frac{\partial U_1}{\partial z}\right)\right]\end{aligned} \tag{3-107}$$

当 $1-\delta\leqslant r\leqslant 1$ 时，一阶涡函数控制方程为

$$\begin{aligned}&\frac{\partial}{\partial r}\left[\left(1+\frac{b}{\delta^2}r+\frac{2b}{\delta}-\frac{b}{\delta^2}\right)\frac{1}{r}\frac{\partial}{\partial r}(r\omega_1)\right]+\alpha^2\left(1+\frac{b}{\delta^2}r+\frac{2b}{\delta}-\frac{b}{\delta^2}\right)\frac{\partial^2\omega_1}{\partial z^2}\\&=-\alpha Re\left(\frac{1}{r}\frac{\partial\psi_1}{\partial z}\frac{\partial\omega_0}{\partial r}-\frac{1}{r}\frac{\partial\psi_0}{\partial r}\frac{\partial\omega_1}{\partial z}-\frac{\omega_0}{r^2}\frac{\partial\psi_1}{\partial z}+\omega_0V_0\frac{\partial p}{\partial z}\right)\\&\quad-2\alpha^2\frac{b}{\delta^2}\frac{1}{r}\frac{\partial U_1}{\partial z}-2\alpha^2\frac{b}{\delta^2}\frac{\partial^2V_1}{\partial z^2}-\frac{\partial}{\partial r}\left[\frac{b}{\delta^2}\left(\frac{\partial V_1}{\partial r}+\alpha^2\frac{\partial U_1}{\partial z}\right)\right]\end{aligned} \tag{3-108}$$

根据摄动法写出一阶流函数的控制方程：

$$r\frac{\partial}{\partial r}\left(\frac{1}{r}\frac{\partial \psi_1}{\partial r}\right)+\alpha^2\frac{\partial^2\psi_1}{\partial z^2}=r\left(\omega_1+p_0\omega_0+V_0\frac{\partial p_0}{\partial r}\right) \tag{3-109}$$

涡、流函数的一阶边界条件根据摄动法可以写为

$$\begin{aligned}&\psi_1(0,z)=0,\quad \omega_1(0,z)=0,\quad 0\leqslant z\leqslant 1\\&\frac{\partial \psi_1}{\partial r}(1,z)=\psi_1(1,z)=0,\quad 0\leqslant z\leqslant 1\\&\omega_1(1,z)=\frac{\partial^2\psi_1}{\partial r^2}(1,z)-\omega_0 p_0,\quad 0\leqslant z\leqslant 1\end{aligned} \tag{3-110}$$

由于一阶涡函数方程和一阶流函数控制方程为二阶偏微分方程，控制方程较为复杂，并不能根据边界条件求出一阶涡、流函数的解析解，故对一阶控制方程采用有限差分方法进行数值求解，采用中心差分方法，保证所求控制方程的收敛性和误差极限，最后通过有限差分方法求解处一阶速度和压力，收敛性条件可以参考文献。

首先通过式(3-106)并利用零阶摄动法求解所得出的零阶涡函数ω_0、流函数ψ_0和速度结果U_0、V_0，对一阶涡、流函数控制方程[式(3-107)～式(3-110)]进行预处理。

当$0\leqslant r<1-\delta$时，一阶涡、流函数控制方程可以替换为

$$\begin{aligned}&\frac{\partial}{\partial r}\left\{\left(1+\frac{b}{1-r}\right)\frac{1}{r}\frac{\partial}{\partial r}\left[r\frac{\partial}{\partial r}\left(\frac{1}{r}\frac{\partial \psi_1}{\partial r}\right)+\alpha^2\frac{\partial^2\psi_1}{\partial z^2}-rp_0\omega_0-rV_0\frac{\partial p_0}{\partial r}\right]\right\}\\&+\alpha^2\left(1+\frac{b}{1-r}\right)\frac{\partial^2}{\partial z^2}\left[\frac{\partial}{\partial r}\left(\frac{1}{r}\frac{\partial \psi_1}{\partial r}\right)+\alpha^2\frac{1}{r}\frac{\partial^2\psi_1}{\partial z^2}-p_0\omega_0-V_0\frac{\partial p_0}{\partial r}\right]\\&=-\alpha Re\left\{\begin{aligned}&\frac{1}{r}\frac{\partial \psi_1}{\partial z}\frac{\partial \omega_0}{\partial r}-\frac{1}{r}\frac{\partial \psi_0}{\partial r}\frac{\partial}{\partial z}\left[\begin{aligned}&\frac{\partial}{\partial r}\left(\frac{1}{r}\frac{\partial \psi_1}{\partial r}\right)+\alpha^2\frac{1}{r}\frac{\partial^2\psi_1}{\partial z^2}\\&-p_0\omega_0-V_0\frac{\partial p_0}{\partial r}\end{aligned}\right]\\&-\frac{\omega_0}{r^2}\frac{\partial \psi_1}{\partial z}+\omega_0V_0\frac{\partial p_0}{\partial z}\end{aligned}\right\}\\&-2\alpha^2\frac{b}{(1-r)^2}\frac{1}{r}\frac{\partial}{\partial z}\left(-\frac{1}{r}\frac{\partial \psi_1}{\partial z}\right)-2\alpha^2\frac{b}{(1-r)^2}\frac{\partial^2}{\partial z^2}\left(\frac{1}{r}\frac{\partial \psi_1}{\partial r}-p_0V_0\right)\\&-\frac{\partial}{\partial r}\left\{\frac{b}{(1-r)^2}\left[\frac{\partial}{\partial r}\left(\frac{1}{r}\frac{\partial \psi_1}{\partial r}-p_0V_0\right)+\alpha^2\frac{\partial}{\partial z}\left(-\frac{1}{r}\frac{\partial \psi_1}{\partial z}\right)\right]\right\}\end{aligned} \tag{3-111}$$

当$1-\delta\leqslant r\leqslant 1$时，一阶涡流函数控制方程可以替换为

$$\frac{\partial}{\partial r}\left\{\left(1+\frac{b}{\delta^2}r+\frac{2b}{\delta}-\frac{b}{\delta^2}\right)\frac{1}{r}\frac{\partial}{\partial r}\left[r\frac{\partial}{\partial r}\left(\frac{1}{r}\frac{\partial\psi_1}{\partial r}\right)+\alpha^2\frac{\partial^2\psi_1}{\partial z^2}-rp_0\omega_0-rV_0\frac{\partial p_0}{\partial r}\right]\right\}$$
$$+\alpha^2\left(1+\frac{b}{\delta^2}r+\frac{2b}{\delta}-\frac{b}{\delta^2}\right)\frac{\partial^2}{\partial z^2}\left[\frac{\partial}{\partial r}\left(\frac{1}{r}\frac{\partial\psi_1}{\partial r}\right)+\alpha^2\frac{1}{r}\frac{\partial^2\psi_1}{\partial z^2}-p_0\omega_0-V_0\frac{\partial p_0}{\partial r}\right]$$
$$=-\alpha Re\left\{\frac{1}{r}\frac{\partial\psi_1}{\partial z}\frac{\partial\omega_0}{\partial r}-\frac{1}{r}\frac{\partial\psi_0}{\partial r}\frac{\partial}{\partial z}\left[\begin{array}{l}\dfrac{\partial}{\partial r}\left(\dfrac{1}{r}\dfrac{\partial\psi_1}{\partial r}\right)+\alpha^2\dfrac{1}{r}\dfrac{\partial^2\psi_1}{\partial z^2}\\-p_0\omega_0-V_0\dfrac{\partial p_0}{\partial r}\end{array}\right]-\frac{\omega_0}{r^2}\frac{\partial\psi_1}{\partial z}+\omega_0V_0\frac{\partial p_0}{\partial z}\right\}$$
$$-2\alpha^2\frac{b}{\delta^2}\frac{1}{r}\frac{\partial}{\partial z}\left(-\frac{1}{r}\frac{\partial\psi_1}{\partial z}\right)-2\alpha^2\frac{b}{\delta^2}\frac{\partial^2}{\partial z^2}\left(\frac{1}{r}\frac{\partial\psi_1}{\partial r}-p_0V_0\right)$$
$$-\frac{\partial}{\partial r}\left\{\frac{b}{\delta^2}\left[\frac{\partial}{\partial r}\left(\frac{1}{r}\frac{\partial\psi_1}{\partial r}-p_0V_0\right)+\alpha^2\frac{\partial}{\partial z}\left(-\frac{1}{r}\frac{\partial\psi_1}{\partial z}\right)\right]\right\}\tag{3-112}$$

对式(3-111)、式(3-112)分别进行简化，改写为对流函数的偏导数方程从低阶到高阶的顺序，使方程的后期处理更为方便。

当$0\leqslant r<1-\delta$时，式(3-112)可改写为

$$\left[-\frac{1}{r(1-r)}-\frac{1-r+b}{r^2(1-r)}+\frac{1-r+b}{r(1-r)^2}\right]\left[\begin{array}{l}\dfrac{1}{r^2}\dfrac{\partial\psi}{\partial r}-\dfrac{1}{r}\dfrac{\partial^2\psi}{\partial r^2}+\dfrac{\partial^3\psi}{\partial r^3}+\alpha^2\dfrac{\partial^3\psi}{\partial r\partial z^2}\\-p_0\omega_0-r\dfrac{\partial(p_0\omega_0)}{\partial r}-V_0\dfrac{\partial p_0}{\partial r}-r\dfrac{\partial\left(V_0\dfrac{\partial p_0}{\partial r}\right)}{\partial r}\end{array}\right]$$
$$+\frac{1-r+b}{r(1-r)}\left[\begin{array}{l}-\dfrac{2}{r^3}\dfrac{\partial\psi}{\partial r}+\dfrac{2}{r^2}\dfrac{\partial^2\psi}{\partial r^2}-\dfrac{1}{r}\dfrac{\partial^3\psi}{\partial r^3}+\dfrac{\partial^4\psi}{\partial r^4}+\alpha^2\dfrac{\partial^4\psi}{\partial r^2\partial z^2}\\-2\dfrac{\partial(p_0\omega_0)}{\partial r}-r\dfrac{\partial^2(p_0\omega_0)}{\partial r^2}-2\dfrac{\partial\left(V_0\dfrac{\partial p_0}{\partial r}\right)}{\partial r}-r\dfrac{\partial^2\left(V_0\dfrac{\partial p_0}{\partial r}\right)}{\partial r^2}\end{array}\right]$$
$$+\alpha^2\frac{1-r+b}{1-r}\left[-\frac{1}{r^2}\frac{\partial^3\psi}{\partial z^2\partial r}+\frac{1}{r}\frac{\partial^4\psi}{\partial r^2\partial z^2}+\alpha^2\frac{1}{r}\frac{\partial^4\psi}{\partial z^4}-\frac{\partial^2(p_0\omega_0)}{\partial z^2}-\frac{\partial^2\left(V_0\dfrac{\partial p_0}{\partial r}\right)}{\partial z^2}\right]$$

$$
=-\alpha Re\left\{\frac{1}{r}\frac{\partial\psi}{\partial z}\frac{\partial\omega_0}{\partial r}-\frac{1}{r}\frac{\partial\psi_0}{\partial r}\begin{bmatrix}-\frac{1}{r^2}\frac{\partial^2\psi}{\partial z\partial r}+\frac{1}{r}\frac{\partial^3\psi}{\partial r^2\partial z}\\+\alpha^2\frac{1}{r}\frac{\partial^3\psi}{\partial z^3}-\frac{\partial(p_0\omega_0)}{\partial z}-\frac{\partial\left(V_0\frac{\partial p_0}{\partial r}\right)}{\partial z}\end{bmatrix}-\frac{\omega_0}{r^2}\frac{\partial\psi}{\partial z}+\omega_0V_0\frac{\partial p_0}{\partial z}\right\}
$$

$$
+2\alpha^2\frac{b}{(1-r)^2}\frac{1}{r^2}\frac{\partial^2\psi}{\partial z^2}-2\alpha^2\frac{b}{(1-r)^2}\frac{1}{r}\frac{\partial^3\psi}{\partial z^2\partial r}+2\alpha^2\frac{b}{(1-r)^2}\frac{\partial^2}{\partial z^2}p_0V_0
$$

$$
-\frac{2b}{(1-r)^3}\left[-\frac{1}{r^2}\frac{\partial\psi}{\partial r}+\frac{1}{r}\frac{\partial^2\psi}{\partial r^2}-\frac{\partial}{\partial r}(p_0V_0)-\alpha^2\frac{1}{r}\frac{\partial^2\psi}{\partial z^2}\right]
$$

$$
-\frac{b}{(1-r)^2}\left(\frac{2}{r^3}\frac{\partial\psi}{\partial r}-\frac{2}{r^2}\frac{\partial^2\psi}{\partial r^2}+\frac{1}{r}\frac{\partial^3\psi}{\partial r^3}-\frac{\partial^2}{\partial r^2}p_0V_0+\alpha^2\frac{1}{r^2}\frac{\partial^2\psi}{\partial z^2}-\alpha^2\frac{1}{r}\frac{\partial^3\psi}{\partial r\partial z^2}\right)
\tag{3-113}
$$

当$1-\delta\leqslant r\leqslant 1$时，式(3-112)可改写为

$$
\left[-\left(\frac{1}{r^2}+\frac{2b}{\delta r^2}-\frac{b}{\delta^2r^2}\right)\right]\begin{bmatrix}\frac{1}{r^2}\frac{\partial\psi}{\partial r}-\frac{1}{r}\frac{\partial^2\psi}{\partial r^2}+\frac{\partial^3\psi}{\partial r^3}+\alpha^2\frac{\partial^3\psi}{\partial r\partial z^2}\\-p_0\omega_0-r\frac{\partial(p_0\omega_0)}{\partial r}-V_0\frac{\partial p_0}{\partial r}-r\frac{\partial\left(V_0\frac{\partial p_0}{\partial r}\right)}{\partial r}\end{bmatrix}
$$

$$
+\left(1+\frac{b}{\delta^2}r+\frac{2b}{\delta}-\frac{b}{\delta^2}\right)\frac{1}{r}\begin{bmatrix}-\frac{2}{r^3}\frac{\partial\psi}{\partial r}+\frac{2}{r^2}\frac{\partial^2\psi}{\partial r^2}-\frac{1}{r}\frac{\partial^3\psi}{\partial r^3}+\frac{\partial^4\psi}{\partial r^4}+\alpha^2\frac{\partial^4\psi}{\partial r^2\partial z^2}\\-2\frac{\partial(p_0\omega_0)}{\partial r}-r\frac{\partial^2(p_0\omega_0)}{\partial r^2}-2\frac{\partial\left(V_0\frac{\partial p_0}{\partial r}\right)}{\partial r}-r\frac{\partial^2\left(V_0\frac{\partial p_0}{\partial r}\right)}{\partial z^2}\end{bmatrix}
$$

$$
+\alpha^2\left(1+\frac{b}{\delta^2}r+\frac{2b}{\delta}-\frac{b}{\delta^2}\right)\left[-\frac{2}{r^2}\frac{\partial^3\psi}{\partial z^2\partial r}+\frac{1}{r}\frac{\partial^4\psi}{\partial r^2\partial z^2}+\alpha^2\frac{1}{r}\frac{\partial^4\psi}{\partial z^4}-\frac{\partial^2(p_0\omega_0)}{\partial z^2}-\frac{\partial^2\left(V_0\frac{\partial p_0}{\partial r}\right)}{\partial z^2}\right]
$$

$$
=-\alpha Re\left\{\frac{1}{r}\frac{\partial\psi}{\partial z}\frac{\partial\omega_0}{\partial r}-\frac{1}{r}\frac{\partial\psi_0}{\partial r}\begin{bmatrix}-\frac{1}{r^2}\frac{\partial^2\psi}{\partial z\partial r}+\frac{1}{r}\frac{\partial^3\psi}{\partial r^2\partial z}+\alpha^2\frac{1}{r}\frac{\partial^3\psi}{\partial z^3}\\-\frac{\partial(p_0\omega_0)}{\partial z}-\frac{\partial\left(V_0\frac{\partial p_0}{\partial r}\right)}{\partial z}\end{bmatrix}-\frac{\omega_0}{r^2}\frac{\partial\psi}{\partial z}+\omega_0V_0\frac{\partial p_0}{\partial z}\right\}
$$

$$-2\alpha^2 \frac{b}{\delta^2}\frac{1}{r^2}\frac{\partial^2\psi}{\partial z^2} - 2\alpha^2 \frac{b}{\delta^2}\frac{1}{r}\frac{\partial^3\psi}{\partial z^2 \partial r} + 2\alpha^2 \frac{b}{\delta^2}\frac{\partial^2}{\partial z^2} p_0 V_0$$

$$-\frac{b}{\delta^2}\left(\frac{2}{r^3}\frac{\partial\psi}{\partial r} - \frac{2}{r^2}\frac{\partial^2\psi}{\partial r^2} + \frac{1}{r}\frac{\partial^3\psi}{\partial r^3} - \frac{\partial^2}{\partial r^2} p_0 V_0 + \alpha^2 \frac{1}{r^2}\frac{\partial^2\psi}{\partial z^2} - \alpha^2 \frac{1}{r}\frac{\partial^3\psi}{\partial r \partial z^2}\right) \tag{3-114}$$

对上述式(3-113)、式(3-114)整理，简化方程，当$0 \leqslant r < 1-\delta$时：

$$A_i \frac{\partial\psi}{\partial r} + B_i \frac{\partial^2\psi}{\partial r^2} + C_i \frac{\partial^3\psi}{\partial r^3} + D_i \frac{\partial^4\psi}{\partial r^4} + E_i \frac{\partial\psi}{\partial z} + F_i \frac{\partial^2\psi}{\partial z^2} + G_i \frac{\partial^3\psi}{\partial z^3}$$
$$+ H_i \frac{\partial^4\psi}{\partial z^4} + I_i \frac{\partial^2\psi}{\partial z \partial r} + J_i \frac{\partial^3\psi}{\partial r \partial z^2} + K_i \frac{\partial^3\psi}{\partial r^2 \partial z} + L_i \frac{\partial^4\psi}{\partial r^2 \partial z^2} = M_i \tag{3-115}$$

当$1-\delta \leqslant r \leqslant 1$时：

$$A_{ii} \frac{\partial\psi}{\partial r} + B_{ii} \frac{\partial^2\psi}{\partial r^2} + C_{ii} \frac{\partial^3\psi}{\partial r^3} + D_{ii} \frac{\partial^4\psi}{\partial r^4} + E_{ii} \frac{\partial\psi}{\partial z} + F_{ii} \frac{\partial^2\psi}{\partial z^2} + G_{ii} \frac{\partial^3\psi}{\partial z^3}$$
$$+ H_{ii} \frac{\partial^4\psi}{\partial z^4} + I_{ii} \frac{\partial^2\psi}{\partial z \partial r} + J_{ii} \frac{\partial^3\psi}{\partial r \partial z^2} + K_{ii} \frac{\partial^3\psi}{\partial r^2 \partial z} + L_{ii} \frac{\partial^4\psi}{\partial r^2 \partial z^2} = M_{ii} \tag{3-116}$$

其中，式(3-115)、式(3-116)流函数偏导数前面的系数分别表示为

$$A_i = -(1-r)^2 r - (1-r+b)(1-r)^2 + (1-r+b)(1-r)r$$
$$-2(1-r+b)(1-r)^2 - 2br^2 + 2b(1-r)r$$

$$A_{ii} = -\left(1+\frac{2b}{\delta}-\frac{b}{\delta^2}\right) - 2\left(1+\frac{b}{\delta^2}r+\frac{2b}{\delta}-\frac{b}{\delta^2}\right) + 2\frac{b}{\delta^2}r$$

$$B_i = (1-r)^2 r^2 + (1-r+b)(1-r)^2 r - (1-r+b)(1-r)r^2$$
$$+2(1-r+b)(1-r)^2 r + 2br^3 - 2b(1-r)r^2$$

$$B_{ii} = \left(1+\frac{2b}{\delta}-\frac{b}{\delta^2}\right)r + 2\left(1+\frac{b}{\delta^2}r+\frac{2b}{\delta}-\frac{b}{\delta^2}\right)r - 2\frac{b}{\delta^2}r^2$$

$$C_i = -(1-r)^2 r^3 - (1-r+b)(1-r)^2 r^2 + (1-r+b)(1-r)r^3$$
$$-(1-r+b)(1-r)^2 r^2 + b(1-r)r^3$$

$$C_{ii} = -\left(1+\frac{2b}{\delta}-\frac{b}{\delta^2}\right)r^2 - \left(1+\frac{b}{\delta^2}r+\frac{2b}{\delta}-\frac{b}{\delta^2}\right)r^2 + \frac{b}{\delta^2}r^3$$

$$D_i = (1-r+b)(1-r)^2 r^3$$

$$D_{ii} = \left(1+\frac{b}{\delta^2}r+\frac{2b}{\delta}-\frac{b}{\delta^2}\right)r^3$$

$$E_i = \alpha Re(1-r)^3 r^3 \frac{\partial \omega_0}{\partial r} - \alpha Re(1-r)^3 r^2 \omega_0$$

$$E_{ii} = \alpha Re r^3 \frac{\partial \omega_0}{\partial r} - \alpha Re r^2 \omega_0$$

$$F_i = -\alpha^2 b(1-r)r^2 - 2\alpha^2 b r^3$$

$$F_{ii} = -\alpha^2 \frac{b}{\delta^2} r^2$$

$$G_i = -\alpha^3 Re(1-r)^3 r^2 \frac{\partial \psi_0}{\partial r}$$

$$G_{ii} = -\alpha^3 Re r^2 \frac{\partial \psi_0}{\partial r}$$

$$H_i = \alpha^4 (1-r+b)(1-r)^2 r^3$$

$$H_{ii} = \alpha^4 \left(1+\frac{b}{\delta^2}r+\frac{2b}{\delta}-\frac{b}{\delta^2}\right)r^3$$

$$I_i = \alpha Re(1-r)^3 r \frac{\partial \psi_0}{\partial r}$$

$$I_{ii} = \alpha Re r \frac{\partial \psi_0}{\partial r}$$

$$J_i = -\alpha^2 (1-r)^2 r^3 - \alpha^2 (1-r+b)(1-r)^2 r^2 + \alpha^2 (1-r+b)(1-r) r^3 \\ - \alpha^2 (1-r+b)(1-r)^2 r^2 + \alpha^2 b(1-r) r^3$$

$$J_{ii} = -\alpha^2 \left(1+\frac{2b}{\delta}-\frac{b}{\delta^2}\right)r^2 - \alpha^2 \left(1+\frac{b}{\delta^2}r+\frac{2b}{\delta}-\frac{b}{\delta^2}\right)r^2 + \alpha^2 \frac{b}{\delta^2} r^3$$

$$K_i = -\alpha Re(1-r)^3 r^2 \frac{\partial \psi_0}{\partial r}$$

$$K_{ii} = -\alpha Re r^2 \frac{\partial \psi_0}{\partial r}$$

$$L_i = 2\alpha^2 (1-r+b)(1-r)^2 r^3$$

$$L_{ii} = 2\alpha^2 \left(1+\frac{b}{\delta^2}r+\frac{2b}{\delta}-\frac{b}{\delta^2}\right)r^3$$

$$M_i = \left[(1-r)^2 r^3 + (1-r+b)(1-r)^2 r^2 - (1-r+b)(1-r)r^3\right]$$
$$\left[-p_0\omega_0 - r\frac{\partial(p_0\omega_0)}{\partial r} - V_0\frac{\partial p_0}{\partial r} - r\frac{\partial\left(V_0\frac{\partial p_0}{\partial r}\right)}{\partial r}\right]$$
$$-(1-r+b)(1-r)^2 r^3 \left[\begin{array}{l} -2\dfrac{\partial(p_0\omega_0)}{\partial r} - r\dfrac{\partial^2(p_0\omega_0)}{\partial r^2} \\ -2\dfrac{\partial\left(V_0\frac{\partial p_0}{\partial r}\right)}{\partial r} - r\dfrac{\partial^2\left(V_0\frac{\partial p_0}{\partial r}\right)}{\partial r^2}\end{array}\right]$$
$$-\alpha^2(1-r+b)(1-r)^2 r^4 \left[-\frac{\partial^2(p_0\omega_0)}{\partial z^2} - \frac{\partial^2\left(V_0\frac{\partial p_0}{\partial r}\right)}{\partial z^2}\right]$$
$$-\alpha Re\left\{-(1-r)^3 r^3 \frac{\partial\psi_0}{\partial r}\left[-\frac{\partial(p_0\omega_0)}{\partial z} - \frac{\partial\left(V_0\frac{\partial p_0}{\partial r}\right)}{\partial z}\right] + (1-r)^3 r^4 \omega_0 V_0 \frac{\partial p_0}{\partial z}\right\}$$
$$+2\alpha^2 b(1-r)r^4\frac{\partial^2}{\partial z^2}p_0V_0 + 2br^4\frac{\partial}{\partial r}(p_0V_0) + b(1-r)r^4\frac{\partial^2}{\partial r^2}p_0V_0$$

$$M_{ii} = \left(1+\frac{2b}{\delta}-\frac{b}{\delta^2}\right)r^2\left[-p_0\omega_0 - r\frac{\partial(p_0\omega_0)}{\partial r} - V_0\frac{\partial p_0}{\partial r} - r\frac{\partial\left(V_0\frac{\partial p_0}{\partial r}\right)}{\partial r}\right]$$
$$-\left(1+\frac{b}{\delta^2}r+\frac{2b}{\delta}-\frac{b}{\delta^2}\right)r^3\left[\begin{array}{l} -2\dfrac{\partial(p_0\omega_0)}{\partial r} - r\dfrac{\partial^2(p_0\omega_0)}{\partial r^2} \\ -2\dfrac{\partial\left(V_0\frac{\partial p_0}{\partial r}\right)}{\partial r} - r\dfrac{\partial^2\left(V_0\frac{\partial p_0}{\partial r}\right)}{\partial r^2}\end{array}\right]$$

$$
-\alpha^2\left(1+\frac{b}{\delta^2}r+\frac{2b}{\delta}-\frac{b}{\delta^2}\right)r^4\left[-\frac{\partial^2(p_0\omega_0)}{\partial z^2}-\frac{\partial^2\left(V_0\frac{\partial p_0}{\partial r}\right)}{\partial z^2}\right]
$$

$$
-\alpha Re\left\{-r^3\frac{\partial\psi_0}{\partial r}\left[-\frac{\partial(p_0\omega_0)}{\partial z}-\frac{\partial\left(V_0\frac{\partial p_0}{\partial r}\right)}{\partial z}\right]+r^4\omega_0V_0\frac{\partial p_0}{\partial z}\right\}
$$

$$
+2\alpha^2\frac{b}{\delta^2}r^4\frac{\partial^2}{\partial z^2}p_0V_0+\frac{b}{\delta^2}r^4\frac{\partial}{\partial r}(p_0V_0)
$$

3.3.3 流动规律及影响因素

在计算过程中采用的参数如表 3-3 所示。

表 3-3　考虑分子间作用力和微可压缩性的流场计算参数

参数名称	参数取值	参数名称	参数取值
特征管径 R/μm	1	液体黏度 μ/(mPa·s)	0.89
特征管长 L/cm	5	液体初始密度 ρ_a/(kg/m^3)	1000
径长比 α	2×10^{-5}	液体温度 T/K	293
特征进出口压差 Δp/MPa	1	无量纲可压缩系数 ε	0.005
雷诺数 Re	3.2×10^{-5}	定义界面层厚度 δ/nm	5
管壁-流体哈马克常数 A^*/J	1×10^{-20}	无量纲液体分子半径	2×10^{-4}
无量纲哈马克常数 A	-2.65×10^{-8}	b	0.01

1. 固-液分子间作用力引起的体积力和微可压缩性对流体速度影响

根据表 3-3 中的各计算参数，得出考虑固-液分子间作用力作用引起体积力时对不可压缩流体和微可压缩流体的速度影响图。图 3-5 是取在微圆管中间截面处(z=0.5)固-液分子间作用力引起体积力对流体速度的影响，r 为 0 时表示微圆管的轴线处，r 为 1 时表示微圆管边壁处。从图中可以发现，三角虚线和实线重合为一条曲线，菱形虚线整体处于实线以下，说明对不可压缩流体，考虑固-液分子间作用力体积力时并没有对微圆管流体的速度产生影响，而对微可压缩流体，当考虑固-液分子间作用力体积力时微圆管截面速度分布低于泊肃叶流速度，在轴线处最大速度由泊肃叶流的 2 降低为 1.94，降低了 3.0%，表明流体的微可压缩性会对流体的速度分布产生影响。

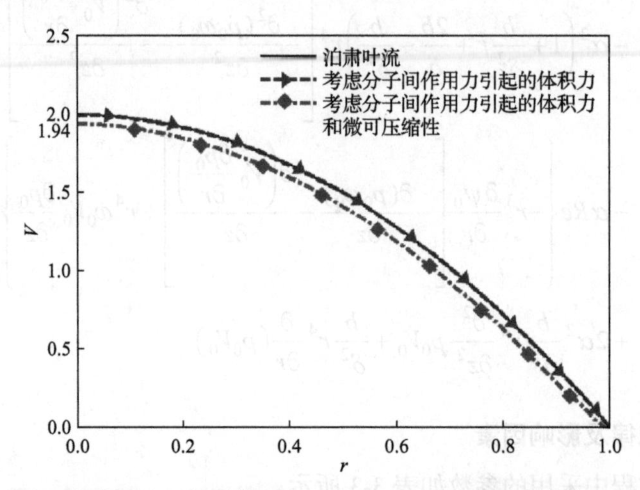

图 3-5　考虑分子间作用力引起的体积力和微可压缩性的微圆管横截面(z=0.5)速度图

图 3-6 是对图 3-5 横截面速度降低幅度分析，从两条曲线中可以看出，固-液分子间作用力引起的体积力并没有降低速度，微可压缩性对流体速度的降幅越靠近边壁处降低程度越大。

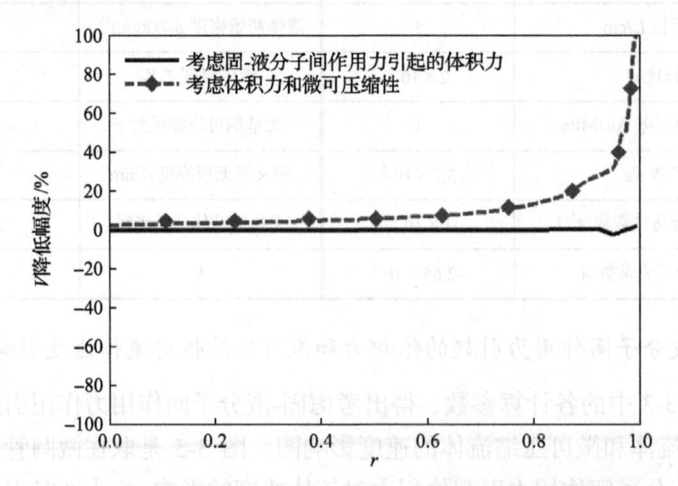

图 3-6　考虑固-液分子间作用力和微可压缩性的横截面速度降幅

2. 微可压缩性和固-液分子间作用力引起的黏度变化对流体速度的影响

同样根据表 3-3 中的各计算参数，可以得出微可压缩流体和考虑固-液分子间作用力引起的黏度变化时速度影响图。图 3-7 是取在微圆管中间截面处(z=0.5)黏度与微可压缩性对流体的速度影响，可以发现菱形虚线和三角虚线整体处于黑色实线以下且三角虚线位于菱形虚线以下。流体的微可压缩性对流体速度的影响在3.3.1 节中已经分析，当考虑流体黏度时，从三角虚线中可以发现，流体在横截面上的速度会进一步降低，在轴线处最大速度相对于泊肃叶流的 2 降低为 1.82，降幅达到 9.0%。表明由固-液分子间作用力引起的黏度变化会进一步降低微可压缩流体的速度。

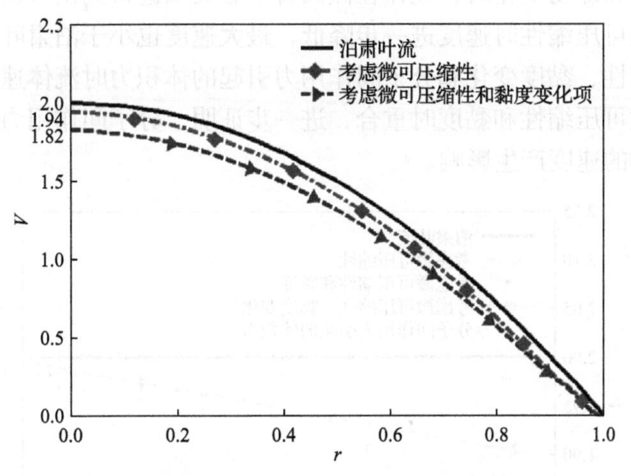

图 3-7　考虑微可压缩性和黏度变化下的微圆管横截面(z=0.5)速度图

图 3-8 是对图 3-7 横截面速度降低幅度分析，从两条曲线中可以看出，黏度变化和微可压缩性对流体速度的影响，越靠近壁面处越大，在靠近边壁处(r>0.95)微可压缩性和黏度变化对流体速度的降幅是一样大，而当远离边壁时(r<

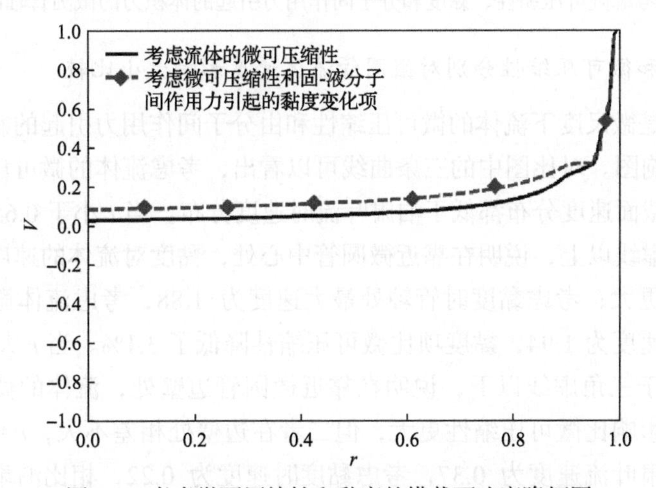

图 3-8　考虑微可压缩性和黏度的横截面速度降幅图

0.95)，黏度变化对速度的降幅大于微可压缩性，说明在靠近管轴处对流体速度起主要作用的是黏度变化。

图 3-9 为流体在轴线位置处从微圆管进口到出口速度变化图。可以看出泊肃叶流在轴线处流体的速度不会发生变化，当考虑流体的微可压缩性时，流体在微圆管中心处从进口到出口速度递增，最大速度等于泊肃叶流时速度；当考虑流体的微可压缩性和黏度变化时，流体在微圆管中心处从进口到出口速度递增，但相对于只考虑微可压缩性时速度进一步降低，最大速度也小于泊肃叶流时速度；当考虑微可压缩性、黏度变化和分子间作用力引起的体积力时流体速度分布曲线和考虑流体的微可压缩性和黏度时重合，进一步证明，分子间作用力引起的体积力并没有对流体的速度产生影响。

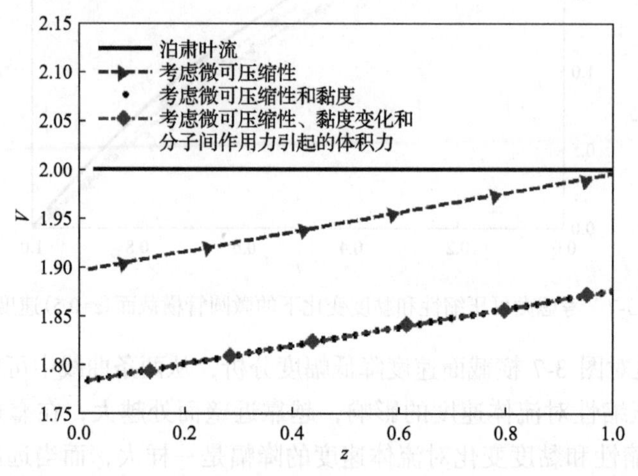

图 3-9 考虑微可压缩性、黏度和分子间作用力引起的体积力的微圆管轴向速度图

3. 黏度和微可压缩性分别对微圆管流体速度影响大小比较

图 3-10 是微尺度下流体的微可压缩性和由分子间作用力引起的黏度变化项对流体速度影响图。对比图中的三条曲线可以看出，考虑流体的微可压缩性和黏度时微圆管横截面速度分布都低于泊肃叶流时速度分布。当 r 小于 0.65 时，菱形虚线位于三角虚线以上，说明在靠近微圆管中心处，黏度对流体的速度分布影响比微可压缩性更大；考虑黏度时管轴处最大速度为 1.88，考虑流体微可压缩性时管轴处最大速度为 1.94，黏度项比微可压缩性降低了 3.1%。当 r 大于 0.65 时，菱形虚线位于三角虚线以下，说明在靠近微圆管边壁处，流体的微可压缩性对速度分布的影响比微可压缩性更大，但二者在边壁处相差不大，r=0.9 时差距最大，此时泊肃叶流速度为 0.37，考虑黏度时速度为 0.22，相比泊肃叶流降低了 40.0%，考虑微可压缩性时速度为 0.20，相比泊肃叶流降低了 45.9%。说明微尺

度流体在微圆管的中轴线处速度主要受黏度的影响，靠近边壁处主要是微可压缩性的作用。

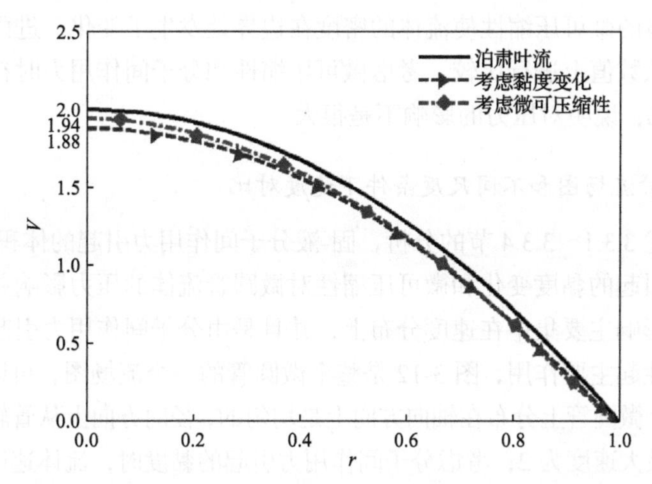

图 3-10 微可压缩性和黏度对微圆管横截面(z=0.5)速度图影响

4. 固-液分子间作用力和微可压缩性对流体压力的影响

在取微圆管管径 R=1μm，图 3-11 中实线表示泊肃叶流时流体压力在微圆管横截面(z=0.5)上的分布，可以看出实线和“*”重合在一起，说明由分子间作用力引起的黏度变化并没有对流体的压力分布造成影响，三角虚线和菱形虚线都位于实线以上，说明当考虑微圆管流体固-液作用力时，流体在同一位置处的压力分布要高于泊肃叶流，在边壁处根据边界条件压力又降低到泊肃叶压力，菱形虚线和

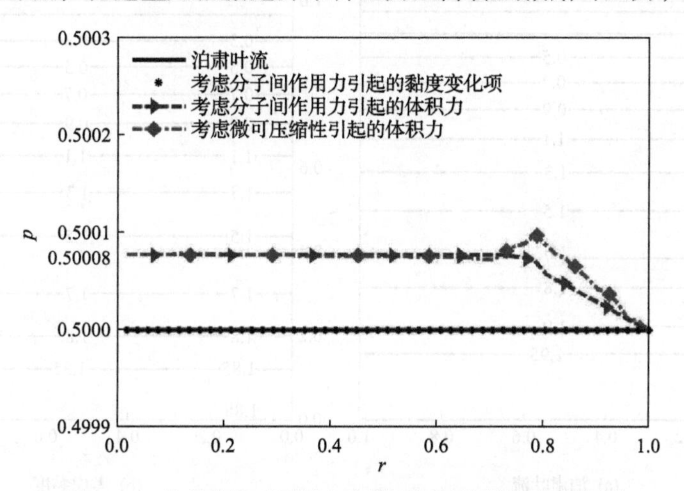

图 3-11 考虑范德瓦耳斯力和微可压缩性的径向压力图

三角虚线在 r 小于 0.7 时基本重合，而在 r 大于 0.7 时，考虑流体的微可压缩性时，压力在边界上有一个微弱的增大，然后接着降低到与泊肃叶流压力一样，猜测主要是由于流体的微可压缩性使流体的密度在边界处发生了变化，进而影响流体的压力分布，从数值上进行比较，考虑微可压缩性和分子间作用力时在轴线处的压力增大 0.16%，说明对压力的影响不是很大。

5. 微圆管流场图和不同尺度条件下速度对比

根据上述 3.3.1～3.3.4 节的分析，固-液分子间作用力引起的体积力、固-液分子间作用力引起的黏度变化和微可压缩性对微圆管流体的压力影响并不大，对微尺度流体的影响主要集中在速度分布上，并且是由分子间作用力引起的黏度变化和微可压缩性起主要作用，图 3-12 是整个微圆管的一个流场图，可以发现泊肃叶流速度在整个微圆管上分布在轴向方向上是均匀的，径向方向上从管轴处到边壁处均匀减小，最大速度为 2；考虑分子间作用力引起的黏度时，流体速度在整个微圆管上分布在轴向方向上是均匀的，径向方向上从管轴处到边壁处均匀减小，但最大速度为 1.88；考虑流体的微可压缩性时，可以看出，在轴向分布上速度是渐增的，说明流体考虑到微可压缩性时是扩张流，在径向方向上最大速度为 1.8。

上述计算过程中主要采用的压力特征尺度为 1MPa，由于所取特征管长为 5cm，在实际油藏环境应用中，压力梯度达到 20MPa/m，远远高于实际采油过程中所使用压力梯度，对此，分别取特征压差为 0.5MPa、0.1MPa、0.01MPa 时再进行计算。

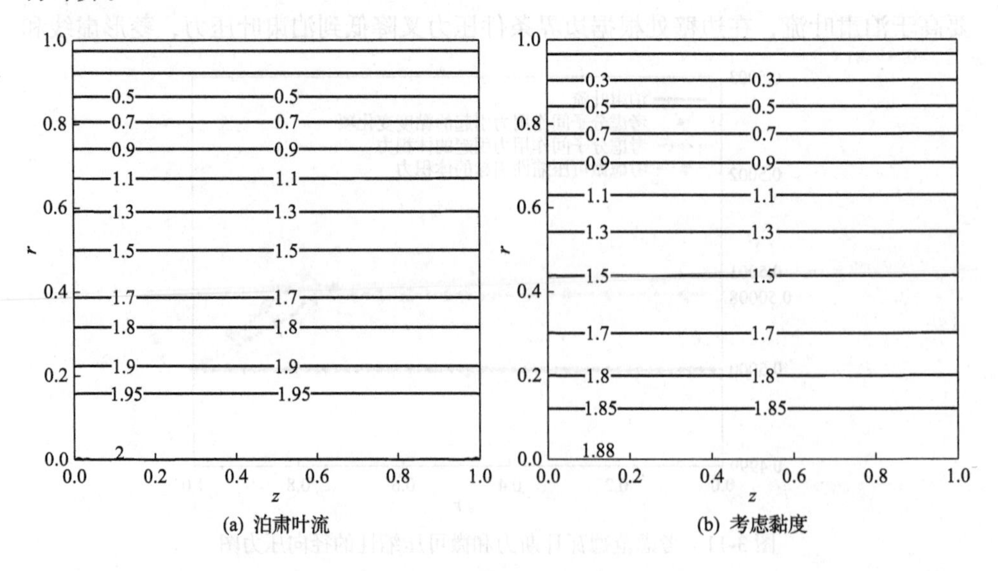

(a) 泊肃叶流　　(b) 考虑黏度

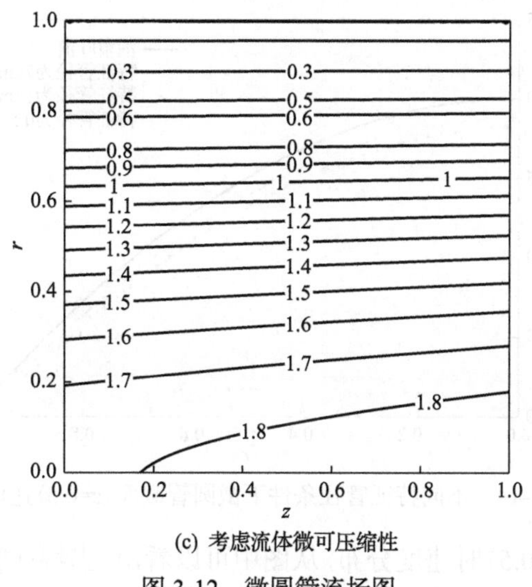

(c) 考虑流体微可压缩性

图 3-12　微圆管流场图

图 3-13 是对不同特征压差条件下微圆管在横截面(*z*=0.5)处速度降幅对比。从图中可以看出，特征压差为 1MPa、0.5MPa、0.1MPa、0.01MPa 时，横截面处速度的降幅都是从管轴到管壁处逐步升高，且在靠近管壁处有一个突增的趋势。说明对不同的特征压差条件，管壁处的微尺度效应要远远大于管轴中心处。再对比 0.01MPa 与其他压差条件的曲线发现，当特征压差为 0.01MPa 时，相对于其他较高特征压差，在靠近管壁处，降幅程度更大，说明特征压差条件越小时，微圆管流体所表现的非线性性越明显。

图 3-14 是对不同特征管径条件下微圆管截面(*z*=0.5)的速度图，图中曲线分别代表泊肃叶流、特征管径为 2μm、1μm、0.5μm 时考虑固-液分子间作用力的微圆

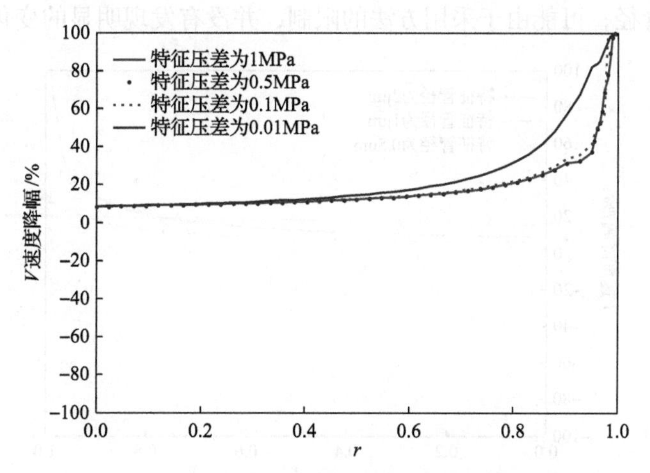

图 3-13　特征压差对微圆管横截面速度降幅比较

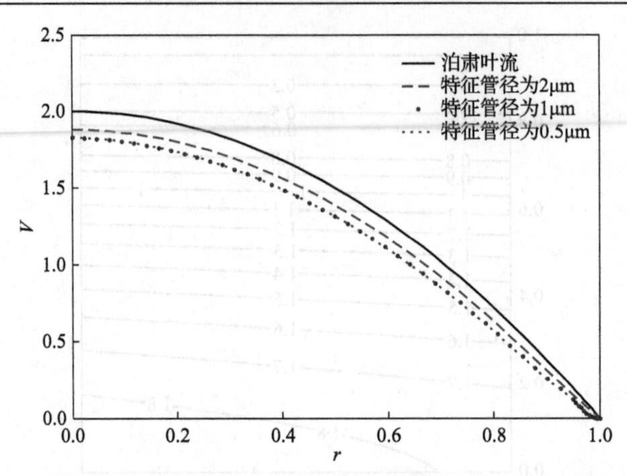

图 3-14　不同特征管径条件下微圆管截面(z=0.5)速度图

管流体在横截面(z=0.5)时速度分布。从图中可以看出,当特征管径为1μm和0.5μm时，相对于2μm的管径，速度会偏小，说明管径越小，流体表现出来的非线性性越明显，但对于1μm和0.5μm的管径，流体速度基本吻合，初步认为，对于更小的微圆管，固-液分子间作用力引起的作用不再适用，对于尺度更低的管道，这一部分的研究可以从其他角度进行下一步的分析。

图 3-15 是对不同特征管径条件下微圆管截面(z=0.5)处速度降幅对比。从图中可以看出，对于2μm的特征管径，从轴线中心到微圆管边壁处，速度相比于泊肃叶速度降幅基本一致,并没有在边壁处表现出较强的非线性性。对于1μm和0.5μm的特征管径，发现在边壁处流体的速度降幅明显高于管轴中心处，且降幅大小大于2μm的特征管径。可分析得出，当特征管径小于2μm时，微圆管流体可以表现出较强的微尺度效应，在圆管边壁处，速度降幅远远高于管轴中心处，但对于更小的特征管径，可能由于采用方法的限制，并没有发现明显的变化。

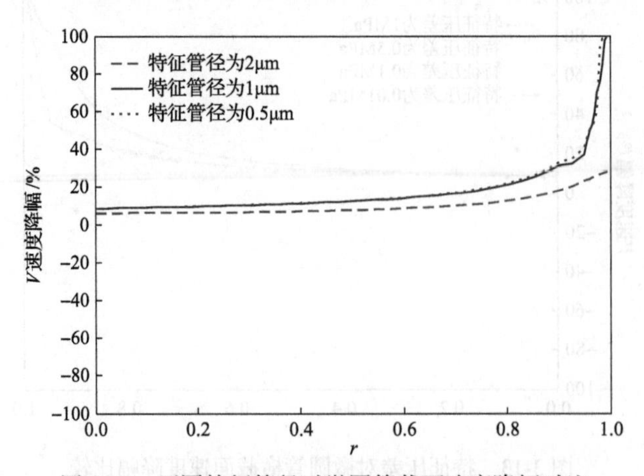

图 3-15　不同特征管径对微圆管截面速度降幅对比

第4章　圆管中微可压缩流体的单相和两相不稳定流动分析

微可压缩流体的泊肃叶层流流动在很多应用领域广泛存在，如气体在微电子机械系统(MEMS)的流动[20,21]，液体在相对长的流动通道内的流动(原油的输运)[22]，因此得到了广泛的关注和研究，尤其是在高压或低速情况下液体的微可压缩性变得重要。Guo 等[23,24]考虑了牛顿流体的可压缩性并计算了流速的分布偏离了抛物线分布。1993 年牧原光宏等[25]研究了 N-S 方程在微小管中的适用性。Makihara 等[26]用不同黏度的硅油进行了微管流动实验，微管半径在 11.8～50μm。Jiang 等[27]用蒸馏水在 8～40μm 直径的圆管中做实验。Xu 等[28]用纯水在 30～344μm 的圆管中进行了流动实验。李战华等[29]选用相对分子质量在 18～160 的一些非极性小分子有机液体进行圆管流动实验。Mala 和 Li[30]用水在氧化硅和不锈钢材料制成的圆管内进行流动实验，发现当圆管直径小于 150μm 时，单位管长的压降与雷诺数 Re 关系不符合理论值，有较大偏离。Qu 等[31]用水在 51～169μm 的梯形微管中进行实验，发现当雷诺数 Re 大于 500 时，流动偏离 N-S 方程理论值。本章建立了微可压缩流体的单相和两相非稳态流动数学模型，分析了其流动规律。

4.1　无限长圆管-单相微可压缩流体不稳定流动

弹性流体通过一维无限长大圆管，流体和固壁的界面作用可以忽略不计，假定流体密度与压力之间呈线性关系，而流体黏度恒定；初始时刻圆管内压力处处相等为 p_2，在圆管入口段施加恒定压力 p_1，往管道内注液体，驱使圆管中的液体沿轴向 x 方向做层流流动，无穷远处的压力为 p_2。

单相微圆管的连续性方程：

$$\frac{\partial \rho}{\partial t}+\frac{\partial(\rho V)}{\partial x}=0 \tag{4-1}$$

根据圆管的泊肃叶流动，可得运动方程：

$$v=-\frac{R^2}{8\mu}\frac{\partial p}{\partial x} \tag{4-2}$$

状态方程：

$$\rho=\rho_0 e^{\kappa(p-p_0)}=\rho_0[1+\kappa(p-p_0)] \tag{4-3}$$

初始条件和边界条件为

$$\begin{cases} p(x,0)=p_2, & 0\leqslant x\leqslant\infty \\ p(0,t)=p_1, & t>0 \\ p(\infty,t)=p_2, & t>0 \end{cases} \tag{4-4}$$

对于这样的边界条件，可以采用玻尔兹曼变换法[32]，来求解方程的解析解：对 p 进行无量纲化，$P=\dfrac{p-p_2}{p_1-p_2}$，$P=f(x,t,\chi)$，这些自变量的量纲如下：$[x]=L,[t]=T,[\chi]=L^2T^{-1}$，用它们可以组成一个无量纲复合体 $x/\sqrt{\chi t}$。把 $u=x/(2\sqrt{\chi t})$ 当作新变量，问题就归结为求一个只取决于 u 的无量纲变量 $P=f(u)$。这时三个初始条件和边界条件转变成两个边界条件：

$$\begin{cases} P(u=0)=1, & x=0 \\ P(u=\infty)=0, & x=\infty\text{或}t=0 \end{cases} \tag{4-5}$$

根据复合函数微分法则，有

$$\frac{\partial P}{\partial x}=\frac{\partial P}{\partial u}\frac{\partial u}{\partial x}=\frac{\partial P}{\partial u}\frac{1}{2\sqrt{\chi t}}$$

式中，$\dfrac{\partial u}{\partial x}=\dfrac{1}{2\sqrt{\chi t}}$。

$$\frac{\partial P}{\partial t}=\frac{\partial P}{\partial u}\frac{\partial u}{\partial t}=\frac{\partial P}{\partial u}\frac{x}{2\sqrt{\chi}}\left(-\frac{1}{2\sqrt{t^3}}\right)=\frac{\partial P}{\partial u}\left(-\frac{u}{2t}\right)$$

$$\frac{\partial^2 P}{\partial x^2}=\frac{\partial}{\partial x}\left(\frac{\partial P}{\partial x}\right)=\frac{\partial}{\partial u}\left(\frac{\partial P}{\partial u}\frac{1}{2\sqrt{\chi t}}\right)\frac{\partial u}{\partial x}=\frac{1}{2\sqrt{\chi t}}\frac{\partial^2 P}{\partial u^2}\frac{\partial u}{\partial x}=\frac{1}{4\chi t}\frac{\partial^2 P}{\partial u^2}$$

把求得的导数值代入连续性方程的简化方程：$\dfrac{\partial P}{\partial t}=\dfrac{R^2}{8\mu\kappa}\dfrac{\partial^2 P}{\partial x^2}=\chi\dfrac{\partial^2 P}{\partial x^2}$，得到常微分方程：

$$\frac{\partial^2 P}{\partial u^2}+2u\frac{\partial P}{\partial u}=0 \tag{4-6}$$

对式(4-6)求解，令 $\dfrac{\partial P}{\partial u}=\zeta$，式(4-6)简化为 $\dfrac{d\zeta}{du}+2u\zeta=0$，分离变量并积分，得到

$$\zeta = \frac{\mathrm{d}P}{\mathrm{d}u} = c_1 \mathrm{e}^{-u^2} \tag{4-7}$$

对式(4-7)进行积分，得到 $P - P(u=0) = \int_0^u c_1 \mathrm{e}^{-u^2} \mathrm{d}u$，这里利用了式(4-5)的第一个条件，即 $P = \int_0^u c_1 \mathrm{e}^{-u^2} \mathrm{d}u + 1$ 再根据式(4-5)的第二个条件给出：$P(u=\infty) = c_1 \int_0^\infty \mathrm{e}^{-u^2} \mathrm{d}u + 1 = 0$，由于 $\int_0^\infty \mathrm{e}^{-u^2} \mathrm{d}u = \frac{\sqrt{\pi}}{2}$，因此 $c_1 = -\frac{2}{\sqrt{\pi}}$，且

$$P = -\frac{2}{\sqrt{\pi}} \int_0^{\frac{x}{2\sqrt{\chi t}}} \mathrm{e}^{-u^2} \mathrm{d}u + 1 = -\mathrm{erf}\left(\frac{x}{2\sqrt{\chi t}}\right) + 1 \tag{4-8}$$

转化为有量纲量得

$$p = (p_1 - p_2)P + p_2 = p_0 - (p_0 - p_2)\mathrm{erf}\left(\frac{x}{2\sqrt{\chi t}}\right) \tag{4-9}$$

式中，$\chi = \frac{R^2}{8\mu\kappa}$。式(4-9)即为无限长的圆管内，可压缩流体单向平面流动时，圆管内的压力分布的解析解，它与时间、流体黏度、微可压缩系数和圆管管径有关。

给定以下参数：圆管管径 R=1μm，不考虑液体和固壁的作用力，液体黏度 μ=0.00089 Pa·s，可压缩系数 κ=4×10^{-10}Pa^{-1}，通过计算可知：微圆管内的导压系数为 0.3511m^2/s。由图 4-1 可以看出：在不同时刻，压力分布呈现非线性下降趋势：初始时刻，压力在入口附近快速下降，远处压力未波及；随着时间的推移，压力逐渐向远处传播；在压力传播范围内，压力在接近入口端下降速度快，在远离入

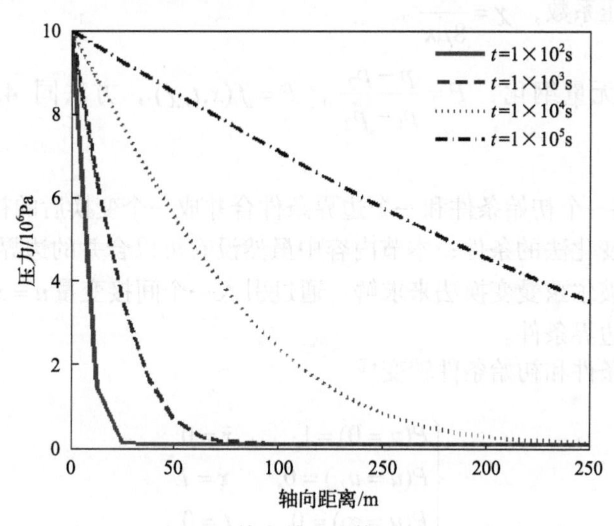

图 4-1　无限长圆管内单向流体平面流动压力分布

口端下降速度慢，即压力梯度的在入口端大，在远处逐渐变小。这是微可压缩流体和不可压缩流体的不同之处，对于不可压缩流体，在压力传播范围内压力是线性降低的，压力梯度是恒定值。

对微可压缩流体出现压力非线性降低的原因是：压力部分用于压缩流体，用来传播的压力变小。越靠近入口端，压力越大，流体压缩越大，压力损失越严重，压力梯度越大；而远离入口端，压力变小，用于压缩流体的压力变小，压力损失较小，压力梯度变小。

通过对一维无限长圆管单相微可压缩流体的研究，发现可压缩流体内部的压力传播是一个动态渐进的过程，随着时间增大，压力传播越远；在压力传播范围内，流体内部的压力是一个非线性降低的过程，在压力进口端附近，压力降低速度快，在压力出口端附近，压力降低速度变慢。

4.2 有限长圆管-单相微可压缩流体不稳定流动

压力方程、初始条件和边界条件为

$$\begin{cases}\dfrac{\partial p}{\partial t}=\chi\dfrac{\partial^2 p}{\partial x^2}\\ p(x,0)=p_2, \quad 0\leqslant x\leqslant L\\ p(0,t)=p_1, \quad t>0\\ p(L,t)=p_2, \quad t>0\end{cases} \tag{4-10}$$

式中，χ为导压系数，$\chi=\dfrac{R^2}{8\mu\kappa}$。

对 p 进行无量纲化，$P=\dfrac{p-p_2}{p_1-p_2}$，$P=f(x,t,\chi)$，方法同 4.1 节，令 $u=x/(2\sqrt{\chi t})$。

4.1 节中将一个初始条件和一个边界条件合并成一个变换后的初始条件，符合采用玻尔兹曼变化法的条件；本节内容中虽然没有可以合并的边界条件，但仍可以采用修正的玻尔兹曼变换法来求解：通过引入一个间接变量$u=x/(2\sqrt{\chi t})$，得到一个间接的边界条件。

从而边界条件和初始条件转变成

$$\begin{cases}P(u=0)=1, \quad x=0\\ P(u=u_L)=0, \quad x=L\\ P(u=\infty)=0, \quad t=0\end{cases} \tag{4-11}$$

根据复合函数微分法则，得到常微分方程：

$$\frac{\partial^2 P}{\partial u^2}+2u\frac{\partial P}{\partial u}=0 \tag{4-12}$$

对式(4-12)求解，令$\frac{\partial P}{\partial u}=\zeta$，式(4-12)简化为$\frac{\mathrm{d}\zeta}{\mathrm{d}u}+2u\zeta=0$，分离变量并积分，得到

$$\zeta=\frac{\mathrm{d}P}{\mathrm{d}u}=c_1\mathrm{e}^{-u^2} \tag{4-13}$$

对式(4-13)进行积分，得到$P-P(u=0)=\int_0^u c_1\mathrm{e}^{-u^2}\mathrm{d}u$，这利用了式(4-11)的第一个条件，即$P=\int_0^u c_1\mathrm{e}^{-u^2}\mathrm{d}u+1$。

再根据式(4-11)的第二个条件给出：$P(u=u_L)=c_1\int_0^{u_L}\mathrm{e}^{-u^2}\mathrm{d}u+1=0$，由于$\int_0^{u_L}\mathrm{e}^{-u^2}\mathrm{d}u=\frac{\sqrt{\pi}}{2}\mathrm{erf}(u_L)$，$c_1=-\frac{2}{\sqrt{\pi}\mathrm{erf}(u_L)}$，那么压力分布为

$$P=-\frac{2}{\sqrt{\pi}\mathrm{erf}(u_L)}\int_0^u\mathrm{e}^{-u^2}\mathrm{d}u+1=-\frac{2}{\sqrt{\pi}\mathrm{erf}(u_L)}\frac{\sqrt{\pi}\mathrm{erf}(u)}{2}+1=-\frac{\mathrm{erf}(u)}{\mathrm{erf}(u_L)}+1$$

上述过程并没有利用式(4-12)的第三个条件，即初始条件$P(u=\infty)=0$，但是当$t=0$时，不仅有$u=\infty$，还有$u_L=\infty$，$P(u=\infty)=-\frac{\mathrm{erf}(\infty)}{\mathrm{erf}(\infty)}+1=-1+1=0$，正好满足初始条件$P(u=\infty)=0$；综上所述，计算结果符合所有的初始条件和边界条件，是合理解。

$$P=-\frac{2}{\sqrt{\pi}\mathrm{erf}(u_L)}\int_0^{x/(2\sqrt{\chi t})}\mathrm{e}^{-u^2}\mathrm{d}u+1=-\frac{\mathrm{erf}[x/(2\sqrt{\chi t})]}{\mathrm{erf}[L/(2\sqrt{\chi t})]}+1 \tag{4-14}$$

将压力分布方程转化为有量纲量得

$$p=(p_1-p_2)P+p_2=p_1-(p_1-p_2)\frac{\mathrm{erf}[x/(2\sqrt{\chi t})]}{\mathrm{erf}[L/(2\sqrt{\chi t})]} \tag{4-15}$$

图 4-2 给出了长度为 250m 的圆管不同时刻的压力分布曲线，其中圆管管径R=1μm，不考虑液体和固壁的作用力，液体黏度 μ=0.00089Pa·s，可压缩系数$\kappa=4\times10^{-10}\mathrm{Pa}^{-1}$，通过计算可知：微圆管内的导压系数为 0.3511m²/s。由图可知：

在不同时刻，压力分布由非线性下降趋势逐渐趋于线性下降趋势；初始时刻，压力传播范围小，在入口端附近压力呈现快速下降的过程；随着时间增大，压力传播范围增大，压力非线性下降的趋势逐渐平缓，当时间达到 1×10^6s 时，长度为250m 的圆管，压力分布由曲线变成一条线性降低的直线，后续时间增加，压力分布不再发生变化。这说明尽管流体是微可压缩的，随着时间的推移，整个通道内的流体得到同样程度的压缩，压力呈现线性降低。

图 4-3 给出了长度为 5cm 的圆管不同时刻的压力分布曲线，其中圆管管径

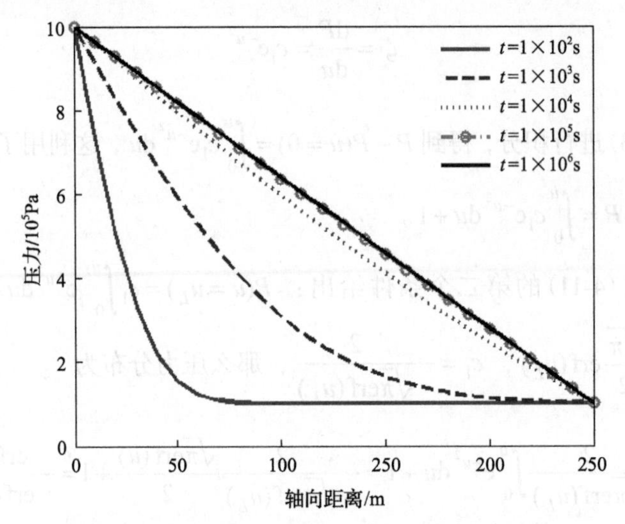

图 4-2　有限长圆管内单向流体平面流动压力分布

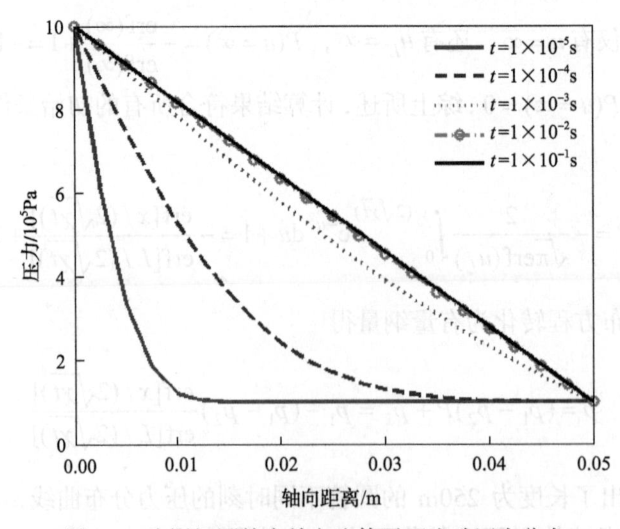

图 4-3　有限短圆管内单向流体平面流动压力分布

R=1μm，不考虑固-液分子间作用力，液体黏度 μ=0.00089Pa·s，可压缩系数 $\kappa=4\times10^{-10}\text{Pa}^{-1}$，由图可知：微圆管内的导压系数为 $0.3511\text{m}^2/\text{s}$，给定进口端和出口端的压力，微圆管内的弹性流体在不同时刻的压力分布情况：从 1×10^{-5}s 到 1×10^{-2}s 范围内，压力呈非线性分布，大于 1×10^{-1}s 时，压力分布由进口端到出口端线性降低，后续时间增加，压力分布不再发生变化。

由图 4-2 和图 4-3 对比可知，当流动通道长度增大 5000 倍时，压力传播达到线性降低分布的时间增大了 1×10^7 倍，可见流动通道越长，压力的传播达到稳定状态所需的时间增加幅度越大。

对于实验室研究的微尺度流动问题，采用的微圆管长度一般小于 5cm，圆管从进口到出口端的压力达到线性降低的时间非常短，大约在 0.1s 左右，可以忽略压力的非线性传播的过程或流动的非稳态过程，直接考虑为压力呈线性降落分布或流动为稳态流动。

4.3　无限长圆管内有动界面的两相微可压缩流体不稳定流动

假设水驱动原油的方式是活塞式驱替，研究油水的动界面的运动，则油水动界面 $x=\xi(t)$ 从左向右运动，将圆管分为两个区域，左边是水，右边是油，以下标 w 和 o 分别代表蒸馏水和原油。

有动界面的微可压缩流体的不稳定流动的连续性方程：

$$\begin{cases}\dfrac{\partial p_{\text{w}}}{\partial t}=\chi_{\text{w}}\dfrac{\partial^2 p_{\text{w}}}{\partial x^2}, & \dfrac{\partial p_{\text{o}}}{\partial t}=\chi_{\text{o}}\dfrac{\partial^2 p_{\text{o}}}{\partial x^2}\\ p_{\text{w}}(x,0)=p_2, & 0\leqslant x\leqslant\xi\\ p_{\text{o}}(x,0)=p_2, & \xi\leqslant x\leqslant\infty\\ p_{\text{w}}(0,t)=p_1, & t>0\\ p_{\text{o}}(\infty,t)=p_2, & t>0\\ p_{\text{w}}=p_{\text{o}}, & x=\xi,\ \ t>0\\ \dfrac{K_{\text{w}}A}{\mu_{\text{w}}}\dfrac{\text{d}p_{\text{w}}}{\text{d}x}=\dfrac{K_{\text{o}}A}{\mu_{\text{o}}}\dfrac{\text{d}p_{\text{o}}}{\text{d}x}, & x=\xi,\ \ t>0\end{cases}\tag{4-16}$$

对 p 进行无量纲化，单相压力 $P_i=\dfrac{p_i-p_2}{p_1-p_2}(i=\text{o或w})$，令 $u=x/(2\sqrt{\chi_{\text{w}}t})$，$u_{\text{c}}=x_{\text{c}}/(2\sqrt{\chi_{\text{w}}t})$ 当作新变量，根据复合函数微分法则，得到新的无量纲方程组为

$$\begin{cases}\dfrac{\partial^2 P_{\mathrm{w}}}{\partial u^2}+2u\dfrac{\partial P_{\mathrm{w}}}{\partial u}=0\\ \dfrac{\partial^2 P_{\mathrm{o}}}{\partial u^2}+2uN\dfrac{\partial P_{\mathrm{o}}}{\partial u}=0\\ P_{\mathrm{w}}(u_{\mathrm{w}}=0)=1, \quad u_{\mathrm{w}}=0\\ P_{\mathrm{o}}(u_{\mathrm{o}}=\infty)=0, \quad u_{\mathrm{o}}=\infty\\ P_{\mathrm{w}}=P_{\mathrm{o}}, \quad u=u_{\mathrm{c}}, t>0\\ M\dfrac{\mathrm{d}P_{\mathrm{w}}}{\mathrm{d}u}=\dfrac{\mathrm{d}P_{\mathrm{o}}}{\mathrm{d}u}, \quad u=u_{\mathrm{c}}, t>0\end{cases} \tag{4-17}$$

式(4-16)和式(4-17)中，χ_j 为 j 相流体的导压系数，$\chi_j=\dfrac{R_j{}^2}{8\mu_j\kappa_j}=\dfrac{\lambda_j}{\kappa_j}$；$M$ 为水相对油相的流度比，$M=\dfrac{(R_{\mathrm{w}}{}^2/8)/\mu_{\mathrm{w}}}{(R_{\mathrm{o}}{}^2/8)/\mu_{\mathrm{o}}}=\dfrac{\lambda_{\mathrm{w}}}{\lambda_{\mathrm{o}}}$；$N$ 为水相对油相的导压系数比，$N=\dfrac{\chi_{\mathrm{w}}}{\chi_{\mathrm{o}}}$。

求解方程组得到

$$\zeta_{\mathrm{w}}=\frac{\mathrm{d}P_{\mathrm{w}}}{\mathrm{d}u}=c_{\mathrm{w}}\mathrm{e}^{-u^2},\quad \zeta_{\mathrm{o}}=\frac{\mathrm{d}P_{\mathrm{o}}}{\mathrm{d}u}=c_{\mathrm{o}}\mathrm{e}^{-Nu^2} \tag{4-18}$$

根据 $P_{\mathrm{w}}(u=0)=1$，得到 $P_{\mathrm{w}}-P_{\mathrm{w}}(u=0)=\int_0^u c_{\mathrm{w}}\mathrm{e}^{-u^2}\mathrm{d}u$，即

$$P_{\mathrm{w}}=\int_0^u c_{\mathrm{w}}\mathrm{e}^{-u^2}\mathrm{d}u+1 \tag{4-19}$$

根据 $P_{\mathrm{w}}(u=\infty)=0$，得到 $P_{\mathrm{o}}-P_{\mathrm{o}}(u=\infty)=\int_\infty^{\sqrt{N}u} c_{\mathrm{o}}\mathrm{e}^{-Nu^2}\mathrm{d}u$，即

$$P_{\mathrm{o}}=\int_\infty^{\sqrt{N}u}\frac{c_{\mathrm{o}}}{\sqrt{N}}\mathrm{e}^{-Nu^2}\mathrm{d}(\sqrt{N}u) \tag{4-20}$$

那么

$$P_{\mathrm{w}}(u=u_{\mathrm{c}})=\int_0^{u_{\mathrm{c}}} c_{\mathrm{w}}\mathrm{e}^{-u^2}\mathrm{d}u+1=1+\frac{\sqrt{\pi}}{2}c_{\mathrm{w}}\operatorname{erf}(u_{\mathrm{c}}) \tag{4-21}$$

$$\begin{aligned}P_{\mathrm{o}}(u=u_{\mathrm{c}})&=-\int_{\sqrt{N}u_{\mathrm{c}}}^{\infty}\frac{c_{\mathrm{o}}}{\sqrt{N}}\mathrm{e}^{-Nu^2}\mathrm{d}(\sqrt{N}u)\\&=-\left[\int_0^{\infty}\frac{c_{\mathrm{o}}}{\sqrt{N}}\mathrm{e}^{-Nu^2}\mathrm{d}(\sqrt{N}u)-\int_0^{\sqrt{N}u_{\mathrm{c}}}\frac{c_{\mathrm{o}}}{\sqrt{N}}\mathrm{e}^{-Nu^2}\mathrm{d}(\sqrt{N}u)\right]=-\frac{c_{\mathrm{o}}\sqrt{\pi}}{2\sqrt{N}}[1-\operatorname{erf}(\sqrt{N}u_{\mathrm{c}})]\end{aligned} \tag{4-22}$$

根据 $P_w(u=u_c)=P_o(u=u_c)$，得到

$$c_w\frac{\sqrt{\pi}}{2}\text{erf}(u_c)+1=-\frac{\sqrt{\pi}}{2\sqrt{N}}c_o[1-\text{erf}(\sqrt{N}u_c)] \tag{4-23}$$

根据 $M\frac{dP_w}{du}\Big|_{u=u_c}=\frac{dP_o}{du}\Big|_{u=u_c}$，得到

$$Mc_w e^{-u_c^2}=c_o e^{-Nu_c^2} \tag{4-24}$$

两式求解得

$$c_w=\frac{-2}{\sqrt{\pi}\left\{\frac{M}{\sqrt{N}}e^{u_c^2(N-1)}\left[1-\text{erf}(\sqrt{N}u_c)\right]+\text{erf}(u_c)\right\}}$$

$$c_o=\frac{-2Me^{u_c^2(N-1)}}{\sqrt{\pi}\left\{\frac{M}{\sqrt{N}}e^{u_c^2(N-1)}\left[1-\text{erf}(\sqrt{N}u_c)\right]+\text{erf}(u_c)\right\}}$$

其中，$\frac{8R_w^2\mu_o}{8\mu_w R_o^2}\frac{\sqrt{\chi_o}}{\sqrt{\chi_w}}=\frac{M}{\sqrt{N}}$。

由于 c_w、c_o 是常数，所以 $u_c=\frac{x_c}{2\sqrt{\chi_w t}}$= 常数，即：$\frac{x_c^2}{t}=A$，将 $x_c^2=At$ 两边求导数，给出注入期间的界面运动速度 $\frac{dx_c}{dt}=\frac{1}{2}\frac{x_c}{t}=\frac{1}{2}\sqrt{\frac{A}{t}}$。

$$P_w=c_w\int_0^u e^{-u^2}du+1=c_w\frac{\sqrt{\pi}}{2}\text{erf}(u)+1=1-\frac{1}{\frac{M}{\sqrt{N}}e^{u_c^2(N-1)}[1-\text{erf}(\sqrt{N}u_c)]+\text{erf}(u_c)}\text{erf}(u) \tag{4-25}$$

$$\begin{aligned}P_o&=\int_\infty^{\sqrt{N}u}\frac{c_o}{\sqrt{N}}e^{-Nu^2}d(\sqrt{N}u)=-\frac{c_o}{\sqrt{N}}\frac{\sqrt{\pi}}{2}[1-\text{erf}(\sqrt{N}u_c)]\\&=\frac{M/\sqrt{N}e^{u_c^2(N-1)}}{\frac{M}{\sqrt{N}}e^{u_c^2(N-1)}[1-\text{erf}(\sqrt{N}u_c)]+\text{erf}(u_c)}[1-\text{erf}(\sqrt{N}u_c)]\end{aligned} \tag{4-26}$$

返回有量纲形式得

$$
\begin{aligned}
p_{\mathrm{w}} &= (p_1 - p_2)P_{\mathrm{w}} + p_2 \\
&= p_1 - \frac{p_1 - p_2}{\dfrac{M}{\sqrt{N}} \mathrm{e}^{u_{\mathrm{c}}^2 (N-1)} [1 - \mathrm{erf}(\sqrt{N} u_{\mathrm{c}})] + \mathrm{erf}(u_{\mathrm{c}})} \mathrm{erf}\left(\frac{x}{2\sqrt{\chi_{\mathrm{w}} t}}\right) \\
p_{\mathrm{o}} &= (p_1 - p_2)P_{\mathrm{o}} + p_2 \\
&= p_2 + \frac{\dfrac{M}{\sqrt{N}} \mathrm{e}^{u_{\mathrm{c}}^2 (N-1)} (p_1 - p_2)}{\dfrac{M}{\sqrt{N}} \mathrm{e}^{u_{\mathrm{c}}^2 (N-1)} [1 - \mathrm{erf}(\sqrt{N} u_{\mathrm{c}})] + \mathrm{erf}(u_{\mathrm{c}})} \left[1 - \mathrm{erf}\left(\frac{x}{2\sqrt{\chi_{\mathrm{o}} t}}\right)\right]
\end{aligned}
\tag{4-27}
$$

按照泊肃叶公式，两相界面处的速度：

$$
\frac{\mathrm{d}x_{\mathrm{c}}}{\mathrm{d}t} = -\frac{R_{\mathrm{w}}^2}{8\mu_{\mathrm{w}}} \frac{\partial P_{\mathrm{w}}}{\partial x}\Big|_{x = x_{\mathrm{c}}} \tag{4-28}
$$

即有

$$
-\frac{R_{\mathrm{w}}^2}{8\mu_{\mathrm{w}}} \frac{\partial P_{\mathrm{w}}}{\partial x}\Big|_{x = x_{\mathrm{c}}} = \frac{R_{\mathrm{w}}^2}{8\mu_{\mathrm{w}}} \frac{(p_1 - p_2)/\sqrt{\pi \chi_{\mathrm{w}} t}}{\dfrac{M}{\sqrt{N}} \mathrm{e}^{u_{\mathrm{c}}^2 (N-1)} [1 - \mathrm{erf}(\sqrt{N} u_{\mathrm{c}})] + \mathrm{erf}(u_{\mathrm{c}})} \mathrm{e}^{\left(-\frac{x_{\mathrm{c}}^2}{4\chi_{\mathrm{w}} t}\right)} = \frac{1}{2} \frac{x_{\mathrm{c}}}{t}
$$

令 $\dfrac{x_{\mathrm{c}}}{2\sqrt{\chi_{\mathrm{w}} t}} = u_{\mathrm{c}}$， $\dfrac{R_{\mathrm{w}}^2}{8\mu_{\mathrm{w}}} \dfrac{p_1 - p_2}{\sqrt{\pi \chi_{\mathrm{w}}}} = \sigma$ ，即有

$$
\sigma = u_{\mathrm{c}} \left\{ \frac{M}{\sqrt{N}} \mathrm{e}^{N u_{\mathrm{c}}^2} [1 - \mathrm{erf}(\sqrt{N} u_{\mathrm{c}})] + \mathrm{e}^{u_{\mathrm{c}}^2} \mathrm{erf}(u_{\mathrm{c}}) \right\} \tag{4-29}
$$

对于一般的注水情形，有 $u_{\mathrm{c}} \leqslant 0.1$ ，那么右边展开得到

$$
\begin{aligned}
\sigma &= u_{\mathrm{c}} \left\{ \frac{M}{\sqrt{N}} (1 + N u_{\mathrm{c}}^2) \frac{2}{\sqrt{\pi}} \left[1 - \sqrt{N} \left(u_{\mathrm{c}} - \frac{u_{\mathrm{c}}^2}{3}\right)\right] + (1 + u_{\mathrm{c}}^2) \frac{2}{\sqrt{\pi}} \left(u_{\mathrm{c}} - \frac{u_{\mathrm{c}}^2}{3}\right) \right\} \\
&= u_{\mathrm{c}} \left[\frac{2M}{\sqrt{N\pi}} (1 + N u_{\mathrm{c}}^2) \left(1 - \sqrt{N} u_{\mathrm{c}} + \sqrt{N} \frac{u_{\mathrm{c}}^2}{3}\right) + \frac{2}{\sqrt{\pi}} (1 + u_{\mathrm{c}}^2) \left(u_{\mathrm{c}} - \frac{u_{\mathrm{c}}^2}{3}\right) \right] \\
&= u_{\mathrm{c}} \left[\frac{2M}{\sqrt{N\pi}} + u_{\mathrm{c}} \left(-\frac{2M}{\sqrt{\pi}} + \frac{2}{\sqrt{\pi}}\right) + u_{\mathrm{c}}^2 \left(\frac{2M}{3\sqrt{\pi}} + \frac{2\sqrt{N} M}{\sqrt{\pi}} - \frac{2}{3\sqrt{\pi}}\right) \right]
\end{aligned}
$$

保留二阶精度求解得到

$$u_c=\frac{x_c}{2\sqrt{\chi_w t}}=\frac{-\frac{M}{\sqrt{N}}+\sqrt{\frac{M^2}{N}+\frac{8\sigma}{\sqrt{\pi}}\left(1-\frac{M}{\sqrt{N}}\right)}}{\frac{4}{\sqrt{\pi}}\left(1-\frac{M}{\sqrt{N}}\right)}=\frac{-\frac{M}{\sqrt{N}}+\sqrt{\frac{M^2}{N}+\frac{{R_w}^2}{\mu_w}\frac{p_1-p_2}{\pi\chi_w}\left(1-\frac{M}{\sqrt{N}}\right)}}{\frac{4}{\sqrt{\pi}}\left(1-\frac{M}{\sqrt{N}}\right)} \tag{4-30}$$

那么驱动时间和动界面位置的关系为

$$t=\frac{{x_c}^2}{4\chi_w}\Bigg/\left[\frac{-\frac{M}{\sqrt{N}}+\sqrt{\frac{M^2}{N}+\frac{{R_w}^2}{\mu_w}\frac{p_1-p_2}{\pi\chi_w}\left(1-\frac{M}{\sqrt{N}}\right)}}{\frac{4}{\sqrt{\pi}}\left(1-\frac{M}{\sqrt{N}}\right)}\right]^2 \tag{4-31}$$

由式(4-31)可知，对于一维无限长圆管内有动界面的两相不稳定流动，驱动时间与动界面位置的平方呈正比。根据其画出驱动时间和动界面位置的关系曲线，如图 4-4 所示。

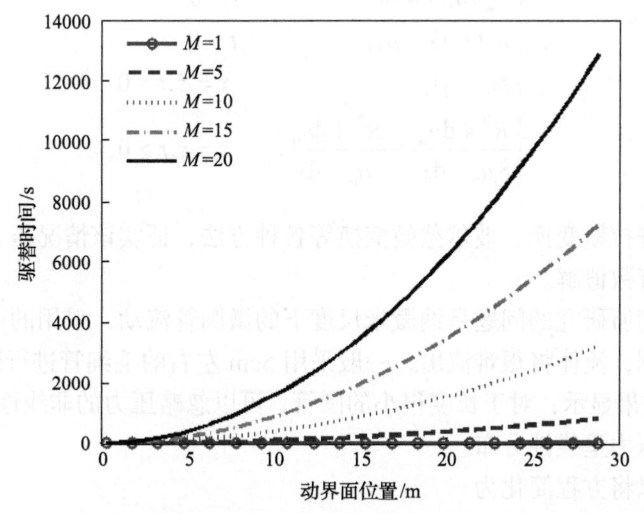

图 4-4　无限长圆管内两相流体流动驱动时间和动界面位置关系图

由图 4-4 可以看出，两相流体的动界面离入口端越远，所需的驱动时间呈二次幂增大；当驱替相与被驱替相的流度比由 1 逐渐增大到 20 时，动界面移动相同距离所需的时间增加，且增加幅度逐渐增大，这是由于流度比增大，被驱动相比驱动相的流动阻力变大，而驱动相的动力变小，因而难以驱动被驱动相。

通过对一维无限长圆管内有动界面的两相不稳定流动的情况分析可知，两相流体的动界面离驱动相的注入端越近，驱动速度越快，驱动时间越短；离驱动相的注入端越远，驱动速度越慢，驱动时间越长。这是由于对微可压缩流体而言，距离越远，损失的压力越大，用于驱动被驱动相的有效压力越小，因而驱动速度越慢。

4.4　有限长圆管内有动界面的两相微可压缩流体不稳定流动

4.4.1　不考虑固-液界面作用力的两相流动

假设水驱动原油的方式是活塞式驱替，则油水动界面 $x=\xi(t)$ 从左向右运动，将圆管分为两个区域，左边是水，右边是油，流量 Q 是界面位置 x 的函数，即 $Q=Q(x)$，以下脚标 w 和 o 分别代表蒸馏水和原油，不考虑毛细管力，不计重力，该渗流方程和边界条件为

$$
\begin{cases}
\dfrac{\partial p_{\mathrm{w}}}{\partial t}=\chi_{\mathrm{w}}\dfrac{\partial^2 p_{\mathrm{w}}}{\partial x^2},\dfrac{\partial p_{\mathrm{o}}}{\partial t}=\chi_{\mathrm{o}}\dfrac{\partial^2 p_{\mathrm{o}}}{\partial x^2} & \\
p_{\mathrm{w}}(x,0)=p_2, & 0\leqslant x\leqslant \xi \\
p_{\mathrm{o}}(x,0)=p_2, & \xi\leqslant x\leqslant L \\
p_{\mathrm{w}}(0,t)=p_1, & t>0 \\
p_{\mathrm{o}}(L,t)=p_2, & t>0 \\
p_{\mathrm{w}}=p_{\mathrm{o}}, & x=\xi,t>0 \\
\dfrac{R^2 A}{8\mu_{\mathrm{w}}}\dfrac{\mathrm{d}p_{\mathrm{w}}}{\mathrm{d}x}=\dfrac{R^2 A}{\mu_{\mathrm{o}}}\dfrac{\mathrm{d}p_{\mathrm{o}}}{\mathrm{d}x}, & x=\xi,t>0
\end{cases}
$$

通过拉普拉斯变换、玻尔兹曼变换等各种方法，证实该情况压力分布不存在解析解，只有数值解。

由于我们所研究的问题是纳微米尺度下的微圆管流动，采用的微圆管长度不能太长，否则，流体将很难流出，一般采用 5cm 左右的毛细管进行微圆管实验，而 4.2 节的结果显示：对于长度很小的圆管，可以忽略压力的非线性传播的过程，直接考虑为压力呈线性分布。

由此可以将方程简化为

$$
\begin{aligned}
&\frac{\partial^2 p_{\mathrm{w}}}{\partial x^2}=0,\quad 0<x<\xi(t),\\
&\frac{\partial^2 p_{\mathrm{o}}}{\partial x^2}=0,\quad \xi(t)<x<L
\end{aligned}
\tag{4-32}
$$

$$p=\begin{cases}p_0, & x=0\\ p_{\text{atm}}, & x=L\\ p_\xi, & x=\xi\end{cases} \tag{4-33}$$

在界面 $x=\xi(t)$ 处，压力和流量应该连续，则有

$$p_{\text{w}}=p_{\text{o}},\quad x=\xi(t) \tag{4-34}$$

$$\frac{\pi R^4}{8\mu_{\text{w}}}\frac{\mathrm{d}p_{\text{w}}}{\mathrm{d}x}=\frac{\pi R^4}{8\mu_{\text{o}}}\frac{\mathrm{d}p_{\text{o}}}{\mathrm{d}x},\quad x=\xi(t) \tag{4-35}$$

把式(4-34)代入式(4-35)，并对式(4-35)展开得到

$$\frac{\pi R^4}{8\mu_{\text{w}}}\frac{p_1-p_\xi}{\xi}=\frac{\pi R^4}{8\mu_{\text{o}}}\frac{p_\xi-p_2}{L-\xi}=Q,\quad x=\xi(t) \tag{4-36}$$

由式(4-36)得

$$p(x=\xi)=\frac{\mu_{\text{o}}p_1(L-\xi)+\mu_{\text{w}}p_2\xi}{\mu_{\text{w}}\xi+\mu_{\text{o}}(L-\xi)}=\frac{Mp_1(L-\xi)+p_2\xi}{\xi+M(L-\xi)} \tag{4-37}$$

式中，$M=\dfrac{\mu_{\text{o}}}{\mu_{\text{w}}}$，它是油相和水相的黏度之比，反映了水相和油相的流度之比，简称流度比，可以反映水驱油的难易程度，M 越大，水越难驱动油。

由式(4-35)、式(4-37)可求得在界面位置处流量 $Q(x)$ 为

$$Q(x)=\frac{\pi R^4}{8\mu_{\text{w}}}\frac{p_1-p_2}{ML+(1-M)\xi},\quad 界面\ x=\xi(t) \tag{4-38}$$

则水相内的压力分布为

$$p_{\text{w}}=p_1-\frac{8\mu_{\text{w}}Q}{\pi R^4}x=p_1-\frac{p_1-p_2}{ML+(1-M)\xi}x \tag{4-39}$$

油相内的压力分布为

$$p_{\text{o}}=p_\xi-\frac{8\mu_{\text{o}}Q}{\pi R^4}(x-\xi)=\frac{Mp_1(L-\xi)+p_2\xi}{\xi+M(L-\xi)}-\frac{M(p_1-p_2)}{ML+(1-M)\xi}(x-\xi) \tag{4-40}$$

由于是活塞驱替，油-水界面 $\xi(t)$ 可用方程表示为

$$x-\xi(t)=0 \tag{4-41}$$

油-水界面是物质面，是由流体质点组成的，由物质面方程可知：

$$\frac{\mathrm{d}F}{\mathrm{d}t}=\frac{\partial F}{\partial t}+v\frac{\partial F}{\partial x}=0 \tag{4-42}$$

式中，v 是流体质点的速度；F 为物质面位置。由式(4-42)可知：

$$\frac{\partial F}{\partial t}=-\frac{\mathrm{d}\xi}{\mathrm{d}t},\ \frac{\partial F}{\partial x}=1 \tag{4-43}$$

将式(4-40)代入式(4-39)得

$$\frac{\mathrm{d}\xi}{\mathrm{d}t}=v \tag{4-44}$$

将式(4-38)代入式(4-41)得到

$$\frac{\mathrm{d}\xi}{\mathrm{d}t}=\frac{Q(x)}{A}=\frac{R^2}{8\mu_{\mathrm{w}}}\frac{p_1-p_2}{ML+(1-M)\xi},\quad x=\xi(t) \tag{4-45}$$

式中，A 为微圆管的截面积，$A=\pi R^2$，其中 R 为微圆管的管径。

对式(4-45)积分可得油-水界面从 $x=0$ 推进到 $x=\xi$ 所需的时间 t 为

$$t=\frac{8\mu_{\mathrm{w}}L^2}{R^2(p_1-p_2)}\left[M\left(\frac{\xi}{L}\right)+\frac{1}{2}(1-M)\left(\frac{\xi}{L}\right)^2\right] \tag{4-46}$$

由式(4-46)所示，对于有限长圆管内有动界面的两相流体流动，驱动时间和动界面呈非线性关系。根据其画出驱动时间和动界面位置的关系曲线，如图 4-5 所示。

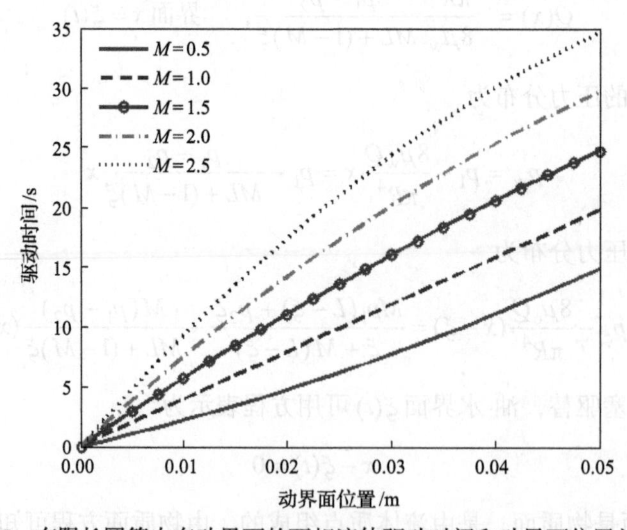

图 4-5 有限长圆管内有动界面的两相流体驱动时间和动界面位置关系图

由图 4-5 可以看出，两相流体的动界面离入口端越远，所需的驱动时间越大；水油流度比为 1 时，动界面位置与驱动时间呈线性关系；当水油流度比小于 1 时，驱动时间随动界面位置呈现高次幂增长关系；当水油流度比大于 1 时，驱动时间随动界面位置呈现低次幂增长关系。说明水油流度比大于 1 时，随着动界面右移，流度大的流体占的比例增加，流动阻力变小，动界面移动相同的距离所需的时间越来越短，当水油流度比小于 1 时，情况则相反。图中还显示了随着水油流度比的增大，达到相同动界面位置时，所需的驱动时间逐渐增加，说明水油流度比越大，流动阻力越大，驱替速度越慢。

根据式(4-39)和式(4-40)，圆管内动界面在不同位置处时，圆管内的压力分布如图 4-6 所示，可以看出，在动界面处压力有个转折点，即在动界面的前端的水相的压力变化比动界面后端的油相压力变化平缓，这是由于油相的流度 M_o 要小于水相的流度 M_w，即油相的渗流阻力大于水相的渗流阻力，由于渗流阻力大，压力损失大，压力梯度变大，压力分布曲线变陡。随着动界面不断右移，动界面处的压力不断降低。

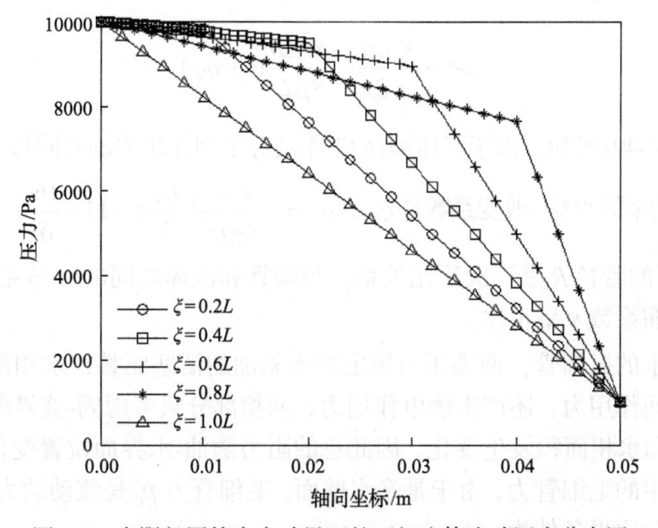

图 4-6　有限长圆管内有动界面的两相流体流动压力分布图

4.4.2　考虑固-液界面作用的微可压缩流体的水驱油两相圆管流动

根据第 3 章的理论可知：对于纳微米尺度的流动，必须考虑固-液分子间作用力和微可压缩性对流动的影响，而固-液静电力对流动的影响可以忽略不计。水溶液在一维微圆管中的流动，出口端的平均流速为

$$\bar{V} = 1 + \eta_E + \eta_V \tag{4-47}$$

式中，η_E 为固-液静电力导致的流量降低系数，$\eta_E=0$；η_V 为固-液分子间作用力和微可压缩性导致的流量降低系数，其表达式为

$$\begin{aligned}\eta_V &= \varepsilon A\left(\frac{12}{5}\delta+11-\frac{16}{\delta}+\frac{4}{\delta^3}-12\ln\delta\right)\\ &= -\frac{\kappa A^*}{6\pi R^3}\left(\frac{12}{5}\delta+11-\frac{16}{\delta}+\frac{4}{\delta^3}-12\ln\delta\right)\end{aligned}$$

对于管径为 R 的微圆管，此时圆管的有量纲的平均速度为

$$v=\frac{R^2\Delta p}{8\mu L}(1+\eta_V) \tag{4-48}$$

将单管流动和达西定律联立起来，那么等效渗透率为 $K=\frac{R^2}{8}(1+\eta_V)$。等效压力梯度为 $\frac{\partial p}{\partial x}=-\frac{\Delta p}{L}$ 微圆管中的流动速度为

$$v=-\frac{K}{\mu}\frac{\partial p}{\partial x}=\frac{R^2\Delta p}{8\mu L}(1+\eta_V) \tag{4-49}$$

通过式(4-49)可知，由于可压缩性和固-液分子间作用力的共同作用，导致了流动的表观渗透率的改变，改变系数是 η_V，$\eta_V=-\frac{\kappa A^*}{6\pi R^3}\left(\frac{12}{5}\delta+11-\frac{16}{\delta}+\frac{4}{\delta^3}-12\ln\delta\right)$，$\eta_V$ 与微圆管的管径 R 呈三次反比关系，与圆管和液体之间的哈马克常数 A^*、液体的微可压缩系数 κ 呈正比。

对于亲水的微圆管，两端压力恒定的水驱油的活塞驱替，水相部分不仅和壁面产生分子间作用力，还产生静电作用力；油相部分只考虑固-液界面的分子间作用力。油相和水相面积发生变化，因此总的阻力随油-水界面位置变化而变化。考虑两相流动中的毛细管力，由于是亲水壁面，毛细管力 p_c 是流动动力，不计重力，该渗流方程和边界条件为

水相运动方程：

$$\begin{aligned}v_w &= -\frac{K_w}{\mu_w}\frac{dp_w}{dx}=\frac{R^2}{8\mu}(1+\eta_V)\frac{dp_w}{dx}\\ &= -\frac{R^2}{8\mu_w}\left[1-\frac{\kappa A_w^*}{6\pi R^3}\left(\frac{12}{5}\delta+11-\frac{16}{\delta}+\frac{4}{\delta^3}-12\ln\delta\right)\right]\frac{dp_w}{dx}\\ &= -M_w\frac{dp_w}{dx_w}\end{aligned} \tag{4-50}$$

式中，$M_{\mathrm{w}}=\dfrac{R^2}{8\mu_{\mathrm{w}}}\left[1-\dfrac{\kappa A_{\mathrm{w}}^*}{6\pi R^3}\left(\dfrac{12}{5}\delta+11-\dfrac{16}{\delta}+\dfrac{4}{\delta^3}-12\ln\delta\right)\right]=\dfrac{R^2}{8\mu_{\mathrm{w}}}(1+\eta_{\mathrm{Vw}})$。

油相运动方程：

$$\frac{\mathrm{d}\xi}{\mathrm{d}t}=v \tag{4-51}$$

式中，$M_{\mathrm{o}}=\dfrac{R^2}{8\mu_{\mathrm{w}}}\left[1-\dfrac{\kappa A_{\mathrm{o}}^*}{6\pi R^3}\left(\dfrac{12}{5}\delta+11-\dfrac{16}{\delta}+\dfrac{4}{\delta^3}-12\ln\delta\right)\right]=\dfrac{R^2}{8\mu_{\mathrm{o}}}(1+\eta_{\mathrm{Vo}})$

由于考虑毛细管力，且在界面 $x=\xi(t)$ 处压力连续，有

$$p_{\mathrm{w}}=p_{\mathrm{o}}+p_{\mathrm{c}},\qquad x=\xi(t) \tag{4-52}$$

把式(4-52)代入式(4-35)，并对式(4-35)展开得到

$$M_{\mathrm{w}}A\frac{p_1-p_\xi+p_{\mathrm{c}}}{\xi}=M_{\mathrm{o}}A\frac{p_\xi-p_2}{L-\xi}=Q,\qquad x=\xi(t) \tag{4-53}$$

由式(4-53)得

$$p(x=\xi)=\frac{M(p_1+p_{\mathrm{c}})(L-\xi)+p_2\xi}{\xi+M(L-\xi)} \tag{4-54}$$

由式(4-53)和式(4-54)可求得在界面位置处的流量 $Q(x)$ 为

$$Q(x)=AM_{\mathrm{w}}\frac{p_1+p_{\mathrm{c}}-p_2}{ML+(1-M)\xi},\qquad x=\xi(t) \tag{4-55}$$

式中，$M=\dfrac{M_{\mathrm{w}}}{M_{\mathrm{o}}}=\dfrac{\dfrac{R^2}{8\mu_{\mathrm{w}}}(1+\eta_{\mathrm{Vw}})}{\dfrac{R^2}{8\mu_{\mathrm{o}}}(1+\eta_{\mathrm{Vo}})}=\dfrac{1+\eta_{\mathrm{Vw}}}{1+\eta_{\mathrm{Vo}}}\dfrac{\mu_{\mathrm{o}}}{\mu_{\mathrm{w}}}$。

则水相内的压力分布为

$$p_{\mathrm{w}}=p_1+p_{\mathrm{c}}-\frac{Q}{AM_{\mathrm{w}}}x=p_1+p_{\mathrm{c}}-\frac{p_1+p_{\mathrm{c}}-p_2}{ML+(1-M)\xi}x \tag{4-56}$$

油相内的压力分布为

$$p_{\mathrm{o}}=p_\xi-\frac{Q}{AM_{\mathrm{o}}}(x-\xi)=\frac{M(p_1+p_{\mathrm{c}})(L-\xi)+p_2\xi}{\xi+M(L-\xi)}-M\frac{p_1+p_{\mathrm{c}}-p_2}{ML+(1-M)\xi}(x-\xi) \tag{4-57}$$

将式(4-55)代入式(4-45)得到油-水界面从 $x=0$ 推进到 $x=\xi$ 的距离所需的时间 t 为

$$t=\frac{L^2}{M_{\mathrm{w}}(p_1+p_{\mathrm{c}}-p_2)}\left[M\left(\frac{\xi}{L}\right)+\frac{1}{2}(1-M)\left(\frac{\xi}{L}\right)^2\right] \tag{4-58}$$

根据表 4-1 中的参数，进行相关计算。

表 4-1 考虑固-液界面作用的微可压缩水驱油两相圆管流场计算参数

参数名称	参数取值	参数名称	参数取值
特征管径 R/μm	1	水黏度 μ_{w} /(mPa · s)	0.89
特征管长 L_{a}/cm	5	水的初始密度 ρ_{w} /(kg/m^3)	1000
径长比 α	2×10^{-4}	油的黏度 μ_{o} /(mPa · s)	10
固壁-水间哈马克常数 A_{w}^*/J	5.2×10^{-20}	油的初始密度 ρ_{o} /(kg/m^3)	990
固壁-油间哈马克常数 A_{o}^*/J	3.8×10^{-20}	油-水界面张力/(N/m)	0.02
水的微可压缩系数 κ_{w} /Pa^{-1}	4×10^{-9}	润湿角/(°)	45
油的微可压缩系数 κ_{o} /Pa^{-1}	1×10^{-8}	液体分子的半径 δ^*	2×10^{-10}
进口端压力 p_1/MPa	0.11，0.2	出口压力 p_2/MPa	0.1

考虑固-液界面作用的微可压缩流体，动界面在不同位置时管内的压力分布如图 4-7 所示。可以看出，在动界面处压力有个转折点，即在动界面前端的水相压

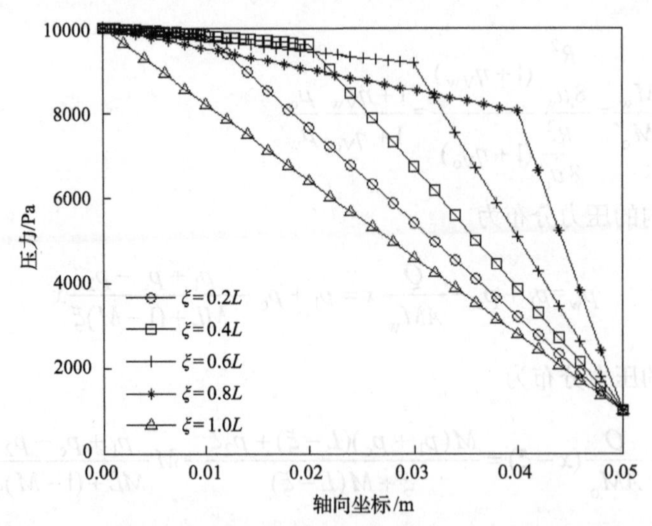

图 4-7 动界面在不同位置时考虑固-液界面作用力的压力分布

力变化比动界面后端的油相压力变化平缓，这是由于油相的流度 M_o 小于水相的流度 M_w，即油相的流动阻力大于水相的流动阻力。由于油相流动阻力大，压力损失大，压力梯度变大，压力分布曲线变陡。随着动界面不断右移，动界面处的压力不断降低。

图 4-8 是动界面在 0.5*L* 时三种情况下压力的分布图。可知考虑了固-液界面作用力的微可压缩流体的在管内的压力要比微可压缩流体的压力变低。这是由于对微可压缩流体而言，水油流度比为 11.23，考虑固-液界面作用力时，水油流度比增大为 14.40，说明油相的流度相比水相的流度变得更小，油相的阻力变得更大。根据图 4-6 的结论，即水油流度比越大，流动阻力越大，驱替速度越慢，说明水油流度比增大，水相的压力传播变快，压力梯度增大，而油相的压力传播变慢，压力梯度变小，故压力转折点变低。而考虑毛细管力时，由于毛细管力是驱动力，使圆管内的压力值整体升高，有利于水相对油相的驱动，在油-水界面处，压力值都较不考虑毛细管力的情况下升高。

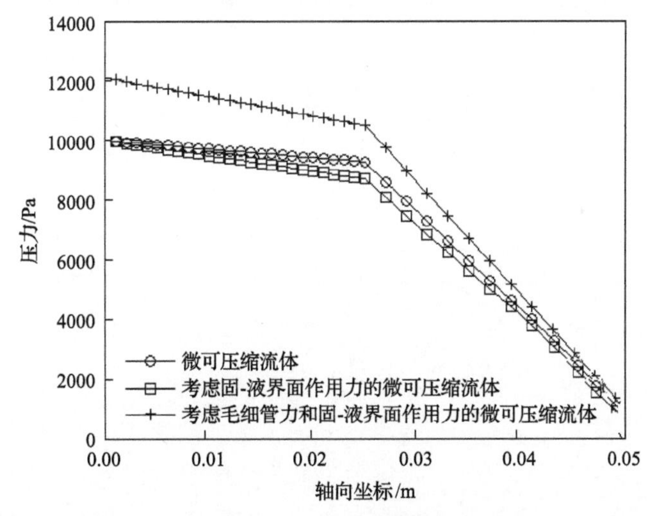

图 4-8　动界面在 0.5*L* 时三种情况下的压力分布

微圆管管径不同时的驱动时间和动界面位置的关系如图 4-9 所示，微圆管管径由 0.8μm 逐步增大到 0.9μm，1.0μm，2.0μm，3.0μm 时，动界面移动到出口端时，所需要的驱动时间分别为 666s、297s、189s、31s、13s，驱动时间逐步降低，说明随着管径的增加，流动速度加快，驱动时间越短。

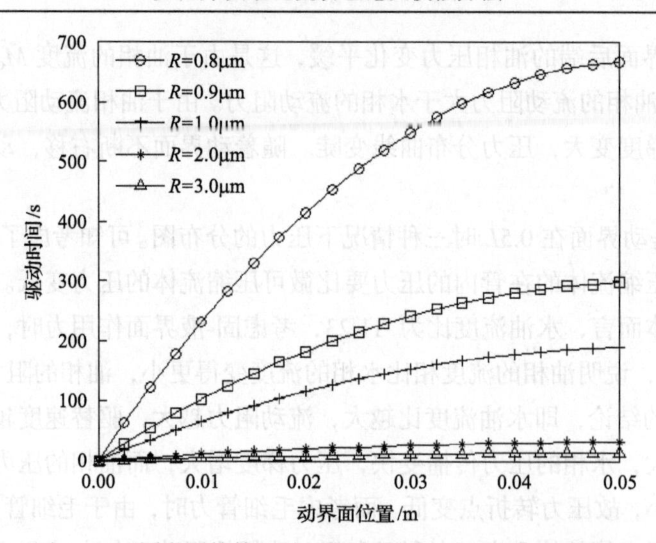

图 4-9　不同微圆管管径时的驱动时间和动界面位置的关系

第5章　毛细管束模型模拟多孔介质宏观流动规律

国内学者对非达西渗流的研究应该追溯到20世纪90年代阎庆来等[33]的研究，他们分别用蒸馏水、盐水和煤油测定不同流体在砂岩中的渗流规律，研究了存在启动压力梯度的渗流曲线，并总结了低渗透油层中单相和油水两相渗流的实验结果，提出在较低渗流速度下为非达西渗流，渗流曲线存在非线性段，渗透率越低，非线性段延伸越长，曲线曲率越小，启动压力梯度值越大，在较高渗流速度下为具有启动压力梯度的拟线性渗流[34,35]。1997年，黄延章[36,37]研究总结低渗油层中油水渗流的基本特征，其特征曲线分为两部分，在低压力梯度范围内渗流量与压力梯度呈非线性关系，在高压力梯度范围呈拟线性关系。拟线性段的反向延长线不通过坐标原点，而与压力梯度轴有交点，称为拟启动压力梯度。油层中有很多孔隙类型，其连通关系十分复杂，尽管其每个孔隙的大小分布可以通过岩心的仪器测定和薄片观察求出，但孔隙的复杂形态仍然难以通过某一种具体的数学模型准确描述，更不能通过数学方法的计算出来。因此，为了简化问题，大量学者开始采用较为简便的能近似模拟实际孔隙介质的孔隙结构的模型，用来代替实际孔隙介质，并在简化的孔隙结构模型上求出具有代表性的参数，从而进行理论研究。目前主要采用的四种孔隙结构模型为：毛细管束模型、管子网络模型、球形孔隙段节模型和普通的段节模型。本章主要采用毛细管束模型来研究两相微可压缩流体的流动规律。

5.1　毛细管束模型

物理模型如图5-1所示：该模型由n根等长度为L的不同管径的毛细管组成，各毛细管之间有封闭体积，毛细管束集合的半径分布与多孔介质当中的喉道半径基本一致，满足瑞利分布函数$f(r)$，单根毛细管内流体的流动，符合相应的流动规律。模型形状为岩心状，长度为L，模型的孔隙度为ϕ，毛细管管壁强亲水，考虑毛细管压力对毛细管束模型的影响。假设毛细管束模型内的毛细管束充满原油，在两端压力差Δp的作用下，用水驱替原油。

研究结果表明，毛细管半径的分布有一定的规律性，其分布一般满足正态分布、瑞利分布、对数正态分布和威布尔分布等函数，如表5-1所示。表5-1列出了这几种分布函数的表达式及不同分布函数下的均值、方差，表明了相关参数的取值范围，分布曲线形式如图 5-2 所示，图 5-2 表达了不同分布函数在相关参数变化时曲线的变化。

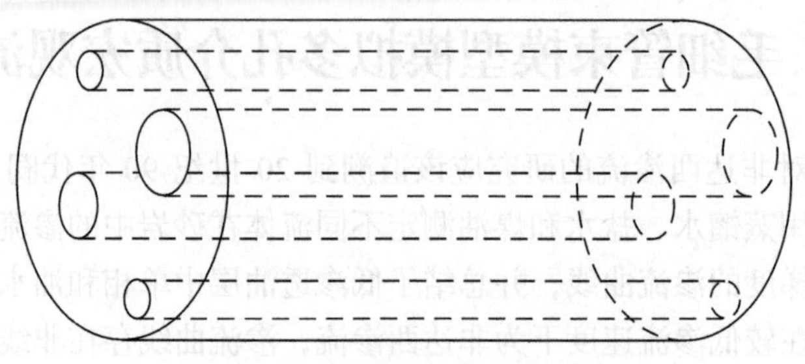

图 5-1　毛细管束模型示意图

表 5-1　分布函数表达式及参数取值范围

分布函数名称	函数表达式	参数取值
正态分布	$p(x)=\dfrac{1}{\sqrt{2\pi}\sigma}\mathrm{e}^{-\frac{(x-\mu_t)}{2\sigma^2}}$	$\mu_t>0$，均值 $E=\mu_t$，方差 $D=\sigma^2$
瑞利分布	$p(x)=\begin{cases}\dfrac{x}{{\mu_t}^2}\mathrm{e}^{-\frac{x^2}{2{\mu_t}^2}}, & x\geqslant 0\\ 0, & x<0\end{cases}$	$\mu_t>0$，均值 $E=\sqrt{\dfrac{\pi}{2}}\mu_t$，方差 $D=\dfrac{4-\pi}{2}{\mu_t}^2$
对数正态分布	$p_{\ln}(x)=\begin{cases}\dfrac{1}{\sqrt{2\pi}\sigma' x}\mathrm{e}^{-\frac{(\ln x-\mu_t)^2}{2\sigma'^2}}, & x>0\\ 0, & x\leqslant 0\end{cases}$	$-\infty<\mu_t<\infty,\sigma'>0$，均值 $E=\mathrm{e}^{\mu_t+\frac{\sigma'^2}{2}}$，方差 $D=\mathrm{e}^{2\mu_t+\sigma'^2}(\mathrm{e}^{\sigma'^2}-1)$
威布尔分布	$p_{\mathrm{W}}(x)=\begin{cases}\dfrac{m}{\alpha}(x-\gamma)^{m-1}\mathrm{e}^{-\frac{(x-\gamma)^m}{\alpha}}, & x\geqslant\gamma\\ 0, & x<\gamma\end{cases}$	形状参数 $m>0$，尺度参数 $\alpha>0$，位置参数 $\gamma>0$，均值 $E=\alpha^{\frac{1}{m}}\Gamma\left(1+\dfrac{1}{m}\right)+\gamma$

注：μ_t 为数学期望；σ' 为对数标准差。

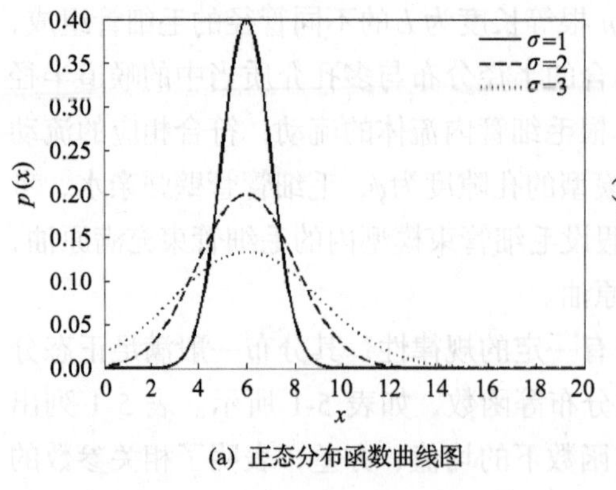

(a) 正态分布函数曲线图

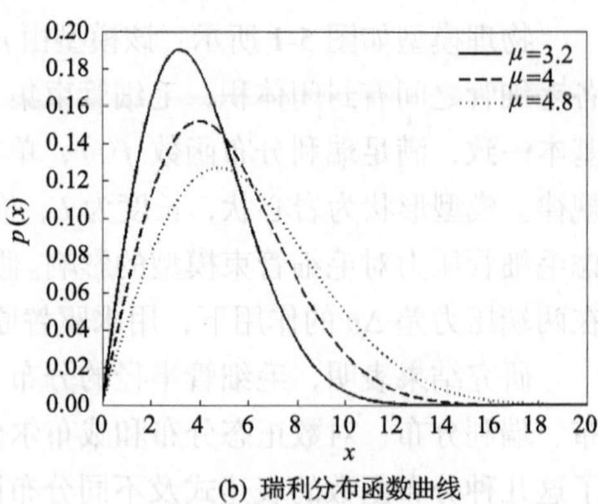

(b) 瑞利分布函数曲线

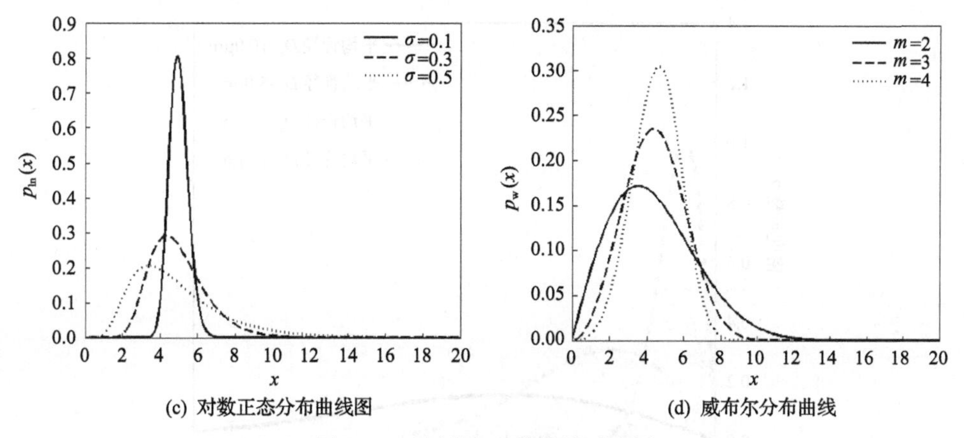

(c) 对数正态分布曲线图　　(d) 威布尔分布曲线

图 5-2　不同分布函数曲线示意图

本章毛细管束模型拟采用瑞利分布来描述毛细管束的分布情况，即

$$p(x)=\begin{cases}\dfrac{x}{\mu_t^{\,2}}\mathrm{e}^{-\frac{x^2}{2\mu_t^{\,2}}}, & x\geqslant 0\\ 0, & x<0\end{cases} \tag{5-1}$$

其中瑞利分布的峰值 $\mu_t>0$，管径均值 $D_a=\sqrt{\dfrac{\pi}{2}}\mu_t$，方差 $D_f=\dfrac{4-\pi}{2}\mu_t^{\,2}$，管径的频率分布满足

$$\int_0^{\infty} f(r)\,\mathrm{d}r=1 \tag{5-2}$$

选取不同的平均毛细管束半径的毛细管束模型，进行后续分析。由于瑞利分布的峰值 μ_t 和 D_a 之间的关系为 $D_a=\sqrt{\dfrac{\pi}{2}}\mu_t$，从而当取毛细管束平均半径分别为 5.0μm，2.5μm，1.25μm，0.75μm 时，采用的毛细管束半径的峰值分别为 4.0μm，2.0μm，1.0μm，0.6μm，对应的平均管径 D_a 分别为 10.0μm，5.0μm，2.5μm，1.5μm，不同平均毛细管管径的概率密度分布函数如图 5-3 所示。不同平均毛细管束管径时的频率分布柱状图和折线图如图 5-4 所示。

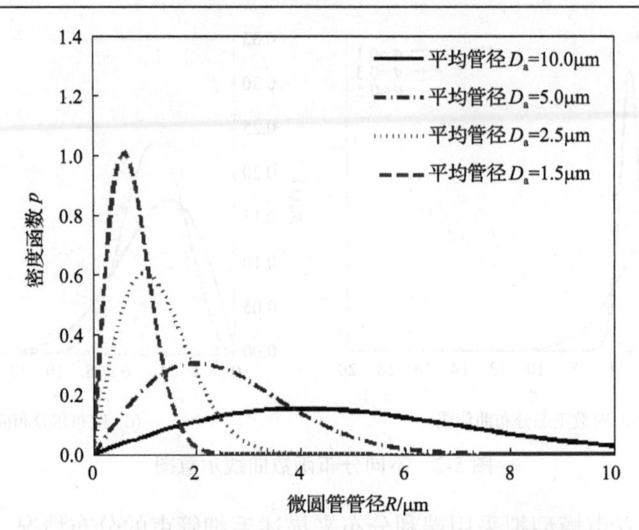

图 5-3 不同毛细管束平均管径的密度函数分布曲线

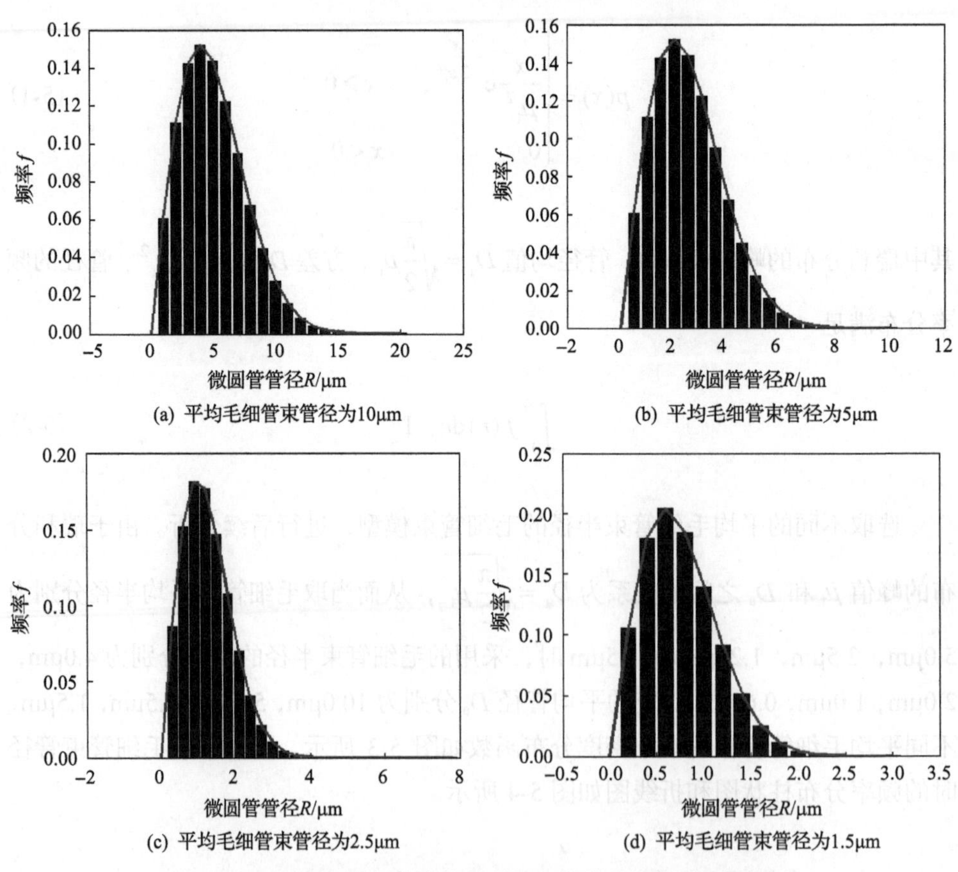

图 5-4 不同平均毛细管束管径时的频率分布柱状图和折线图

5.2　进出口端定压时的毛细管束模型

5.2.1　数学模型

对于单根毛细管的稳态两相流动，由 4.4.2 节中单相微圆管内水驱油两相数学模型可知，半径为 R 的毛细管内，考虑毛细管压力的影响，根据式(4-58)可知：

$$t=\frac{L^2}{M_{\mathrm{w}}(p_1+p_{\mathrm{c}}-p_2)}\left[M\left(\frac{x}{L}\right)+\frac{1}{2}(1-M)\left(\frac{x}{L}\right)^2\right]$$

经过驱替 t 时间后，毛细管内的水驱前缘位置 x 满足的方程为

$$x^2+x\frac{2(1-\eta)\mu_{\mathrm{o}}}{\mu_{\mathrm{w}}-\mu_{\mathrm{o}}(1-\eta)}-\frac{1}{4}\frac{tR^2(1-\eta)(p_1+p_2-p_{\mathrm{c}})}{\mu_{\mathrm{w}}-\mu_{\mathrm{o}}(1-\eta)}=0 \tag{5-3}$$

通过求解得到

$$x=\frac{-ML+\sqrt{M^2L^2+2(1-M)M_{\mathrm{w}}(p_1-p_2+p_{\mathrm{c}})t}}{1-M} \tag{5-4}$$

水界面从 x=0 推进到 x=L 所需的时间 t_0 为

$$t_0=\frac{1}{2}\frac{L^2(1+M)}{M_{\mathrm{w}}(p_1-p_2+p_{\mathrm{c}})} \tag{5-5}$$

对于半径为 R 的单根毛细管，在水驱 t 时刻，即 $t<t_0(R)$ 时，即水驱前缘位置到达 $x(t)\leqslant L$ 时，毛细管出口端的流量为

$$q(x)=AM_{\mathrm{w}}\frac{p_1+p_{\mathrm{c}}-p_2}{ML+(1-M)\xi},\qquad t\leqslant t_0(R)$$

即

$$q(x)=\frac{\pi R^4(1+\eta_{\mathrm{Vw}})}{8\mu_{\mathrm{w}}}\frac{(p_1+p_{\mathrm{c}}-p_2)}{ML+(1-M)\xi},\qquad t\leqslant t_0(R) \tag{5-6}$$

当 $t>t_0(R)$ 时，即前缘位置突破了模型长度 L 时，管内的流动应为单相水流动，此时毛细管出口端的流量为

$$q(x)=\frac{\pi R^4(1+\eta_{\mathrm{Vw}})}{8\mu_{\mathrm{w}}}\frac{(p_1-p_2)}{L},\qquad t>t_0(R) \tag{5-7}$$

所以，t 时刻的模型出口端的总流量为

$$Q=\sum_{i=1}^{n}q_i \tag{5-8}$$

q_i 满足式(5-9)：

$$q_i=\begin{cases}\dfrac{\pi R_i^4(1+\eta_{\mathrm{Vw}})}{8\mu_{\mathrm{w}}}\dfrac{p_1+p_{\mathrm{c}}-p_2}{ML+(1-M)\xi t}, & t\leqslant t_0(R_i)\\ \dfrac{\pi R_i^4(1+\eta_{\mathrm{Vw}})}{8\mu_{\mathrm{w}}}\dfrac{p_1-p_2}{L}, & t>t_0(R_i)\end{cases} \tag{5-9}$$

式中，q_i 为第 i 根毛细管在驱替时刻 t 后的出口端的流量。

那么在驱替 t 时刻后，整个毛细管束模型出口端的总油流量为

$$Q_{\mathrm{o}}=\sum_{j=1}^{n}q_{\mathrm{o}i} \tag{5-10}$$

$$q_{\mathrm{o}i}=\begin{cases}\dfrac{\pi R_i^4(1+\eta_{\mathrm{Vw}})}{8\mu_{\mathrm{w}}}\dfrac{p_1+p_{\mathrm{c}}-p_2}{ML+(1-M)\xi}, & t\leqslant t_0(R_i)\\ 0, & t>t_0(r_i)\end{cases} \tag{5-11}$$

式中，$q_{\mathrm{o}i}$ 为第 i 根毛细管在驱替时刻 t 后的出口端的油流量。

那么在驱替 t 时刻后，整个毛细管束模型出口端的总水流量为

$$Q_{\mathrm{w}}=\sum_{i=1}^{n}q_{\mathrm{w}i} \tag{5-12}$$

$$q_{\mathrm{w}i}=\begin{cases}0, & t\leqslant t_0(R_i)\\ \dfrac{\pi R^4(1+\eta_{\mathrm{w}})}{8\mu_{\mathrm{v}}}\dfrac{p_1-p_2}{L}, & t>t_0(R_i)\end{cases} \tag{5-13}$$

式中，$q_{\mathrm{w}i}$ 为第 i 根毛细管在驱替时刻 t 后的出口端的水流量。

水驱油见水时间为

$$t_{\mathrm{c}}=\frac{4\mu_{\mathrm{w}}L^2\left[1+\dfrac{(1+\eta_{\mathrm{Vw}})}{(1+\eta_{\mathrm{Vo}})}\dfrac{\mu_{\mathrm{o}}}{\mu_{\mathrm{w}}}\right]}{R_{\mathrm{c}}^2(1+\eta_{\mathrm{Vw}})(p_1-p_2+p_{\mathrm{c}})} \tag{5-14}$$

水驱油经过 t 时刻时，当 $t=t_{\mathrm{c}}$，计算出圆管见水的临界管径 R_{C}，管径小于 R_{C} 的圆管未见水，管径小于 R_{C} 的频率有 f_{c}，而管径大于 R_{C} 的圆管已经见水，

管径大于 R_C 的频率有 $1-f_c$。

水驱油经过 t 时刻时，毛细管束出口端的含水率为

$$\alpha=\frac{\sum_{i=1}^{nf_c}q_{wii}+\sum_{j=nf_c}^{n}q_{wij}}{\sum_{i=1}^{nf_c}q_{ii}+\sum_{j=nf_c}^{n}q_{ij}}=\frac{\sum_{i=1}^{nf_c}0+\sum_{j=nf_c}^{n}\left[\pi R_j^4(1+\eta_{Vw})(p_1-p_2)\right]}{\sum_{i=1}^{nf_c}\left[\frac{\pi R_i^4(1+\eta_{Vw})}{8\mu_w}\frac{(p_1+p_c-p_2)}{ML+(1-M)\xi}\right]+\sum_{j=nf_c}^{n}\left[\frac{\pi R_j^4(1+\eta_{Vw})}{8\mu_w}\frac{(p_1-p_2)}{L}\right]} \tag{5-15}$$

式中，$\xi=\frac{-ML+\sqrt{M^2L^2+2(1-M)M_w(p_1-p_2+p_c)t}}{1-M}$；$f_c$ 为管径小于 R_c 的频率；0 表示未见水的圆管的水流量为 0。

水驱油经过 t 时刻后，毛细管束模型的含水饱和度为

$$S_w=\frac{\sum_{i=1}^{n}\pi R_i^2x_{di}}{\sum_{i=1}^{n}\pi R_i^2L} \tag{5-16}$$

$$x_{di}=\begin{cases}\frac{-ML+\sqrt{M^2L^2+2(1-M)M_w(p_1-p_2+p_c)t}}{1-M}, & t\leqslant t_0(R_i)\\ L, & t>t_0(R_i)\end{cases} \tag{5-17}$$

式中，x_{di} 为第 i 根毛细管在驱替 t 时刻的水驱前缘位置。

那么水驱油经过时刻 t 后，毛细管束模型的含油饱和度为

$$S_o=1-S_w \tag{5-18}$$

5.2.2　数学拟合分析

给定毛细管束模型长度为 0.05m，油的黏度为 10mPa·s，水的黏度为 1mPa·s，毛细管束两端的压力为 0.01MPa，毛细管束管径分布如 5.1 节给出的五种毛细管束分布，每种毛细管束模型中含有 1000 根毛细管。

1. 微可压缩流体不同毛细管束平均半径时的含水率曲线

通过给定不同的毛细管束平均管径，计算毛细管束在不同注水时间下的出口端含水率变化情况，如图 5-5 所示，可以看出当毛细管束平均内径为 10μm 时，

出口端见水的时间最短，仅为 4s，出口端含水率上升最快，达到 98%的含水率时间最短，仅为 23s；毛细管束平均内径分别降低到 5.0μm，2.5μm，1.5μm 时，见水时间分别为 89s，359s 和 762s，含水率达到 98%时，时间分别为 708s，2211s 和大于 3000s。由此可知，平均内径从 10μm 以较大幅度降低到 1.5μm，见水时间和达到 98%含水率时间都逐渐增加，且增大的幅度变大。这说明随着管径降低，水驱油的速度越来越慢，注水时间越来越长，这是由于管径的减小降低了流动速度。

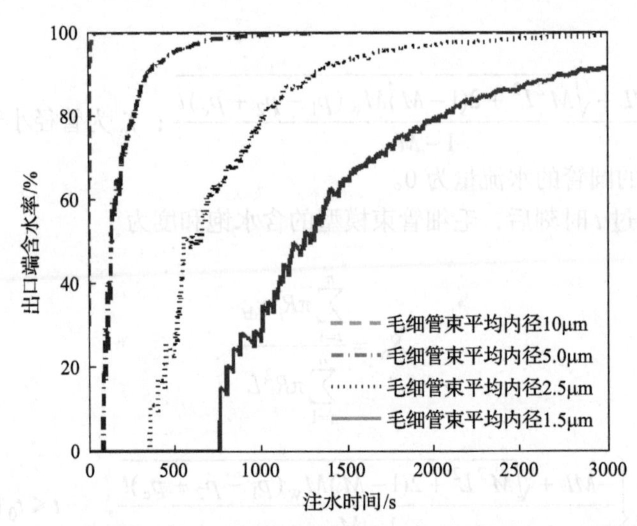

图 5-5　微可压缩流体的毛细管束模型出口端含水率和注水时间的关系

2. *考虑固-液界面作用的微可压缩流体在不同毛细管平均半径下的含水率曲线*

当考虑微尺度下固-液界面作用力时出口端含水率变化情况如图 5-6 所示，由图可知与不考虑固-液界面作用力的情况相比较，同样平均管径下，考虑固-液界面作用力的见水时间和达到 98%含水率的注水时间都比不考虑固-液界面作用力的情况升高，且管径越小，升高的幅度越大。这说明当平均管径越小时，固-液界面作用力的影响越突出，流动阻力越大，驱替速度变慢，从而见水时间和达到 98%含水率的时间都增加。

3. *是否考虑固-液界面作用的流体的毛细管束模型对比分析*

当毛细管束的平均内径是 2.5μm 时，将考虑固-液界面作用力和不考虑固-液界面作用力的情况对比分析，如图 5-7 所示。可以看出，发现考虑固-液界面作用力的见水时间比不考虑固-液界面作用力的见水时间要长；在相同的注水时间下，考虑固-液界面作用力的毛细管束出口端的含水率一直高于不考虑固-液界面作用

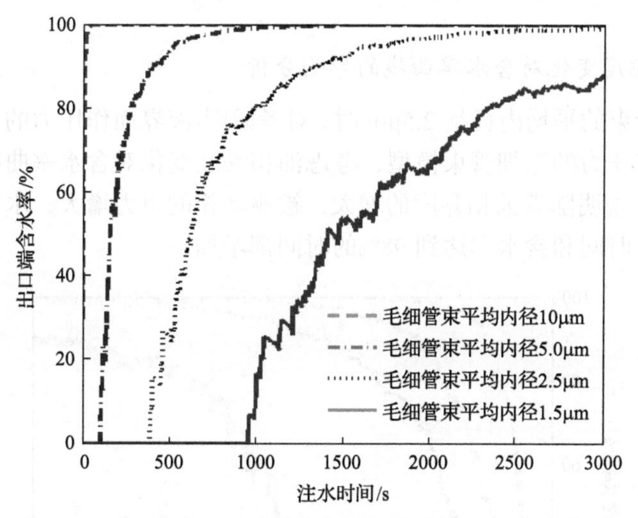

图 5-6　考虑固-液界面作用的微可压缩流体的毛细管束模型出口端含水率和注水时间的关系

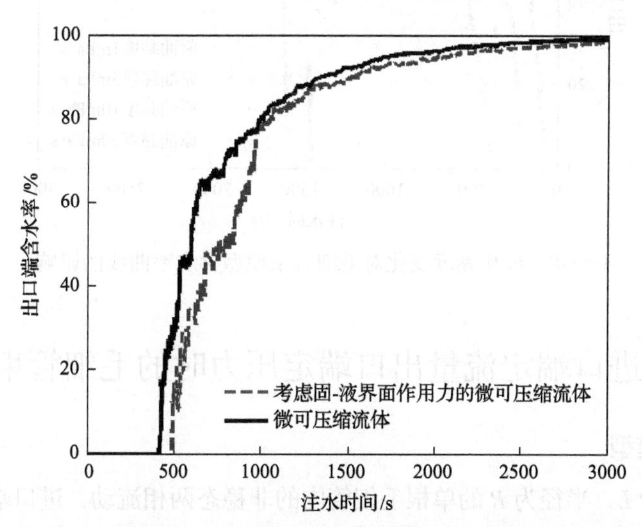

图 5-7　是否考虑固-液界面作用力的微可压缩流体的注水时间与出口端含水率的关系

力的毛细管束。说明对进出口端定压的情况，考虑固-液界面作用力后，流动阻力增大，流速有所降低。两种情况相比较，考虑固-液界面作用力的情况，更能体现流动的阻力，从而更符合实际情况。

通过毛细管束模型，分析了定压情况下纳微米圆管内的可压缩两相流体的宏观流动规律，发现考虑固-液界面作用力的见水时间和达到 98%含水率的注水时间都比不考虑固-液界面作用力的情况升高，且管径越小，升高的幅度越大，表现出明显的微尺度效应，即管径越小，偏离微可压缩流体的驱油速度的程度越大。

4. 油相黏度变化对含水率曲线的影响分析

当毛细管束的平均内径是 2.5μm 时，对考虑固-液界面作用力的微可压缩流体的进出口端定压力的毛细管束模型，考虑油相黏度变化对含水率曲线的影响，如图 5-8 所示。说明随着油相黏度的增大，被驱动相的阻力增大，水驱油的速度变慢，导致见水时间和含水率达到 98%的时间都增加。

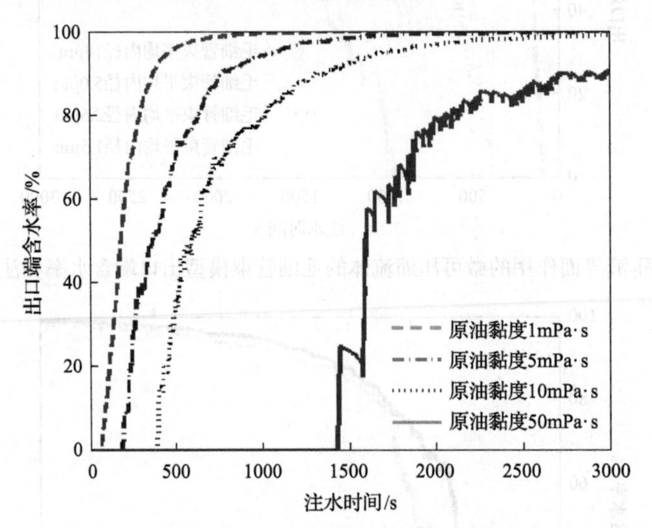

图 5-8　油相黏度变化对毛细管束模型含水率曲线的影响

5.3　进口端定流量出口端定压力时的毛细管束模型

5.3.1　数学模型

对于长为 L，半径为 R 的单根毛细管内的非稳态两相流动，进口端定流量 q_{wr}，出口端定压力 p_2，那么对于单根管内的水驱油两相流动，对不可压缩流体来说，进口出口端的流量始终相等，都为 q_{wr}。

由于 $q_{\mathrm{wr}}=\dfrac{\pi R}{8\mu}\dfrac{p_1-p_2}{L}$，根据 $\dfrac{\mathrm{d}\xi}{\mathrm{d}t}=\dfrac{q_{\mathrm{wr}}(x)}{A}=\dfrac{R^2}{8\mu_{\mathrm{w}}}\dfrac{p_1-p_2}{ML+(1-M)\xi}$ [在界面 $x=\xi(t)$ 处] 可知，在定流量的情况下，有

$$\frac{\mathrm{d}\xi}{\mathrm{d}t}=\frac{q(x)}{A}=\frac{q_i}{\pi R^2}\frac{L}{ML+(1-M)\xi},\qquad x=\xi(t) \tag{5-19}$$

对式(5-19)积分可得油-水界面从 $x=0$ 推进到 $x=\xi$ 所需的时间 t 为

$$t=\frac{\pi R^2 L}{q_i}\left[M\left(\frac{\xi}{L}\right)+\frac{1}{2}(1-M)\left(\frac{\xi}{L}\right)^2\right] \tag{5-20}$$

那么，见水时间为

$$t=\frac{\pi R^2 L}{2q_i}(1+M) \tag{5-21}$$

故见水时间与管径的平方呈正比，管径越小，见水时间越短；管径越大，见水时间越长。

根据式(5-20)可计算出：

$$x=\frac{-ML+\sqrt{M^2L^2+2(1-M)\dfrac{q_i Lt}{\pi R^2}}}{1-M} \tag{5-22}$$

此刻，毛细管出口端的流量为

$$q(x)=q_i\frac{L}{M+(1-M)\xi}, \qquad t\leqslant t_0(R) \tag{5-23}$$

当 $t>t_0(R)$时，毛细管出口端的流量为

$$q(x)=q_i, \qquad t>t_0(R) \tag{5-24}$$

所以，对于整个毛细管束模型，注入水的体积保持为

$$q_{\rm w}=\sum_{i=1}^{i=n}\frac{\pi R_i^4}{8\mu_{iv}}\frac{{\rm d}p_1}{{\rm d}L}$$

在水驱 t 时刻的模型出口端的总流量为

$$Q=\sum_{i=1}^{n}q_i \tag{5-25}$$

其中，q_i满足

$$q_i=\begin{cases}q_i\dfrac{1}{ML+(1-M)\xi}, & t\leqslant t_0(R_i)\\ q_i, & t>t_0(R_i)\end{cases} \tag{5-26}$$

式中，q_i为第 i 根毛细管在驱替 t 时刻后的出口端的流量。

那么在驱替 t 时刻后，整个毛细管束模型出口端的总油流量为

$$Q_{\mathrm{o}}=\sum_{i=1}^{n}q_{\mathrm{o}i} \tag{5-27}$$

$$q_{\mathrm{o}i}=\begin{cases}q_i\dfrac{1}{ML+(1-M)\xi}, & t\leqslant t_0(R_i)\\ 0, & t>t_0(R_i)\end{cases} \tag{5-28}$$

式中，$q_{\mathrm{o}i}$ 为第 i 根毛细管在驱替 t 时刻后的出口端的油流量。

那么在驱替 t 时刻后，整个毛细管束模型出口端的总水流量为

$$Q_{\mathrm{w}}=\sum_{i=1}^{n}q_{\mathrm{w}i} \tag{5-29}$$

$$q_{\mathrm{w}i}=\begin{cases}0, & t\leqslant t_0(R_i)\\ q_i, & t>t_0(R_i)\end{cases} \tag{5-30}$$

式中，$q_{\mathrm{w}i}$ 为第 i 根毛细管在驱替 t 时刻后的出口端的水流量。

水驱油经过 t 时刻时，$t=\dfrac{\pi R^2 L}{2q_i}(1+M)$，当 $t=t_{\mathrm{c}}$，计算 R_{C} 出，管径小于 R_{C} 的圆管未见水，管径小于 R_{C} 的频率有 f_{c}，而管径大于 R_{C} 的圆管已经见水，管径大于 R_{C} 的频率有 $1-f_{\mathrm{c}}$。

水驱油经过 t 时刻时，毛细管束出口端的含水率为

$$\alpha=\frac{\sum\limits_{i=1}^{nf_{\mathrm{c}}}q_{\mathrm{w}ii}+\sum\limits_{j=nf_{\mathrm{c}}}^{n}q_{\mathrm{w}ij}}{\sum\limits_{i=1}^{nf_{\mathrm{c}}}q_{ii}+\sum\limits_{j=nf_{\mathrm{c}}}^{n}q_{ij}}=\frac{\sum\limits_{i=1}^{nf_{\mathrm{c}}}0+\sum\limits_{j=nf_{\mathrm{c}}}^{n}q_j}{\sum\limits_{i=1}^{nf_{\mathrm{c}}}\left[q_i\dfrac{L}{ML+(1-M)\xi}\right]+\sum\limits_{j=nf_{\mathrm{c}}}^{n}q_j} \tag{5-31}$$

式中，$\xi=\dfrac{-ML+\sqrt{M^2L^2+2(1-M)\dfrac{q_iLt}{\pi R^2}}}{1-M}$。

水驱油经过 t 时刻后，毛细管束模型的含水饱和度为

$$S_{\mathrm{w}}=\frac{\sum\limits_{i=1}^{n}\pi R_i^2 x_{\mathrm{d}i}}{\sum\limits_{i=1}^{n}\pi R_i^2 L}$$

那么水驱油经过 t 时刻后，毛细管束模型的含油饱和度为

$$S_o = 1 - S_w$$

5.3.2　考虑固-液界面作用力的影响

当考虑固-液界面作用力时，单根管的流量为：$q_{iy} = (1+\eta_V) q_i = (1+\eta_V)\dfrac{\pi R_i^4}{8\mu}\dfrac{dp}{dL}$，这是由于流体可压缩性和固-液界面作用力共同作用导致流动的表观渗透率发生改变，改变系数是 η_V，$\eta_V = -\dfrac{\kappa A^*}{6\pi R_a^3}\left(\dfrac{12}{5}\delta + 11 - \dfrac{16}{\delta} + \dfrac{4}{\delta^3} - 12\ln\delta\right)$，$\eta_V$ 与微圆管的管径 R_a 的三次方呈反比，与圆管和液体之间的哈马克常数 A^*、液体的可压缩系数 κ 呈正比。

那么，总的流量为

$$Q = \sum_{i=1}^{i=n} q_{iy} = \sum_{i=1}^{i=n} (1+\eta_V)\frac{\pi R_i^4}{8\mu_w}\frac{dp_2}{dL} = \sum_{i=1}^{i=n}\frac{\pi R_i^4}{8\mu_w}\frac{dp_1}{dL} \tag{5-32}$$

故注入压力为

$$\frac{dp_2}{dL} = \frac{\displaystyle\sum_{i=1}^{i=n}\frac{\pi R_i^4}{8\mu_w}\frac{dp_1}{dL}}{\displaystyle\sum_{i=1}^{i=n}(1+\eta_V)\frac{\pi R_i^4}{8\mu_w}} \tag{5-33}$$

所以，同样注入流量的情况，需要的注入压力会增大，那么单个管内的流量会加大：

$$q_{iy} = (1+\eta_V) q_i = (1+\eta_V)\frac{\pi R_i^4}{8\mu_w}\frac{dp_2}{dL} \tag{5-34}$$

同理可知：

$$\alpha = \frac{\displaystyle\sum_{i=1}^{nf_c} q_{wii} + \sum_{j=nf_c}^{n} q_{wij}}{\displaystyle\sum_{i=1}^{nf_c} q_{ii} + \sum_{j=nf_c}^{n} q_{ij}} = \frac{\displaystyle\sum_{i=1}^{nf_c} 0 + \sum_{j=nf_c}^{n} q_{jy}}{\displaystyle\sum_{i=1}^{nf_c}\left[q_{iy}\frac{L}{ML+(1-M)\xi}\right] + \sum_{j=nf_c}^{n} q_{jy}} \tag{5-35}$$

5.3.3 数学拟合分析

毛细管束管径分布如 5.1 节给出的四种毛细管束分布，每个毛细管束模型中含有 1000 根毛细管。

1. 微可压缩流体不同毛细管束平均半径时的含水率曲线

由图 5-9 可知，平均管径从 10μm 逐渐减小时，见水时间和达到 98%含水率时间都逐渐减小。这说明定毛细管束采用定流量注入水时，随着管径降低，水驱油的速度越来越快，注水时间越来越短。这是由于当采用定流量注入方式时，管径越小的毛细管束模型，需要施加的压力越大，单根管的速度越大，流动速度越快。从而导致小管径的毛细管束模型在很短暂时间内达到 98%的含水率，从而产生了无效驱替。

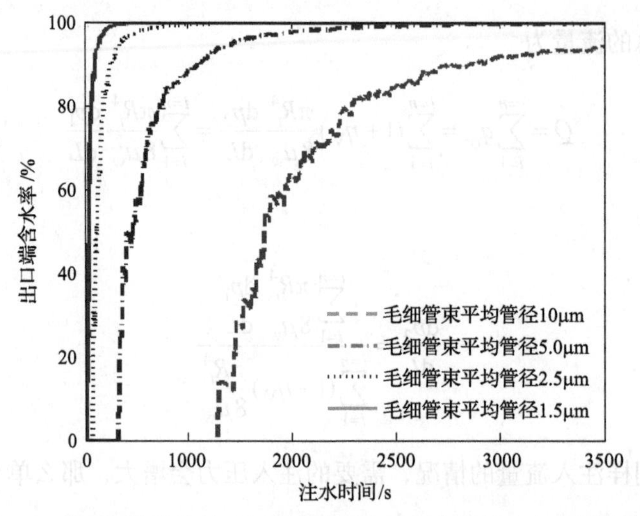

图 5-9 微可压缩流体的毛细管束模型出口含水率和注水时间的关系

2. 考虑固-液界面作用的微可压缩流体在不同平均半径的毛细管束模型下含水率曲线

通过给定不同的毛细管束平均管径，计算毛细管束在定流量注入的情况下，不同注水时间的出口端含水率变化情况如图 5-10 所示。由此可知，毛细管束采用定流量注入水，考虑固-液界面作用时，平均管径从 10μm 降低到 1.5μm，见水时间逐渐降低，含水率达到 98%的时间也逐渐缩短。这是由于管径越小，固-液界面作用的影响越大，相同流量流入平均管径较小的毛细管束模型，所需要施加的外界压力更大。从而使相对平均毛细管半径较小的模型，流动速度加快，从而含水率快速上升。

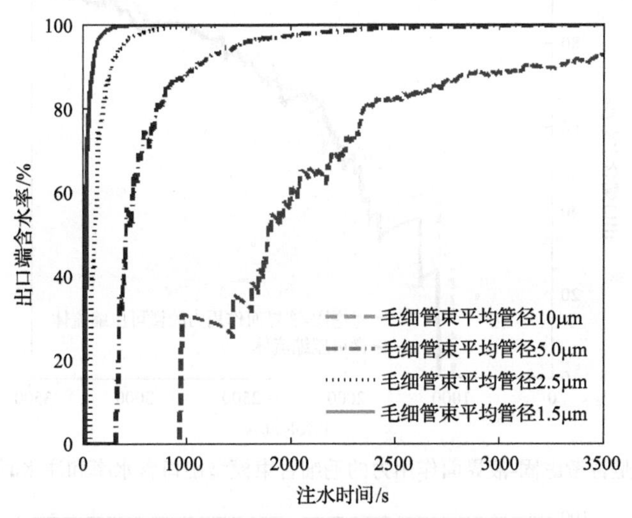

图 5-10　考虑固-液界面作用力的微可压缩流体毛细管束模型出口含水率与注水时间的关系

3. 是否考虑固-液界面作用的微可压缩流体的含水率曲线对比分析

对于微可压缩流体，当考虑固-液界面作用和不考虑固-液界面作用的对比情况如图 5-11 所示，可以看出平均毛细管内径为 10μm 的毛细管束模型，以同样的 $8.817\times10^{-12}m^3/s$ 注入时，考虑固-液界面作用的模型，见水时间为 945s，要短于不考虑固-液界面作用的模型的见水时间 1295s；考虑固-液界面作用的模型，含水率的曲线一直处于不微可压缩流体的含水率曲线之上，说明考虑固-液界面作用力的微可压缩流体的含水率上升速率快于微可压缩流体的含水率上升速率。

这是由于考虑固-液界面作用时，由于其对流体的阻碍作用，注入相同的流量，需要更大的压力，从而使毛细管束模型中那些管径相对较大的毛细管，由于受固-液界面作用的影响微弱，而产生了较大的流速，从而较快见水，含水率较快达到 98%；而毛细管束模型中那些管径相对较小的毛细管，由于受固-液界面作用的影响较强，流速较慢，流量较小，流体选择性地通过流动阻力较小的大通道，这种现象和实际生产中的水窜现象吻合。

4. 油相黏度变化对含水率曲线的影响分析

当毛细管束的平均内径是 10μm 时，对于考虑固-液界面作用力的微可压缩流体的进口端定流量出口端定压力的毛细管束模型，考虑油相黏度变化对含水率曲线的影响，如图 5-12 所示。这说明随着油相黏度的增大，被驱动相的阻力增大，水驱油的速度变慢，导致见水时间和含水率达到 98%的时间都延长。

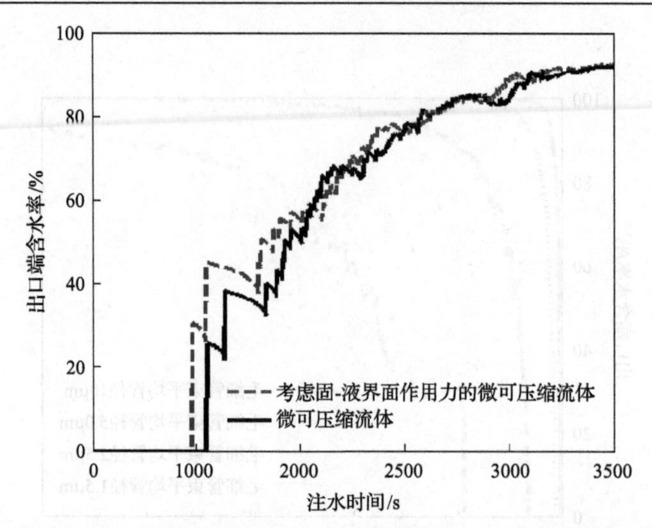

图 5-11　是否考虑固-液界面作用力的毛细管束模型出口含水率和注水时间的关系

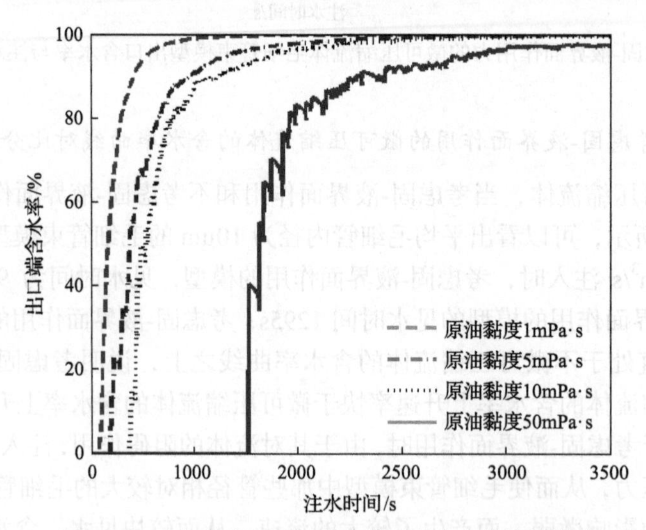

图 5-12　油相黏度对毛细管束模型含水率曲线的影响

第 6 章　纳微米流体流动动力学数学模型

在微观尺度下，虽然管内流动几乎为层流，但由于尺寸微小，使管壁的相对表面粗糙度(管壁粗糙度与管径之比)增大，从而对微观尺度下流动产生不可忽略的影响。在微圆管道内，即使粗糙度较小，但是由粗糙度引起的微小扰动也会渗入主流区影响整个通道内的流动，造成提前转捩，表面粗糙度还会使流体的流动阻力增加。吕春红和任泰安[38]、宫献华[39]研究了微尺度流动的阻力特性；王玮等[40]利用以对称或交错布置的表面规则突起粗糙元模拟表面粗糙度，对微尺度平板间层流流动进行数值模拟计算，结果表明由于管道粗糙度的影响，流量只有理想流量的 70%～80%，发现流动阻力不仅与相对粗糙度的大小相关，而且还取决于表面粗糙度的密度和分布。流体分子的本身具有极性(如水分子)，当流体中含有其他离子时，由于极性离子的吸附作用及与固体壁面的相互作用，使流体的黏性增大，壁面处的剪切力随之增大，流动阻力也随之增加。流体矿化度较高时，在微尺度下，流动规律与泊肃叶流有较大偏差。此外，不同非极性流体的流动阻力也各不相同，Stemme 等[41]研究发现，蒸馏水流过 0.2μm 的管道时，所受的流阻只有酒精的 1/3。对于这一点，尚未有令人满意的解释，但流体的极性对微流体的影响明显。王喜世[42]实验测量了微圆管内气液两相流中的液膜厚度，实验结果表明，在一定范围内，随着气柱运动速度的增大，液膜厚度会随之减小。

这些流体在微通道内的流动实验，都证明了流体在细观尺度下的流动规律与宏观尺度下的流动规律发生了偏离，其原因主要来自微通道壁面性质、流体性质和固-液界面作用，最主要的原因是固-液界面作用力。本章结合微可压缩流体及考虑单相流体(油和水)的微圆管流动规律，再扩展到固-液界面作用下微可压缩油水单相、两相微圆管流动数学模型研究。

6.1　纳微米单相流体流动动力学数学模型

6.1.1　纳微米管单相流动数学模型

固体表面对流体分子具有吸引能力。而吸引能力的强弱一方面取决于流体分子的特性，另一方面取决于固体表面的自由能高低，也就是固体表面键能的强弱。固体表面与流体分子之间的相互作用，使固体表面的流体与流体内部的自由水性质不同，主要表现在黏度不同，因为黏性是分子间引力的表征，分子间引力越大，黏性越大，分子间引力越小，黏性越小。对于纳微米管中的牛顿流体，由于固体表面对流体分子范德瓦耳斯力作用的影响，使纳微米管中的流体产生附加黏性，

纳微米管中流体的黏度公式表示为

$$\mu = \mu_0 + b\frac{(\sqrt{A_s A_w} - A_w)}{x} \tag{6-1}$$

$$A_w = \left(\frac{\pi \rho_w N_A}{M_w}\right)^2 \beta_w \tag{6-2}$$

$$A_s = \left(\frac{\pi \rho_s N_A}{M_s}\right)^2 \beta_s \tag{6-3}$$

$$\beta = \frac{2\mu_1^2\mu_2^2}{3kT} + \alpha_1\mu_2^2 + \alpha_2\mu_1^2 + \frac{3H}{2}\alpha_1\alpha_2\left(\frac{I_1 I_2}{I_1 + I_2}\right),$$

$$\left.\begin{aligned} &\text{对于}\beta_w,\ \mu_1 = \mu_2 = \mu_w \\ &\text{对于}\beta_s,\ \mu_1 = \mu_2 = \mu_s \end{aligned}\right\} \tag{6-4}$$

式中，b 为管壁与流体分子作用引起黏度增加的系数，Pa·s·m；A_s 为管壁的哈马克常数，J；A_w 为流体的哈马克常数，J；k_B 为玻尔兹曼常数，1.38×10^{-23}J/K；T 为热力学温度，K；H 为普朗克常数，6.62×10^{-34}J·s；μ_0 为不考虑固-液分子作用时流体的黏度，Pa·s；x 为圆管中心沿径向到固体壁面的距离，m；μ_1、α_1、I_1 分别为流体分子的偶极距、极化率和电离能；μ_2、α_2、I_2 分别为固体表面分子的偶极距、极化率和电离能。

假设有一水平纳微米管，管内有牛顿流体通过，以管轴线为 x 轴，令 r 表示由管轴向外度量的径向坐标，周向和径向的速度分量都为 0，圆管的半径为 R，与管轴线平行的速度分量为 u，它仅依赖于 r，同时沿 x 方向横截面上压力梯度为常数，如图 6-1 所示。

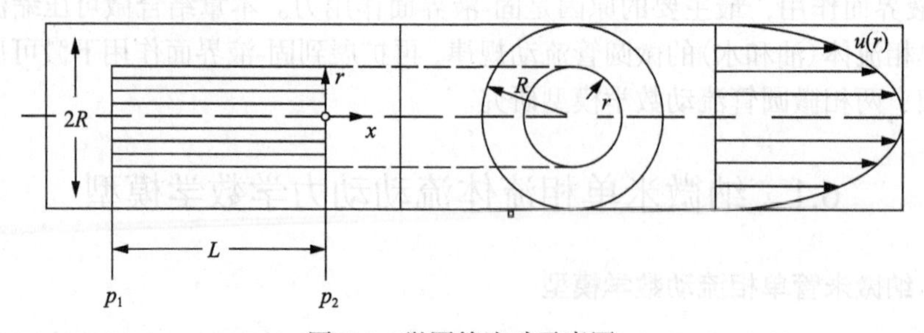

图 6-1 微圆管流动示意图

柱坐标系下 N-S 方程可为

$$\rho\left(\frac{\partial u_x}{\partial t} + u_r\frac{\partial u_x}{\partial r} + \frac{u_\theta}{r}\frac{\partial u_x}{\partial \theta} + u_x\frac{\partial u_x}{\partial x}\right) = \rho f_x - \frac{\partial p}{\partial x} + \frac{1}{r}\frac{\partial}{\partial r}\left(\mu r\frac{\partial u_x}{\partial r}\right) + \frac{1}{r^2}\frac{\partial^2 u_x}{\partial \theta^2} + \frac{\partial^2 u_x}{\partial x^2} \tag{6-5}$$

式中，ρ 为流体密度 kg/m^3；u_r 为径向速度分量，u_θ 为周向速度分量；u_x 为轴向速度分量 m/s；f_x 为体积力项，N/kg；p 为压力，Pa；μ 为流体黏度，Pa·s。

由已知条件得知，微圆管中的 N-S 方程可化简为

$$\frac{\mathrm{d}p}{\mathrm{d}x}=\frac{1}{r}\frac{\mathrm{d}}{\mathrm{d}r}\left(\mu r\frac{\mathrm{d}u}{\mathrm{d}r}\right) \tag{6-6}$$

边界条件：$r=R,\ u=0;\ r=0, \frac{\mathrm{d}u}{\mathrm{d}r}=0$。

把黏度表达式(6-1)代入式(6-6)，可化简为

$$\frac{\mathrm{d}}{\mathrm{d}r}\left[\left(\mu_0+b\frac{\sqrt{A_\mathrm{s}A_\mathrm{w}}-A_\mathrm{w}}{R-r}\right)r\frac{\mathrm{d}u}{\mathrm{d}r}\right]=r\frac{\mathrm{d}p}{\mathrm{d}x} \tag{6-7}$$

式(6-7)两边积分得

$$\frac{\mathrm{d}u}{\mathrm{d}r}=\frac{1}{2\left(\mu_0+b\frac{\sqrt{A_\mathrm{s}A_\mathrm{w}}-A_\mathrm{w}}{R-r}\right)}r\frac{\mathrm{d}p}{\mathrm{d}x}+C_1 \tag{6-8}$$

由于 $r=0$ 时，u 有最大值，故当 $r=0$ 时，$\mathrm{d}u/\mathrm{d}r=0$，并代入式(6-8)得

$$\frac{\mathrm{d}u}{\mathrm{d}r}=\frac{1}{2\left(\mu_0+b\frac{\sqrt{A_\mathrm{s}A_\mathrm{w}}-A_\mathrm{w}}{R-r}\right)}r\frac{\mathrm{d}p}{\mathrm{d}x} \tag{6-9}$$

积分得

$$\begin{aligned}u=&\frac{1}{4\mu_0}r^2\frac{\mathrm{d}p}{\mathrm{d}x}+\frac{1}{2}\frac{b(\sqrt{A_\mathrm{s}A_\mathrm{w}}-A_\mathrm{w})r}{\mu_0^2}\frac{\mathrm{d}p}{\mathrm{d}x}\\&+\frac{1}{2}\frac{b(\sqrt{A_\mathrm{s}A_\mathrm{w}}-A_\mathrm{w})R\ln\left[\mu_0R-\mu_0r+b(\sqrt{A_\mathrm{s}A_\mathrm{w}}-A_\mathrm{w})\right]}{\mu_0^2}\frac{\mathrm{d}p}{\mathrm{d}x}\\&+\frac{1}{2}\frac{b^2(\sqrt{A_\mathrm{s}A_\mathrm{w}}-A_\mathrm{w})^2\ln\left[\mu_0R-\mu_0r+b(\sqrt{A_\mathrm{s}A_\mathrm{w}}-A_\mathrm{w})\right]}{\mu_0^3}\frac{\mathrm{d}p}{\mathrm{d}x}+C\end{aligned} \tag{6-10}$$

当 $r=R$ 时，$u=0$，可得积分常数：

$$\begin{aligned}C=&-\frac{1}{4\mu_0}R^2-\frac{1}{2}\frac{b(\sqrt{A_\mathrm{s}A_\mathrm{w}}-A_\mathrm{w})R}{\mu_0^2}\frac{\mathrm{d}p}{\mathrm{d}x}-\frac{1}{2}\frac{b(\sqrt{A_\mathrm{s}A_\mathrm{w}}-A_\mathrm{w})R\ln\left[b(\sqrt{A_\mathrm{s}A_\mathrm{w}}-A_\mathrm{w})\right]}{\mu_0^2}\frac{\mathrm{d}p}{\mathrm{d}x}\\&-\frac{1}{2}\frac{b^2(\sqrt{A_\mathrm{s}A_\mathrm{w}}-A_\mathrm{w})^2\ln\left[b(\sqrt{A_\mathrm{s}A_\mathrm{w}}-A_\mathrm{w})\right]}{\mu_0^3}\frac{\mathrm{d}p}{\mathrm{d}x}\end{aligned} \tag{6-11}$$

代入式(6-10)，得到微圆管内水流的速度分布规律：

$$u=-\frac{\mathrm{d}p}{\mathrm{d}x}\left(\begin{array}{l}\dfrac{1}{4\mu_0}(R^2-r^2)+\dfrac{1}{2}\dfrac{b(\sqrt{A_\mathrm{s}A_\mathrm{w}}-A_\mathrm{w})(R-r)}{\mu_0^2}\\ +\dfrac{1}{2}\dfrac{b(\sqrt{A_\mathrm{s}}/\sqrt{A_\mathrm{w}}-1)R\ln\dfrac{\mu_0R-\mu_0r+b(\sqrt{A_\mathrm{s}A_\mathrm{w}}-A_\mathrm{w})}{b(\sqrt{A_\mathrm{s}A_\mathrm{w}}-A_\mathrm{w})}}{\mu_0^2}\\ +\dfrac{1}{2}\dfrac{b^2(\sqrt{A_\mathrm{s}A_\mathrm{w}}-A_\mathrm{w})^2\ln\dfrac{\mu_0R-\mu_0r+b(\sqrt{A_\mathrm{s}A_\mathrm{w}}-A_\mathrm{w})}{b(\sqrt{A_\mathrm{s}A_\mathrm{w}}-A_\mathrm{w})}}{\mu_0^3}\end{array}\right) \tag{6-12}$$

微管内流体的平均速度为

$$\bar{u}=\frac{\int u\mathrm{d}A}{A} \tag{6-13}$$

式中，圆管截面积 $A=\pi R^2$，则 $\mathrm{d}A=\pi\mathrm{d}r^2=2\pi r\mathrm{d}r$，代入式(6-13)可得

$$\begin{aligned}u=-\frac{\mathrm{d}p}{\mathrm{d}x}\Bigg[&\frac{1}{4\mu_0}(R^2-r^2)+\frac{1}{2}\frac{b(\sqrt{A_\mathrm{s}A_\mathrm{w}}-A_\mathrm{w})(R-r)}{\mu_0^2}\\&+\frac{1}{2}\frac{b(\sqrt{A_\mathrm{s}A_\mathrm{w}}-A_\mathrm{w})R\ln\dfrac{\mu_0R-\mu_0r+b(\sqrt{A_\mathrm{s}A_\mathrm{w}}-A_\mathrm{w})}{b(\sqrt{A_\mathrm{s}A_\mathrm{w}}-A_\mathrm{w})}}{\mu_0^2}\\&+\frac{1}{2}\frac{b^2(\sqrt{A_\mathrm{s}A_\mathrm{w}}-A_\mathrm{w})^2\ln\dfrac{\mu_0R-\mu_0r+b(\sqrt{A_\mathrm{s}A_\mathrm{w}}-A_\mathrm{w})}{b(\sqrt{A_\mathrm{s}A_\mathrm{w}}-A_\mathrm{w})}}{\mu_0^3}\Bigg]\end{aligned} \tag{6-14}$$

微管的流量为

$$\begin{aligned}Q=\bar{u}A=\frac{\pi}{8}\frac{R^4}{\mu_0}\frac{\mathrm{d}p}{\mathrm{d}x}\Bigg[&\frac{4b^4(\sqrt{A_\mathrm{s}A_\mathrm{w}}-A_\mathrm{w})^4}{\mu_0^4R^4}\ln\frac{\mu_0R+b(\sqrt{A_\mathrm{s}A_\mathrm{w}}-A_\mathrm{w})}{b(\sqrt{A_\mathrm{s}A_\mathrm{w}}-A_\mathrm{w})}+\frac{12b^2(\sqrt{A_\mathrm{s}A_\mathrm{w}}-A_\mathrm{w})^2}{\mu_0^2R^4}\\&\times\ln\frac{\mu_0R+(\sqrt{A_\mathrm{s}A_\mathrm{w}}-A_\mathrm{w})}{(\sqrt{A_\mathrm{s}A_\mathrm{w}}-A_\mathrm{w})}-\frac{4b^3}{\mu_0^3R^3}(\sqrt{A_\mathrm{s}A_\mathrm{w}}-A_\mathrm{w})^3-\frac{10b^2}{\mu_0^2R^2}(\sqrt{A_\mathrm{s}A_\mathrm{w}}-A_\mathrm{w})^2\\&+\frac{b}{\mu_0R}(\sqrt{A_\mathrm{s}A_\mathrm{w}}-A_\mathrm{w})\ln\frac{\mu_0R+b(\sqrt{A_\mathrm{s}A_\mathrm{w}}-A_\mathrm{w})}{b(\sqrt{A_\mathrm{s}A_\mathrm{w}}-A_\mathrm{w})}+\frac{12b^3}{\mu_0^3R^3}(\sqrt{A_\mathrm{s}A_\mathrm{w}}-A_\mathrm{w})^3\\&\times\ln\frac{\mu_0R+b(\sqrt{A_\mathrm{s}A_\mathrm{w}}-A_\mathrm{w})}{b(\sqrt{A_\mathrm{s}A_\mathrm{w}}-A_\mathrm{w})}-\frac{22b}{3\mu_0R}(\sqrt{A_\mathrm{s}A_\mathrm{w}}-A_\mathrm{w})-1\Bigg]\end{aligned} \tag{6-15}$$

可将式(6-15)整理化简为

$$Q=-\frac{\pi}{8}\frac{(1-\varepsilon)R^4}{\mu_0}\frac{\mathrm{d}p}{\mathrm{d}x} \tag{6-16}$$

式中，

$$\begin{aligned}\varepsilon=&\frac{4b^4(\sqrt{A_\mathrm{s}A_\mathrm{w}}-A_\mathrm{w})^4}{\mu_0^4R^4}\ln\frac{\mu_0R+b(\sqrt{A_\mathrm{s}A_\mathrm{w}}-A_\mathrm{w})}{b(\sqrt{A_\mathrm{s}A_\mathrm{w}}-A_\mathrm{w})}+\frac{12b^2(\sqrt{A_\mathrm{s}A_\mathrm{w}}-A_\mathrm{w})^2}{\mu_0^2R^4}\ln\frac{\mu_0R+(\sqrt{A_\mathrm{s}A_\mathrm{w}}-A_\mathrm{w})}{(\sqrt{A_\mathrm{s}A_\mathrm{w}}-A_\mathrm{w})}\\&-\frac{4b^3}{\mu_0^3R^3}(\sqrt{A_\mathrm{s}A_\mathrm{w}}-A_\mathrm{w})^3+\frac{10b^2}{\mu_0^2R^2}(\sqrt{A_\mathrm{s}A_\mathrm{w}}-A_\mathrm{w})^2+\frac{b}{\mu_0R}(\sqrt{A_\mathrm{s}A_\mathrm{w}}-A_\mathrm{w})\ln\frac{\mu_0R+b(\sqrt{A_\mathrm{s}A_\mathrm{w}}-A_\mathrm{w})}{b(\sqrt{A_\mathrm{s}A_\mathrm{w}}-A_\mathrm{w})}\\&+\frac{12b^3}{\mu_0^3R^3}(\sqrt{A_\mathrm{s}A_\mathrm{w}}-A_\mathrm{w})^3\ln\frac{\mu_0R+b(\sqrt{A_\mathrm{s}A_\mathrm{w}}-A_\mathrm{w})}{b(\sqrt{A_\mathrm{s}A_\mathrm{w}}-A_\mathrm{w})}-\frac{22b}{3\mu_0R}(\sqrt{A_\mathrm{s}A_\mathrm{w}}-A_\mathrm{w})\end{aligned}$$

若不考虑固体管壁与流体分子间作用力时，即 $A_\mathrm{s}=A_\mathrm{w}$，代入式(6-16)，则式(6-16)可退化为泊肃叶定律形式，即

$$Q=-\frac{\pi}{8}\frac{R^4}{\mu_0}\frac{\mathrm{d}p}{\mathrm{d}x} \tag{6-17}$$

考虑粗糙度和固-液管壁分子间作用力对微圆管内流体流动的影响。引入系数 ξ，表示粗糙度引起的管径缩小程度，则微圆管内的平均速度为

$$\begin{aligned}u=-\frac{\mathrm{d}p}{\mathrm{d}x}\Bigg(&\frac{1}{4\mu_0}\left\{[R(1-\xi)]^2-r^2\right\}+\frac{1}{2}\frac{b(\sqrt{A_\mathrm{s}A_\mathrm{w}}-A_\mathrm{w})[R(1-\xi)-r]}{\mu_0^2}\\&+\frac{1}{2}\frac{b(\sqrt{A_\mathrm{s}A_\mathrm{w}}-A_\mathrm{w})R(1-\xi)\ln\dfrac{\mu_0R(1-\xi)-\mu_0r+b(\sqrt{A_\mathrm{s}A_\mathrm{w}}-A_\mathrm{w})}{b(\sqrt{A_\mathrm{s}A_\mathrm{w}}-A_\mathrm{w})}}{\mu_0^2}\\&+\frac{1}{2}\frac{b^2(\sqrt{A_\mathrm{s}A_\mathrm{w}}-A_\mathrm{w})^2\ln\dfrac{\mu_0R(1-\xi)-\mu_0r+b(\sqrt{A_\mathrm{s}A_\mathrm{w}}-A_\mathrm{w})}{b(\sqrt{A_\mathrm{s}A_\mathrm{w}}-A_\mathrm{w})}}{\mu_0^3}\Bigg)\end{aligned} \tag{6-18}$$

对应的微管流量可表示为

$$
\begin{aligned}
Q = \frac{\pi}{8}\frac{[R(1-\xi)]^4}{\mu_0}\frac{\mathrm{d}p}{\mathrm{d}x}\Bigg\{ & \frac{4b^4(\sqrt{A_\mathrm{s}A_\mathrm{w}}-A_\mathrm{w})^4}{\mu_0^4[R(1-\xi)]^4}\ln\frac{\mu_0 R(1-\xi)+b(\sqrt{A_\mathrm{s}A_\mathrm{w}}-A_\mathrm{w})}{b(\sqrt{A_\mathrm{s}A_\mathrm{w}}-A_\mathrm{w})} \\
& +\frac{12b^2(\sqrt{A_\mathrm{s}A_\mathrm{w}}-A_\mathrm{w})^2}{\mu_0^2[R(1-\xi)]^4}\ln\frac{\mu_0 R(1-\xi)+(\sqrt{A_\mathrm{s}A_\mathrm{w}}-A_\mathrm{w})}{\sqrt{A_\mathrm{s}A_\mathrm{w}}-A_\mathrm{w}} \\
& -\frac{4b^3}{\mu_0^3[R(1-\xi)]^3}(\sqrt{A_\mathrm{s}A_\mathrm{w}}-A_\mathrm{w})^3-\frac{10b^2}{\mu_0^2[R(1-\xi)]^2}(\sqrt{A_\mathrm{s}A_\mathrm{w}}-A_\mathrm{w})^2 \\
& +\frac{b}{\mu_0 R(1-\xi)}(\sqrt{A_\mathrm{s}A_\mathrm{w}}-A_\mathrm{w})\ln\frac{\mu_0 R(1-\xi)+b(\sqrt{A_\mathrm{s}A_\mathrm{w}}-A_\mathrm{w})}{b(\sqrt{A_\mathrm{s}A_\mathrm{w}}-A_\mathrm{w})} \\
& +\frac{12b^3}{\mu_0^3[R(1-\xi)]^3}(\sqrt{A_\mathrm{s}A_\mathrm{w}}-A_\mathrm{w})^3\ln\frac{\mu_0 R(1-\xi)+b(\sqrt{A_\mathrm{s}A_\mathrm{w}}-A_\mathrm{w})}{b(\sqrt{A_\mathrm{s}A_\mathrm{w}}-A_\mathrm{w})} \\
& -\frac{22b}{3\mu_0 R(1-\xi)}(\sqrt{A_\mathrm{s}A_\mathrm{w}}-A_\mathrm{w})-1\Bigg\}
\end{aligned}
\tag{6-19}
$$

6.1.2　纳微米管单相流体流动特性模拟分析

流体的哈马克常数是流体性质的表征。当 $\mu_0=1\mathrm{mPa\cdot s}$，压力梯度为 $\mathrm{d}p/\mathrm{d}x=0.1\mathrm{MPa/m}$，管壁哈马克常数为 $A_\mathrm{s}=4.2\times10^{-20}\mathrm{J}$，流体的哈马克常数分别为 $A_\mathrm{w}=1.2\times10^{-20}\mathrm{J}$、$A_\mathrm{w}=1.8\times10^{-20}\mathrm{J}$、$A_\mathrm{w}=2.4\times10^{-20}\mathrm{J}$ 时，模拟计算不同半径微圆管水相速度分布如图 6-2 所示。

由图 6-2(a)可知，当微管半径为 1μm 时，流体性质对流体速度分布影响比较明显，随着流体哈马克常数的增大，流体速度增大，这是因为固-液分子间作用与流体的哈马克常数有关，流体的哈马克常数越大，固-液分子间作用越小，流体流动阻力越小。但是随着微圆管半径的增大，固-液分子间作用对速度的影响逐渐

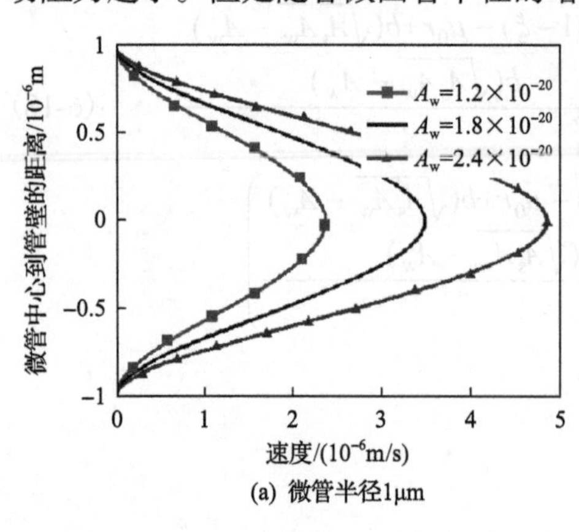

(a) 微管半径1μm

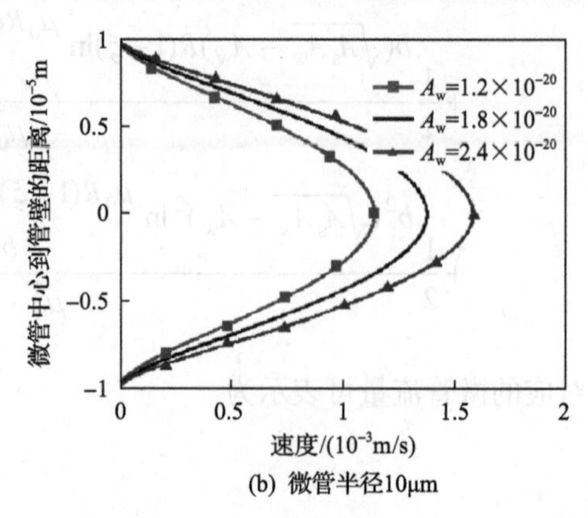

(b) 微管半径10μm

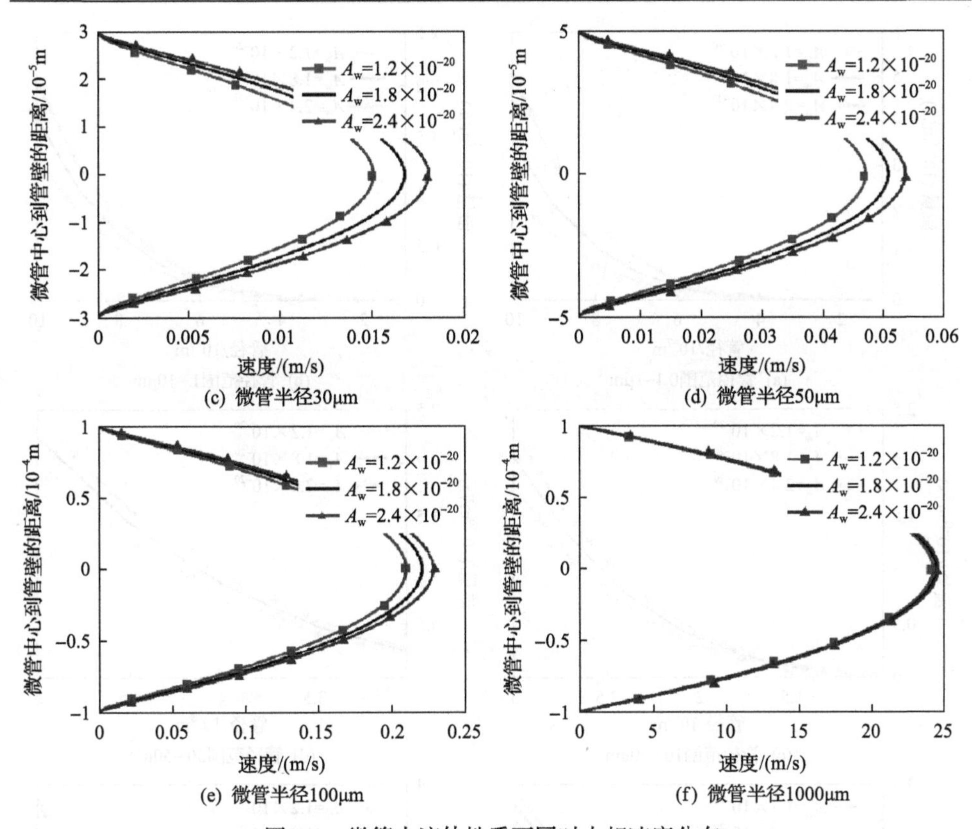

图 6-2　微管内流体性质不同时水相速度分布

减小，因而流体性质对速度的影响也在减弱，由图 6-2(e)和图 6-2(f)可知，当微圆管半径达到 100μm 时，流体性质的影响已经很小，而当微圆管半径达到1000μm时，不同流体性质下的速度分布曲线几乎完全重合，流体性质对速度的影响完全可以忽略。

根据推导的考虑固-液分子间作用的流量模型，分别模拟了在0.1～1μm、1～10μm、10～30μm、30～50μm、50～100μm、100～1000μm 不同管径范围内不同流体性质对流量的影响如图 6-3 所示。

由图 6-3(a)可知，当微圆管半径为 0.1～1μm 时，流体性质对流量的影响比较明显，随着流体哈马克常数的增大，流量增大，这是因为固-液分子间作用与流体的哈马克常数有关，流体的哈马克常数越大，固-液分子间作用越小，流体流动阻力越小。由图 6-3 可以看出，随着微圆管半径的增大，固-液分子间作用对流量的影响逐渐减小，因而流体性质对流量的影响也在减弱，当微圆管半径为 50～100μm 时，流体性质的影响已经很小，而当微圆管半径为 100～1000μm 时，不同流体哈马克常数下的流量曲线几乎完全重合，流体性质对流量的影响完全可以忽略。

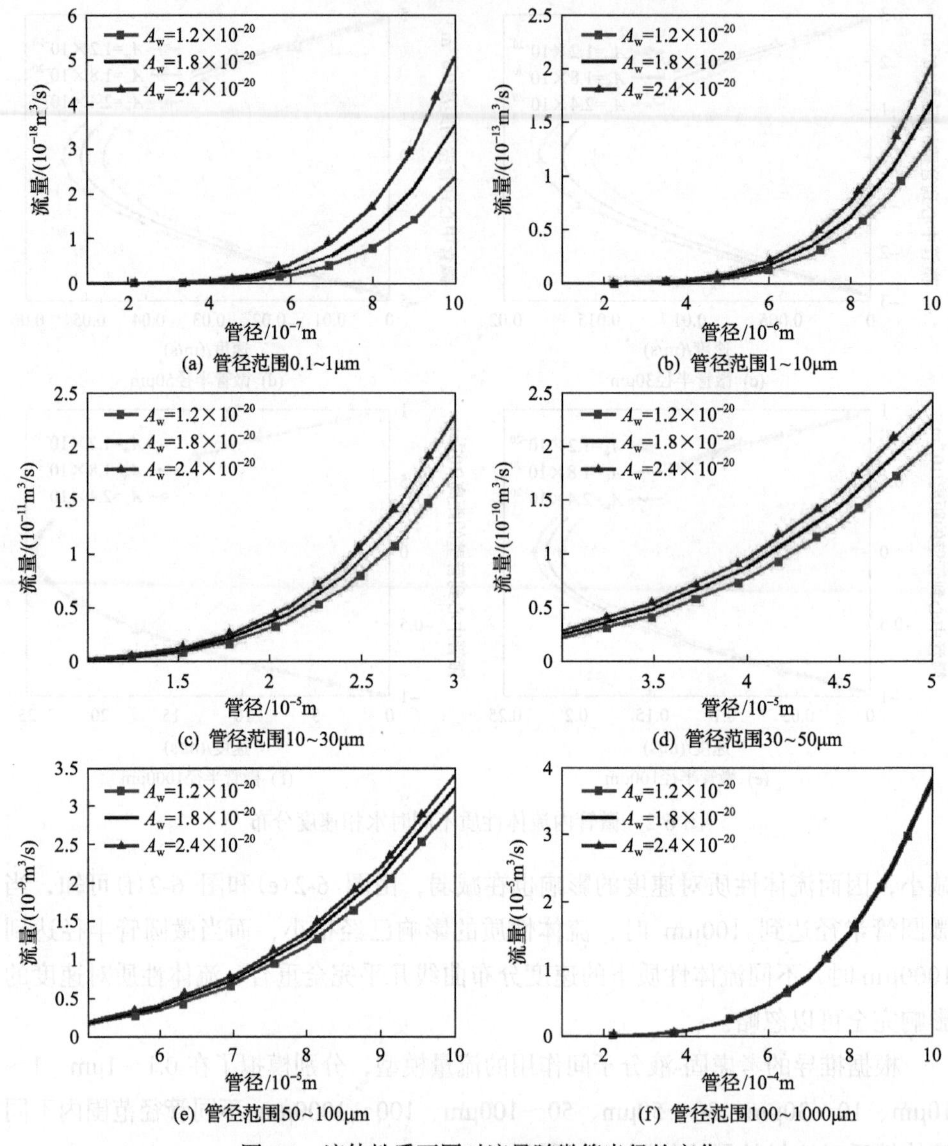

图 6-3 流体性质不同时流量随微管半径的变化

管壁的哈马克常数是管壁性质的表征，哈马克常数对流体速度的影响如图 6-4 所示。

由图 6-4(a)可知，当微圆管半径为 1μm 时，管壁性质对流体速度分布影响比较明显，随着管壁哈马克常数的增大，流体速度减小，这是因为固-液分子间作用与管壁哈马克常数有关，管壁哈马克常数越大，固-液分子间作用越大，流体流动阻力越大。由图 6-4 可以看出，随着微圆管半径的增大，固-液分子间作用对速度

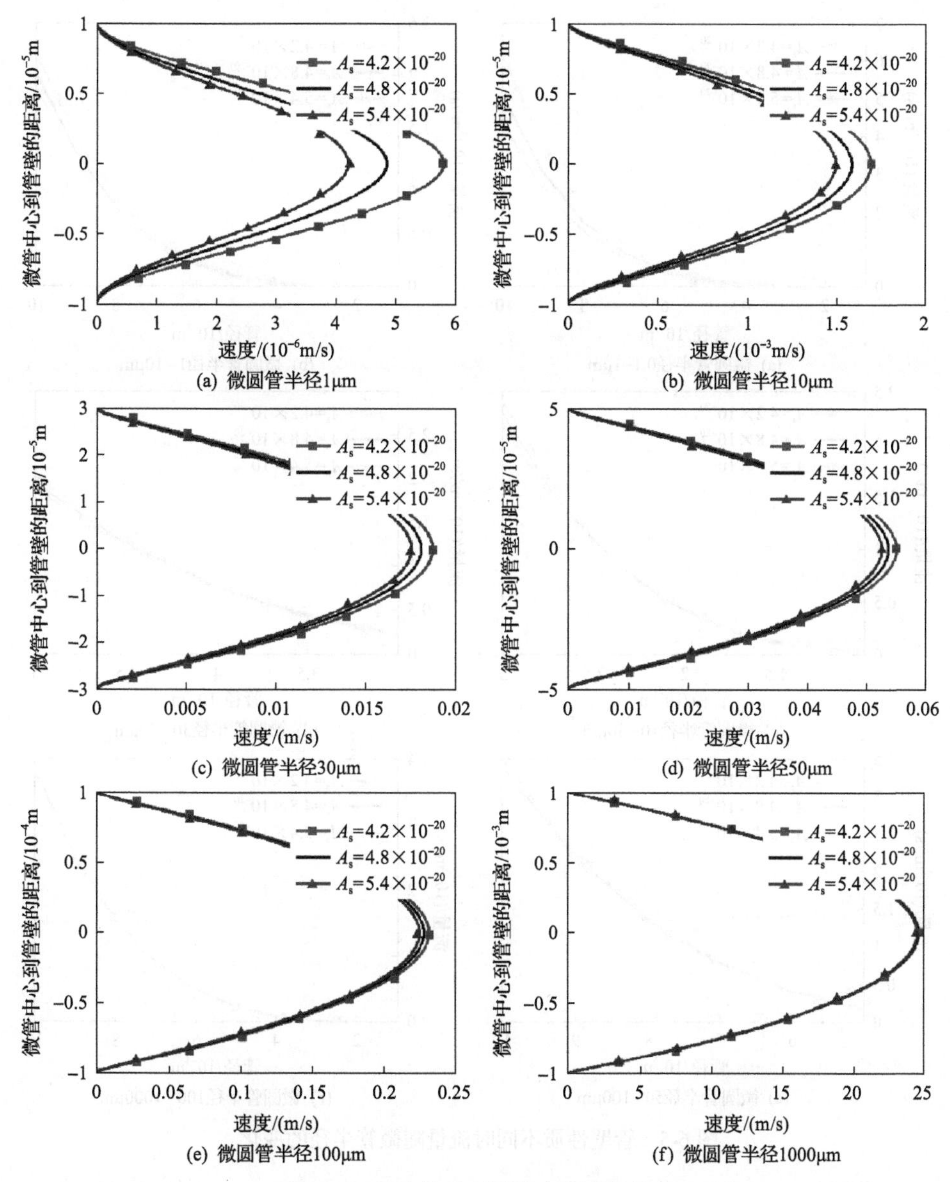

图 6-4　管壁性质不同时流体速度分布

的影响逐渐减小，因而管壁性质对速度的影响也在减弱，当微圆管半径达到 50μm 时，对管壁性质的影响已经很小，而当微圆管半径达到 1000μm 时，不同管壁性质下的速度分布曲线几乎完全重合，管壁性质对速度的影响可以忽略。

根据推导的考虑固-液分子间作用的流量模型，分别模拟了在 0.1～1μm、1～10μm、10～30μm、30～50μm、50～100μm、100～1000μm 不同管径范围内不同管壁性质对流量的影响，如图 6-5 所示。

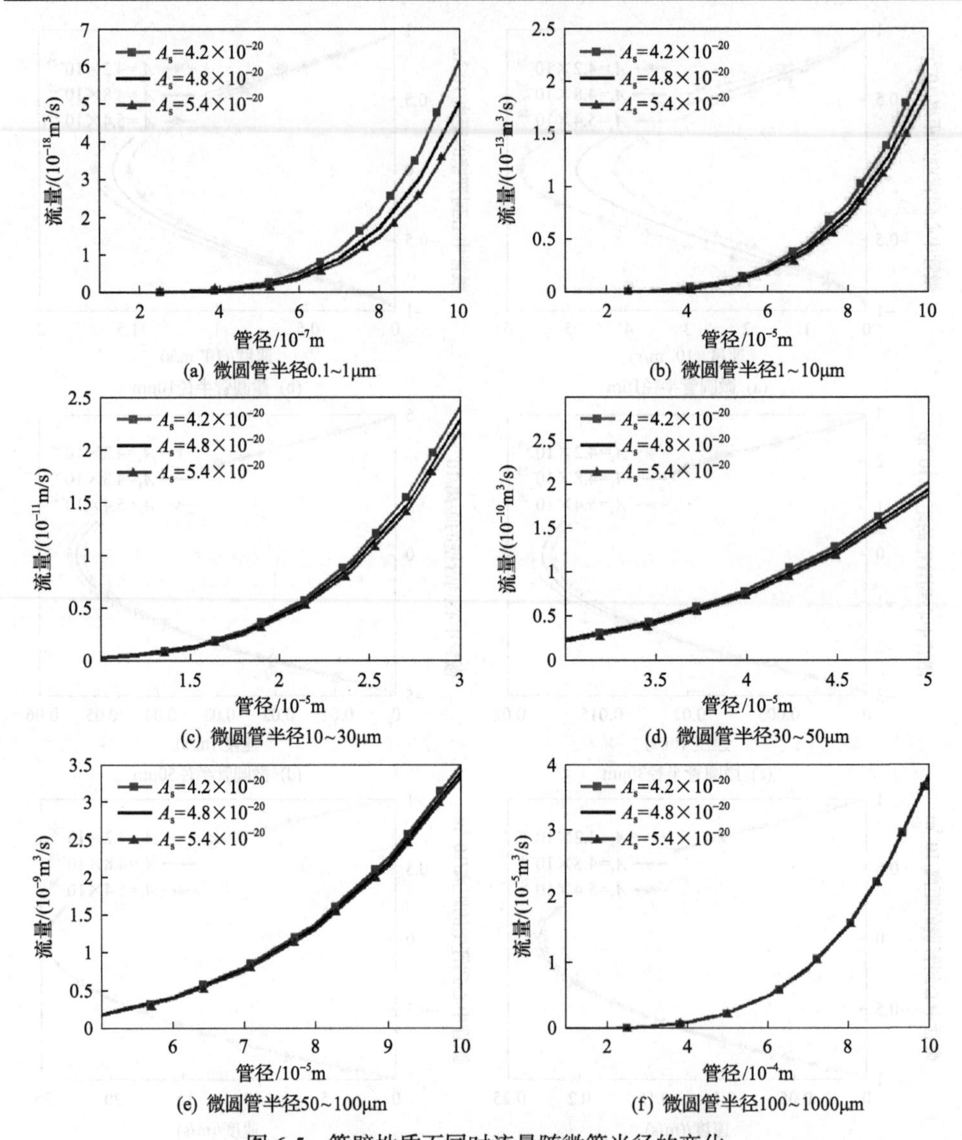

(a) 微圆管半径0.1~1μm (b) 微圆管半径1~10μm

(c) 微圆管半径10~30μm (d) 微圆管半径30~50μm

(e) 微圆管半径50~100μm (f) 微圆管半径100~1000μm

图 6-5 管壁性质不同时流量随微管半径的变化

由图 6-5(a)可知，当微圆管半径为 0.1～1μm 时，管壁性质对流量的影响比较明显，随着管壁哈马克常数的增大，出口端流量减小，这是因为固-液分子间作用与管壁哈马克常数有关，管壁哈马克常数越大，固-液分子间作用越大，流体流动阻力越大。由图 6-5 可以看出，随着微圆管半径的增大，固-液分子间作用对出口端流量的影响逐渐减小，因而管壁性质对流量的影响也在减弱，当微圆管半径为 30～50μm 范围时，管壁性质的影响已经很小，而当微圆管半径大于 50μm 后，不同管壁哈马克常数下的流量曲线几乎完全重合，管壁性质对流量的影响可以忽略。

管径缩小系数ξ是粗糙度的表征参数，不同粗糙度对微管内流速的影响如图 6-6 所示。

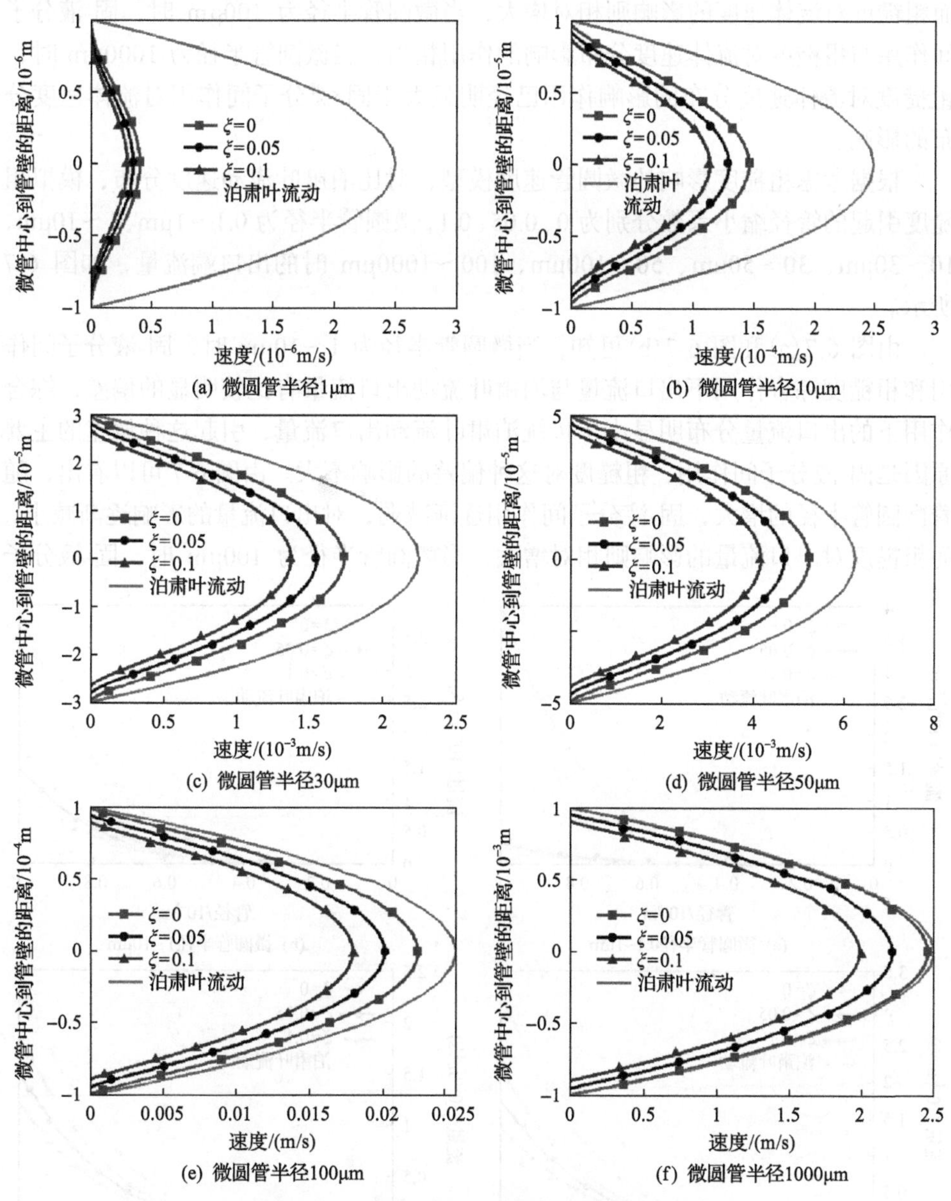

图 6-6　不同粗糙度时微管内流体速度分布

由图 6-6(a)和图 6-6(b)可知，当微圆管半径为 1～10μm 时，固-液分子间作用和粗糙度综合作用下流体速度分布与泊肃叶流动速度分布有比较明显的偏差，综合作用下的流体速度分布明显小于传统泊肃叶流动速度分布，引起这种偏差的主要原因是固-液分子间作用，粗糙度对这种偏差的影响不大。由图 6-6 可以看出，随着微圆管半径的增大，固-液分子间作用逐渐减弱，对流体速度的影响逐渐减小，而粗糙度对流体速度的影响则相对增大，当微圆管半径为 100μm 时，固-液分子间作用与粗糙度对流体速度分布影响的作用相当；当微圆管半径为 1000μm 时，粗糙度对流体速度分布的影响作用已经明显大于固-液分子间作用对流体速度分布的影响。

根据考虑粗糙度影响的微圆管速度模型，对比泊肃叶流动速度分布，模拟粗糙度引起的管径缩小系数分别为 0、0.05、0.1，微圆管半径为 0.1～1μm、1～10μm、10～30μm、30～50μm、50～100μm、100～1000μm 时的出口端流量，如图 6-7 所示。

由图 6-7(a)和图 6-7(b)可知，当微圆管半径为 1～10μm 时，固-液分子间作用和粗糙度综合作用下出口流量与泊肃叶流动出口流量有比较明显的偏差，综合作用下的出口流量分布明显小于传统泊肃叶流动出口流量，引起这种偏差的主要原因是固-液分子间作用，粗糙度对这种偏差的影响不大。由图 6-7 可以看出，随着微圆管半径的增大，固-液分子间作用逐渐减弱，对出口流量的影响逐渐减小，而粗糙度对出口流量的影响则相对增大，当微圆管半径为 100μm 时，固-液分子

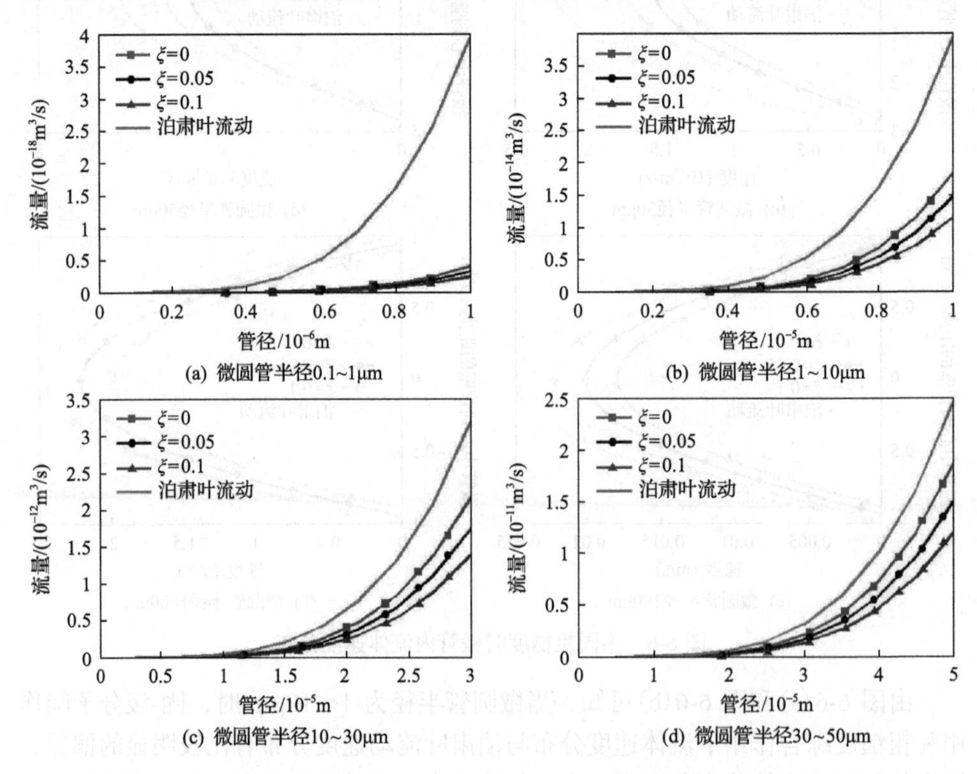

(a) 微圆管半径0.1~1μm　(b) 微圆管半径1~10μm
(c) 微圆管半径10~30μm　(d) 微圆管半径30~50μm

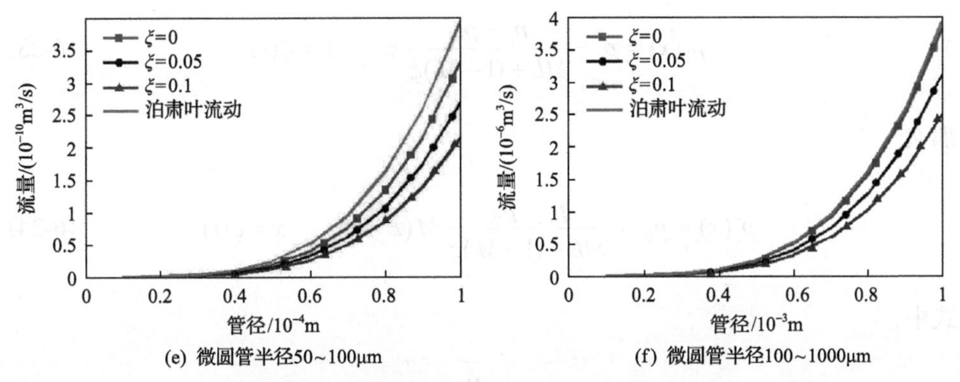

(e) 微圆管半径50~100μm　(f) 微圆管半径100~1000μm

图 6-7　不同粗糙度时微管内流量随半径的变化

间作用与粗糙度对出口流量影响的作用相当；当微圆管半径为 1000μm 时，粗糙度对出口流量的影响作用已经明显大于固-液分子间作用对出口流量的影响。

6.2　纳微米两相流体流动动力学数学模型

6.2.1　纳微米管两相流体流动数学模型

5.2 节和 5.3 节推导的考虑管壁作用下的流量方程，微圆管中流量 Q 与黏度比有关，随着油-水界面的推移，油区和水区发生变化，因而总阻力随油-水界面位置变化。所以，流量 Q 是界面位置 x 的函数，即 $Q=Q(x)$，考虑毛细管力，不计重力和流体的压缩性，忽略微观静电力的影响，该渗流方程和边界条件为

$$\frac{\partial^2 p_1}{\partial x^2}=0, \qquad 0<x<\xi(t) \tag{6-20}$$

$$\frac{\partial^2 p_2}{\partial x^2}=0, \qquad \xi(t)<x<L \tag{6-21}$$

在 x=0处，$p=p_{\mathrm{i}}$；在 $x=L$处，$p=p_{\mathrm{w}}$。其中 p_{i} 为原始地层压力；p_{w} 为水驱压力。

1. 不考虑固-液分子间作用油水两相圆管流动模型

在界面 $x=\xi(t)$ 处，压力和流量应该连续，则 $p_1=p_2[x=\xi(t)]$：

$$\frac{K_{\mathrm{w}}}{\mu_{\mathrm{w}}}\frac{\mathrm{d}p_1}{\mathrm{d}x}=\frac{K_{\mathrm{o}}}{\mu_{\mathrm{o}}}\frac{\mathrm{d}p_2}{\mathrm{d}x}=v(x)=\frac{Q(x)}{A}, \qquad x=\xi(t) \tag{6-22}$$

由式(6-20)～式(6-22)得

$$p_1(x) = p_i - \frac{p_i - p_w}{ML + (1-M)\xi}x, \qquad x = \xi(t) \tag{6-23}$$

那么

$$p_1(x) = p_w + \frac{p_i - p_w}{ML + (1-M)\xi}M(L - x), \qquad x = \xi(t) \tag{6-24}$$

式中，

$$M = \frac{K_w \mu_o}{\mu_w K_o}$$

由式(6-23)和式(6-24)可求得流量$Q(x)$为

$$Q(x) = \frac{AK_w}{\mu_w}\frac{p_i - p_w}{ML + (1-M)\xi}, \qquad x = \xi(t) \tag{6-25}$$

油-水界面可用方程表示为

$$x - \xi(t) = 0 \tag{6-26}$$

油-水界面是物质面，是由流体质点组成的，由物质面方程可知：

$$\frac{dF}{dt} = \frac{\partial F}{\partial t} + v\frac{\partial F}{\partial x} = 0 \tag{6-27}$$

式中，v为流体质点的速度。由式(6-27)可知：

$$\frac{\partial F}{\partial t} = -\frac{d\xi}{dt}, \quad \frac{\partial F}{\partial x} = 1 \tag{6-28}$$

将式(6-28)代入式(6-27)可得

$$\frac{d\xi}{dt} = v \tag{6-29}$$

将式(6-25)代入式(6-29)，考虑毛细管力的作用得到

$$\frac{d\xi}{dt} = \frac{Q(x)}{A} = \frac{K_w}{\mu_w}\frac{p_i - p_w + p_c}{ML + (1-M)\xi} \tag{6-30}$$

对式(6-30)积分可得，油-水界面从 $x=0$ 推进到 $x=\xi$ 所需的时间 t 为

$$t=\frac{\mu_{\mathrm{w}}L^2}{K_{\mathrm{w}}(p_i-p_{\mathrm{w}}+p_{\mathrm{c}})}\left[M\left(\frac{\xi}{L}\right)+\frac{1}{2}(1-M)\left(\frac{\xi}{L}\right)^2\right] \tag{6-31}$$

对于微圆管，$K_{\mathrm{w}}=K_{\mathrm{o}}=\dfrac{r^2}{8}$，因此式(6-30)和式(6-31)可表示为

$$Q(x)=\frac{\pi r^4}{8}\frac{p_{\mathrm{i}}-p_{\mathrm{w}}+p_{\mathrm{c}}}{\mu_{\mathrm{o}}L+(\mu_{\mathrm{w}}-\mu_{\mathrm{o}})x} \tag{6-32}$$

$$t=\frac{8}{r^2(p_{\mathrm{i}}-p_{\mathrm{w}}+p_{\mathrm{c}})}\left[\mu_{\mathrm{o}}L\xi+\frac{1}{2}(\mu_{\mathrm{w}}-\mu_{\mathrm{o}})\xi^2\right] \tag{6-33}$$

那么当 $x=L$ 时，水相突破整个圆管，此时突破时间为

$$t_{\mathrm{out}}=\frac{8}{r^2(p_{\mathrm{i}}-p_{\mathrm{w}}+p_{\mathrm{c}})}\left[\mu_{\mathrm{o}}L^2+\frac{1}{2}(\mu_{\mathrm{w}}-\mu_{\mathrm{o}})L^2\right] \tag{6-34}$$

2. *考虑固-液分子间作用油水两相圆管流动模型*

由考虑管壁作用下的速度方程可知，水相和油相的运动方程可分别表示如下。

水相运动方程：

$$\begin{aligned}v_{\mathrm{w}}&=-\frac{1}{M_{\mathrm{w}}}\frac{\mathrm{d}p}{\mathrm{d}x}\\&=-\frac{\mathrm{d}p}{\mathrm{d}x}\left[\frac{1}{4\mu_{\mathrm{o}}}(R^2-r^2)+\frac{1}{2}\frac{b(\sqrt{A_{\mathrm{s}}A_{\mathrm{w}}}-A_{\mathrm{w}})(R-r)}{\mu_{\mathrm{o}}^2}\right.\\&\quad+\frac{1}{2}\frac{b(\sqrt{A_{\mathrm{s}}A_{\mathrm{w}}}-A_{\mathrm{w}})R\ln\dfrac{\mu_{\mathrm{o}}R-\mu_{\mathrm{o}}r+b(\sqrt{A_{\mathrm{s}}A_{\mathrm{w}}}-A_{\mathrm{w}})}{b(\sqrt{A_{\mathrm{s}}A_{\mathrm{w}}}-A_{\mathrm{w}})}}{\mu_{\mathrm{o}}^2}\\&\quad\left.+\frac{1}{2}\frac{b^2(\sqrt{A_{\mathrm{s}}A_{\mathrm{w}}}-A_{\mathrm{w}})^2\ln\dfrac{\mu_{\mathrm{o}}R-\mu_{0}r+b(\sqrt{A_{\mathrm{s}}A_{\mathrm{w}}}-A_{\mathrm{w}})}{b(\sqrt{A_{\mathrm{s}}A_{\mathrm{w}}}-A_{\mathrm{w}})}}{\mu_{\mathrm{o}}^3}\right]\end{aligned} \tag{6-35}$$

油相运动方程：

$$
\begin{aligned}
v_{\mathrm{o}} &= -\frac{1}{M_{\mathrm{o}}}\frac{\mathrm{d}p}{\mathrm{d}x} \\
&= -\frac{\mathrm{d}p}{\mathrm{d}x}\left[\frac{1}{4\mu_{\mathrm{o}}}(R^2-r^2)+\frac{1}{2}\frac{b(\sqrt{A_{\mathrm{s}}A_{\mathrm{o}}}-A_{\mathrm{o}})(R-r)}{\mu_{\mathrm{o}}^2}\right. \\
&\quad +\frac{1}{2}\frac{b(\sqrt{A_{\mathrm{s}}A_{\mathrm{o}}}-A_{\mathrm{o}})R\ln\dfrac{\mu_{\mathrm{o}}R-\mu_{\mathrm{o}}r+b(\sqrt{A_{\mathrm{s}}A_{\mathrm{o}}}-A_{\mathrm{o}})}{b(\sqrt{A_{\mathrm{s}}A_{\mathrm{o}}}-A_{\mathrm{o}})}}{\mu_{\mathrm{o}}^2} \\
&\quad \left.+\frac{1}{2}\frac{b^2(\sqrt{A_{\mathrm{s}}A_{\mathrm{o}}}-A_{\mathrm{o}})^2\ln\dfrac{\mu_{\mathrm{o}}R-\mu_{\mathrm{o}}r+b(\sqrt{A_{\mathrm{s}}A_{\mathrm{o}}}-A_{\mathrm{o}})}{b(\sqrt{A_{\mathrm{s}}A_{\mathrm{o}}}-A_{\mathrm{o}})}}{\mu_{\mathrm{o}}^3}\right]
\end{aligned} \tag{6-36}
$$

由于在界面 $x=\xi(t)$ 处，压力和流量应该连续，即 $p_1=p_2$，那么有

$$
\frac{1}{M_{\mathrm{w}}}\frac{\mathrm{d}p_1}{\mathrm{d}x}=\frac{1}{M_{\mathrm{o}}}\frac{\mathrm{d}p_2}{\mathrm{d}x}=v(x)=\frac{Q(x)}{A},\qquad x=\xi(t) \tag{6-37}
$$

则推导可得

$$
p_1(x)=p_i-\frac{p_{\mathrm{i}}-p_{\mathrm{w}}}{ML+(1-M)\xi}x,\qquad x=\xi(t) \tag{6-38}
$$

$$
p_1(x)=p_{\mathrm{w}}+\frac{p_{\mathrm{i}}-p_{\mathrm{w}}}{ML+(1-M)\xi}M(L-x),\qquad x=\xi(t) \tag{6-39}
$$

式中，$M=\dfrac{M_{\mathrm{o}}}{M_{\mathrm{w}}}$。

由式(6-39)和式(6-37)可求得流量 $Q(x)$ 为

$$
Q(x)=\frac{A}{M_{\mathrm{w}}}\frac{p_{\mathrm{i}}-p_{\mathrm{w}}+p_{\mathrm{c}}}{ML+(1-M)\xi},\qquad x=\xi(t) \tag{6-40}
$$

将式(6-39)代入式(6-36)得到

$$
\frac{\mathrm{d}\xi}{\mathrm{d}t}=\frac{Q(x)}{A}=\frac{1}{M_{\mathrm{w}}}\frac{p_{\mathrm{i}}-p_{\mathrm{w}}+p_{\mathrm{c}}}{ML+(1-M)\xi} \tag{6-41}
$$

对式(6-39)积分可得油-水界面从$x=0$推进到$x=\xi$所需的时间t为

$$t=\frac{M_{\mathrm{w}}L^2}{p_i-p_{\mathrm{w}}+p_{\mathrm{c}}}\left[M\left(\frac{\xi}{L}\right)+\frac{1}{2}(1-M)\left(\frac{\xi}{L}\right)^2\right] \tag{6-42}$$

那么，当$x=L$时，水相突破整个圆管，此时突破时间为

$$t_{\mathrm{out}}=\frac{M_{\mathrm{w}}L^2}{p_i-p_{\mathrm{w}}+p_{\mathrm{c}}}\left[M+\frac{1}{2}(1-M)^2\right] \tag{6-43}$$

6.2.2 纳微米管两相流体流动影响因素模拟分析

根据推导的考虑固-液分子间作用油水两相模型，可以得到分子作用的水驱前缘位置与时间的变化关系。当水相黏度$\mu_{\mathrm{w}}=1\mathrm{mPa\cdot s}$，油相黏度为$\mu_{\mathrm{o}}=10\mathrm{mPa\cdot s}$，管长度为0.05m，压差为0.005MPa时，模拟计算微管半径对水流速的影响，结果如图6-8所示。

由图6-8可以看出，随着微管半径增大，水驱突破时间逐渐减小，水驱速度逐渐增加；相同微管半径下，考虑固-液分子间作用时水驱突破时间长，水驱速度慢。当不考虑固-液分子间作用，管径由10μm增加到30μm时，前缘位置到达0.05m处所需时间(水驱突破时间)分别是365s、135s、65s、40s、25s；考虑固-液分子间作用时，管径由10μm增加到30μm时，前缘位置到达0.05m处所需时间(水驱突破时间)分别是830s、260s、120s、70s、40s。

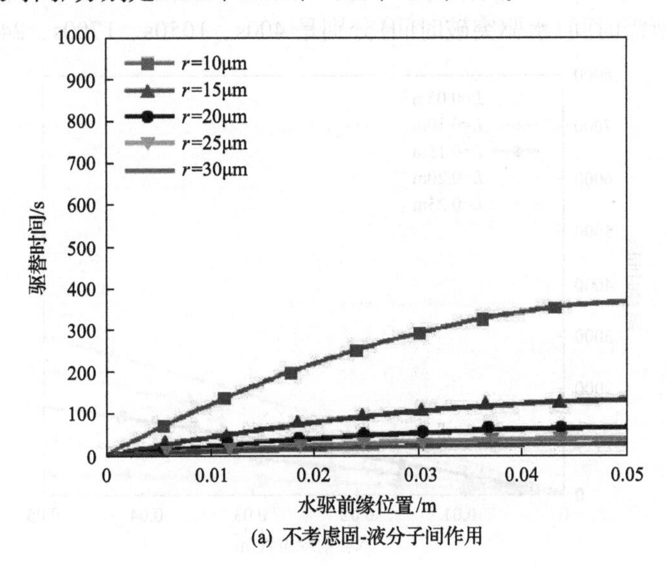

(a) 不考虑固-液分子间作用

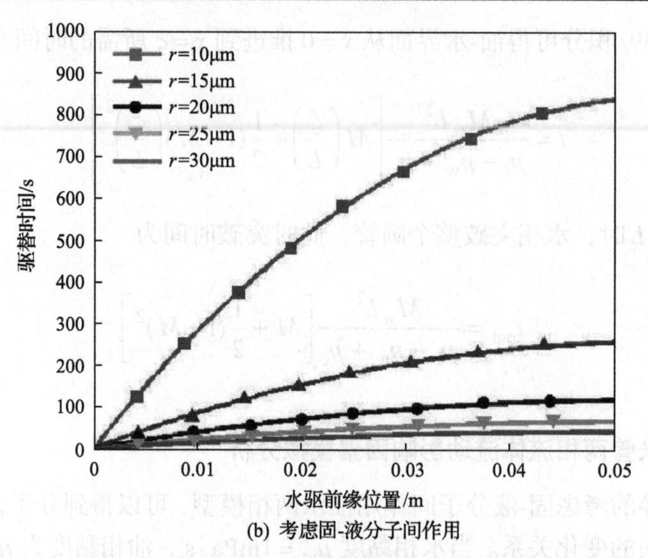

(b) 考虑固-液分子间作用

图 6-8　不同管径下前缘位置随时间的变化关系

1. 微管长度对水驱突破时间的影响

当水相黏度 $\mu_w = 1\text{mPa}\cdot\text{s}$，油相黏度为 $\mu_o = 10\text{mPa}\cdot\text{s}$，压差为 0.005MPa，管径为 10μm 时，模拟计算微管长度对水流速的影响，结果如图 6-9 所示。

由图 6-9 可以看出，随着微管长度的增大，水驱突破时间逐渐增大，水驱速度逐渐减慢；相同微管长度下，考虑固-液分子间作用时水驱突破时间长，水驱速度慢。当不考虑固-液分子间作用时，管长由 0.05m 变化到 0.25m 时，前缘位置到达 0.05m 处所需时间（水驱突破时间）分别是 400s、1050s、1700s、2400s、3000s；

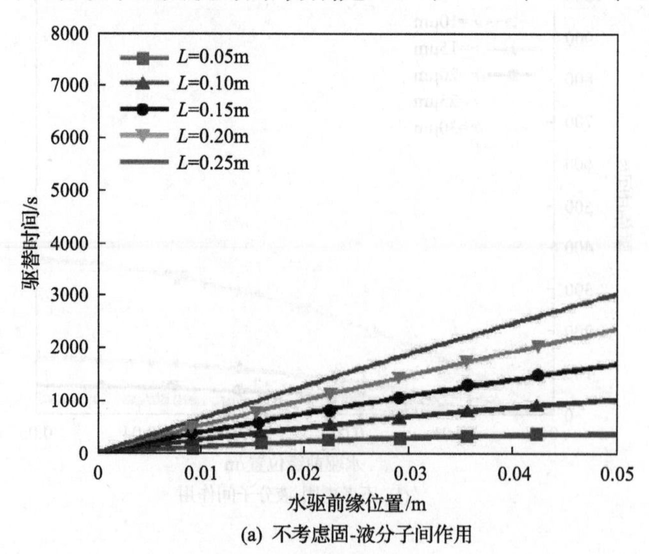

(a) 不考虑固-液分子间作用

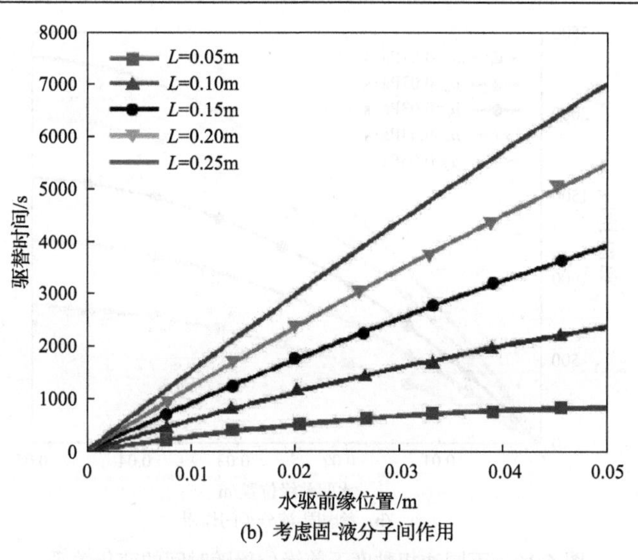

(b) 考虑固-液分子间作用

图6-9　不同管长下前缘位置随时间的变化关系

考虑固-液分子间作用时，管长由0.05m变化到0.25m时，前缘位置到达0.05m处所需时间(水驱突破时间)分别是850s、2200s、3950s、5400s、7000s。

2. 油相黏度对水驱突破时间的影响

当水相黏度$\mu_w = 1\text{mPa}\cdot\text{s}$，压差为0.005MPa，管长度为0.05m，管径为10μm时，模拟计算油相黏度对水流速的影响，结果如图6-10所示。

由图6-10可以看出，随着油相黏度的增大，水驱突破时间逐渐增大，水驱速度逐渐减慢；相同油相黏度下，考虑固-液分子间作用时水驱突破时间长，水驱速

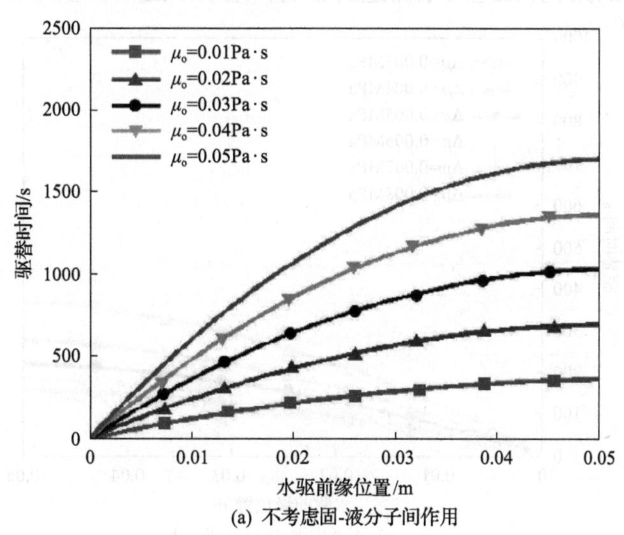

(a) 不考虑固-液分子间作用

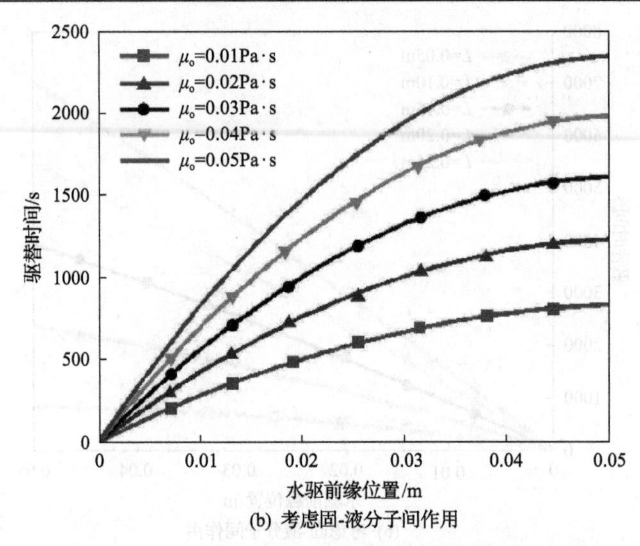

(b) 考虑固-液分子间作用

图 6-10 不同油相黏度下前缘位置随时间的变化关系

度慢。当不考虑分子作用力，黏度由 0.01Pa·s 增加到 0.05Pa·s 时，前缘位置到达 0.05m 处所需时间(水驱突破时间)分别是 380s、700s、1100s、1380s、1700s。当考虑固-液分子间作用，黏度由 0.01Pa·s 增加到 0.05Pa·s 时，前缘位置到达 0.05m 处所需时间(水驱突破时间)分别是 700s、1200s、1600s、1950s、2400s。

3. 驱动压差对水驱突破时间的影响

当水相黏度 $\mu_w = 1\text{mPa·s}$，油相黏度为 $\mu_o = 10\text{mPa·s}$，管长度为 0.05m，管径为 10μm 时，模拟计算压差对水流速的影响，结果如图 6-11 所示。

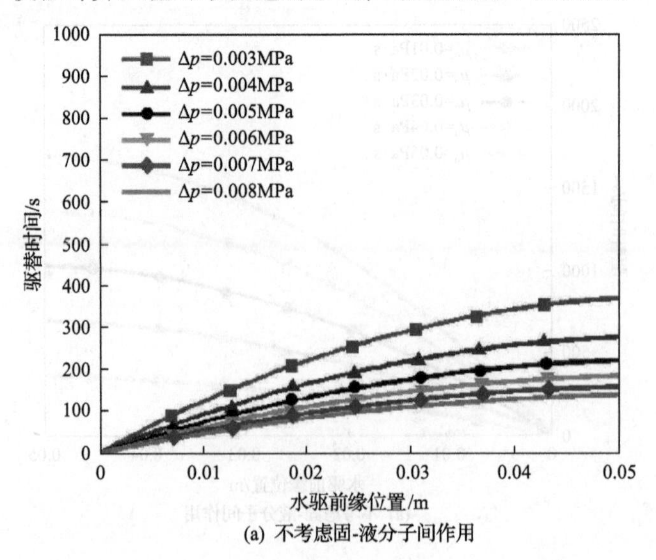

(a) 不考虑固-液分子间作用

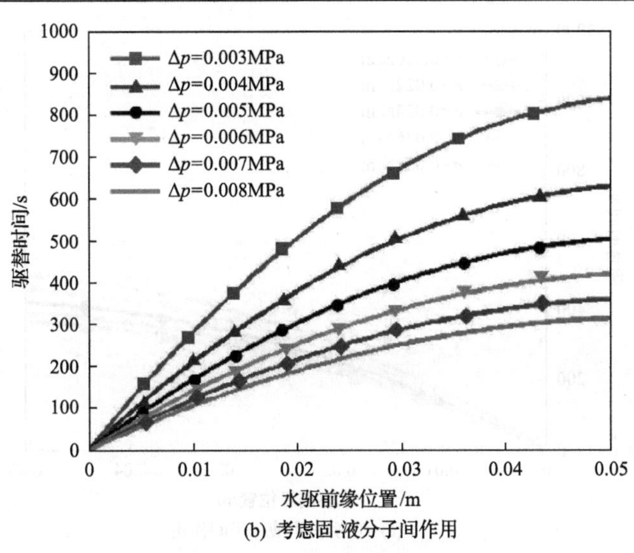

(b) 考虑固-液分子间作用

图 6-11　不同压差下前缘位置随时间的变化关系

由图 6-11 可以看出，随着驱动压差的增大，水驱突破时间逐渐减小，水驱速度逐渐增加；相同驱动压差下，考虑固-液分子间作用时水驱突破时间长，水驱速度慢。当不考虑固-液分子间作用时，压差由 0.003MPa 增加到 0.008MPa 时，前缘位置到达 0.05m 处所需时间(水驱突破时间)分别是 360s、270s、220s、180s、155s、140s。考虑固-液分子间作用时，压差由 0.003MPa 增加到 0.008MPa 时，前缘位置到达 0.05m 处所需时间(水驱突破时间)分别是 820s、610s、500s、410s、350s、310s。

4. 界面张力对水驱突破时间的影响

当水相黏度 $\mu_{\mathrm{w}}=1\mathrm{mPa\cdot s}$，油相黏度为 $\mu_{\mathrm{o}}=10\mathrm{mPa\cdot s}$，压差为 0.005MPa，管长度为 0.05m，管径为 10μm 时，模拟计算界面张力对水流速的影响，结果如图 6-12 所示。

由图 6-12 可以看出，微管油湿润条件下，随着界面张力的增大，水驱突破时间逐渐增大，水驱速度逐渐减慢；相同界面张力下，考虑固-液分子间作用时水驱突破时间长，水驱速度慢。当不考虑固-液分子间作用时，界面张力由 0.020N/m 增加到 0.028N/m 时，前缘位置到达 0.05m 处所需时间(水驱突破时间)分别是 360s、390s、420s、450s、500s。考虑固-液分子间作用时，界面张力由 0.02N/m 增加到 0.028N/m 时，前缘位置到达 0.05m 处所需时间(水驱突破时间)分别是 820s、900s、960s、1060s、1120s。

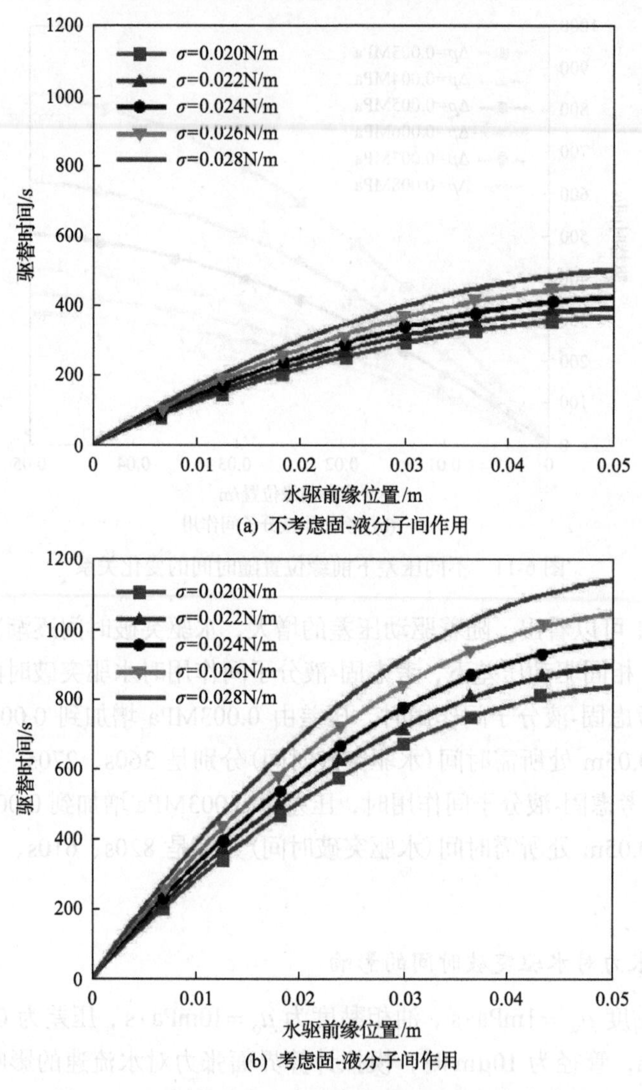

(a) 不考虑固-液分子间作用

(b) 考虑固-液分子间作用

图 6-12　不同界面张力下前缘位置随时间的变化关系

5. 润湿角对水驱突破时间的影响

当水相黏度 $\mu_{\mathrm{w}}=1\mathrm{mPa\cdot s}$，油相黏度为 $\mu_{\mathrm{o}}=10\mathrm{mPa\cdot s}$，压差为 0.005MPa，管长度为 0.05m，管径为10μm时，模拟计算界面张力对水流速的影响，结果如图6-13所示。

由图 6-13 可以看出，随着润湿角的增大，微管的润湿性由亲水变为亲油，毛细管力由动力变为阻力，水驱突破时间逐渐增大，水驱速度逐渐减慢；相同润湿角下，考虑固-液分子间作用时水驱突破时间长，水驱速度慢。当不考虑分

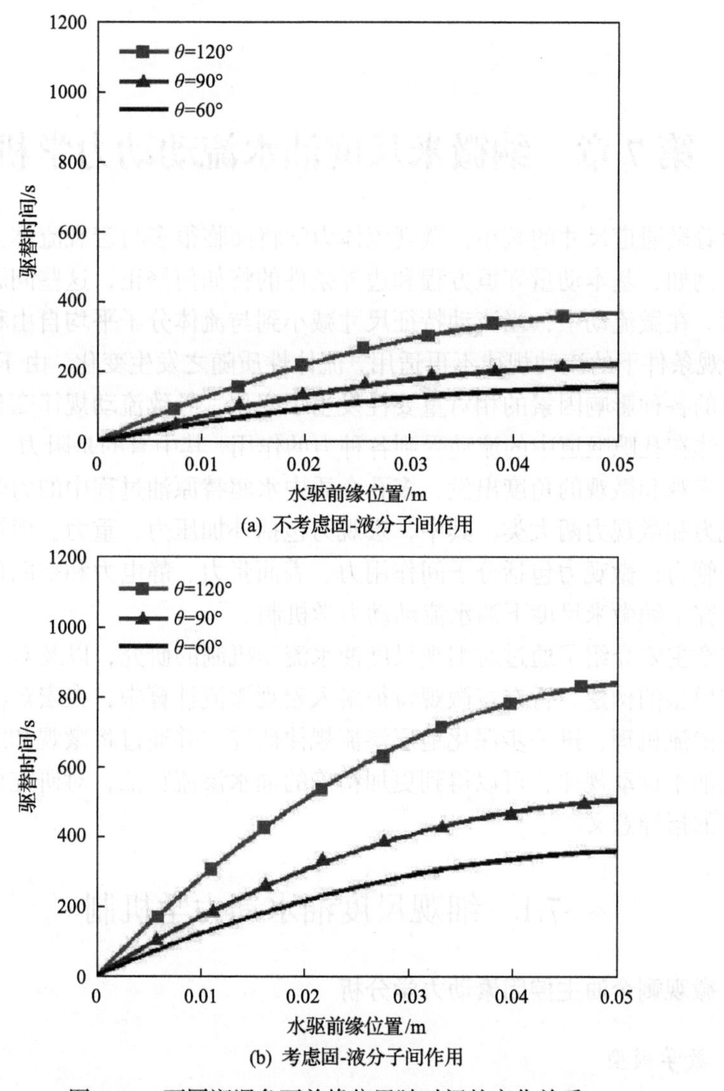

(a) 不考虑固-液分子间作用

(b) 考虑固-液分子间作用

图 6-13　不同润湿角下前缘位置随时间的变化关系

子作用时，湿润角分别为 60°、90°、120°时，前缘位置到达 0.05m 处所需时间(水驱突破时间)分别是 160s、210s、310s。考虑固-液分子间作用时，湿润角分别为 60°、90°、120°时，前缘位置到达 0.05m 处所需时间(水驱突破时间)分别是 360s、500s、820s。

第 7 章　纳微米尺度油水流动动力学机制

随着微通道尺寸的减小，微观流体力学将面临很多与宏观流体力学不同的新问题，例如，基本动量守恒方程和边界条件的将如何修正，这些问题需要进一步去探索。在微流动中，当流动特征尺寸减小到与流体分子平均自由程在同一量级时，宏观条件下的流动规律不再适用，流体性质随之发生变化，由于尺度的微小，使原来的各种影响因素的相对重要性发生了变化，导致流动规律变化[43-50]。油水两相流体在孔隙喉道中的流动受到各种力的作用，其中有的是阻力，有的是动力；如果从宏观和微观的角度出发，多孔介质中水驱替原油过程中的力学关系可以分为宏观力和微观力两大类。其中，宏观力包括外加压力、重力、惯性力、黏滞力和毛细管力；微观力包括分子间作用力、表面张力、静电力和空间位形力。本章主要研究了纳微米尺度下油水流动动力学机制。

本章主要介绍了通过对细观尺度油水流动机制的研究，以及对细观流动毛细管网络模型的构建，旨在将微观特征融入宏观渗流计算中，在宏观渗流过程中体现微观渗流机理，进一步深化地层渗流规律研究，并通过将微观和宏观相结合研究地层油水运动规律，可以得到更加精确的油水渗流特征，对研究剩余油分布具有重要的指导意义。

7.1　细观尺度油水动力学机制

7.1.1　微观剩余油主控因素动力学分析

1. 数学模型

毛细管束网络模型可用于多孔介质的微观模拟，用来描述微观渗流过程。微观剩余油分布由驱油的动力和阻力两大因素决定。驱油的动力主要外加压力和毛细管力(水湿管壁)。驱油的阻力是原油对孔壁的黏滞力、毛细管力(油湿管壁)和固体管壁与流体分子之间的分子间作用力。由修正后的毛细管束网络模型可知：

毛细管束模型的含油饱和度为

$$S_o = 1 - \frac{\sum_{i=1}^{n} \pi R_{di}^2 x_{di}}{\sum_{i=1}^{n} \pi R_i^2 L} - S_{wc} \tag{7-1}$$

$$S_{\mathrm{wc}}=\frac{\sum_{i=1}^{n}A_{\mathrm{w}i}L}{\sum_{i=1}^{n}\pi R_i^2 L} \tag{7-2}$$

式中，R_i 为毛细管半径，m；L 为毛细管长度，m；$R_{\mathrm{d}i}$ 为半径为 R_i 的毛细管中可动部分的半径，m；$x_{\mathrm{d}i}$ 为第 i 根毛细管在驱替 t 时刻的水驱前缘位置，m；S_{wc} 为毛管束模型的束缚水饱和度；$A_{\mathrm{w}i}$ 为第 i 根毛细管的有效截面积，m^2。$A_{\mathrm{w}i}$ 和 $x_{\mathrm{d}i}$ 的表达式分别为

$$A_{\mathrm{w}i}=\begin{cases}\pi(R_i^2-R_{\mathrm{d}i}^2), & \theta<\dfrac{\pi}{2}\\ 0, & \theta\geqslant\dfrac{\pi}{2}\end{cases} \tag{7-3}$$

$$x_{\mathrm{d}i}=\begin{cases}\dfrac{-\mu_{\mathrm{o}}L+\sqrt{(\mu_{\mathrm{o}}L)^2+R_{\mathrm{d}i}^2t(\mu_{\mathrm{w}}-\mu_{\mathrm{o}})(\Delta p+p_{\mathrm{c}i})/4}}{\mu_{\mathrm{w}}-\mu_{\mathrm{o}}}, & t\leqslant t_0\left(R_{\mathrm{d}i}\right)\\ L, & t>t_0\left(R_{\mathrm{d}i}\right)\end{cases} \tag{7-4}$$

毛细管束模型的油水相对渗透率为

$$K_{\mathrm{ro}}=\frac{K_{\mathrm{o}}}{K} \tag{7-5}$$

$$K_{\mathrm{rw}}=\frac{K_{\mathrm{w}}}{K} \tag{7-6}$$

式中，

$$K_{\mathrm{o}}=\frac{\mu_{\mathrm{o}}LQ_{\mathrm{o}}}{\tau A\Delta p} \tag{7-7}$$

$$K_{\mathrm{w}}=\frac{\mu_{\mathrm{w}}LQ_{\mathrm{w}}}{\tau A\Delta p} \tag{7-8}$$

$$K=\frac{\phi\sum_{i=1}^{n}R_{\mathrm{d}i}^4}{8\tau\sum_{i=1}^{n}R_i^2} \tag{7-9}$$

其中，τ 为迂曲度；Δp 为压差；ϕ 为孔隙度；$R_{\mathrm{d}i}$ 的表达式为

$$R_{di} = (R_i - eR_i - h_i)\sqrt{aR_p + bG + cz + d} \tag{7-10}$$

这里，e 为毛细管的粗糙度，粗糙度定义为 $2\varepsilon/D$（D 为圆管直径，ε 为粗糙度引起的圆管半径缩小量）；h_i 为半径为 R_i 的毛细管的界面层厚度；R_p 为孔喉比；G 为孔隙的形状因子；z 为孔隙的配位数；a、b、c、d 均为常数。

2. 剩余油主控因素模拟分析

1）配位数对剩余油的影响

模拟所用的基本参数：水相黏度为 0.001Pa·s，油相黏度为 0.01Pa·s，圆管长度为 0.05m，外加压差为 0.005MPa，$A_s=4.8\times10^{-20}$J，$A_w=2.42\times10^{-20}$J，$A_o=1.8\times10^{-20}$J，模拟计算结果如图 7-1 所示。

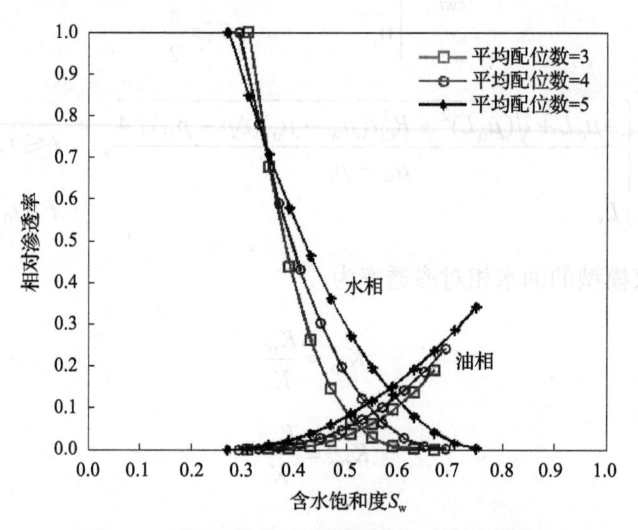

图 7-1　不同配位数下网络模型相对渗透率曲线

由图 7-1 可知，随着配位数的增大，参与渗流的喉道数目随之增加，两相共流区变大，残余油饱和度减小。端点处饱和度下的相对渗透率增大，相对来说，对非润湿相油相的相对渗透率影响更大，油滴流动通道增加，水作为润湿相主要沿孔喉表面运动，将油捕集在较大的孔隙中，利于油滴形成油流，提高了油相相对渗透率，流体被捕集的机会减少，使形成剩余油的概率下降，所以残余油饱和度减小，水驱采收率提高。

2）形状因子对剩余油的影响

由图 7-2 可知，随着形状因子的减小，残余油饱和度增加，两相共流区变小。这是因为形状因子越小，孔隙越复杂、角隅越多，而在水湿体系中，复杂的孔隙形状使水易于连通，对存在于孔喉中央位置的原油产生一种“圈闭”作用，所以残余油饱和度增加。存在于角隅内的水与原油也容易形成油水混合状态的剩余油。随着形状因子增大，孔隙形状的规则程度增加，储层相对均质，角隅变少，使油渗流更通畅，而水不易于连通，水相主要在孔壁上形成薄膜不易于流动，油相占据孔道的中央。

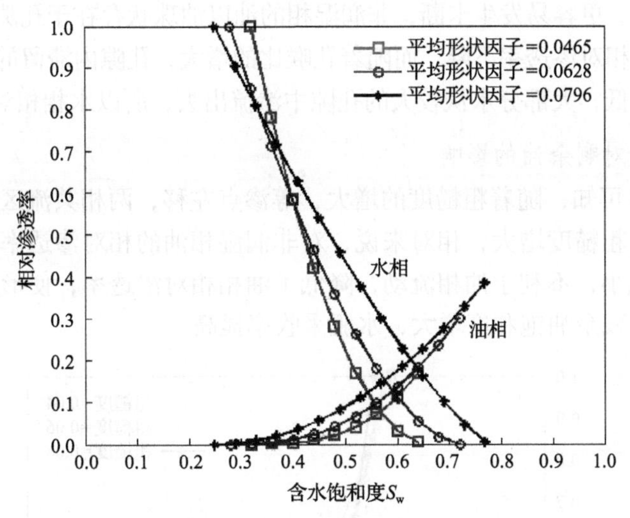

图 7-2　不同形状因子下网络模型相对渗透率曲线

3) 孔喉比对剩余油的影响

由图 7-3 可知，随着孔喉比增大，残余油饱和度增大，两相共渗区变小。孔喉比很小时，孔隙半径与喉道半径差别不大，水驱替油较容易，不容易形成剩余油。随着孔喉比增加，孔隙内流体的切应力减小幅度十分明显，切应力随孔喉比

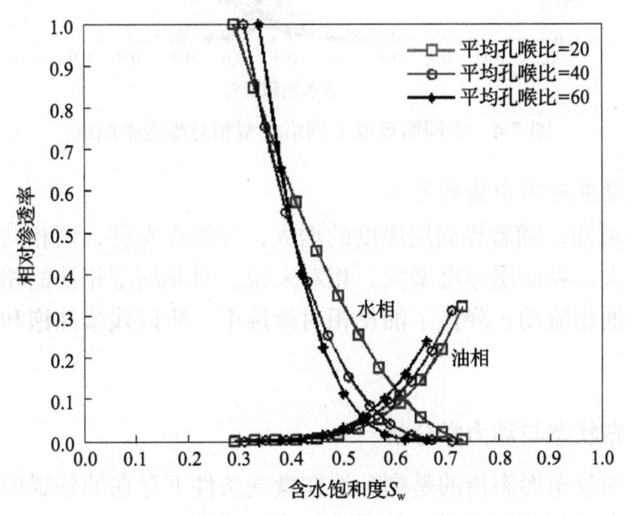

图 7-3　不同孔喉比下网络模型相对渗透率曲线

的增加呈数量级下降，孔隙内流函数的数值依次减小，孔隙内流体速度减小，较容易形成剩余油。孔喉比大小决定水驱过程中是发生活塞式驱替还是卡断式驱替，孔喉比越大，即与孔隙相连的喉道半径越小，而喉道是油水渗流的主要通道，这种情况下越容易发生卡断效应，形成的油珠残留于较小的喉道中，剩余油增加。对于水湿体系，更容易发生卡断，非润湿相的油以油珠状存在于孔隙中，不能形成连续相，油相相对渗透率下降，而随着孔喉比的增大，孔隙内滞留的油量增加，油相渗流能力降低，大部分水从较大的孔隙中渗流出去，所以水相相对渗透率增加。

4）粗糙度对剩余油的影响

由图 7-4 可知，随着粗糙度的增大，等渗点左移，两相共流区变小，残余油饱和度增大。粗糙度增大，相对来说，对非润湿相油的相对渗透率影响更大，油滴流动通道减小，不利于油相流动，降低了油相相对渗透率，使形成剩余油的概率增大，所以残余油饱和度增大，水驱采收率提高。

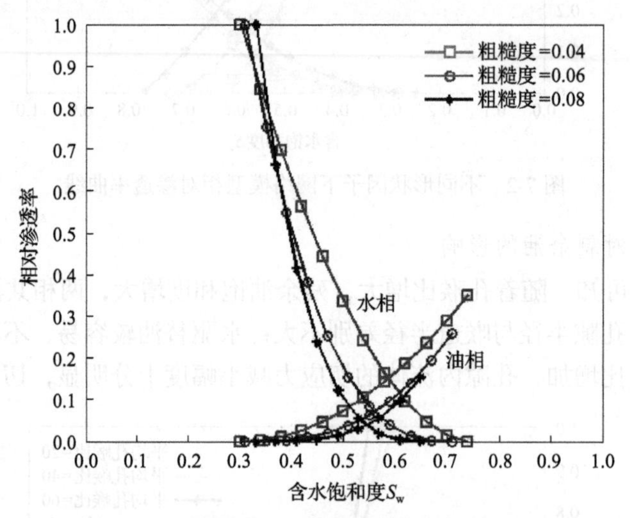

图 7-4　不同粗糙度下网络模型相对渗透率曲线

5）界面层厚度对剩余油的影响

由图 7-5 可知，随着界面层厚度的增大，等渗点左移，两相共流区变小，残余油饱和度增大。界面层厚度增大，相对来说，对非润湿相油的相对渗透率影响更大，不利于油相流动，降低了油相相对渗透率，所以残余油饱和度增大，水驱采收率提高。

7.1.2　油水分布状态与动力学分析

微观剩余油分布形态指的是剩余油在微观条件下存在的外观形状、油滴之间及与岩石颗粒之间的位置关系，其形成与许多因素有关。原油在岩石微观孔隙中实际所处的位置与形态，受油层的性质，如孔喉分布、配位数、迂曲度、形状因子、孔隙半径、润湿性等因素的影响。

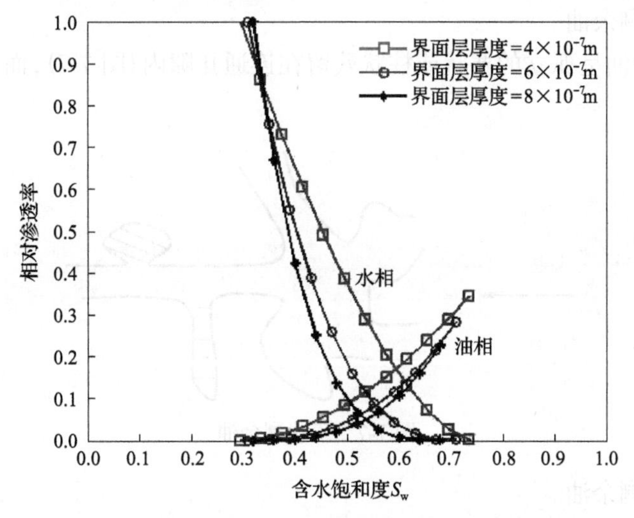

图 7-5　不同界面层厚度下网络模型相对渗透率曲线

根据岩心微观解剖实验拍摄的显微图片中剩余油所占孔隙空间的大小，可将其归纳为两大类：一类是占较多孔隙的连片状剩余油；另一类是占据较少孔隙的分散型剩余油。每一类剩余油又有多种形式，其形成机理也有所不同。其中，连片状剩余油分为绕流形成的剩余油和滞留带内的剩余油。分散型残余油主要有柱状、盲端状、膜状、孤岛状、毛细管力束缚剩余油等形式。

剩余油分布的形态十分丰富，为了便于分析，可将剩余油划分为簇状剩余油、盲状剩余油、角隅剩余油、岩石表面的油膜状剩余油、H 状剩余油五种类型[51-55]。

(1)簇状剩余油。

水驱时，簇状剩余油残留在通畅的大孔道所包围的小喉道孔隙簇中(图 7-6)，

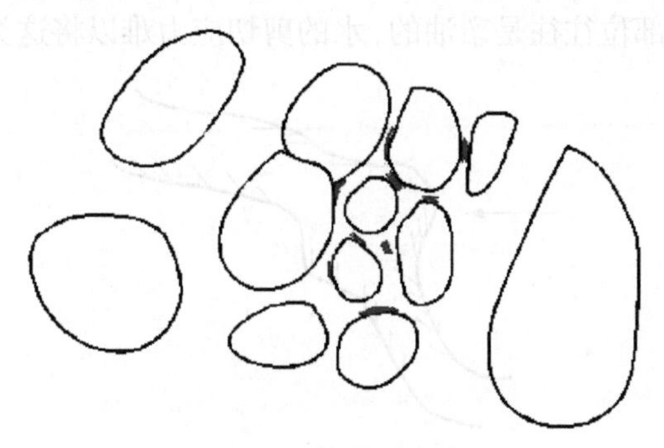

图 7-6　簇状剩余油

由于水的摩擦力小，这部分剩余油难以采出。流体总是沿阻力较小的大孔道流动，一旦小孔道周围的大孔道形成并流，则石油被圈闭在小孔道中，形成剩余油。

(2) 盲状剩余油。

盲状剩余油呈孤立的塞状或柱状残留在连通孔隙内(图 7-7)，而孔隙只有一端与外界相通。

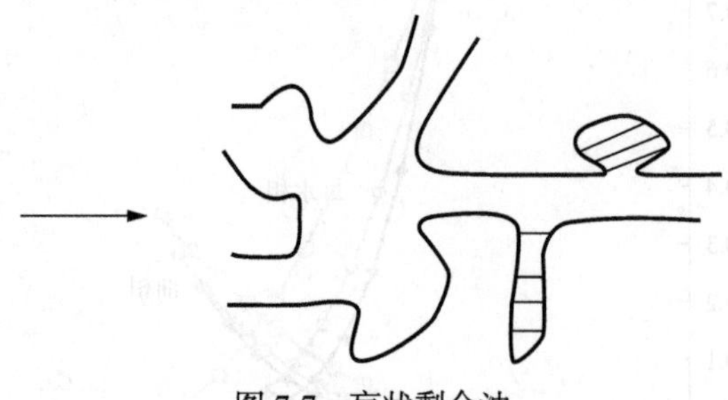

图 7-7　盲状剩余油

(3) 角隅剩余油。

角隅剩余油呈孤立的滴状或膜状残存在孔隙死角处(图 7-8)。

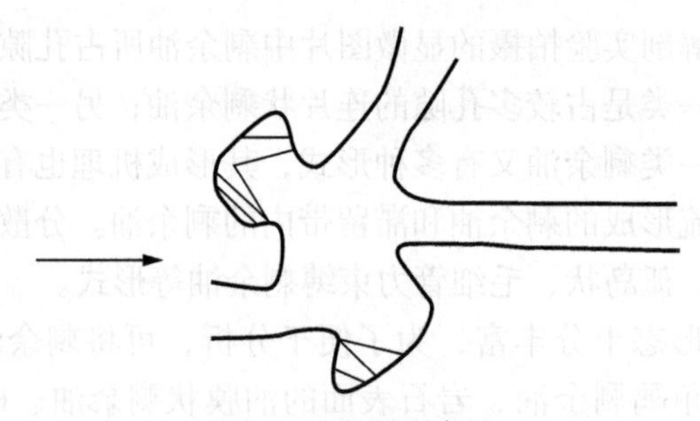

图 7-8　角隅剩余油

(4) 岩石表面的油膜状剩余油。

油膜状剩余油在低渗透岩心中分布较少，在中高渗透岩心中较为常见(图 7-9)。这种剩余油存在的部位往往是亲油的，水的剪切应力难以将这类剩余油驱替出来。

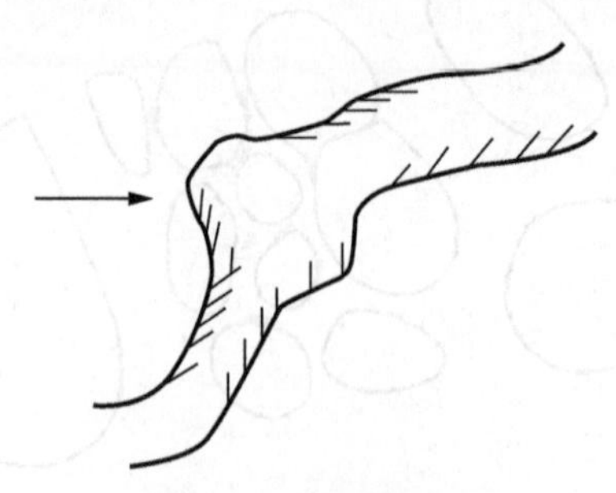

图 7-9　油膜状剩余油

(5) H 状剩余油。

在很多情况下，H 状剩余油所在的孔道两端都与其他孔道连通，但孔道方向与流体流动方向垂直，两端流动压差较小，其中的原油很难被水驱出，从而形成剩余油(图 7-10)。

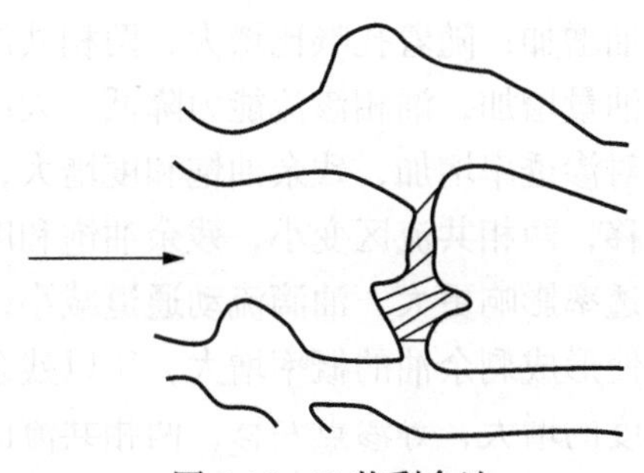

图 7-10　H 状剩余油

从以上的剩余油分布形态来看，剩余油主要存在于岩心的以下部位。

(1) 大孔隙。

在低渗透岩心中，由于岩心整体亲水，细小的喉道产生的毛细管力更大，使水更容易进入，而并联大孔隙中的石油则被剩余在其中。另外，在大孔细喉结构中，由于孔喉半径发生了突变，接近喉道的部位容易产生剩余油。中高渗透岩心中，剩余油则有相当一部分被残留在小孔隙中。

(2) 盲孔及角隅。

水沿流动阻力较小的连通孔道向前渗流，而在盲孔中则几乎没有流体的流动，剩余油无法驱出。盲孔和角隅剩余油在不同渗透率岩心中均十分常见。

(3) 孔隙壁。

在部分孔隙中剩余油以油膜形态附着于孔隙壁上，在低渗透岩心中，这种剩余油以斑状零星存在，说明存在微观润湿的非均匀性；在中高渗透岩心中，油膜形式的剩余油比例有所增加。

(4) 与流向垂直的孔道中。

由于垂直孔道两端压力差较小，不易流动，在这种情况下，在与流向垂直的孔道中往往形成段塞状的剩余油。

7.1.3　网络结构细观尺度油水流动规律

利用建立的毛细管束模型，孔隙和喉道的大小按正态分布随机产生。利用概率统计的方法，分析了油水两相流体在模型中的流动过程，建立了求解毛细管束含油饱和度和相对渗透率的数学模型，对模型进行求解后得到了与理论相符的结果。

结果表明，考虑管壁与管内流体之间的分子作用后，随着配位数的增大，参与渗流的喉道数目随之增加，两相共流区变大，残余油饱和度减小，剩余油越少；随着形状因子的减小，残余油饱和度增加，两相共流区变小。形状因子越小，孔隙越复杂、角隅越多，而在水湿体系中，复杂的孔隙形状使水易于连通，因此残余油饱和度增加，剩余油增加；随着孔喉比增大，两相共渗区变小。随着孔喉比的增大，孔隙内滞留的油量增加，油相渗流能力降低，大部分水从较大的孔隙中渗流出去，所以水相相对渗透率增加，残余油饱和度增大，剩余油增加；随着粗糙度的增大，等渗点左移，两相共流区变小，残余油饱和度增大。粗糙度增大，对非润湿相油的相对渗透率影响更大，油滴流动通道减小，不利于油相流动，降低了油相相对渗透率，使形成剩余油的概率增大，所以残余油饱和度增大，剩余油增大；随着界面层厚度的增大，等渗点左移，两相共流区变小，残余油饱和度增大，剩余油增大。

7.2　细观尺度油水动力学关系数学模型

7.2.1　网络结构油水动力学关系模型

1. 毛细管束模型

对于单根毛细管的稳态两相流动，由不考虑分子作用的单相微圆管内水驱油两相数学模型可知，半径为 R 的毛细管内，考虑毛细管压力的影响，油-水界面从 x=0 推进到 x=L 所需的时间 t_0 为

$$t_0(R)=\frac{4[2\mu_\mathrm{o}L+(\mu_\mathrm{w}-\mu_\mathrm{o})]}{R^2(\Delta p+p_\mathrm{c})} \tag{7-11}$$

式中，$p_\mathrm{c}=\dfrac{2\sigma\cos\theta}{R}$。

那么，可求得驱替 t 时间后，毛细管内的水驱前缘位置 x 为

$$x(t)=\frac{-\mu_\mathrm{o}L+\sqrt{(\mu_\mathrm{o}L)^2+R^2t(\mu_\mathrm{w}-\mu_\mathrm{o})(\Delta p+p_\mathrm{c})/4}}{\mu_\mathrm{w}-\mu_\mathrm{o}} \tag{7-12}$$

对于整个毛细管束模型，在水驱 t 时刻的模型出口端的总流量为

$$Q=\sum_{i=1}^{n}q_i$$

式中，q_i 为第 i 根毛细管在驱替 t 时刻后的出口端的流量，q_i 满足

$$q_i=\begin{cases}\dfrac{\pi R_i^4}{8}\dfrac{(p_1-p_2+p_{ci})}{\mu_o L+(\mu_w-\mu_o)x_{di}}, & t\leqslant t_0(R_i)\\ \dfrac{\pi R_i^4}{8\mu_w}\dfrac{(p_1-p_2)}{L}, & t>t_0(R_i)\end{cases}$$

那么，在驱替 t 时刻后，整个毛细管束模型出口端的总油流量为

$$Q_o=\sum_{i=1}^{n}q_{oi}$$

式中，q_{oi} 为第 i 根毛细管在驱替 t 时刻后的出口端的油流量。其表达式为

$$q_{oi}=\begin{cases}\dfrac{\pi R_i^4}{8}\dfrac{(p_1-p_2+p_{ci})}{\mu_o L+(\mu_w-\mu_o)x_{di}}, & t\leqslant t_0(R_i)\\ 0, & t>t_0(R_i)\end{cases}$$

其中，R_i 为第 i 根毛细管的半径；

那么，在驱替 t 时刻后，整个毛细管束模型出口端的总水流量为

$$Q_w=\sum_{i=1}^{n}q_{wi}$$

式中，q_{wi} 为第 i 根毛细管在驱替 t 时刻后的出口端的水流量。其表达式为

$$q_{wi}=\begin{cases}0, & t\leqslant t_0(R_i)\\ \dfrac{\pi R_i^4}{8\mu_w}\dfrac{(p_1-p_2)}{L}, & t>t_0(R_i)\end{cases}$$

那么水驱油经过 t 时刻后，毛细管束模型的含油饱和度为

$$S_o=1-\frac{\sum_{i=1}^{n}\pi R_{di}^2 x_{di}}{\sum_{i=1}^{n}\pi R_i^2 L}$$

2. 修正后的毛细管束模型

由于真实的微观孔隙结构与理想的上述毛细管束模型有很大差异，真实的微观孔隙结构非常复杂，孔隙内的原油受到孔喉分布、配位数、迂曲度、形状因子、

孔喉半径、润湿性、孔隙粗糙程度和固-液分子间作用等因素的影响，有一部分原油并不能被驱出，多孔介质内流体的流动速度也受这些因素的影响。

考虑这些微观参数的影响，将多孔介质的孔隙吼道结构都看成是单根的毛细管，孔隙喉道结构当中的不可流动区域可以看成每根毛细管管壁附近有一个不动层，这个不动层的大小受孔喉分布、配位数、迂曲度、形状因子、孔隙半径、润湿性、孔隙粗糙度和固-液分子间作用等因素的影响，利用孔隙微观参数数学模型，对毛细管束模型进行修正。

修正后的毛细管束模型的假设条件如下：该模型由 n 根等长度为 L 的不同直径的毛细管组成，各毛细管之间有封闭体积，毛细管束集合的半径分布符合分布函数 $f(R)$，毛细管束集合的半径大小与多孔介质当中的喉道半径基本一致，单根毛细管内流体的流动都遵循泊肃叶定律。假设毛细管束模型内饱和水，毛细管的润湿性满足一定比例，用原油驱替毛细管中的水相，则按照模型假设，亲水的毛细管分为不动区域和可动区域，不动区域内为束缚水，可动区域内为原油；亲油的毛细管也分为不动区域和可动区域，不动区域和可动区域都是原油。然后在两端压力差 Δp 的作用下，水驱毛细管束模型。

半径为 R_i 的毛细管的可动半径为

$$R_{\mathrm{d}i} = (R_i - eR_i - h_i)\frac{V}{V_{\mathrm{k}}}$$

式中，$\frac{V}{V_{\mathrm{k}}} = \sqrt{aR_{\mathrm{p}} + bG + cz + d}$，其中，$a$、$b$、$c$、$d$ 均为常数；V 为孔隙可动体积；V_{k} 为孔隙体积。

考虑毛细管力 p_{c} 的影响，只有当模型两端压力 $\Delta p > p_{\mathrm{c}}$ 时，毛细管内的原油才能被驱动，单根毛细管的毛细管压力公式为

故存在一个临界半径 R_{p}，$R \leqslant R_{\mathrm{p}}$ 的毛细管内原油不能被驱动，$R > R_{\mathrm{p}}$ 的毛细管内的原油可以被驱动，临界半径 R_{p} 可表达为

$$R_{\mathrm{p}} = \frac{2\sigma\cos\theta}{\Delta p} \tag{7-13}$$

模型出口端的总流量为

$$Q = \sum_{i=1}^{n} q_{\mathrm{d}i} \tag{7-14}$$

式中，$q_{\mathrm{d}i}$ 为第 i 根毛细管在驱替 t 时刻后的出口端的流量。其表达式为

$$
q_i = \begin{cases} \dfrac{\pi R_{\mathrm{d}i}^4}{8} \dfrac{(p_1 - p_2 + p_{\mathrm{cd}i})}{\mu_{\mathrm{o}} L + (\mu_{\mathrm{w}} - \mu_{\mathrm{o}}) x_{\mathrm{d}i}}, & R_i \geqslant R_{\mathrm{p}},\ t \leqslant t_0(R_{\mathrm{d}i}) \\ \dfrac{\pi R_{\mathrm{d}i}^4}{8\mu_{\mathrm{w}}} \dfrac{(p_1 - p_2)}{L}, & R_i \geqslant R_{\mathrm{p}},\ t > t_0(R_{\mathrm{d}i}) \\ 0, & R_i < R_{\mathrm{p}} \end{cases} \tag{7-15}
$$

式中，$p_{\mathrm{cd}i}$ 为第 i 根毛细管油、水两相的毛细管力。

在驱替 t 时刻后，整个毛细管束模型出口端的总油流量为

$$
Q_{\mathrm{o}} = \sum_{i=1}^{n} q_{\mathrm{od}i} \tag{7-16}
$$

式中，$q_{\mathrm{od}i}$ 为第 i 根毛细管在驱替 t 时刻后的出口端的油流量。其表达式为

$$
q_{\mathrm{od}i} = \begin{cases} \dfrac{\pi R_{\mathrm{d}i}^4}{8} \dfrac{(p_1 - p_2 + p_{\mathrm{cd}i})}{\mu_{\mathrm{o}} L + (\mu_{\mathrm{w}} - \mu_{\mathrm{o}}) x_{\mathrm{d}i}}, & R_i \geqslant R_{\mathrm{p}},\ t \leqslant t_0(R_{\mathrm{d}i}) \\ 0, & R_i \geqslant R_{\mathrm{p}},\ t > t_0(R_{\mathrm{d}i}) \\ 0, & R_i < R_{\mathrm{p}} \end{cases} \tag{7-17}
$$

在驱替 t 时刻后，整个毛细管束模型出口端的总水流量为

$$
Q_{\mathrm{w}} = \sum_{i=1}^{n} q_{\mathrm{wd}i} \tag{7-18}
$$

式中，$q_{\mathrm{wd}i}$ 为第 i 根毛细管在驱替 t 时刻后的出口端的水流量。其表达式为

$$
q_{\mathrm{wd}i} = \begin{cases} 0, & R_i \geqslant R_{\mathrm{p}},\ t \leqslant t_0(R_{\mathrm{d}i}) \\ \dfrac{\pi R_{\mathrm{d}i}^4}{8\mu_{\mathrm{w}}} \dfrac{(p_1 - p_2)}{L}, & R_i \geqslant R_{\mathrm{p}},\ t > t_0(R_{\mathrm{d}i}) \\ 0, & R_i < R_{\mathrm{p}} \end{cases} \tag{7-19}
$$

若毛细管束模型截面积为 A，渗透率为 K，孔隙度为 ϕ 的岩石多孔介质，则由达西定律可知：

$$
K = \frac{\mu L Q}{A \Delta p} = \frac{\phi \sum_{i=1}^{n} R_{\mathrm{d}i}^4}{8 \sum_{i=1}^{n} R_i^2} \tag{7-20}
$$

但是流体实际流过的平均路径要大于岩心的实际长度 L，孔隙介质毛细管束模型可用迂曲度 τ 来校正，迂曲度可以表示为

$$\tau = \frac{L_{\mathrm{a}}}{L} \tag{7-21}$$

式中，L_{a} 为流体实际的流动路径长度；L 为岩心长度。

校正后的渗透率 K 的表达式为

$$K = \frac{\phi \sum_{i=1}^{n} R_{\mathrm{d}i}^{4}}{8\tau \sum_{i=1}^{n} R_{i}^{2}}$$

在驱替 t 时刻时的油水两相渗透率分别为

$$K_{\mathrm{o}} = \frac{\mu_{\mathrm{o}} L Q_{\mathrm{o}}}{\tau A \Delta p}$$

$$K_{\mathrm{w}} = \frac{\mu_{\mathrm{w}} L Q_{\mathrm{w}}}{\tau A \Delta p}$$

在驱替 t 时刻时的油水两相相对渗透率分别为

$$K_{\mathrm{ro}} = \frac{K_{\mathrm{o}}}{K}$$

$$K_{\mathrm{rw}} = \frac{K_{\mathrm{w}}}{K}$$

水驱油经过 t 时刻后，毛细管束模型的含油饱和度为

$$S_{\mathrm{o}} = 1 - \frac{\sum_{i=1}^{n} \pi R_{\mathrm{d}i}^{2} x_{\mathrm{d}i}}{\sum_{i=1}^{n} \pi R_{i}^{2} L} - S_{\mathrm{wc}}$$

式中，

$$S_{\mathrm{wc}} = \frac{\sum_{i=1}^{n} A_{\mathrm{w}i} L}{\sum_{i=1}^{n} \pi R_{i}^{2} L}$$

$$A_{wi}=\begin{cases}\pi(R_i^2-R_{di}^2), & \theta<\dfrac{\pi}{2}\\ 0, & \theta\geqslant\dfrac{\pi}{2}\end{cases}$$

$$x_{di}=\begin{cases}\dfrac{-\mu_o L+\sqrt{(\mu_o L)^2+R_{di}^2 t(\mu_w-\mu_o)(\Delta p+p_{ci})/4}}{\mu_w-\mu_o}, & R_i\geqslant R_p,\ t\leqslant t_0(R_{di})\\ L, & R_i\geqslant R_p,\ t>t_0(R_{di})\\ L, & R_i<R_p\end{cases} \tag{7-22}$$

引入模型流动阻力的概念，模型的总流动阻力可定义为

$$R_z=\frac{\Delta p}{Q_w+Q_o} \tag{7-23}$$

那么，油相、水相的流动阻力可分别表示为

$$R_w=\frac{\Delta p}{Q_w} \tag{7-24}$$

$$R_o=\frac{\Delta p}{Q_o} \tag{7-25}$$

7.2.2　网络结构细观尺度油水流动数值模拟方法

(1)针对目前孔隙结构四种模型：毛细管束模型、管子网络模型、球形孔隙段节模型和普通的段节模型。在简化的孔隙结构模型上求出各种有代表性的参数，用以进行理论研究[56-59]。

(2)从数理统计理论出发，求取毛细管束集合半径的期望值，即求得了毛细管束集合的平均半径，对模型中半径不同的各个毛细管做一个平均化的处理，把整个毛细管束模型看成是由一组等长度的毛细管束集合。由第 5 章推导的单相微圆管内的水驱油两相数学模型，得到考虑毛细管压力影响的前缘位置与驱替时间的数学模型，并得到流量和含油饱和度的计算公式。

(3)由于真实的微观孔隙结构与理想的上述毛细管束模型有很大差异，真实的微观孔隙结构非常复杂，孔隙内的原油受到孔喉分布、配位数、迂曲度、形状因子、孔隙半径、润湿性等因素的影响，有一部分原油并不能被驱出，多孔介质内流体的流动速度也受这些因素的影响而降低流速。对于毛细管束模型来讲，可以认为模型的毛细管管壁有一个不动层，这个不动层的大小受到孔喉分布、配位数、迂曲度、形状因子、孔隙半径、润湿性等因素的影响。利用第 4 章拟合得到的水

驱采收率数学模型，对毛细管束模型进行修正，得到考虑毛细管压力影响的前缘位置与驱替时间的数学模型，并得到流量和含油饱和度的计算公式。

(4)结合建立的毛细管束模型和修正的毛细管束模型，分别对以下影响因素进行数值模拟：平均孔隙半径、平均喉道半径、平均孔喉比、平均形状因子、平均迂曲度和平均配位数。

7.2.3　网络结构细观尺度油水动力学关系数值模拟

给定毛细管束模型长度为 0.05m，油的黏度为 10mPa·s，水的黏度为 1mPa·s，毛细管束两端的压力为 5000Pa，分布函数由图 7-11 的喉道半径分布曲线拟合得到。

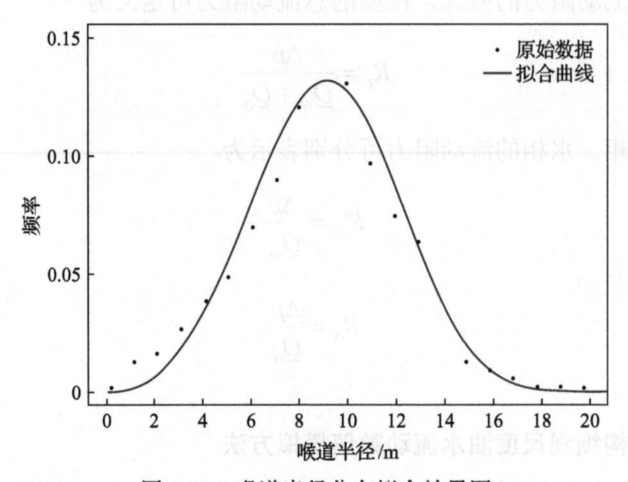

图 7-11　喉道半径分布拟合效果图

毛细管束模型分布函数为

$$f(R)=0.1336\exp\left[-\left(\frac{R-9.103}{4.14}\right)^2\right] \tag{7-26}$$

7.2.4　油水动力学特性影响因素研究

1. 配位数对含水率和流动阻力的影响

由图 7-12 可知，随着注入 PV①数的增大，含水率逐渐增加，配位数越大，含水率上升的速度越快。当注入 PV 数小于 1.2 时，配位数越大，含水率上升的速度越快，配位数为 5 的模型，含水率率先达到 90%；当注入 PV 数大于 1.2，含水率

① PV 指孔隙体积，PV 数指孔隙体积的倍数。

达到 95%时，配位数对含水率的影响很小。由图 7-13 可知，随着含水饱和度的增大，模型内流体总的流动阻力逐渐减小，配位数越大，流体的总流动阻力越小，随着含水饱和度的增大，流体的总流动阻力下降的幅度逐渐减缓。由图 7-14 可知，随着含水饱和度的增加，水相的流动阻力逐渐减小，油相的流动阻力随着水相的流入，在含水饱和度的起始阶段随着含水饱和度的增大，油相阻力逐渐减小，随着大量水相的流入，占据了大量的油相通道，油相的流动阻力增加。可以看出配位数越大，孔隙的流通性越强，则流动阻力越小。

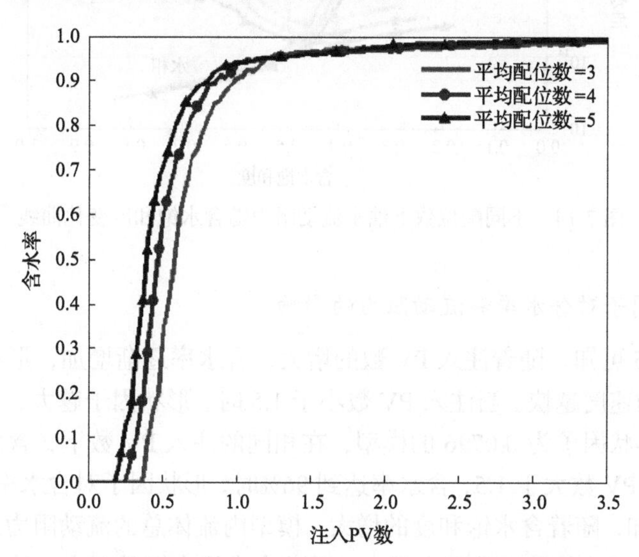

图 7-12　不同配位数下含水率随注入 PV 数变化曲线

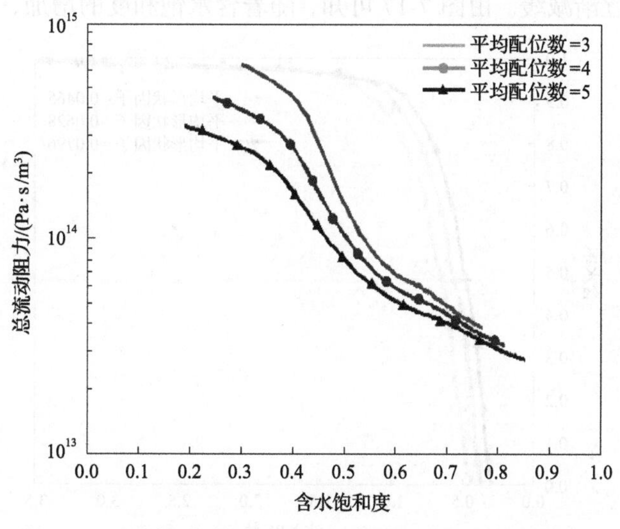

图 7-13　不同配位数下总流动阻力随含水饱和度变化曲线

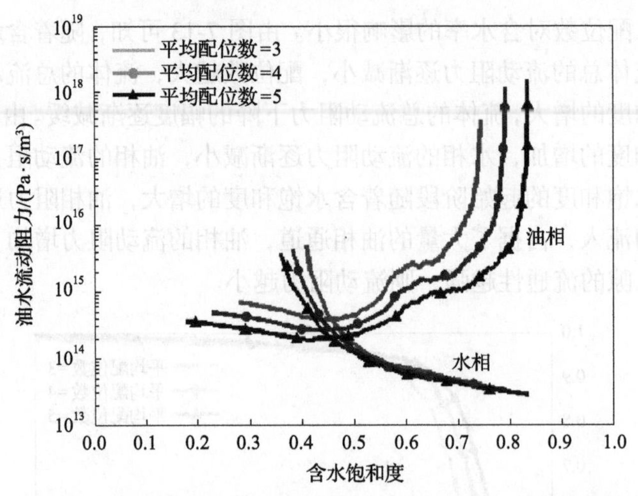

图 7-14 不同配位数下油水流动阻力随含水饱和度变化曲线

2. 形状因子对含水率和流动阻力的影响

由图 7-15 可知，随着注入 PV 数的增大，含水率逐渐增加，形状因子越大，含水率上升的速度越快。当注入 PV 数小于 1.5 时，形状因子越大，含水率上升的速度越快，形状因子为 0.0796 的模型，在相同的注入 PV 数下，含水率率先达到 90%；当注入 PV 数大于 1.5，含水率达到 96%时，形状因子对含水率的影响很小。由图 7-16 可知，随着含水饱和度的增大，模型内流体总的流动阻力逐渐减小，形状因子越大，流体的总流动阻力越小，随着含水饱和度的增大，流体的总流动阻力下降的幅度逐渐减缓。由图 7-17 可知，随着含水饱和度的增加，水相的流动阻

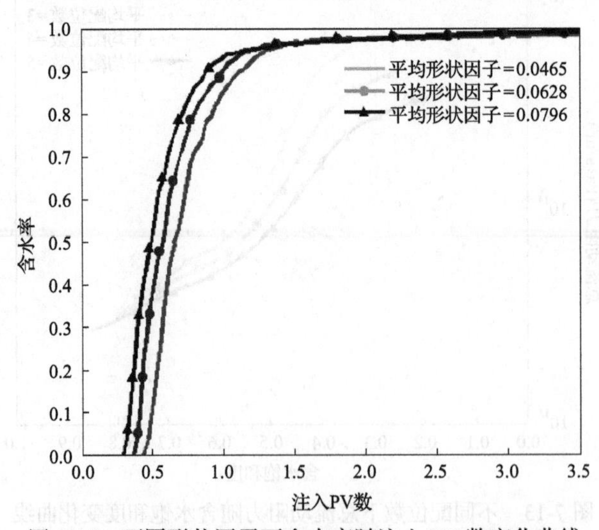

图 7-15 不同形状因子下含水率随注入 PV 数变化曲线

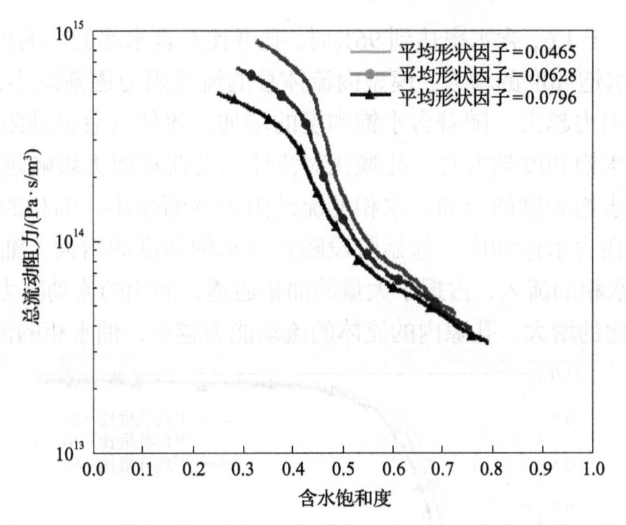

图 7-16 不同形状因子下总流动阻力随含水饱和度变化曲线

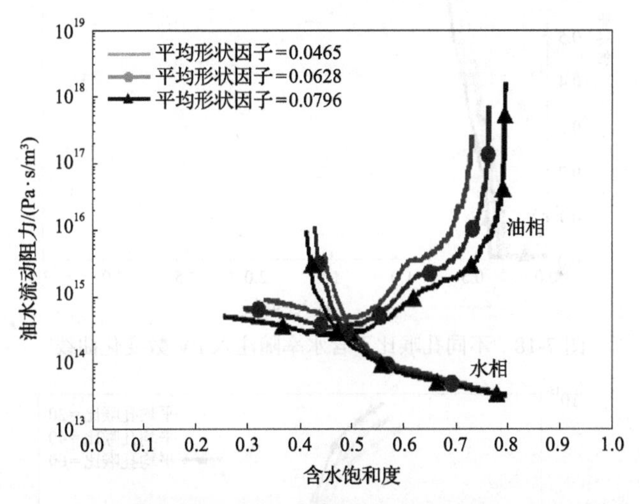

图 7-17 不同形状因子下油水流动阻力随含水饱和度变化曲线

力逐渐减小，油相的流动阻力随着水相的流入，在含水饱和度的起始阶段随着含水饱和度的增大，油相阻力逐渐减小，随着大量水相的流入，占据了大量的油相通道，油相的流动阻力增加。可以看出，随着形状因子的增大，孔隙的结构越简单，油水相的流动阻力越小。

3. 孔喉比对含水率和流动阻力的影响

由图 7-18 可知，随着注入 PV 数的增大，含水率逐渐增加，孔喉比越小，含水率上升的速度越快。当注入 PV 数小于 1.6 时，孔喉比越大，含水率上升的速度越慢，形状因子为 0.0465 的模型，在相同的注入 PV 数下，含水率率先达到 90%；

当注入 PV 数大于 1.6，含水率达到 96%时，孔喉比对含水率的影响很小。由图 7-19 可知，随着含水饱和度的增大，模型内流体总的流动阻力逐渐减小，孔喉比越大，流体的总流动阻力越大，随着含水饱和度的增加，流体的总流动阻力下降的幅度逐渐减缓，含水饱和度越大时，孔喉比对流体的总流动阻力影响越小。由图 7-20 可知，随着含水饱和度的增加，水相的流动阻力逐渐减小，油相的流动阻力随着水相的流入，在含水饱和度的起始阶段随着含水饱和度的增大，油相阻力逐渐减小，随着大量水相的流入，占据了大量的油相通道，油相的流动阻力增加。可以看出，随着孔喉比的增大，孔隙内的流体的流动能力越小，油水相的流动阻力越大。

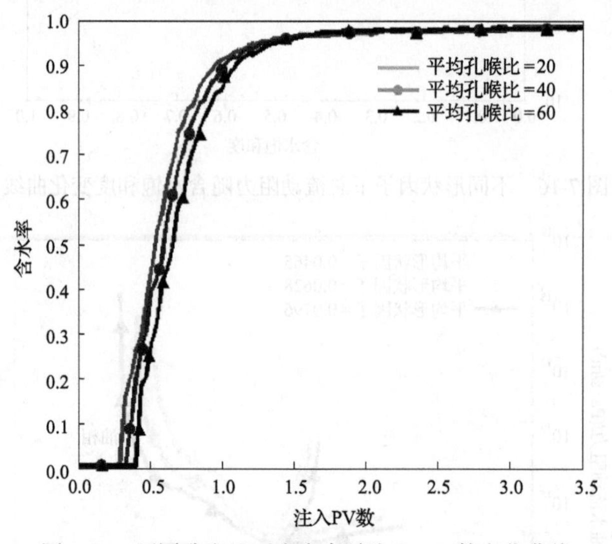

图 7-18　不同孔喉比下含水率随注入 PV 数变化曲线

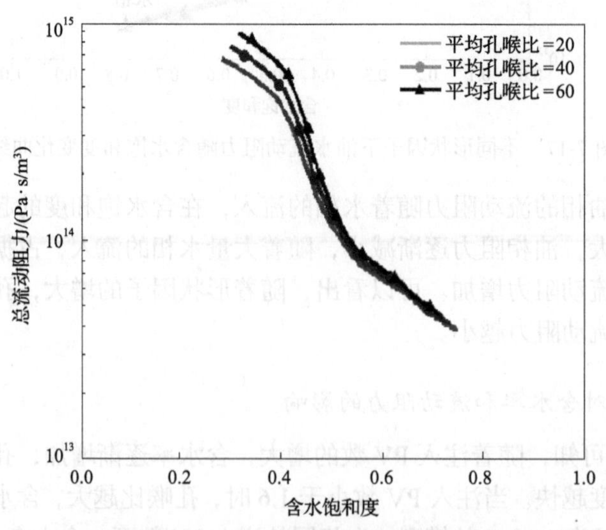

图 7-19　不同孔喉比下总流动阻力随含水饱和度变化曲线

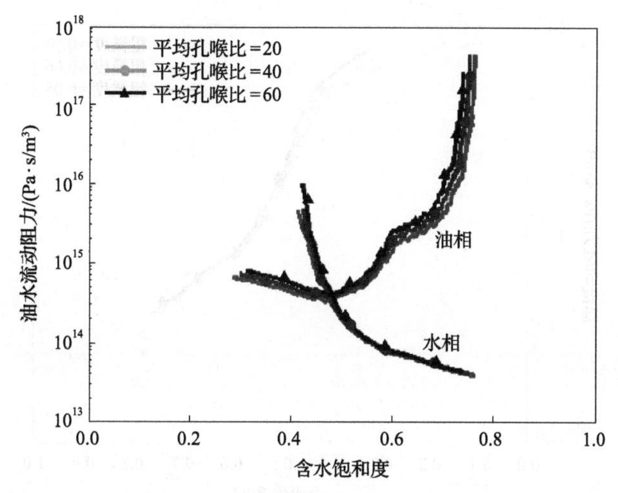

图 7-20　不同孔喉比下油水流动阻力随含水饱和度变化曲线

4. 粗糙度对含水率和流动阻力的影响

由图 7-21 可知，随着注入 PV 数的增大，含水率逐渐增加，粗糙度越大时，含水率上升的速度略快，粗糙度不同，对模型含水率上升的速度影响不明显。管壁粗糙度的大小一般为 0～0.1，当粗糙度为 0 时，管壁完全光滑，流动阻力减小。当粗糙度分别为 0.04、0.06、0.08 时，模型含水率上升的速度基本一致。由图 7-22 可知，随着含水饱和度的增大，模型内流体总的流动阻力逐渐减小，粗糙度越大，流体的总流动阻力越大，随着含水饱和度的增大，流体的总流动阻力下降的幅度逐渐减缓，含水饱和度越大时，粗糙度对流体的总流动阻力影响越小。由图 7-23 可知，

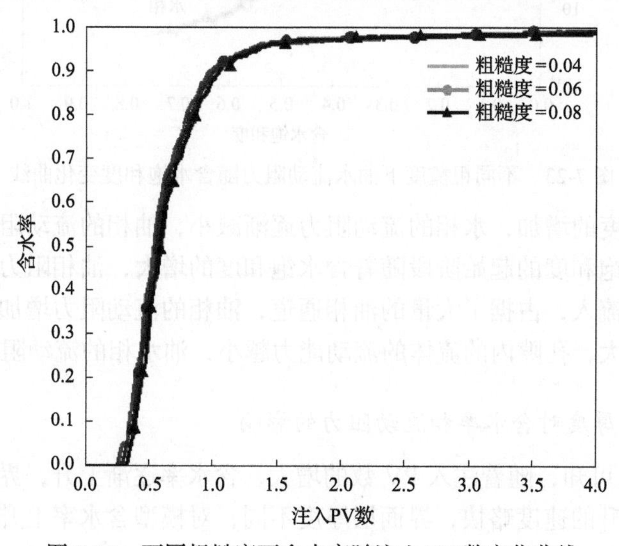

图 7-21　不同粗糙度下含水率随注入 PV 数变化曲线

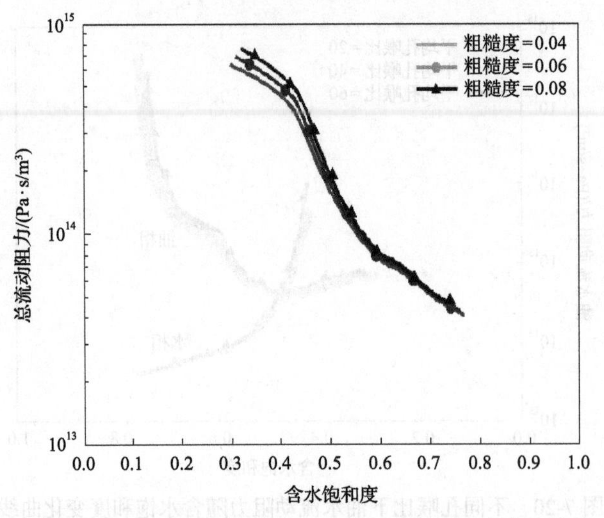

图 7-22　不同粗糙度下总流动阻力随含水饱和度变化曲线

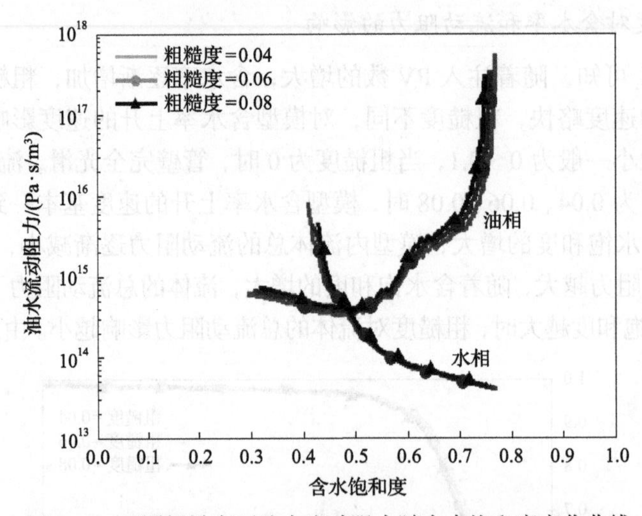

图 7-23　不同粗糙度下油水流动阻力随含水饱和度变化曲线

随着含水饱和度的增加，水相的流动阻力逐渐减小，油相的流动阻力随着水相的流入，在含水饱和度的起始阶段随着含水饱和度的增大，油相阻力逐渐减小，随着大量水相的流入，占据了大量的油相通道，油相的流动阻力增加。可以看出随着粗糙度的增大，孔隙内的流体的流动能力越小，油水相的流动阻力越大。

5. 界面层厚度对含水率和流动阻力的影响

由图 7-24 可知，随着注入 PV 数的增大，含水率逐渐上升，界面层厚度越大时，含水率上升的速度略快，界面层厚度不同，对模型含水率上升的速度影响不明显。经计算，在不同管壁和流体性质下，油水相的界面层厚度一般为 0.2～0.8μm。

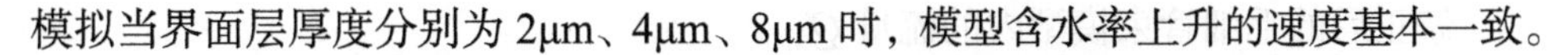

模拟当界面层厚度分别为 2μm、4μm、8μm 时，模型含水率上升的速度基本一致。

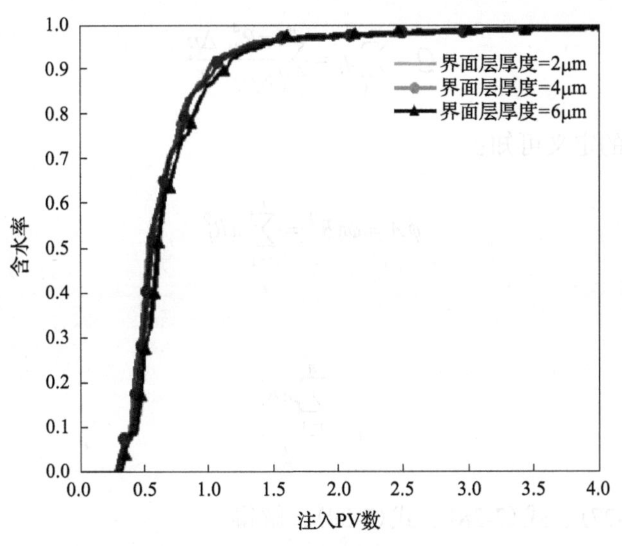

图 7-24　不同界面层厚度下含水率随注入 PV 数变化曲线

7.3　反映细观动力学特性的宏观渗流力学数学描述

7.3.1　细观与宏观尺度力学参数关系表征

多孔介质孔隙结构复杂，目前常用达西定律描述其渗流场内的速度。但是达西定律要求流体和岩石之间不发生任何物理化学反应，介质中只存在一种流体，否则渗透率降低，另外还有一些关于渗流速度和流体密度方面的限制。事实上，与地下多孔介质渗流的复杂性相比，达西定律显得过于简单，但它是一个实用、方便的公式，并非是对地下流体渗流客观现象的真实概括，而是一种等效描述。达西定律表示为

$$Q = -\frac{KA}{\mu}\frac{\mathrm{d}p}{\mathrm{d}x} \tag{7-27}$$

式中，μ 为流体黏度；K 为多孔介质的渗透率；A 为多孔介质的截面积；$\mathrm{d}p/\mathrm{d}x$ 为压力梯度。

流体在多孔介质内的流动特征近似于第 5 章建立的流体在修正后的毛细管束内的流动。现在有一块半径为 R，长度为 L，孔隙度为 ϕ 的岩心。把岩心看成修正后的毛细管束模型，则对于单相流体，流动受到孔喉分布、配位数、迂曲度、形状因子、孔隙半径等因素的影响。利用修正后的毛细管束模型建立宏观尺度下的渗透率数学模型。

修正后的毛细管束模型内的流量 Q：

$$Q=\sum_{i=1}^{n}q_i=\sum_{i=1}^{n}\frac{\pi R_{di}^4}{8\mu_w}\frac{\Delta p}{L} \tag{7-28}$$

由孔隙度的定义可知：

$$\phi A=\phi\pi R^2=\sum_{i=1}^{n}\pi R_i^2 \tag{7-29}$$

所以

$$A=\frac{\sum_{i=1}^{n}\pi R_i^2}{\phi} \tag{7-30}$$

联立式(7-27)、式(7-28)、式(7-30)，解得

$$K=\frac{\mu_w L\sum_{i=1}^{n}\frac{\pi R_{di}^4}{8\mu_w}\frac{\Delta p}{L}}{\frac{\sum_{i=1}^{n}\pi R_i^2}{\phi}\Delta p}=\frac{\sum_{i=1}^{n}\frac{\pi R_{di}^4}{8}}{\sum_{i=1}^{n}\pi R_i^2}\phi \tag{7-31}$$

7.3.2 宏观渗流力学数学描述方法

假设所研究的地层是水平、均质、各向同性的。液体是单相、均质、弱可压缩的牛顿液体，并假定渗流过程为等温，无任何特殊的物理化学现象发生。若考虑岩石介质与流体之间的作用，则连续性方程：

$$-\left[\frac{\partial(\rho v_x)}{\partial x}+\frac{\partial(\rho v_y)}{\partial y}+\frac{\partial(\rho v_z)}{\partial z}\right]=\frac{\partial(\phi\rho)}{\partial t} \tag{7-32}$$

不考虑重力作用下的运动方程：

$$v_x=\frac{K}{\mu}\frac{dp}{dx} \tag{7-33}$$

$$v_y=-\frac{K}{\mu}\frac{dp}{dy} \tag{7-34}$$

$$v_z = -\frac{K}{\mu}\frac{\mathrm{d}p}{\mathrm{d}z} \tag{7-35}$$

液体的状态方程：

$$\rho = \rho_0[1 + c_\mathrm{f}(p - p_\mathrm{i})] \tag{7-36}$$

岩石的状态方程：

$$\phi = \phi_\mathrm{a}[1 + c_\mathrm{f}(p - p_\mathrm{i})] \tag{7-37}$$

基本微分方程：

$$\frac{\partial}{\partial x}\left(\frac{K}{\mu}\frac{\partial p}{\partial x}\right) + \frac{\partial}{\partial y}\left(\frac{K}{\mu}\frac{\partial p}{\partial y}\right) + \frac{\partial}{\partial z}\left(\frac{K}{\mu}\frac{\partial p}{\partial z}\right) = \phi c_\mathrm{t}\frac{\partial p}{\partial t} \tag{7-38}$$

式(7-36)～式(7-38)中，c_f为液体压缩系数；ϕ_a为原始孔隙度；p_i为原始地层压力；c_t为总压缩系数。

第8章　考虑空间位形力的非匀相流体渗流规律

在含有链状分子的溶液中，链状分子的一端附着在固体表面上，另一端在溶液中自由摆动，当其靠近其他分子或表面时，会产生一类十分不同的作用力，称为空间位形力，分子构形越复杂，其相互作用也复杂，空间位形力可能是吸引力也可能是排斥力[60-63]。高分子链状聚合物溶液流动时，该作用力尤为重要。当两个带有聚合物吸附层的粒子靠拢到吸附层相互作用后，会出现两种情况：一种情况是吸附层被压缩而不能发生相互渗透；另一种情况是吸附层发生相互重叠，互相渗透。影响空间位形力的因素很多，如吸附分子的分子量、离子强度和体系温度等，但是对其影响最显著的主要是分子量和离子强度：一是高分子化合物的分子量越大，在相同的距离下，空间位形力越大；二是在相同距离下，随着电解质浓度的增加，空间位形力降低。因为随着电解质浓度的增大，盐析效应显著，高分子化合物在固体颗粒表面吸附层厚度降低，穿插作用显著减弱。关于空间位形力的研究，目前国内外罕有报道，因此研究前景比较广阔，也对工程项目有实际意义。

8.1　考虑空间位形力的微圆管流动模型

纳微米聚合物颗粒是一种具有三维空间的网络状结构的分子内交联的聚合物分子线团，其形态主要以球形为主，还包括长圆柱、椭球等不规则形状。在这里本章分析了球形颗粒、圆柱(两端为半球)颗粒的情况。当颗粒通过孔道时，颗粒依赖于孔的圆柱形几何形状变形通过。本章仅分析颗粒进入过程及在孔道内运移的情况。

8.1.1　不同形状颗粒通过圆柱形孔道

1. 球形颗粒通过圆柱形孔道形变

球形颗粒通过圆柱形孔道的示意图如图 8-1 所示。球形颗粒通过圆柱形孔道的过程分三种情况讨论。

(1)颗粒刚开始进入孔道，进入部分维持球冠，还未出现圆柱状，即当 $b_x \leqslant r$ 且 $R_1 > r$ 时，保留在孔外的颗粒部分具有体积 V_1：

$$V_1 = \frac{4}{3}\pi R_1^3 - \frac{\pi}{3}a_x^2\left(3R_1 - a_x\right) \tag{8-1}$$

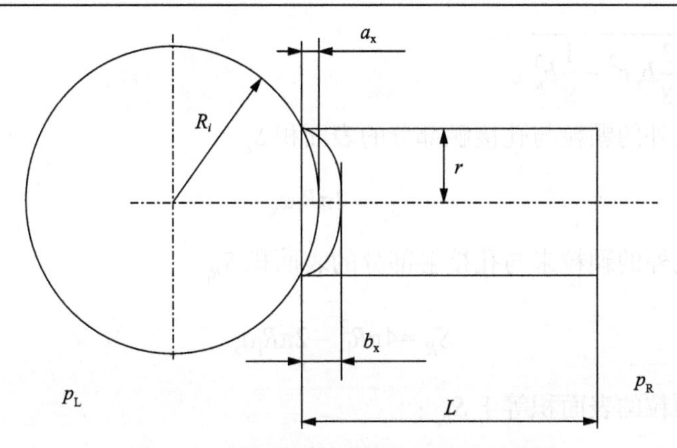

图 8-1　球形颗粒通过圆柱形孔道示意图

R_i 为颗粒半径；p_L 为通道左端压力；p_R 为通道右端压力；a_x 为孔内球冠的高度，μm；b_x 为孔内颗粒穿透深度，μm；r 为孔道半径，μm

而孔内颗粒的体积等于 V_2：

$$V_2 = \frac{\pi b_x}{6}\left(3r^2 + b_x^2\right) \tag{8-2}$$

原始体积为

$$V_0 = V_1 + V_2 \tag{8-3}$$

即

$$\frac{4}{3}\pi R_0^3 = \frac{4}{3}\pi R_1^3 - \frac{\pi}{3}a_x^2\left(3R_1 - a_x\right) + \frac{\pi b_x}{6}\left(3r^2 + b_x^2\right) \tag{8-4}$$

式(8-1)～式(8-4)中，V_1 为保留在孔外的颗粒部分体积，μm^3；V_2 为孔内颗粒的体积，μm^3；V_0 为原颗粒的体积，μm^3；R_0 为原始颗粒半径，μm；R_1 为膜高压侧的单元半径，μm；R_2 为膜孔内球冠的曲率，μm。

对于孔隙和孔隙的几何形状，可以得到

$$\left(R_1 - a_x\right)^2 + r^2 = R_1^2 \tag{8-5}$$

即 $a_x\left(2R_1 - a_x\right) = r^2$。

假设 $R_1 \gg a_x$，则

$$2R_1 a_x = r^2 \tag{8-6}$$

$$\frac{4}{3}\pi R_0^3 = \frac{4}{3}\pi R_1^3 + \frac{\pi b_x}{6}\left(3r^2 + b_x^2\right) \tag{8-7}$$

即 $R_1 = \sqrt[3]{R_0^3 - \frac{3}{8}b_x r^2 - \frac{1}{8}b_x^3}$ 。

保留在孔外的颗粒与孔接触部分的表面积 S_{a_x} ：

$$S_{a_x} = 2\pi R_1 a_x \tag{8-8}$$

保留在孔外的颗粒未与孔接触部分的表面积 S_{R_1} ：

$$S_{R_1} = 4\pi R_1^2 - 2\pi R_1 a_x \tag{8-9}$$

而孔内颗粒的表面积等于 S_{b_x} ：

$$S_{b_x} = \pi\left(r^2 + b_x^2\right) \tag{8-10}$$

根据颗粒变形条件，计算颗粒形状因子为

$$\begin{aligned} G &= \frac{S_{R_1} + S_{b_x} - S_0}{S_0} = \frac{4\pi R_1^2 - 2\pi R_1 a_x + \pi\left(r^2 + b_x^2\right) - 4\pi R_0^2}{4\pi R_0^2} \\ &= \frac{4\pi\left(R_0^3 - \frac{3}{8}b_x r^2 - \frac{1}{8}b_x^3\right)^{\frac{2}{3}} - \pi r^2 + \pi\left(r^2 + b_x^2\right) - 4\pi R_0^2}{4\pi R_0^2} \end{aligned} \tag{8-11}$$

即

$$G = \frac{1}{R_0^2}\left(R_0^3 - \frac{3}{8}b_x r^2 - \frac{1}{8}b_x^3\right)^{\frac{2}{3}} + \frac{1}{4}\frac{b_x^2}{R_0^2} - 1$$

式中，S_0 为颗粒未变形的表面积。

(2)颗粒进入孔道部分前端半球，后面为圆柱状，即当 $r < b_x \leqslant \frac{4R_0^3}{3r^2} - \frac{1}{3}r$ 且 $R_1 > r$ 时，保留在孔外的颗粒部分具有体积 V_1 见式(8-1)

而孔内颗粒的体积等于 V_2:

$$V_2 = \frac{2}{3}\pi r^3 + \pi r^2\left(b_x - r\right) = \pi r^2 b_x - \frac{1}{3}\pi r^3 \tag{8-12}$$

原始体积见式(8-3)和式(8-4)，对于孔隙和孔隙的几何形状，可以见式(8-5)。

因为 $R_1 - a_x$ 接近于 0，即 $a_x = R_1$。则有

$$\frac{4}{3}\pi R_0^3 = \frac{4}{3}\pi R_1^3 + \pi r^2 b_x - \frac{1}{3}\pi r^3$$

$$R_1 = \sqrt[3]{R_0^3 - \frac{3}{4}r^2 b_x + \frac{1}{3}r^3}$$

保留在孔外的颗粒与孔接触部分的表面积 S_{a_x} 见式(8-8)，保留在孔外的颗粒未与孔接触部分的表面积 S_{R_1} 见式(8-9)，而孔内颗粒的表面积等于 S_{b_x}：

$$S_{b_x} = 2\pi r^2 + 2\pi r(b_x - r) = 2\pi r b_x \tag{8-13}$$

根据颗粒变形条件，计算颗粒形状因子为

$$\begin{aligned} G &= \frac{S_{R_1} + S_{b_x} - S_0}{S_0} = \frac{4\pi R_1^2 - 2\pi R_1 a_x + 2\pi r b_x - 4\pi R_0^2}{4\pi R_0^2} \\ &= \frac{2\pi R_1^2 + 2\pi r b_x - 4\pi R_0^2}{4\pi R_0^2} = \frac{\left(R_0^3 - \frac{3}{4}r^2 b_x + \frac{1}{3}r^3\right)^{\frac{2}{3}} + r b_x - 2R_0^2}{2R_0^2} \end{aligned} \tag{8-14}$$

即 $G = \frac{1}{2R_0^2}\left(R_0^3 - \frac{3}{4}r^2 b_x + \frac{1}{3}r^3\right)^{\frac{2}{3}} + \frac{r b_x}{2R_0^2} - 1$。

(3) 当 $b_x > \frac{4R_0^3}{3r^2} - \frac{1}{3}r$ 时：

$$G = \frac{4\pi r^2 + 2\pi r\left(\frac{4R_0^3}{3r^2} - \frac{4}{3}r\right) - 4\pi R_0^2}{4\pi R_0^2} = \frac{2R_0}{3r} + \frac{r^2}{3R_0^2} - 1 \tag{8-15}$$

综上所述，球形颗粒通过圆柱形孔道，颗粒形状因子 G 为

$$G = \begin{cases} \frac{1}{R_0^2}\left(R_0^3 - \frac{3}{8}b_x r^2 - \frac{1}{8}b_x^3\right)^{\frac{2}{3}} + \frac{1}{4}\frac{b_x^2}{R_0^2} - 1, & b_x \leqslant r \\ \frac{1}{2R_0^2}\left(R_0^3 - \frac{3}{4}r^2 b_x + \frac{1}{3}r^3\right)^{\frac{2}{3}} + \frac{r b_x}{2R_0^2} - 1, & r < b_x \leqslant \frac{4R_0^3}{3r^2} - \frac{1}{3}r \\ \frac{2R_0}{3r} + \frac{r^2}{3R_0^2} - 1, & b_x > \frac{4R_0^3}{3r^2} - \frac{1}{3}r \end{cases} \tag{8-16}$$

根据形状因子 G 表达式可得到变化曲线，在 $r < b_x \leqslant \frac{4R_0^3}{3r^2} - \frac{1}{3}r$ 的部分，由于忽略了部分值，所以根据表达式所求得结果小于真实值。可采用三次插值样条曲线方法进行修正，可知其中当 $b_x > \frac{4R_0^3}{3r^2} - \frac{1}{3}r$ 时，$G = \frac{2R_0}{3r} - \frac{r^2}{3R_0^2} - 1$ 为整条曲线最大值，即当球形颗粒完全进入孔道时，变形最大。

2. 圆柱形(两端为半球)颗粒通过圆柱形孔道形变

圆柱形颗粒开始进入和完全进入圆柱形孔道示意图分别如图 8-2 和图 8-3 所示。

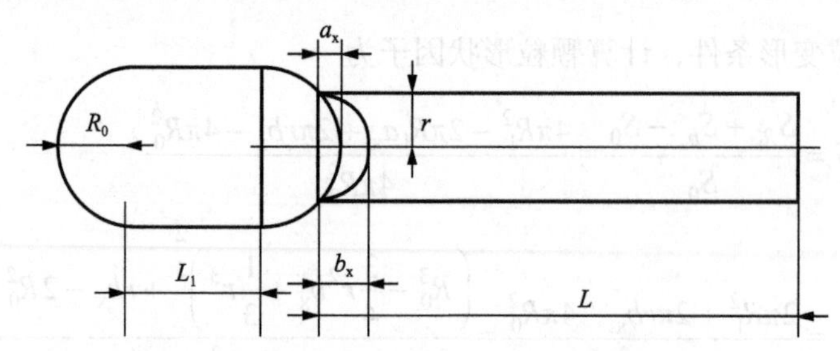

图 8-2　圆柱形颗粒开始进入圆柱形孔道示意图

L_1 为颗粒原始柱身长度，μm；R_0 为颗粒原始球半径，μm

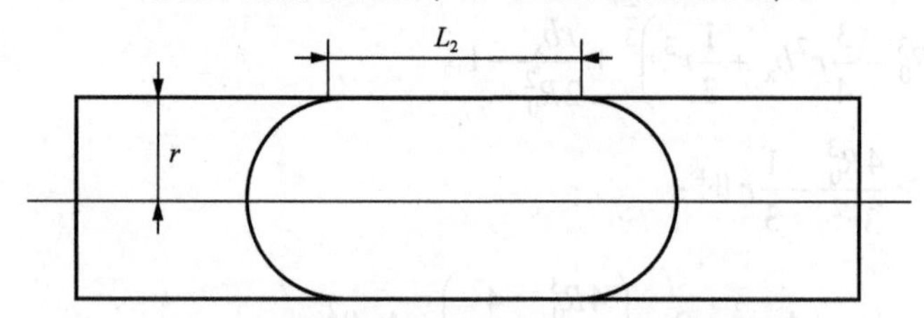

图 8-3　圆柱形颗粒完全进入圆柱形孔道示意图

L_2 为颗粒压缩后柱身长度，μm

圆柱形(两端为半球)同球形颗粒方法相同，由此可知，形状因子 G 最大值为 $b_x > \frac{4R_0^3}{3r^2} - \frac{1}{3}r$ 时，颗粒原始体积为

$$V_0 = \frac{4}{3}\pi R_0^3 - \pi R_0^2 L_1 \tag{8-17}$$

式中，R_0 为颗粒原始半球半径，μm。

全部进入孔道后颗粒体积不变：

$$\frac{4}{3}\pi R_0^3 - \pi R_0^2 L_1 = \frac{4}{3}\pi r^3 - \pi r^2 L_2 \tag{8-18}$$

式中，L_2 的表达式为

$$L_2=\frac{\frac{4}{3}(R_0^3-r^3)+R_0^2L_1}{r^2} \tag{8-19}$$

颗粒原始表面积：

$$S_0=4\pi R_0^2+2\pi R_0L_1 \tag{8-20}$$

颗粒压缩后表面积：

$$S_1=4\pi r^2+2\pi\frac{\frac{4}{3}(R_0^3-r^3)+R_0^2L_1}{r} \tag{8-21}$$

根据颗粒变形条件，计算颗粒形状因子为

$$G=\frac{4\pi r^2+2\pi\frac{\frac{4}{3}(R_0^3-r^3)+R_0^2L_1}{r}-4\pi R_0^2-2\pi R_0L_1}{4\pi R_0^2+2\pi R_0L_1} \tag{8-22}$$

即 $G=\frac{\frac{2}{3}r^2+\frac{4R_0^3}{3r}+\frac{R_0^2L_1}{r}-2R_0^2-R_0L_1}{2R_0^2+R_0L_1}$ 时，颗粒整体进入孔道中时，变形最大。

从图 8-4 中可以看出，当颗粒最小投影面积相同时，偏离球形颗粒程度越大，形状因子 G 越大。当微圆管和颗粒半径比增大时，形状因子降低；随着比值增大至接近 1，形状因子趋近于 0；从图中可以确定，当比值在 0.8 倍时，颗粒变形已经较小，即微圆管和颗粒半径比为 0.8 倍以上时，可以忽略颗粒位形的影响。

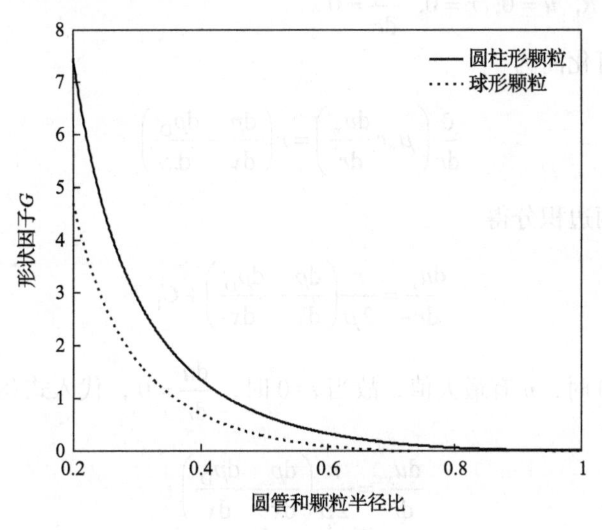

图 8-4　不同形状颗粒的不同管径比的形状因子分布

8.1.2 速度和流量模型

将颗粒表面张力作为颗粒变形的函数，记作 T，其表达式为

$$T = eEG \tag{8-23}$$

式中，e 为颗粒表面厚度；E 为表观杨氏模量；G 为颗粒形状因子。

因此，颗粒表面张力 T 是颗粒厚度孔径、颗粒形态和纳米力学性质的函数。实现刚好足以使 N 个颗粒穿透半径为 R 的孔的变形(记为 p_{D})所需的力与颗粒表面张力 T 有关如下：

$$p_{\mathrm{D}}=2\pi RNT \tag{8-24}$$

受空间位形力影响，驱替压力部分起到驱替作用，另外一部分压力转化为改变颗粒形状的空间位形力，即一部分势能转化为空间位形能，使颗粒能够通过孔道。

柱坐标系下的 N-S 方程可以写为

$$\rho\left(\frac{\partial u_x}{\partial t}+u_r\frac{\partial u_x}{\partial r}+\frac{u_\theta}{r}\frac{\partial u_x}{\partial \theta}+u_x\frac{\partial u_x}{\partial x}\right)=\rho f_x-\frac{\partial p}{\partial x}+\frac{1}{r}\frac{\partial}{\partial r}\left(\mu r\frac{\partial u_x}{\partial r}\right)+\frac{1}{r^2}\frac{\partial^2 u_x}{\partial \theta^2}+\frac{\partial^2 u_x}{\partial x^2}$$

由已知条件得知，微圆管中的 N-S 方程可修正为

$$\frac{\mathrm{d}p}{\mathrm{d}x}-\frac{\mathrm{d}p_{\mathrm{D}}}{\mathrm{d}x}=\frac{1}{r}\frac{\mathrm{d}}{\mathrm{d}r}\left(\mu r\frac{\mathrm{d}u}{\mathrm{d}r}\right) \tag{8-25}$$

边界条件：$r=R,\ u=0;\ r=0,\ \dfrac{\mathrm{d}u}{\mathrm{d}r}=0$。

式(8-25)可化简为

$$\frac{\mathrm{d}}{\mathrm{d}r}\left(\mu_x r\frac{\mathrm{d}u_x}{\mathrm{d}r}\right)=r\left(\frac{\mathrm{d}p}{\mathrm{d}x}-\frac{\mathrm{d}p_{\mathrm{D}}}{\mathrm{d}x}\right) \tag{8-26}$$

式(8-26)两边积分得

$$\frac{\mathrm{d}u_x}{\mathrm{d}r}=\frac{r}{2\mu}\left(\frac{\mathrm{d}p}{\mathrm{d}x}-\frac{\mathrm{d}p_{\mathrm{D}}}{\mathrm{d}x}\right)+C_1 \tag{8-27}$$

由于当 r=0 时，u 有最大值，故当 r=0 时，$\dfrac{\mathrm{d}u}{\mathrm{d}r}=0$，代入式(8-27)得

$$\frac{\mathrm{d}u_x}{\mathrm{d}r}=\frac{r}{2\mu}\left(\frac{\mathrm{d}p}{\mathrm{d}x}-\frac{\mathrm{d}p_{\mathrm{D}}}{\mathrm{d}x}\right) \tag{8-28}$$

积分得

$$u_x = \frac{1}{4\mu} r^2 \left(\frac{\mathrm{d}p}{\mathrm{d}x} - \frac{\mathrm{d}p_{\mathrm{D}}}{\mathrm{d}x} \right) + C \tag{8-29}$$

当 $r=R$ 时，$u=0$，可得积分常数：

$$C = -\frac{R^2}{4\mu} \left(\frac{\mathrm{d}p}{\mathrm{d}x} - \frac{\mathrm{d}p_{\mathrm{D}}}{\mathrm{d}x} \right) \tag{8-30}$$

代入式(8-29)，得到微圆管内水流的速度分布规律：

$$u_x = \frac{1}{4\mu} \left(r^2 - R^2 \right) \left(\frac{\mathrm{d}p}{\mathrm{d}x} - \frac{\mathrm{d}p_{\mathrm{D}}}{\mathrm{d}x} \right) \tag{8-31}$$

微圆管内流体的平均速度为

$$\bar{u} = \frac{\int u_x \mathrm{d}A}{A} \tag{8-32}$$

其中，微圆管截面积 $A = \pi R^2$，则 $\mathrm{d}A = \pi \mathrm{d}r^2 = 2\pi r \mathrm{d}r$，代入式(8-32)可得

$$\bar{u} = -\frac{R^2}{8\mu} \left(\frac{\mathrm{d}p}{\mathrm{d}x} - \frac{\mathrm{d}p_{\mathrm{D}}}{\mathrm{d}x} \right) \tag{8-33}$$

微圆管的流量为

$$Q = \bar{u} A = -\frac{\pi}{8} \frac{R^4}{\mu} \left(\frac{\mathrm{d}p}{\mathrm{d}x} - \frac{\mathrm{d}p_{\mathrm{D}}}{\mathrm{d}x} \right) \tag{8-34}$$

若不考虑空间位形力作用时，即 $\frac{\mathrm{d}p_{\mathrm{D}}}{\mathrm{d}x} = 0$，则可退化为泊肃叶定律形式，即

$$Q = -\frac{\pi}{8} \frac{R^4}{\mu} \frac{\mathrm{d}p}{\mathrm{d}x} \tag{8-35}$$

从新推导的式(8-31)可以看出，流动速度和流量除了依赖于微圆管半径、压力梯度流体黏度之外，还和通过微圆管的纳微米颗粒的表面厚度、颗粒浓度、受固体壁面影响颗粒的形状因子等因素有关。

微观尺度下相比于一般宏观流体流动有所不同，宏观流体可以直接应用达西公式，根据泊肃叶定律，求解流体流动速度和流量。而微观尺度需要考虑固-液分子间作用力，纳微米聚合物溶液不同于普通水溶液，需要考虑其空间位形力的影响。

从式(8-34)中可以看出，压力梯度项后面增加了颗粒变形导致的压力项。因此，流动速度和流量不再符合一般的线性达西公式，而是有压力梯度的非线性流动。

如需同时考虑粗糙度对微圆管内流体流动的影响，粗糙度引起的管径缩小系数为ξ，则微圆管内的平均速度为

$$u=\frac{1}{4\mu}\left\{r^2-\left[R(1-\xi)\right]^2\right\}\left\{\frac{\mathrm{d}p}{\mathrm{d}x}-\frac{\mathrm{d}\left[2\pi R(1-\xi)NeEG\right]}{\mathrm{d}x}\right\} \tag{8-36}$$

所以如果考虑粗糙度对微圆管流动速度的影响，通过微管的流量可表示为

$$Q=-\frac{\pi}{8}\frac{\left[R(1-\xi)\right]^4}{\mu}\left\{\frac{\mathrm{d}p}{\mathrm{d}x}-\frac{\mathrm{d}\left[2\pi R(1-\xi)NeEG\right]}{\mathrm{d}x}\right\} \tag{8-37}$$

8.1.3　微圆管流动影响因素分析

1. 速度分布影响因素分析

纳微米聚合物颗粒分散体系在微圆管中流动的流速分布由表达式[式(8-31)]通过数值积分法求解可得。

1) 不同微圆管半径的速度分布

模拟计算得到半径分别为 1μm、2μm、3μm、5μm、10μm、20μm 的微圆管流体速度分布，如图 8-5 所示。模拟参数取值如下：压力梯度为$\frac{\mathrm{d}p}{\mathrm{d}x}=0.1\mathrm{MPa/m}$；溶剂黏度$\mu$=0.003Pa·s；颗粒表面厚度$e$=5μm；表观杨氏模量$E$=100GPa；纳微米聚合物球形颗粒半径$R_0$=25μm；颗粒形状因子$G$随管径变化而变化。

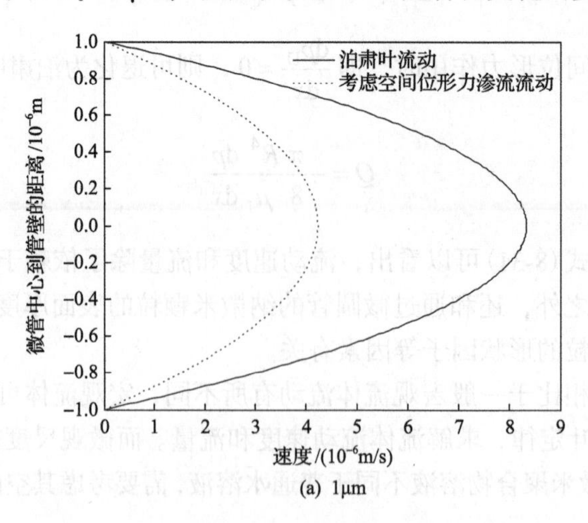

(a) 1μm

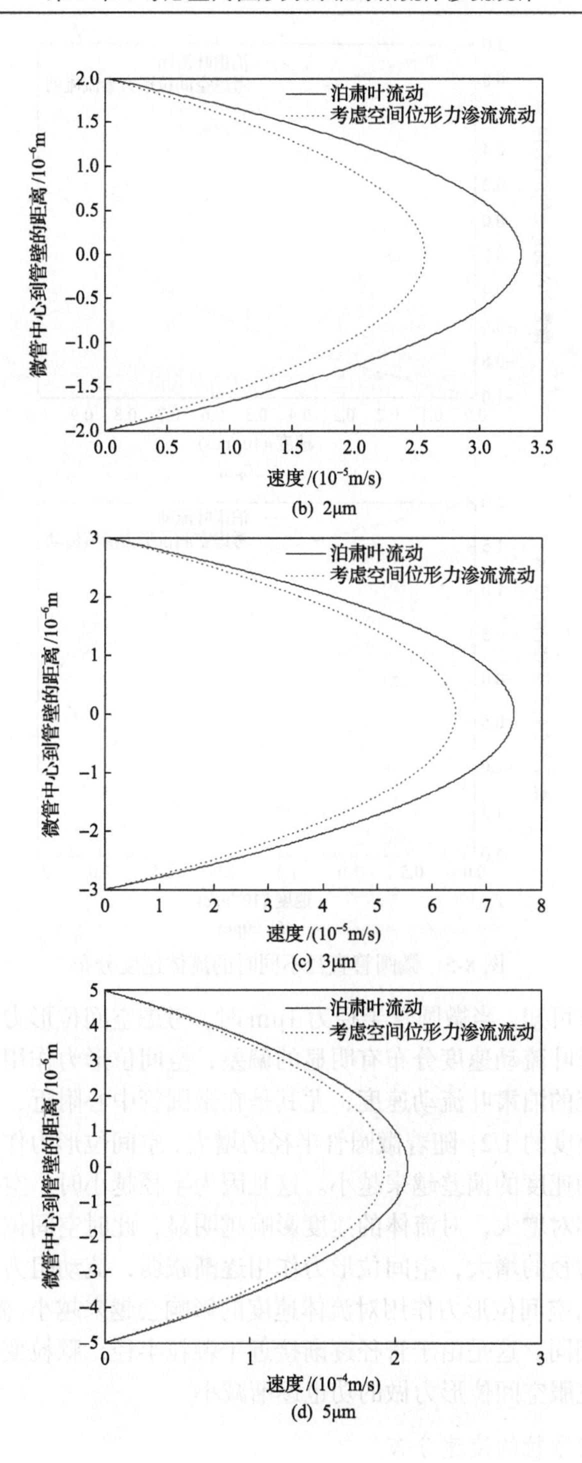

(b) 2μm

(c) 3μm

(d) 5μm

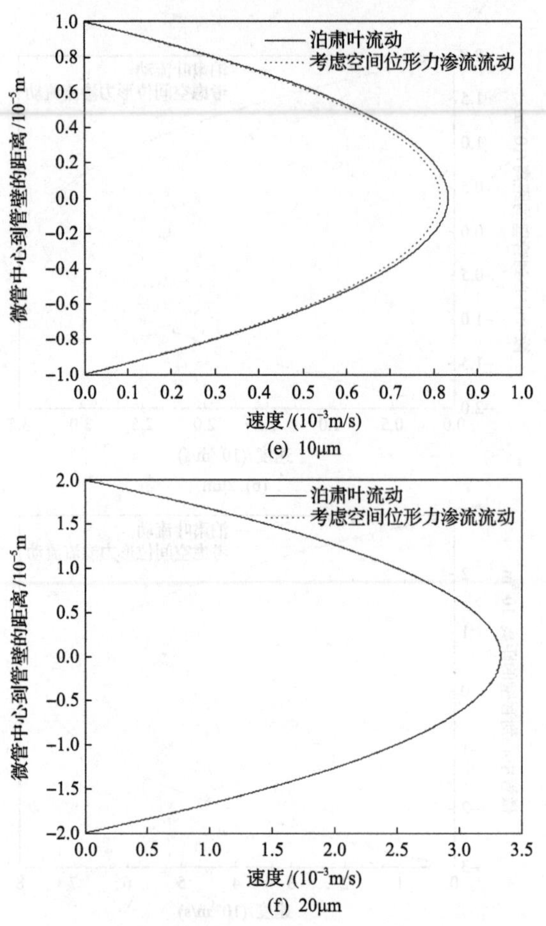

图 8-5 微圆管直径不同时的流体速度分布

由图 8-5(a)可知，当微圆管半径为 1μm 时，考虑空间位形力作用下渗流流动速度分布与泊肃叶流动速度分布有明显的偏差，空间位形力作用下的渗流流体速度明显小于传统的泊肃叶流动速度，尤其是在微圆管中心附近，其最大速度是泊肃叶流动最大速度的 1/2；随着微圆管半径的增大，空间位形力作用下渗流流动速度与泊肃叶流动速度的偏差越来越小。这是因为半径越小时，空间位形力作用越强，流动阻力相对增大，对流体的速度影响越明显，此时空间位形力作用不可忽略。但是随着管径的增大，空间位形力作用逐渐减弱，流动阻力相对减小，当管径超过 10μm 时，空间位形力作用对流体速度的影响会越来越小。微管半径为 20μm 时，两者几乎相同。这是由于管径逐渐接近于颗粒半径，颗粒变形减小，形状因子减小，需要克服空间位形力做的功也逐渐减小。

2) 不同形状颗粒的流速分布

模拟计算得到半径分别为 1μm、2μm、3μm、5μm、10μm、20μm 的微圆管流

体速度分布，如图 8-6 所示。当微圆管半径为 1μm 时，两种不同形状颗粒流动速

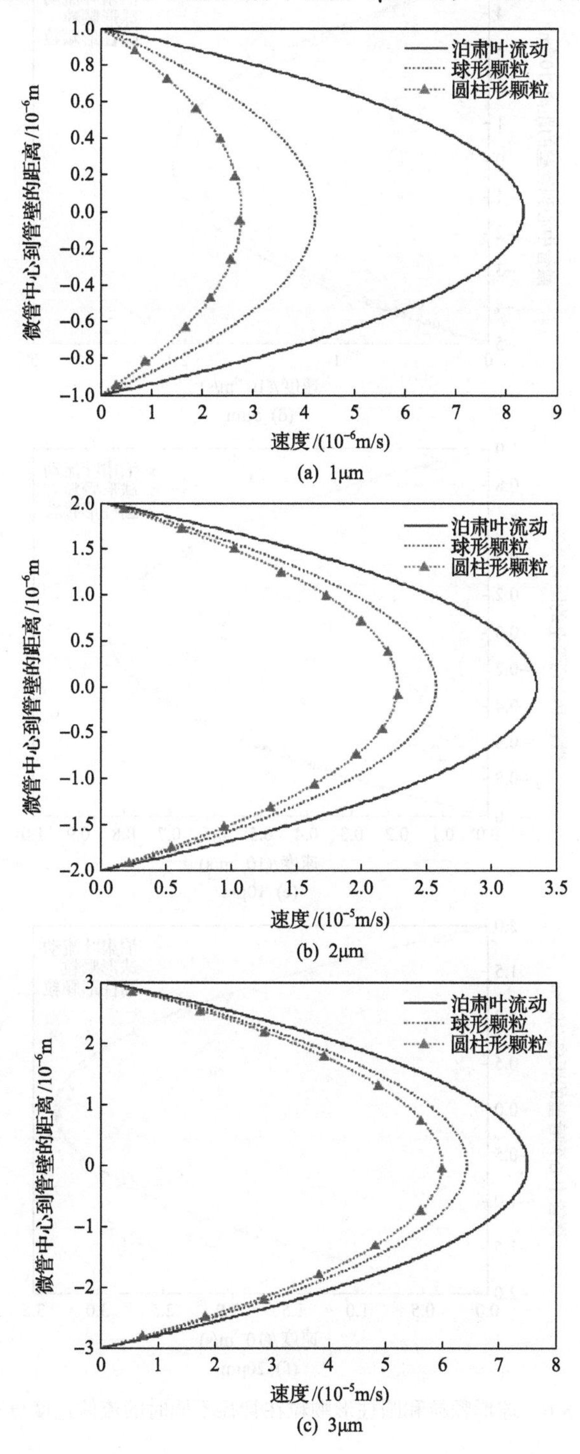

(a) 1μm

(b) 2μm

(c) 3μm

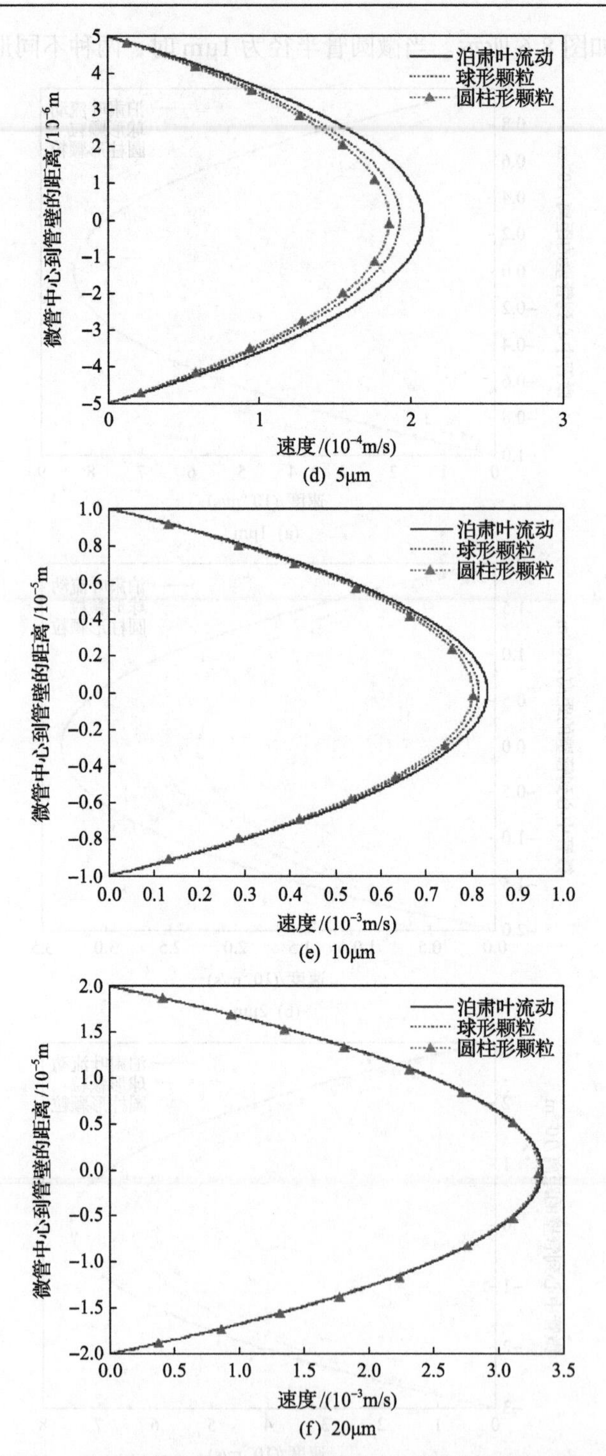

图 8-6　球形颗粒和圆柱形颗粒在管径不同时的流体速度分布

度分布与泊肃叶流动速度分布有明显的偏差，其中圆柱形颗粒和球形颗粒相比，偏差更大。这是由于圆柱形颗粒和球形颗粒相比，其变形会更大。圆柱形颗粒的两个半球的球径和球形颗粒的球径完全相同，只是增加了其中间圆柱状部分的长度，所以其体积和表面积均增大。但随着管径逐渐增大，二者都更接近于泊肃叶流，而且两者间相差也越来越小。当管径为 20μm 时，几乎和泊肃叶流相同。

2. 流量分布影响因素分析

1) 不同微圆管直径范围内的流量分布

根据推导的考虑空间位形力作用的流量模型，对比泊肃叶流量模型，分别模拟了在 0.1～1μm、1～5μm、5～10μm、10～20μm 不同管径范围内的流量，如图 8-7 所示。

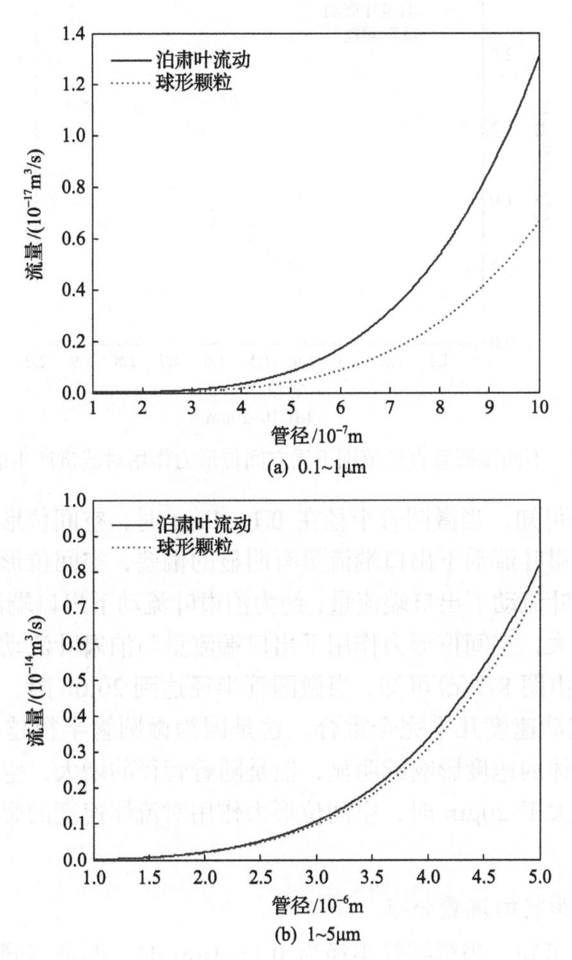

(a) 0.1~1μm

(b) 1~5μm

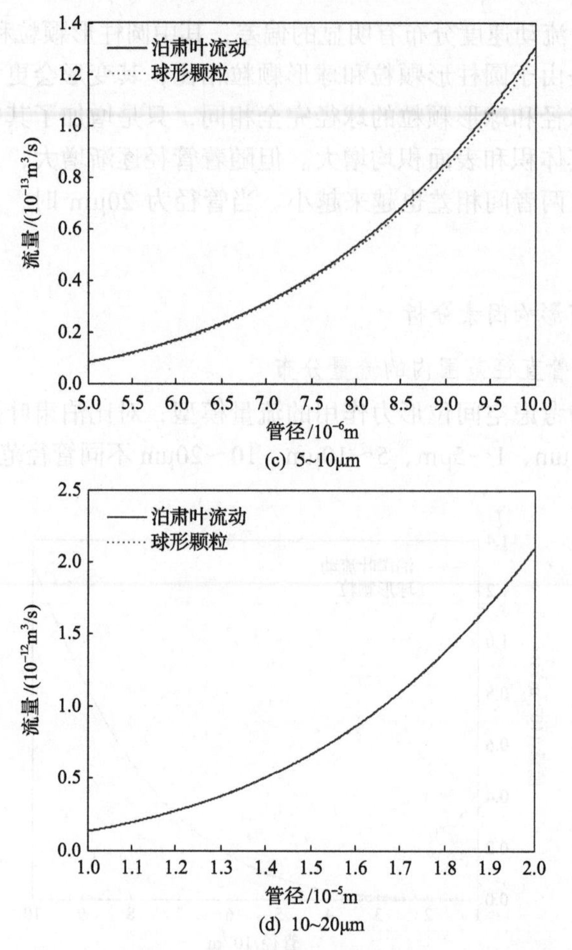

图 8-7　不同微圆管直径范围下受空间位形力作用对流量产生的影响

由图 8-7(a)可知，当微圆管半径在 0.1～1μm 时，空间位形力作用下微圆管出口端流量与泊肃叶流动下出口端流量有明显的偏差，空间位形力作用下出口端流量远小于泊肃叶流动下出口端流量，约为泊肃叶流动下出口端流量的 1/2。随着微圆管半径的增大，空间位形力作用下出口端流量与泊肃叶流动下出口端流量的偏差越来越小，由图 8-7(d)可知，当微圆管半径达到 20μm 时，空间位形力作用速度与泊肃叶流动速度几乎完全重合。这是因为微圆管半径越小，颗粒空间上变形越大，对流体的速度影响越明显，但是随着管径的增大，空间位形力作用逐渐减弱，当管径大于 20μm 时，空间位形力作用对流体速度的影响已经不大，几乎可以忽略。

2) 不同颗粒形状的流量分布

由图 8-8(a)可知，当微圆管半径为 0.1～1μm 时，两种不同形状颗粒流动圆

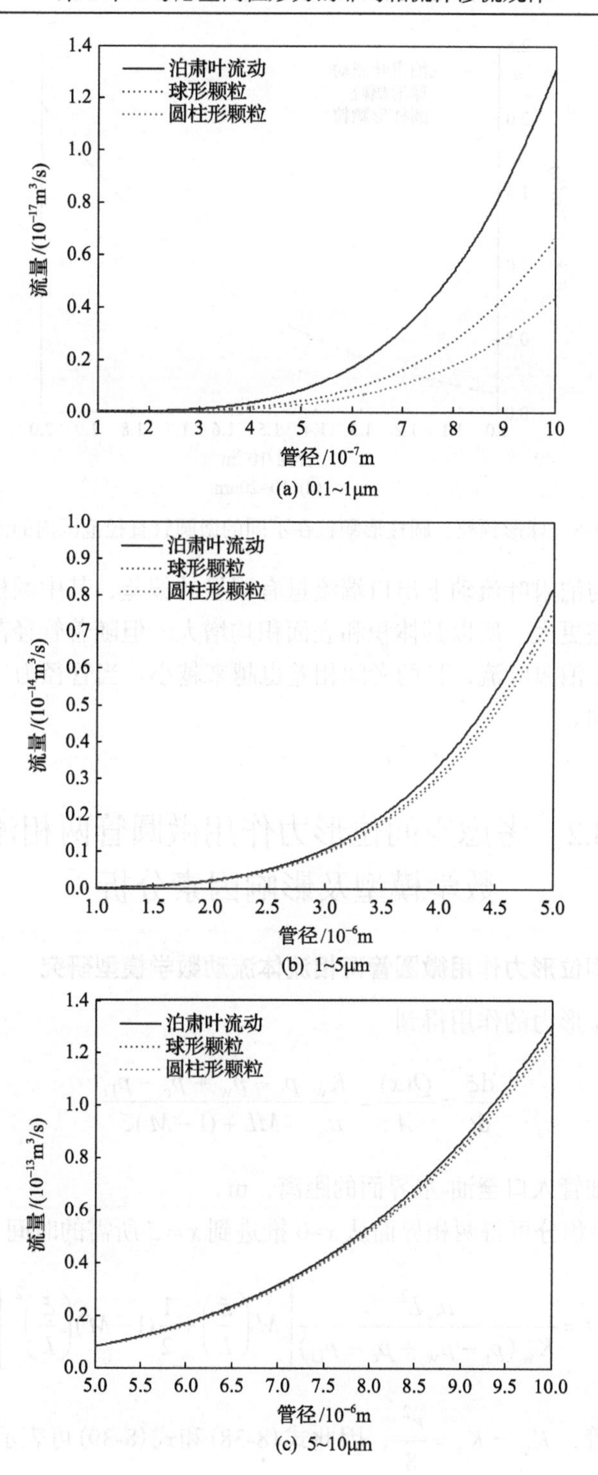

(a) 0.1~1μm

(b) 1~5μm

(c) 5~10μm

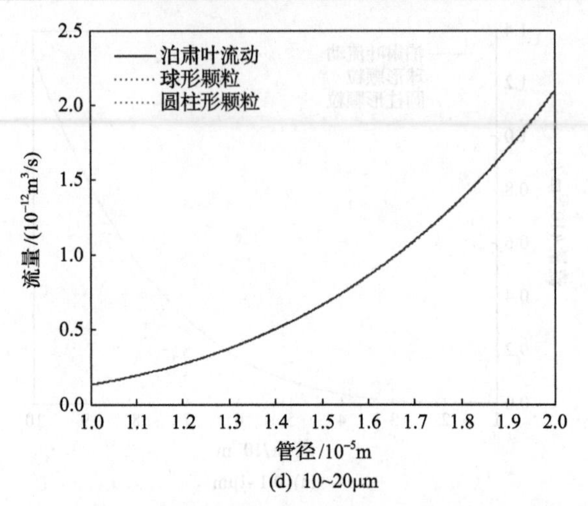

图 8-8　球形颗粒、圆柱形颗粒在不同的微圆管直径范围内的流量

管出口端流量与泊肃叶流动下出口端流量有明显的偏差，其中圆柱形颗粒和球形颗粒相比，偏差更大。所以其体积和表面积均增大。但随着管径范围逐渐增大，二者都更接近于泊肃叶流，且两者间相差也越来越小。当管径为 20μm 时，几乎和泊肃叶流相同。

8.2　考虑空间位形力作用微圆管两相流数学模型及影响因素分析

8.2.1　考虑空间位形力作用微圆管两相流体流动数学模型研究

考虑空间位形力的作用得到

$$\frac{\mathrm{d}\xi}{\mathrm{d}t}=\frac{Q(x)}{A}=\frac{K_{\mathrm{w}}}{\mu_{\mathrm{w}}}\frac{p_{\mathrm{i}}-p_{\mathrm{w}}+p_{\mathrm{c}}-p_{\mathrm{D}}}{ML+(1-M)\xi} \tag{8-38}$$

式中，ξ 为毛细管入口至油-水界面的距离，m。

对式(8-38)积分可得两相界面从 $x=0$ 推进到 $x=\xi$ 所需的时间 t 为

$$t=\frac{\mu_{\mathrm{w}}L^2}{K_{\mathrm{w}}(p_{\mathrm{i}}-p_{\mathrm{w}}+p_{\mathrm{c}}-p_{\mathrm{D}})}\left[M\left(\frac{\xi}{L}\right)+\frac{1}{2}(1-M)\left(\frac{\xi}{L}\right)^2\right] \tag{8-39}$$

对于微圆管，$K_{\mathrm{w}}=K_{\mathrm{o}}=\dfrac{r^2}{8}$，因此式(8-38)和式(8-39)可表示为

$$Q(x)=\frac{\pi r^4}{8}\frac{p_{\mathrm{i}}-p_{\mathrm{w}}+p_{\mathrm{c}}-p_{\mathrm{D}}}{\mu_{\mathrm{o}}L+(\mu_{\mathrm{w}}-\mu_{\mathrm{o}})x} \tag{8-40}$$

$$t=\frac{8}{r^2(p_{\mathrm{i}}-p_{\mathrm{w}}+p_{\mathrm{c}}-p_{\mathrm{D}})}\left[\mu_{\mathrm{o}}L\xi+\frac{1}{2}(\mu_{\mathrm{w}}-\mu_{\mathrm{o}})\xi^2\right] \tag{8-41}$$

那么，当 x=L 时，驱替相突破整个微圆管，此时突破时间为

$$t_{\mathrm{out}}=\frac{8}{r^2(p_{\mathrm{i}}-p_{\mathrm{w}}+p_{\mathrm{c}}-p_{\mathrm{D}})}\left[\mu_{\mathrm{o}}L^2+\frac{1}{2}(\mu_{\mathrm{w}}-\mu_{\mathrm{o}})L^2\right] \tag{8-42}$$

式(8-38)～式(8-42)中，μ_{w} 为水相流体的初始黏度，Pa·s；μ_{o} 为油相流体的初始黏度，Pa·s。

8.2.2　微圆管两相流体流动影响因素模拟分析

1. 微圆管半径对驱替突破时间的影响

根据推导的考虑空间位形力作用两相两相模型，可以得到分子作用下的水驱前缘位置与驱替时间的变化关系。当颗粒为球形颗粒，颗粒数 n=500，驱替水相黏度 $\mu_{\mathrm{w}}=1\mathrm{mPa\cdot s}$，油相黏度为 $\mu_{\mathrm{o}}=10\mathrm{mPa\cdot s}$，管长度 L=0.05m，压差 Δp=0.2kPa 时，模拟计算微圆管半径对水流速的影响，结果如图 8-9 所示。

由图 8-9 可以看出，随着微圆管半径增大，驱替突破时间逐渐减小，驱替速度逐渐增加；相同微圆管半径下，考虑空间位形力作用时驱替突破时间长，驱替

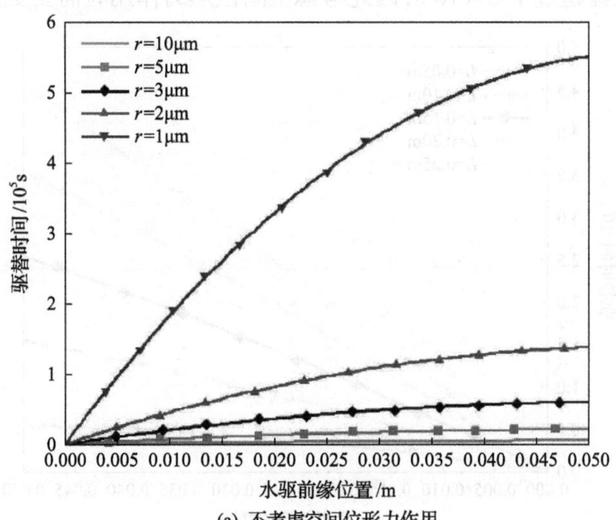

(a) 不考虑空间位形力作用

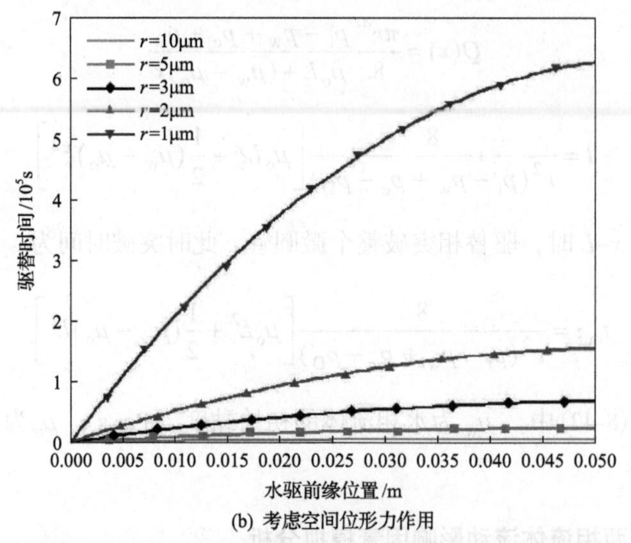

(b) 考虑空间位形力作用

图 8-9　不同管径下水驱前缘位置随驱替时间的变化关系

速度慢。图 8-9(a)中 r=1μm 不考虑空间位形力作用时，突破时间为 5.5×10^5s，而图 8-9(b)中已经超过了 6×10^5s，因此考虑空间位形力作用时需要更多的驱替时间。

2. 微圆管长度对驱替突破时间的影响

由图 8-10 可以看出，随着微圆管长度的增大，驱替突破时间逐渐增大，驱替速度逐渐减慢；相同微圆管长度下，考虑空间位形力作用时驱替突破时间长，驱替速度慢。图 8-10(a)中 L=0.25m 不考虑空间位形力作用时，突破时间为 4.6×10^6s，而图 8-10(b)中已经超过了 5×10^6s，因此考虑空间位形力作用时需要更多的驱替时间。

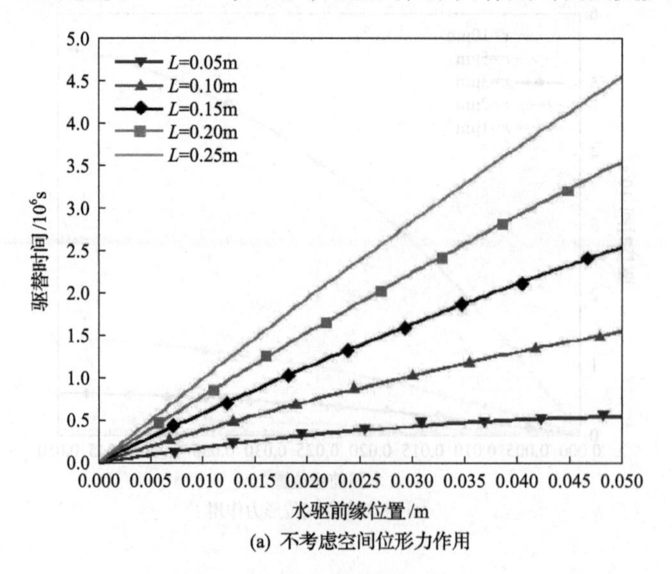

(a) 不考虑空间位形力作用

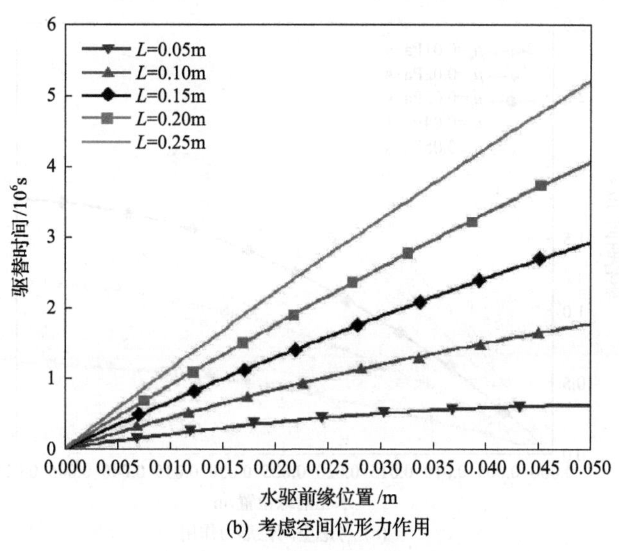

(b) 考虑空间位形力作用

图 8-10　不同管长下前缘位置随时间的变化关系

3. 油相黏度对驱替突破时间的影响

由图 8-11 可以看出，随着油相黏度的增大，驱替突破时间逐渐增加，驱替速度逐渐减慢；相同油相黏度下，考虑空间位形力作用时驱替突破时间长，驱替速度慢。图 8-11(a)中油相黏度 $\mu_o = 0.05\text{Pa}\cdot\text{s}$ 不考虑空间位形力作用时，突破时间为 2.6×10^6s，而(b)中已经超过了 2.9×10^6s，因此考虑空间位形力作用时需要更多的驱替时间。

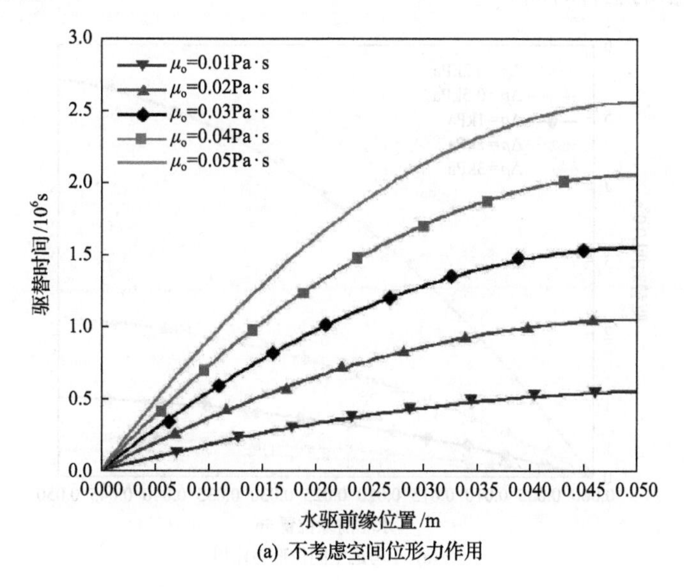

(a) 不考虑空间位形力作用

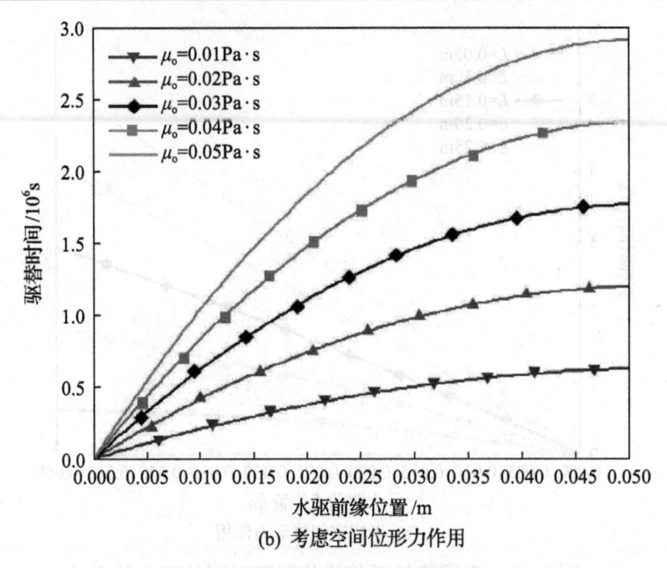

(b) 考虑空间位形力作用

图 8-11　不同油相黏度下水驱前缘位置随驱替时间的变化关系

4. 驱动压差对驱替突破时间的影响

由图 8-12 可以看出，随着驱动压差的增大，驱替突破时间逐渐减小，驱替速度逐渐增快；相同驱动压差下，考虑空间位形力作用时驱替突破时间长，驱替速度慢。图 8-12(a)中驱动压差 dp=0.2kPa 不考虑空间位形力作用时，突破时间为 5.5×10^5s，而图 8-12(b)中突破时间已经超过了 6×10^5s，因此考虑空间位形力作用时需要更多的驱替时间。

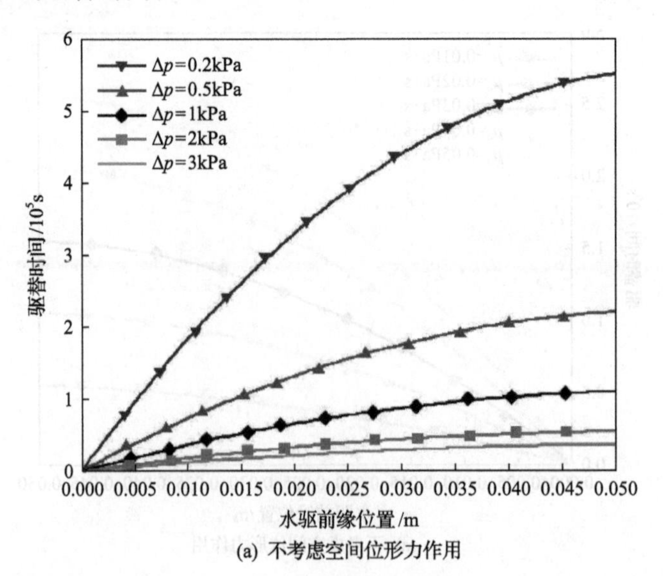

(a) 不考虑空间位形力作用

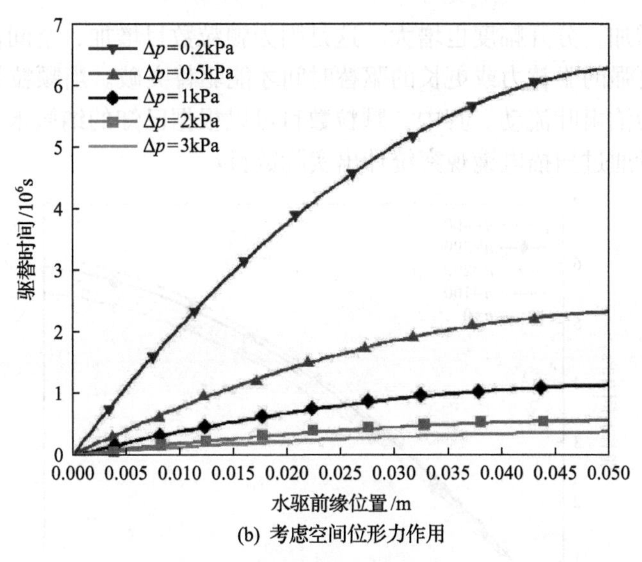

(b) 考虑空间位形力作用

图 8-12 不同压差下水驱前缘位置随驱替时间的变化关系

5. 不同颗粒形状对驱替突破时间的影响

由图 8-13 可以看出，考虑空间位形力时突破时间增加，圆柱形颗粒比球形颗粒需要的驱替突破时间更长。随着驱替前缘位置增加，两者曲线分开幅度也逐渐变大。

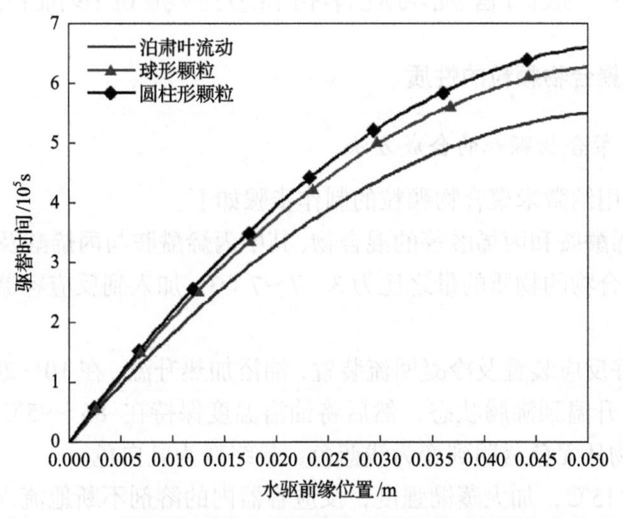

图 8-13 不同颗粒形状水驱前缘位置随驱替时间的变化关系

6. 不同颗粒数目对驱替突破时间的影响

由图 8-14 可以看出，随着颗粒数目增加，需要的驱替突破时间更长。随着驱替前缘位置增加，分开幅度也增大。这是因为颗粒数目增加，空间位形力也随之增大，需要更强的驱替力或更长的驱替时间才能驱替突破。当颗粒数 n=0 时，即没有颗粒，为泊肃叶流动。其中，颗粒数目可以根据已知的纳微米聚合物溶液浓度计算，或者通过扫描电镜观察统计出实际数目。

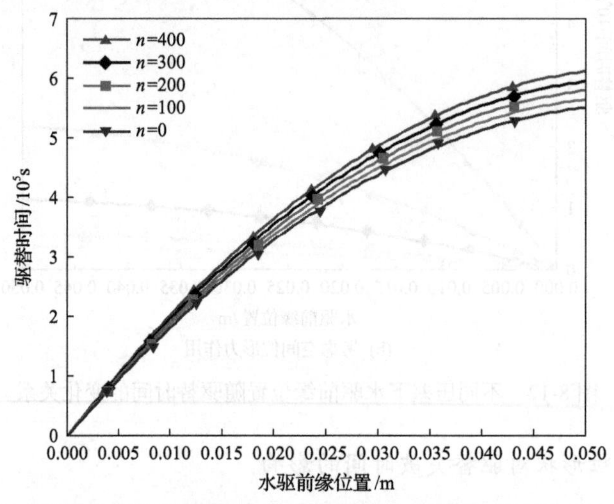

图 8-14　不同颗粒数目前缘位置随时间的变化关系

8.3　微圆管流动规律特征实验验证渗流模型

8.3.1　纳微米聚合物颗粒的性质

1. 纳微米聚合物颗粒的合成方法

该实验所用纳微米聚合物颗粒的制作步骤如下。

(1) 取丙烯酰胺和丙烯酸等的混合物，其中丙烯酰胺与丙烯酸及其衍生物的一种或几种的混合物的物质的量之比为 3∶7～7∶3，加入到反应容器中，加溶剂后超声散开。

(2) 安装好反应装置及冷凝回流装置，油浴加热升温，在 10～20min 内反应容器内的反应物升温到沸腾状态，然后将油浴温度保持在 85～95℃，保持该状态 15min；反应物从无色透明到变为浅蓝色，最终变为乳白色。

(3) 油浴 115℃，加大蒸馏强度，反应容器内的溶剂不断地流入接收容器中，80～100min 后，反应容器内的溶剂蒸馏全部蒸馏出来，在保证该蒸馏效果的情况下，可以采用任何冷凝回流设置方式，如本节优选采用的冷凝回流方式为保持回流到反应烧瓶中的溶剂和蒸馏出来的溶剂的速度比在 2 左右。

(4) 停止加热，向反应容器内加入乙醇，并且超声分散，然后离心分离出白色产物。

(5)提纯：再用乙醇超声分散、离心两遍，以净化所得到的样品。

(6)将提纯后得到产物均置于 55℃的烘箱中 12h，烘干后得到白色粉末样品。

2. 合成的纳微米聚合物颗粒优势

通过扫描电镜观测得到，成品主要为球形颗粒，且粒径均一，粒径分布在 5%以内，各种不同样品的粒径均在 200～1.2μm。通过傅里叶变换红外光谱仪观测样品，每一种样品中都包含了该反应单体所特有的特征峰，说明聚合物是进行了多元共聚；将样品分散在水中或油相中，样品都不发生团聚，呈良好的单分散状态；对得到的干燥复合球，进行了相应的水化实验，用激光粒度仪测量水化后的粒径分布，发现复合球可在水中膨胀，不同的复合球具有不同的水化能力，水化后得到了从 0.2～16μm 的四个粒径分级的纳微米球，可以选择性注入不同的储层中，从而达到堵水调剖，提高采收率的目的。

(1)粒径均一，膨胀性能好：干燥复合球直径较小，不同的样品具有不同的水化膨胀倍数。如图 8-15 所示，粒径为 220nm、350nm、450nm、1200nm 的干燥球，分别可以膨胀到 0.3～0.6μm、0.4～1μm、1～3μm、3～16μm 四个粒径级别，其粒

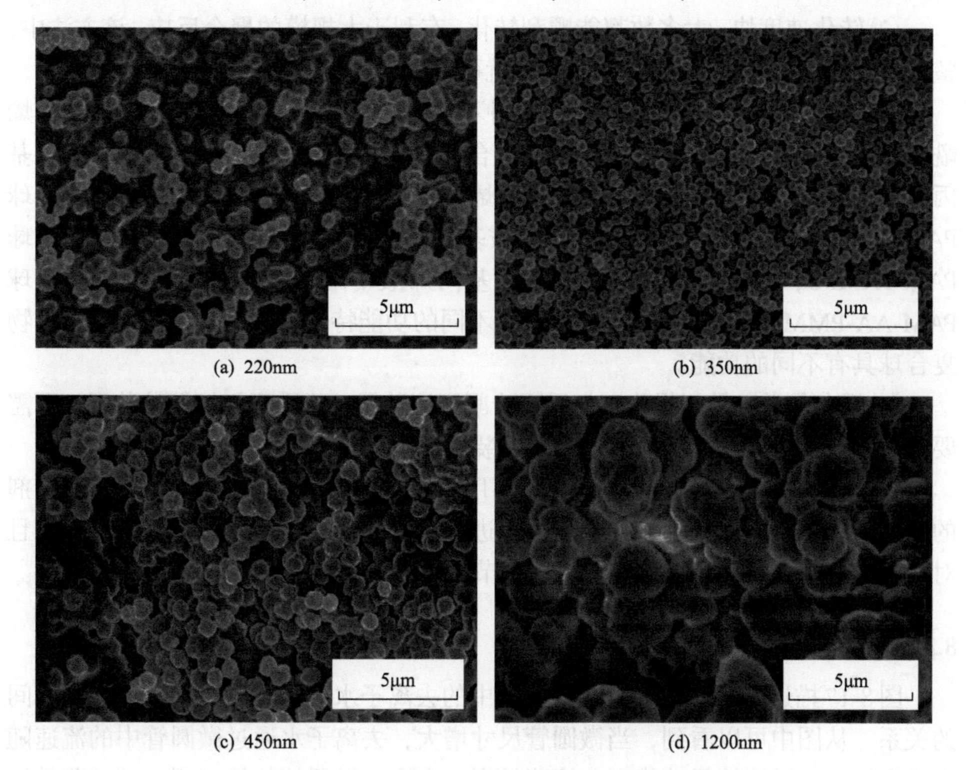

(a) 220nm　(b) 350nm　(c) 450nm　(d) 1200nm

图 8-15　纳微米聚合物颗粒的扫描电镜图

度分布如图 8-16 所示。这些不同水化膨胀粒径的复合球可以适合不同的渗透率或孔隙率的低渗透油藏。

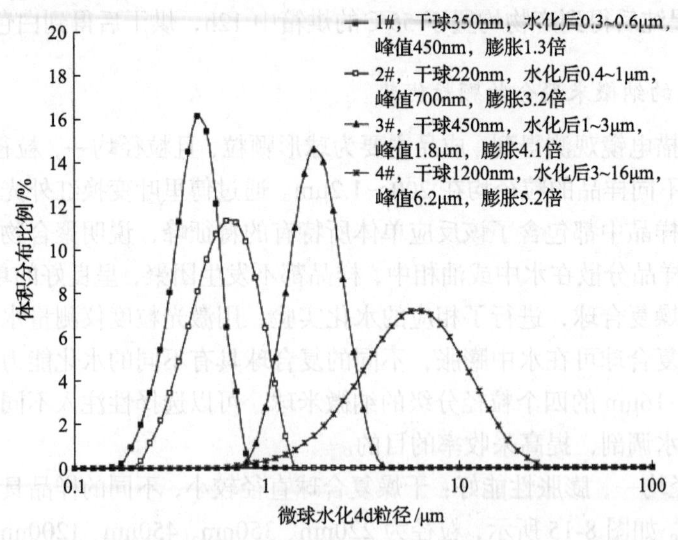

图 8-16　四组不同水化粒径分级的纳微米聚合物颗粒的激光粒度分布图

(2) 转化速度快，大多数都能顺利转化：有利于大规模的聚合反应。该方法中，整个反应时间只需要 2h 左右，转化率就可以达到 95%左右。

(3) 用这种蒸馏沉淀法可以获得各种不同功能基团的聚合物复合球，如聚丙烯酰胺球(PAM)，丙烯酰胺和丙烯酸的聚合物复合球 PAM-PAA，丙烯酰胺和甲基丙烯酸的聚合物复合球 PAM-PMAA，丙烯酰胺和甲基丙烯酸甲酯的聚合物复合球 PAM-PMMA，丙烯酰胺和 2-丙烯酰胺基-甲基丙磺酸(AMPS)的聚合物复合球 PAM-PAMPS，丙烯酰胺和丙烯酸、甲基丙烯酸甲酯三元共聚的聚合物复合球 PAM-AA-PMMA。由于不同的单体具有不同的功能特性，所以制备的不同聚合物复合球具有不同的功能。

(4) 设备简单，易于操作：只需要冷凝回流装置，不需要氮气保护装置，不需要搅拌装置，也不需要精确的温度控制装置，该聚合设备大大得到简化。

(5) 环保经济：由于聚合过程中需要用到蒸馏，而蒸馏过程同时也是一个溶剂的提纯过程，蒸馏出来的溶剂可以重复进行下一次聚合反应，既经济又环保，且对参加反应药品没有特别的提纯要求，节约了成本，提高了反应效率。

8.3.2　实验流速与压力梯度的关系

图 8-17 描述了在不同的微圆管管径中的去离子水多实验流速和压力梯度之间的关系。从图中可以看到，当微圆管尺寸增大，去离子水通过微圆管中的流速随之明显提高。微圆管尺寸越大，流速越高。在同一微圆管的管径下，随着驱动压

力梯度的逐渐降低，去离子水的实际流动速度迅速降低。

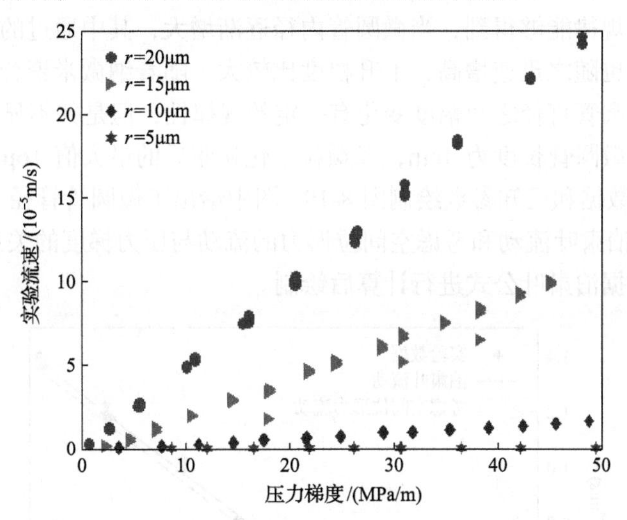

图 8-17　不同微圆管管径中去离子水流速与压力梯度的关系

图 8-17 中描述的微圆管管径 20μm、15μm 和 10μm 时的去离子水的实验流速和压力梯度的变化规律关系。其结果较符合一般的达西定律。计算和泊肃叶流动规律的计算结果较为一致。其中微圆管直径为 5μm 的数据由于实验精度不足，在后面的计算中舍去。

图 8-18 描述了在不同的微圆管管径中，浓度为 200mg/L 时的纳微米聚合物颗粒体系溶液实验流速和压力梯度的关系曲线。由于其中微圆管直径为 5μm 时，纳微米聚合颗粒溶液通过微圆管时数据失去规律性，可能是由于颗粒堵塞微圆管导

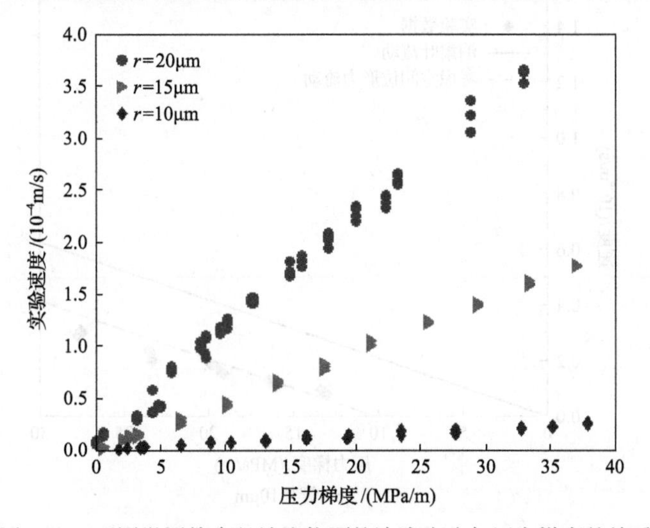

图 8-18　不同微圆管直径纳聚物颗粒溶液流速与压力梯度的关系

致，不能够说明实际问题，故不再进行微圆管直径为 5μm 的这一组实验。由图 8-18 中的曲线变化规律能够得到，当微圆管内径逐渐增大，其中通过的纳微米聚合物颗粒溶液流量也随之迅速增高，上升幅度比较大。随着纳微米聚合物颗粒溶液浓度的变化，微圆管直径之间幅度变化有一定的规律性，但是并不显著。

实验中的微圆管长度为 1cm，以颗粒水化膨胀后的最大值 16μm 作为颗粒直径。根据实验数据和已知参数绘制图 8-19，图中给出了微圆管管径 10μm 和 15μm 中实验流速、泊肃叶流动和考虑空间位形力的流动与压力梯度的关系曲线。其中，泊肃叶流动根据泊肃叶公式进行计算后绘制。

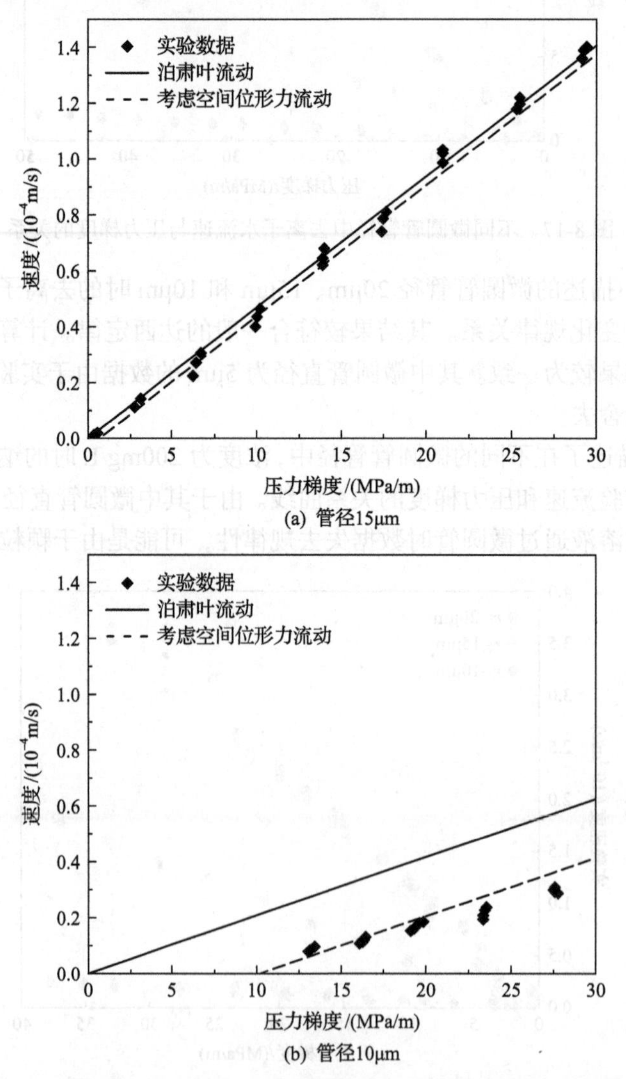

图 8-19 泊肃叶流动、考虑空间位形力流动下实验流速与压力梯度的关系

从图 8-19(a)中可以看出，当微圆管直径 15μm 时，与颗粒最大直径 16μm 相差不大，考虑受固体管壁影响颗粒变形产生的空间位形力作用的流动与泊肃叶流动相差不大；当微圆管直径 10μm 时，实验流速明显低于泊肃叶流动速度，而考虑空间位形力作用时的流动与泊肃叶流动规律明显不同，更接近于真实实验数据。与不同颗粒和管径比下的形状因子分布曲线分析结果一致，当微圆管半径小于颗粒的 80%时，速度偏差较大，此时不能忽略受固体管壁影响颗粒变形产生的空间位形力作用的影响。通过微尺度流动特征实验，验证了空间位形力作用对溶液流动速度的影响。

第 9 章　考虑双电层效应的不可压缩流体流动规律

微尺度下流体的流动规律的研究已经引起越来越多的学者重视，从实验和理论方面，有不少学者都做了大量的研究，并且随着微流体机械和微观分析的快速发展，尤其是微机电系统(micro electro mechanical systems，MEMS)及微流体技术的出现引起了许多学者的关注[64-70]，因此，进行深入研究微通道内流动的基本问题，对设计高效的微流体器和对石油开采理论指导具有十分重要的意义。在微通道中，对于电解质溶液，由于表面效应的作用，流体的流动规律偏离了泊肃叶流，微通道内的表面效应主要是固-液界面附近形成的双电层(electrical double layer，EDL)，所以研究双电层效应对微通道流体的流动规律很有必要[71-75]。本章从双电层理论出发，采用数值模拟的方法，通过建立考虑静电力的微圆管内不可压缩流体运动的数学模型，并构建该模型的有限差分求解方法，研究了纳微米尺度圆管内固-液间静电力对流动的影响，并得出流体在考虑静电力的微圆管内的流动特性。

9.1　物理模型和数学模型

假设有流体在水平放置的纳微米圆管内定常流动，忽略重力影响(图 9-1)。图 9-1 把 z 轴设在管轴上，令 r 表示由轴心向外度量的径向坐标，轴向和径向的速度分别为 U、V，微圆管的半径为 R，微圆管的长度为 L，流动过程中考虑双电层效应。

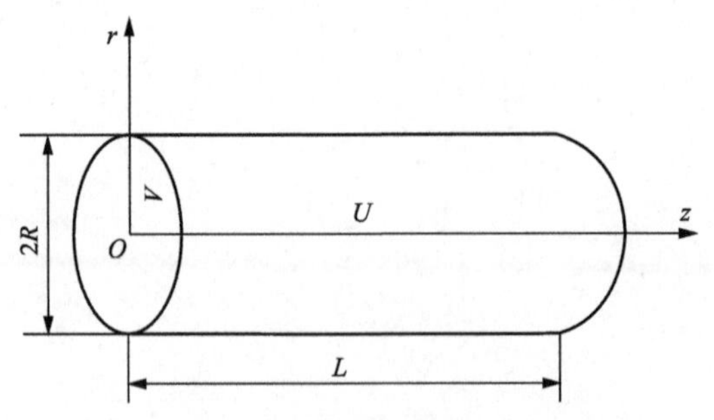

图 9-1　考虑双电层效应的微圆管流动示意图

一般情况下，由于固-液界面在与含有带电离子的溶液接触后，溶液中会形成净电荷，并在固-液壁面形成电势，进而使固-液壁面附近区域的净电荷不再等于零，且净电荷量与固-液壁面所带电荷量相同。于是，带电固-液壁面与其附近溶液中的净电离子层形成了双电层。对微尺度的纳微米孔道来说，双电层的出现会引起流体流动规律的变化，流体流动不再符合泊肃叶流。

在本章的研究中假设满足以下条件。

(1) 流体是连续的。

(2) 溶液的相对介电常数不受电场的影响。

(3) 微流道表面是被浸润的，不考虑表面张力效应。

(4) 本章研究只涉及光滑表面的微流道，不考虑粗糙度的影响。

(5) 离子为点电荷。

(6) 假设流体为牛顿流体，且忽略温度对黏度的影响。

9.1.1 电势场方程

根据静电学理论，在液体微流动系统中，微通道内的电势分布符合泊松分布，即

$$\nabla^2 \psi = -\frac{\rho_e}{\varepsilon} \tag{9-1}$$

式中，ρ_e 为静电荷密度，C/m^3；ε 为流体的介电常数，$\varepsilon = \varepsilon_r \varepsilon_0$（$\varepsilon_r$ 为流体的相对介电常数，ε_0 为真空介电常数）。

对于电解质溶液，净电荷密度分布与正负离子的浓度有以下关系：

$$\rho_e = Z_e (n_+ - n_-) \tag{9-2}$$

式中，Z_e 为离子的化合价；n_+ 和 n_- 为正负离子浓度。

而在微尺度通道流动中，离子的浓度分布可以近似地用玻尔兹曼分布来描述，即

$$n_i = n_0 e^{-Z_i e \psi / (k_B T)} \tag{9-3}$$

式中，ψ 为电势，V；n_i 为 i 离子浓度；n_0 为主体离子浓度，m^{-3}；e 为元电荷，1.6×10^{-19}C；k_B 为玻尔兹曼常数，J/K；T 为热力学温度，K。

通过电势和静电荷密度之间的关系，可以得出著名的泊松-玻尔兹曼方程，即用来描述考虑双电层效应的微通道内的电势分布。所得方程如下：

$$\Delta \psi = \frac{2 n_0 Z_i e}{\varepsilon_r \varepsilon_0} \sinh \frac{Z_i e \psi}{k_B T} \tag{9-4}$$

式中，Z_i 为 i 离子的化合价。

对于轴对称微圆管问题，拉普拉斯算子中由于 $\frac{\partial \psi}{\partial \theta} = 0$，所以电势的拉普拉斯

算子可表示为

$$\Delta\psi = \frac{\partial^2\psi}{\partial r^2} + \frac{1}{r}\frac{\partial\psi}{\partial r} + \frac{\partial^2\psi}{\partial z^2} \tag{9-5}$$

对于直径为 $2R$ 的微圆管通道，利用 $\overline{r} = r/R$，$\overline{\psi} = Ze\psi/(k_B T)$ 对式(9-5)进行无量纲化处理，$\overline{r}$、$\overline{\psi}$ 分别为无量纲径向坐标和电势，可以得到如下无量纲的泊松-玻尔兹曼方程：

$$\frac{d^2\overline{\psi}}{d\overline{r}^2} + \frac{1}{\overline{r}}\frac{d\overline{\psi}}{d\overline{r}} = \kappa^2 \sinh\overline{\psi} \tag{9-6}$$

式中，$\kappa = RD = R\left[2N_0 Z^2 e^2 / (k_B T \varepsilon_r \varepsilon_0)\right]^{1/2}$，其中 D 为德拜-休克尔参数，$1/D$ 表征双电层的特征厚度，该厚度与溶液的性质有关，而与固体壁面的性质并没有关系。$\kappa = RD$ 为微通道无量纲双电层的特征高度。

对于电荷方程 $\rho_e = -2N_0 Ze\sinh\frac{Ze\psi}{k_B T}$ 利用 $\overline{\rho}_e = \frac{\rho_e}{n_0 Ze}$ 进行无量纲化处理，可得到无量纲的电荷密度：

$$\overline{\rho}_e = -2\sinh\overline{\psi} = -\frac{2}{\kappa^2}\frac{d^2\overline{\psi}}{d\overline{r}^2} - \frac{2}{\kappa^2}\frac{1}{\overline{r}}\frac{d\overline{\psi}}{d\overline{r}} \tag{9-7}$$

在双电层边界处电势可近似认为等于剪切面处的电势，无量纲形式如下为 $\overline{\psi}(\pm 1) = \overline{\zeta}$，其中 $\overline{\zeta} = Ze\zeta / k_B T$，$\zeta$ 的大小可由实验测得，主要由微圆管材料来决定。式(9-7)为非线性微分方程，考虑到该式中的 $\overline{\psi}$ 为一小量，所以可将非线性微分方程对其进行德拜-休克尔线性近似，把等式右边的项进行简化，故圆柱形微流道中的电势分布为可写成

$$\frac{d^2\overline{\psi}}{d\overline{r}^2} + \frac{1}{\overline{r}}\frac{d\overline{\psi}}{d\overline{r}} = \kappa^2 \sinh\overline{\psi} \approx \kappa^2\overline{\psi} \tag{9-8}$$

再利用式(9-7)和式(9-8)得到的微通道内的电势分布，可求得电势的解析解：

$$\overline{\psi} = \frac{I_0(\kappa\overline{r})}{I_0(\kappa)} \tag{9-9}$$

根据电势的边界条件[式(9-10)]，最终求得无量纲下的电势分布和静电荷密度分布。

$$\begin{cases} \frac{d\overline{\psi}}{d\overline{r}} = 0, & \overline{r} = 0 \\ \overline{\psi} = \zeta, & \overline{r} = 1 \end{cases} \tag{9-10}$$

对于微尺度微圆管电解质溶液，微圆管内双电层可能会出现交叠现象，此时微流道内的电势分布一般采用适用性更为广泛的 Nernst-Planck 分布来描述和计算双电层壁面的离子分布，即：

$$U\frac{\partial n_+}{\partial z}+V\frac{\partial n_+}{\partial r}=D\left(\frac{\partial n_+^2}{\partial z^2}+\frac{\partial n_+^2}{\partial r^2}\right)+\frac{Z_+eD_+}{k_\mathrm{B}T}\left[\frac{\partial}{\partial z}\left(n_+\frac{\partial\psi}{\partial z}\right)+\frac{\partial}{\partial r}\left(n_+\frac{\partial\psi}{\partial r}\right)\right] \tag{9-11}$$

$$U\frac{\partial n_-}{\partial z}+V\frac{\partial n_-}{\partial r}=D\left(\frac{\partial n_-^2}{\partial z^2}+\frac{\partial n_-^2}{\partial r^2}\right)+\frac{Z_-eD_-}{k_\mathrm{B}T}\left[\frac{\partial}{\partial z}\left(n_-\frac{\partial\psi}{\partial z}\right)+\frac{\partial}{\partial r}\left(n_-\frac{\partial\psi}{\partial r}\right)\right] \tag{9-12}$$

式中，U 为轴向流体速度；V 为径向流动速度；D_i 为离子的扩散系数；k_B 为玻尔兹曼常数；T 为温度，正负号代表正负离子。

结合电荷密度分布［式(9-2)］和壁面电势泊松分布［式(9-1)］，可以得出用来描述考虑双电层效应的微通道内的电势分布的 Nernst-Planck 方程。通过 Nernst-Planck 方程求出普适性更好的电势分布解。一般情况下，Nernst-Planck 方程采用有限差分方法进行数值计算更为简单。在本章的研究中，由于微圆管的特征管径为 1μm，相对于纳米管道而言尺度较大，所以主要采用泊松-玻尔兹曼方程来求解双电层中的电势分布，对于更小尺度的管道，最好采用 Nernst-Planck 方程。

9.1.2　电场方程

当电解质溶液在纳微米通道中流动时，双电层扩散层内的净电荷会被带流到管道下游，带电离子的运动会形成沿流动方向的电流 I_s，称其为流动电流，其方向与流动的方向一致。带电流体随着流动持续朝下游运动，造成下游电荷的聚集，而电荷的聚集造成通道两端形成电位差，该电位差就称作流动电势 ψ_s，该电势沿着整个流道分布，其方向与流动方向相反(图 9-2)。

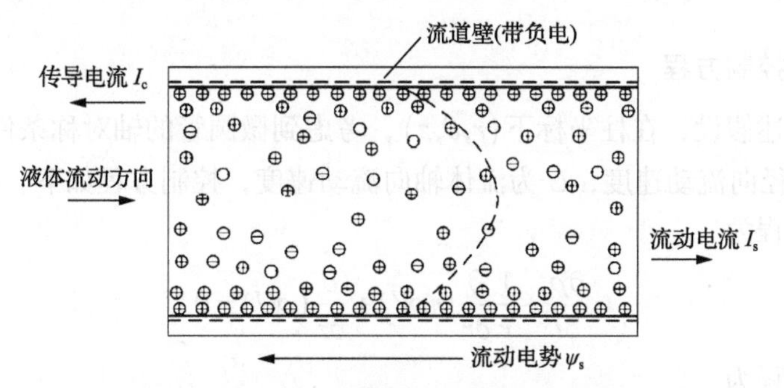

图 9-2　微流道内流量驱动流的感应电场

对于定量流速产生的电场强度，可以根据流动电流与传导电流的平衡求得[74]。

在微通道中，当流动达到平衡时，微流道内不带电，净电流应该为 0，即

$$I_{\mathrm{s}}+I_{\mathrm{c}}=0 \tag{9-13}$$

式中，I_{c}为传导电流，通过这两个值的平衡即可以求得流动感应电场 E_{z}。又因为管道为微圆管，具有对称性，可知：

流动电流为

$$I_{\mathrm{s}}=2\int_0^R v\rho_{\mathrm{e}}\mathrm{d}r \tag{9-14}$$

式中，R 为管道半径；r 方向为径向方向。

传导电流为

$$I_{\mathrm{c}}=\frac{2\psi_{\mathrm{s}}\lambda R}{L} \tag{9-15}$$

式中，λ 为电解质溶液的电导率；L 为通道长度。

联立式(9-13)～式(9-15)，可得由流动电流引起的流动电势为

$$\psi_{\mathrm{s}}=-\frac{L\int_0^R v\rho_{\mathrm{e}}\mathrm{d}r}{\lambda R} \tag{9-16}$$

经过简化，对电场强度和电导率进行无量纲化，$\overline{\psi}_{\mathrm{s}}=\dfrac{ZeRE}{k_{\mathrm{B}}T}$、$\overline{\lambda}=\dfrac{k_{\mathrm{B}}T\lambda}{n_0Z^2e^2\mu Re}$，可得无量纲化后的感应电场强度：

$$\overline{\psi}_{\mathrm{s}}=-\frac{\rho_{\mathrm{e}}u}{\lambda} \tag{9-17}$$

9.1.3　流动控制方程

根据上述假设，在柱坐标下(r,θ,z)，考虑到微圆管的轴对称条件，ρ 为流体密度，V为径向流动速度，U 为流体轴向流动速度，控制方程如下。

连续方程为

$$\frac{\partial\rho}{\partial t}+\frac{1}{r}\frac{\partial}{\partial r}(r\rho V)+\frac{\partial}{\partial z}(\rho U)=0 \tag{9-18}$$

动量方程为

$$\frac{\partial U}{\partial t}+V\frac{\partial U}{\partial r}+U\frac{\partial U}{\partial z}=-\frac{1}{\rho}\frac{\partial p}{\partial z}+\frac{\mu}{\rho}\left(\frac{\partial^2 U}{\partial r^2}+\frac{1}{r}\frac{\partial U}{\partial r}+\frac{\partial^2 U}{\partial z^2}\right)+f_z \tag{9-19}$$

$$\frac{\partial V}{\partial t}+V\frac{\partial V}{\partial r}+U\frac{\partial V}{\partial z}=-\frac{1}{\rho}\frac{\partial p}{\partial r}+\frac{\mu}{\rho}\left(\frac{\partial^2 V}{\partial r^2}+\frac{1}{r}\frac{\partial V}{\partial r}+\frac{\partial^2 V}{\partial z^2}-\frac{V}{r^2}\right) \tag{9-20}$$

上述方程中通过如下无量纲的参量进行无量纲化：$\bar{r}=\frac{r}{L_{\mathrm{a}}}$，$\bar{z}=\frac{z}{L_{\mathrm{a}}}$，$\bar{\rho}=\frac{\rho}{\rho_{\mathrm{a}}}$，$\bar{P}=\frac{p}{p_{\mathrm{a}}}$，$\bar{V}=\frac{V}{\frac{W}{\rho_{\mathrm{a}}\pi R^2}}$，$\bar{U}=\frac{U}{\frac{W}{\rho_{\mathrm{a}}\pi R^2}}$，$Re=\frac{W}{\pi R\mu}$。其中，$W$ 为泊肃叶流流量；r、z、ρ、p、V、U 分别为有量纲的径向坐标、轴向坐标、密度、压力、轴向速度、径向速度；$\bar{r}$、$\bar{z}$、$\bar{\rho}$、$\bar{P}$、$\bar{V}$、$\bar{U}$ 分别是无量纲的径向坐标、轴向坐标、密度、压力、轴向速度、径向速度；电场力无量纲化后为 $f_{\mathrm{z}}=\bar{\rho}_{\mathrm{e}}\bar{E}_{\mathrm{z}}$。为方便书写及阅读，无量纲量分别用 r、z、ρ、p、u、v、f_{z} 表示，分别代表无量纲径向坐标、轴向坐标、密度、压力、轴向速度、径向速度和电场力，则无量纲化控制方程如下。

连续方程：

$$\frac{\partial u}{\partial z}+\frac{\partial v}{\partial r}+\frac{v}{r}=0 \tag{9-21}$$

z 方向动量方程：

$$\frac{\partial u}{\partial t}+\frac{\partial u^2}{\partial z}+\frac{\partial uv}{\partial r}+\frac{uv}{r}=f_{\mathrm{z}}-\frac{\partial \bar{P}}{\partial z}+\frac{1}{Re}\left(\frac{\partial^2 u}{\partial r^2}+\frac{\partial^2 u}{\partial z^2}+\frac{1}{r}\frac{\partial u}{\partial r}\right) \tag{9-22}$$

r 方向动量方程：

$$\frac{\partial v}{\partial t}+\frac{\partial v^2}{\partial r}+\frac{\partial uv}{\partial z}+\frac{v^2}{r}=-\frac{\partial \bar{P}}{\partial r}+\frac{1}{Re}\left(\frac{\partial^2 v}{\partial r^2}+\frac{\partial^2 v}{\partial z^2}+\frac{1}{r}\frac{\partial v}{\partial r}-\frac{v}{r^2}\right) \tag{9-23}$$

根据电势场方程和电场方程可以得出无量纲静电力为

$$f_{\mathrm{z}}=\rho_{\mathrm{e}}E_{\mathrm{e}}=-\frac{4}{\kappa^4\lambda}\left(\frac{\mathrm{d}^2\psi}{\mathrm{d}r^2}\right)^2 u \tag{9-24}$$

式中，E_{e} 为无量纲电场强度。

9.2 数 值 求 解

9.2.1 计算方案

对于不可压缩流体，以一定的初始速度进入微圆管中流动时，微圆管管道剖面图如图 9-3 所示。

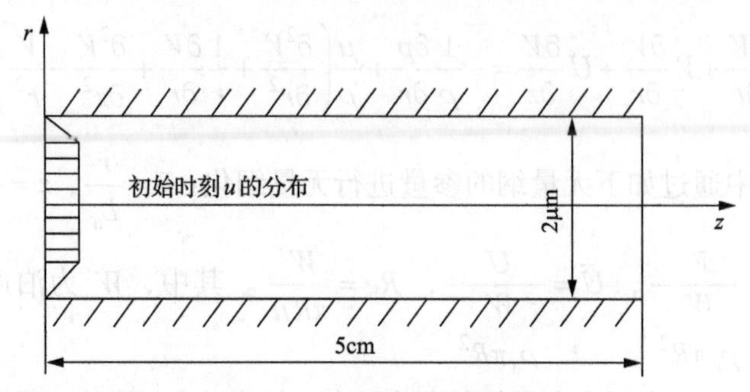

图 9-3　微圆管管道剖面图

在无量纲条件下，进行后续工作处理。初始条件：在 t=0 时，微圆管管道内黏性流体初始参数为：$u_0 = v_0 = 0$，$p_0 = 1.0$，$\rho_0 = 1.0$。

边界条件详述如下。

在计算区域左端入口处黏性流体的速度分布为

$$u_{1,j} = \begin{cases} 1, & r \leqslant 0.98 \\ 50(1-r), & 0.98 < r \leqslant 1 \end{cases} \tag{9-25}$$

$\dfrac{\partial v}{\partial z} = 0$，即 $v_{0,j} = v_{1,j}$（$v_{1,j}$ 为入口处速度值）。

在计算区域右端出口处，流动以均匀速度流出，即黏性流体满足自由输出边界条件：

$$\frac{\partial u}{\partial z} = \frac{\partial v}{\partial z} = 0 \tag{9-26}$$

在计算区域中的上边界为刚性壁面，满足无滑移边界条件：

$$u_{\mathrm{w}} = v_{\mathrm{w}} = 0 \tag{9-27}$$

式中，u_{w} 和 v_{w} 分别为壁面处的轴向速度和径向速度。

计算区域轴边界满足对称边界条件：

$$\frac{\partial u}{\partial r} = 0, \quad v_{r=0} = 0 \tag{9-28}$$

9.2.2　网格设计与边界处理方法

该设计方案的网格设计基于 MAC 网格。如图 9-4 所示，主网格点设为压力 P，速度 u 设置在 $(i, j+1/2)$ 等点上，速度 v 设置在 $(i, j+1/2)$ 等点上。以 $(i, j+1/2)$ 网格点为中心对 z 方向动量方程进行离散，以 $(i+1/2, j)$ 网格点对 r 方向动量方程进行离散，以 (i, j) 点为中心进行离散。由于采用的是交错网格，所以在计算区域的外围要补加半层虚拟网格，如图 9-4 所示。采用交错网格既有效避免了计算过程中棋盘式误差累计，同时也避开了奇点的处理问题。因为 MAC 网格系统的边界布置在半网格上，奇点自然而然布置到了 $(i+1/2, j+1/2)$ 点上，而计算过程中 $(i+1/2, j+1/2)$ 上的点是用不到的。因为程序语言中定义的数组下标不允许出现小数，为方便起见，i+1/2 按 i 计算，i–1/2 按 i–1 计算，j+1/2 按 j 计算，j–1/2 按 j–1 计算，这样修改只是改变了 u、v 存储，使程序编写起来更简单。

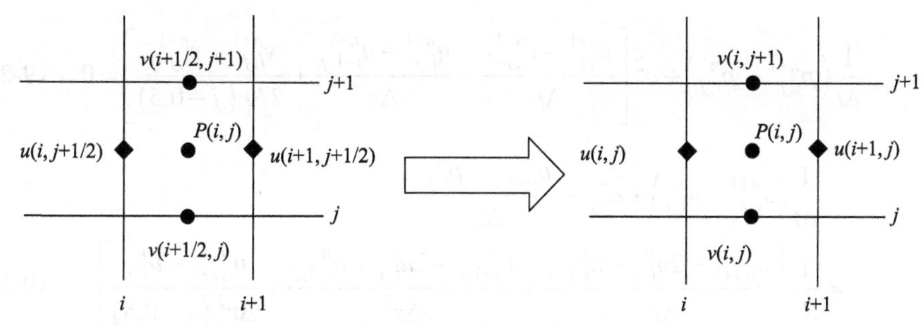

图 9-4　网格节点设计

对整个微圆管进行网格划分(图 9-5)，由于微圆管的对称性，取微圆管上半部分剖面进行网格处理，在左右及上下边界处加入虚拟网格，轴向方向取为 i，径向方向取为 j，共计网格数为 $n \times m$。

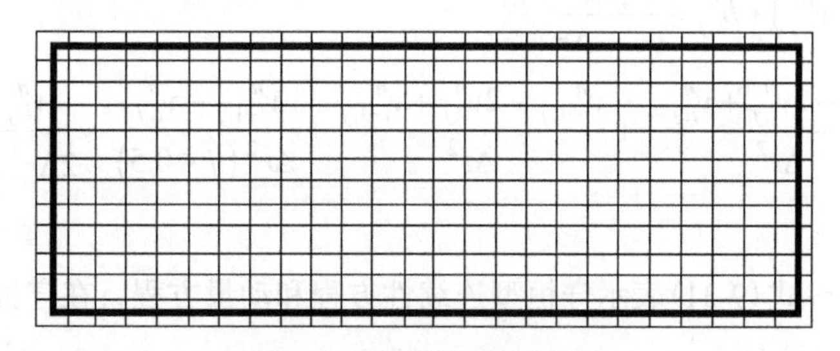
图 9-5　微圆管网格剖分图

对于网格边界处的处理方法，根据差分格式进行，入口边界，速度 u 根据来流的速度来决定，$u(0, j) = u(1, j)$，$v(1, j) = 0$。出口处边界满足 $u(n, j) = u(n-1, j)$，$v(n, j) = v(n-1, j)$。在上壁面根据刚性壁面无滑移处理，$v = 0$，$u(i, m) = u(i, m-1)$，在轴线上 $v(i, 1) = 0$，$u(i, 1) = -u(i, 2)$。

9.2.3　人工压缩算法求解

本章在求解静电力的微圆管流动时采用人工压缩算法，人工压缩算法的基本思路是采用“时间相关算法”的思想(即把定常流动问题通过非定常流动问题来求解，当 t 趋于 0 时，非定常流动的解收敛于定常流动的解)。把不可压缩流体看作一种虚拟的可压缩流体，在 t 趋于 0 时等同于不可压缩流动的定常解。因而使连续性方程的条件能得到很好地满足。式中(9-29)的 c 表示人工压缩参数，其选择应使求解过程收敛或加速收敛。

基于 MAC 网格，对于无量纲基本方程组[式(9-21)～式(9-23)]中的对流项、压力项和扩散项采用中心差分，时间项采取简单的前差格式。因此人工压缩算法的精度为 $O(\Delta t, \Delta r^2, \Delta z^2)$。采用守恒型差分格式对基本方程组进行离散化。

$$\frac{1}{\Delta t}\left(p_{i,j}^{n+1}-p_{i,j}^{n}\right)+c^2\left[\frac{v_{i,j}^{n+1}-v_{i,j-1}^{n+1}}{\Delta r}+\frac{u_{i,j}^{n+1}-u_{i-1,j}^{n+1}}{\Delta z}+\frac{v_{i,j}^{n+1}+v_{i,j-1}^{n+1}}{2\Delta r\left(j-0.5\right)}\right]=0 \tag{9-29}$$

$$\begin{aligned}&\frac{1}{\Delta t}\left(u_{i,j}^{n+1}-u_{i,j}^{n}\right)+a_{i,j}^{n}+\frac{p_{i+1,j}^{n}-p_{i,j}^{n}}{\Delta z}\\&=\frac{1}{Re}\left[\frac{u_{i,j+1}^{n}-2u_{i,j}^{n}+u_{i,j-1}^{n}}{\Delta r^2}+\frac{u_{i+1,j}^{n}-2u_{i,j}^{n}+u_{i-1,j}^{n}}{\Delta z^2}+\frac{u_{i,j+1}^{n}-u_{i,j}^{n}}{\Delta r^2\left(j-0.5\right)}\right]\\&\quad\frac{4}{\kappa^4\lambda}\left(\frac{\psi_{i,j+1}^{n}-2\psi_{i,j}^{n}+\psi_{i,j-1}^{n}}{\Delta r^{-2}}\right)^2\frac{u_{i+1,j}^{n}+u_{i,j}^{n}}{2}\end{aligned} \tag{9-30}$$

$$\begin{aligned}&\frac{1}{\Delta t}\left(v_{i,j}^{n+1}-v_{i,j}^{n}\right)+b_{i,j}^{n}+\frac{p_{i,j+1}^{n}-p_{i,j}^{n}}{\Delta r}\\&=\frac{1}{Re}\left[\frac{v_{i,j+1}^{n}-2v_{i,j}^{n}+v_{i,j-1}^{n}}{\Delta r^2}+\frac{v_{i+1,j}^{n}-2v_{i,j}^{n}+v_{i-1,j}^{n}}{\Delta z^2}+\frac{v_{i+1,j}^{n}-v_{i,j}^{n}}{\Delta r^2\left(j-0.5\right)}-\frac{v_{i,j}^{n}+v_{i,j-1}^{n}}{2\Delta r^2\left(j-0.5\right)^2}\right]\end{aligned} \tag{9-31}$$

式(9-29)～式(9-31)表示守恒型连续性方程和动量方程，在守恒型差分格式中有

$$a=\frac{uv}{r}+\frac{\partial u^2}{\partial z}+\frac{\partial uv}{\partial r} \tag{9-32}$$

$$b=\frac{v^2}{r}+\frac{\partial v^2}{\partial r}+\frac{\partial uv}{\partial z} \tag{9-33}$$

相应的差分格式为

$$\begin{aligned}a_{i,j}^{n}=&\frac{\left(u_{i-1,j}^{n}+u_{i,j}^{n}\right)\left(v_{i,j}^{n}+v_{i,j-1}^{n}\right)}{4r\left(j-0.5\right)}+\frac{\left(u_{i+1,j}^{n}+u_{i,j}^{n}\right)^2-\left(u_{i,j}^{n}+u_{i-1,j}^{n}\right)^2}{4\partial z}\\&+\frac{\left(u_{i-1,j+1}^{n}+u_{i,j+1}^{n}\right)\left(v_{i,j}^{n}+v_{i,j+1}^{n}\right)-\left(u_{i-1,j}^{n}+u_{i,j}^{n}\right)\left(v_{i,j}^{n}+v_{i+1,j-1}^{n}\right)}{4\partial r}\end{aligned} \tag{9-34}$$

$$b_{i,j}^n = \frac{\left(v_{i,j}^n + v_{i,j-1}^n\right)^2}{4r(j-0.5)} + \frac{\left(v_{i,j+1}^n + v_{i,j}^n\right)^2 - \left(v_{i,j}^n + v_{i,j-1}^n\right)^2}{4\partial r} + \frac{\left(u_{i+1,j}^n + u_{i,j}^n\right)\left(v_{i+1,j}^n + v_{i+1,j-1}^n\right) - \left(u_{i-1,j}^n + u_{i,j}^n\right)\left(v_{i,j}^n + v_{i,j-1}^n\right)}{4\partial z} \tag{9-35}$$

首先由式(9-30)和式(9-31)，分别解出 t_{n+1} 时刻的速度值 $u_{i,j}^{n+1}$ 、$v_{i,j}^{n+1}$ ，然后把 $u_{i,j}^{n+1}$ 、$v_{i,j}^{n+1}$ 代入式(9-29)，求出 t_{n+1} 时刻压力值 $p_{i,j}^{n+1}$ 。

人工压缩算法差分格式稳定性的严格证明并不容易，一般采用近似的方法来求出稳定性条件。首先可以略去动量方程中压力梯度项，然后采用线性稳定性分析方法得到稳定性条件：

$$\frac{1}{4}\left(|u_o| + |v_o|\right)^2 \Delta t Re \leqslant 1 \tag{9-36}$$

设 $\Delta r = \Delta z$ ，则有 $u_0 = \max\left(u_{i,j+\frac{1}{2}}, u_{i+\frac{1}{2},j}\right)$， $v_0 = \max\left(v_{i+\frac{1}{2},j}, v_{i,j+\frac{1}{2}}\right)$。

或稳定性条件：

$$\frac{4\Delta t}{Re\Delta r^2} \leqslant 1 \tag{9-37}$$

当略去动量方程中对流项(即令 $u_0 = 0$， $v_0 = 0$ ，流动是斯托克斯流动)，可以采用线性稳定性分析方法得到稳定性条件：

$$4\frac{\Delta t}{\Delta r^2}\left(\frac{1}{Re} + \frac{c^2 \Delta t}{2}\right) \leqslant 1 \tag{9-38}$$

最终由稳定性条件[式(9-36)～式(9-38)]可确定最小计算步长 Δt 。

对于人工压缩法差分方程的收敛性是讨论当 $\Delta x, \Delta t \to 0$ 时，差分方程数值解逼近于偏微分方程精确解的程度。差分方程 $(L\Delta u)_j^n = 0$ 数值解为 u_j^n，偏微分方程 $L\Delta u = 0$ 精确解为 u，它们之间的误差用 e_j^n 表示，$e_j^n = u - u_j^n$ 称为离散化误差。

收敛性定义是以节点 (x_p, t_p) 为偏微分方程求解区域 Ω 内任意一点，当 $x \to x_p$ ， $t \to t_p$ 时，差分方程数值解 u_j^n 逼近于偏微分方程的精确解 u，即 $e_j^n = u - u_j^n = 0$ ，则差分方程收敛于该偏微分方程。

对于本章中的差分方程，有如下的收敛条件：

$$\max\left(\frac{1}{\Delta t}\left|u_{i,j}^{n+1}-u_{i,j}^{n}\right|,\ \frac{1}{\Delta t}\left|v_{i,j}^{n+1}-v_{i,j}^{n}\right|,\ \frac{1}{c^2\Delta t}\left|p_{i,j}^{n+1}-p_{i,j}^{n}\right|\right)<\varepsilon \tag{9-39}$$

一般 ε 取 10^{-4}，在本章中取 $\varepsilon=10^{-6}$。判别数值解是否达到稳定，其中取 $\varepsilon=10^{-6}$。重复上述步骤直至解收敛于定常解。

9.3 结果与讨论

在数值模拟中所用到的各参数在表 9-1 中列出。

表 9-1 双电层效应下不可压缩流体流场模拟参数

参数名称	参数取值	参数名称	参数取值
特征管径 R_a/μm	1	液体黏度 μ /(Pa · s)	0.00089
特征管长 L_a/cm	5	液体初始密度 ρ_a /(kg/m³)	1000
固-液表面电势 ψ_0 /V	0.074	流体离子电荷数 Z	+1
NaCl 溶液的浓度 k/(mol/L)	10^{-6}	雷诺数 Re	0.0032
真空介电常数 ε_0/(F/m)	8.85×10^{-12}	玻尔兹曼常数 k_B/(J/K)	1.38×10^{-23}
元电荷 e/C	1.6×10^{-19}	流体相对介电常数 ε_r	80
德拜-休克尔参数 D/m⁻¹	4.14×10^{6}	液体温度 T/K	293

9.3.1 电势分布

根据表 9-1 中各参数，以及通过求解得出的无量纲电势场方程，可以画出电势在微圆管径向坐标上的分布曲线。图 9-6 表示不同无量纲双电层的特征厚度时，

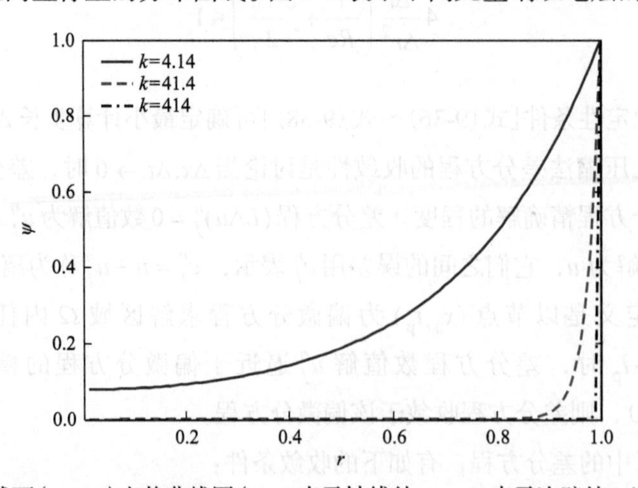

图 9-6 横截面 $(z=0.9)$ 电势曲线图 ($r=0$ 表示轴线处，$r=1$ 表示边壁处，以下同含义)

电势在径向坐标上的分布。图中 k 可反映出溶液中离子浓度，k 值越大表示离子浓度越高，从图 9-6 中可以看出，在电解液中，三条曲线在壁面处电势到轴线处都是急剧下降，这是由于双电层效应在固-液交界面处的作用非常明显，随着到壁面距离的增大，电势会迅速减小，直到近壁面区域，电势会迅速减少为零。k 值越大时，下降频率越快，实线是 k 取 4.14 时，电势从壁面到轴线处下降曲线，没有降低为 0 是因为低浓度时，双电层作用范围并没有很强，使在轴线处还存在自由电荷；虚线是 k 取 41.4 时，电势在无量纲径向坐标 $r = 0.9$ 时电势从 1 就降低为 0；点划线是 k 取 414 时，电势在无量纲径向坐标 $r = 0.98$ 时电势从 1.0 就降低为 0。表明电解液浓度越高时，双电层对微圆管壁面电势的作用效果越强。

9.3.2　电荷密度和电场分布

根据表 9-1 中的各参数大小，以及 9.1.1 电势场方程中求解处的电势分布，电荷密度由微流道内的电势泊松分布[式(9-1)]求得，管径为 1μm 的情况下，在微圆管出口处横截面($z = 0.9$)由电势引起的电荷密度分布如图 9-7 所示。从通过模拟计算得到的无量纲电荷密度曲线图 9-7 中可以看出，在圆管壁面处电荷密度最大，从管壁到管轴中心处，电荷密度急剧下降，在管轴附近电荷密度远远小于管壁处，图中负号代表电荷为负电荷。

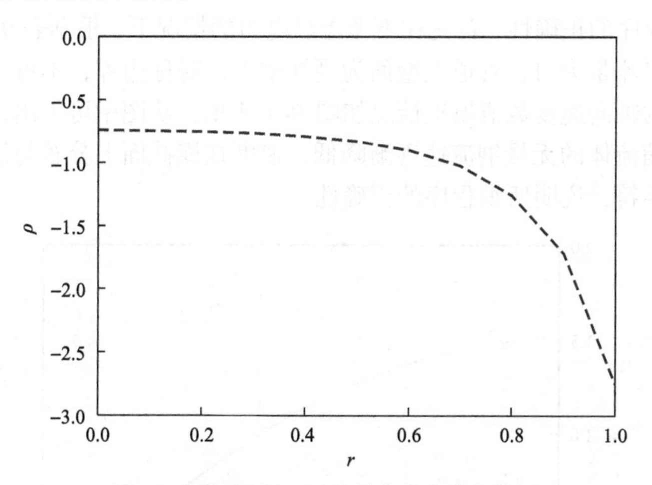

图 9-7　横截面($z = 0.9$)处电荷密度曲线图

根据表 9-1 中的参数和电场方程，通过模拟计算得到圆管出口横截面($z = 0.9$)处的无量纲感应电场径向分布曲线(图 9-8)，可以看出感应电场分布是一个类指数函数，在圆管壁面处电场强度最强，从管壁到管轴中心处，电场呈现指数下降，在管轴附近电场几乎为 0。正负号代表电场方向。

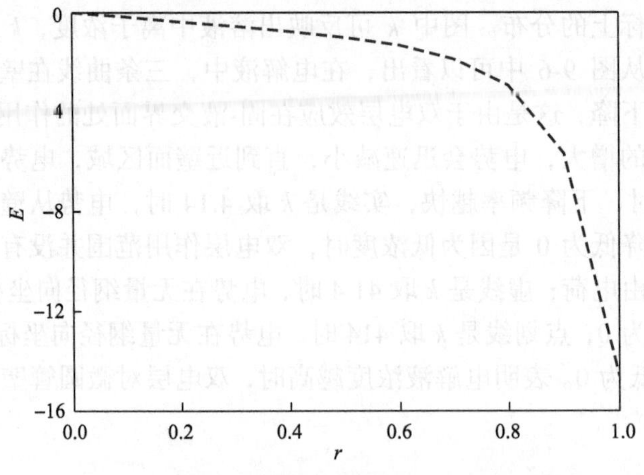

图 9-8　感应电场强度在横截面($z = 0.9$)处分布

所以对于圆管出口横截面处的无量纲电势、电荷密度和感应电场，由于双电层效应的作用，引起在微圆管壁面处电势、电荷密度和电场强度最大，而从管壁到管轴中心处，电势、电荷密度和电场强度都急剧下降，在管轴附近远远小于管壁处。

9.3.3　考虑双电层效应的微圆管流体流动特性

为验证程序的正确性，首先在不考虑静电力的情况下，根据表 9-1 中的参数，给定模拟进口流量为 1，管道上壁面为刚性壁面，对称边界，不可压缩流体在微圆管中流动的轴向速度数值模拟情况如图 9-9 所示，从图中可得出，从轴心到壁面，不可压缩流体的无量纲流速逐渐降低，速度在横截面上分布与泊肃叶流的流动特性基本相符，说明所编程序的正确性。

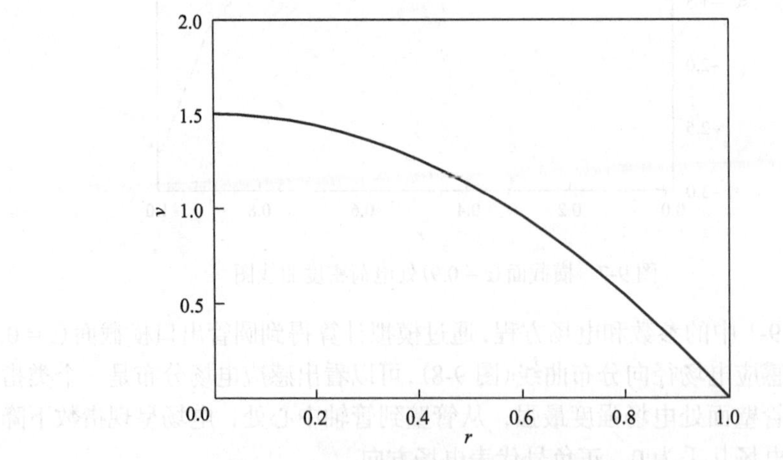

图 9-9　微圆管横截面($z = 0.9$)流动速度分布

当考虑微尺度下微圆管双电层效应时，通过表 9-1 所给的参数，模拟计算得到圆管出口横截面处的速度分布，图 9-10 是比较是否加入静电力时在 $z = 0.9$ 处横截面速度图。从图中可以看出，不加入静电力时，流体流动速度分布属于标准的圆管泊肃叶流，考虑双电层效应加入静电力时，在圆管轴心处，速度大小比泊肃叶流速度偏大，而在圆管壁面处，速度大小比泊肃叶流偏小。这是由于在模拟过程中考虑的是定流量条件，在考虑双电层效应下，圆管壁面处由于静电力的作用，使流体的速度变小，甚至速度变为 0，出现不动界面层，而由于定流量条件的限制，使管轴中心处的速度变大。

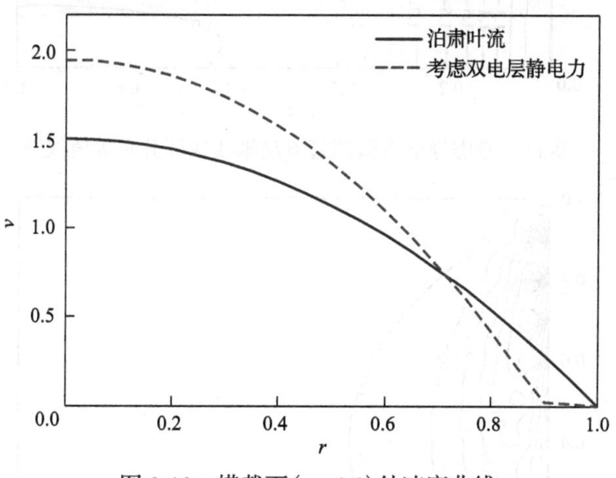

图 9-10　横截面 ($z = 0.9$) 处速度曲线

对考虑双电层效应的微圆管流体流场分析，根据表 9-1 的参数，给定模拟进口流量为 1，管道上壁面为刚性壁面，对称轴边界，由给定条件通过数值模拟得到如图 9-11 所示的微圆管轴向流动速度流线分布。结果显示，从进口端 ($z = 0$) 到出口处 ($z = 1$) 速度变化是由进口处的给定速度 1，随着时间的迭代和管道的推移，出口速度慢慢变成稳态的泊肃叶流，而从轴心处 ($r = 0$) 到壁面 ($r = 1$) 处速度逐渐减小，且在壁面附近出现一个速度不动层，由于考虑定流体条件，使速度在轴线中心处速度值大于泊肃叶速度值。综上表明，在双电层静电力的作用下，对微圆管壁面流体速度分布有明显的影响。

图 9-12 表示在考虑双电层效应引起的静电力时，当微圆管流体达到稳定状态时，流体在径向方向上的速度分布等值线图，从图 9-12 中可以看出，在微圆管入口处形成多条同心椭圆环，速度从 0 变为–0.02，在其他地方 (z 大于 0.4)，径向速度为定值–0.02，负号表示流体在径向上的方向，相对于轴向流动速度，径向速度远远小于其大小，所以在考虑静电力的微圆管流体流动时常常可以忽略流体在径向方向上的速度。

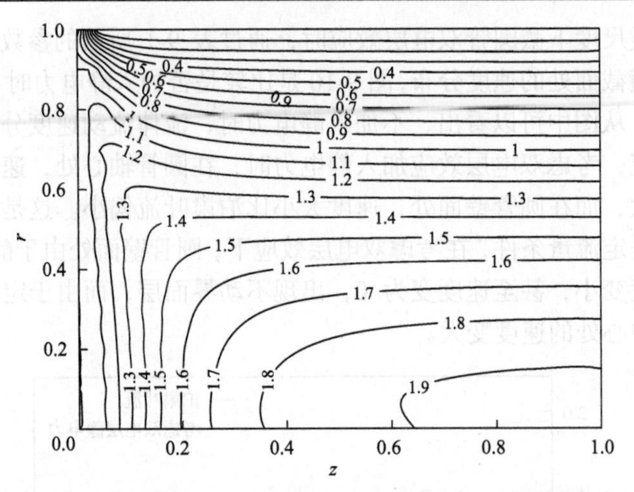

图 9-11　考虑静电力微圆管流动轴线速度分布等值线图

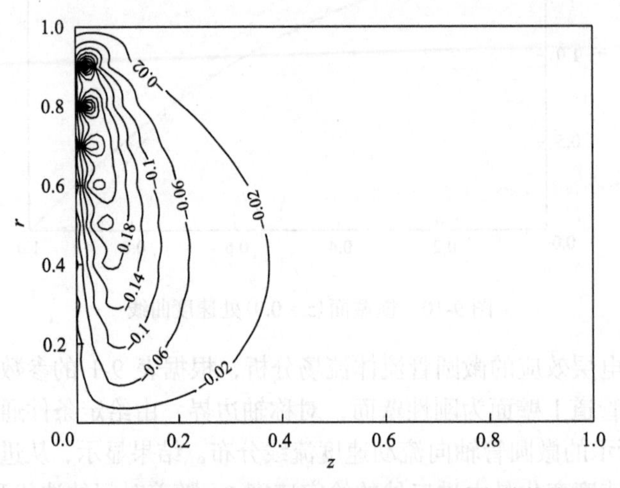

图 9-12　考虑静电力微圆管流动径向速度分布等值线图

在考虑双电层效应的静电力作用情况下，根据表 9-1 的参数和给定的边界模拟条件，流体在微圆管中流动时对压力的数值模拟情况如图 9-13 所示。从图 9-13 微圆管流体在轴向方向上的压力走势曲线中可以看出，压力在进口端由于受到给定流速的影响，压力在径向上有一些波动，随着管道的递进，压力在径向上趋于稳定，轴向上基本呈线性分布，从进口处的 8.5 逐渐降低为出口处的 5.0，说明在考虑定流量条件下数值模拟得出的微圆管压降为 3.5，在偏离进口处微圆管的径向方向上，微圆管中流体的压力分布基本都是垂直直线，表明考虑双电层效应的静电力并没有引起流体在径向方向上压力的改变。进口处压力在径向分布上出现波动，主要是由于定流量条件的限定，使进口处的速度出现波动进而影响到压力分布。

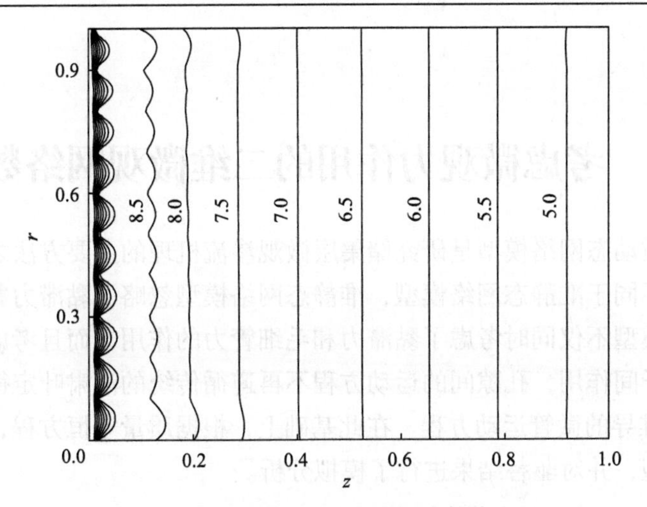

图 9-13　考虑静电力作用的压力等值线图

第 10 章　考虑微观力作用的二维微观网络数值模拟

多孔介质动态网络模型是研究储集层微观渗流机理的主要方法之一[76-82]。动态网络模型不同于准静态网络模型，准静态网络模型忽略了黏滞力影响，本章中的动态网络模型不仅同时考虑了黏滞力和毛细管力的作用，而且考虑了岩石壁面与流体的分子间作用，孔隙间的运动方程不再遵循传统的泊肃叶定律，而是按照本书第 4 章推导的微管运动方程。在此基础上，根据质量守恒方程，建立了水驱动态网络模型，并对驱替结果进行了模拟分析。

10.1　二维微观网络岩心网络模型模拟计算方法

10.1.1　考虑微观力作用的二维微观网络模型

多孔介质储层孔隙结构复杂极不规则，流体在储层内的流动规律很难用几个参数来描述，为了探知流体在多孔介质内的微观流动机理，研究人员把多孔介质的孔喉结构抽象为具有理想形状的几何空间，建立孔隙网络模型模拟多孔介质的流动过程和规律。目前，国内外研究人员研究的网络模型大部分为遵循泊肃叶定律的准静态网络模型，既没有考虑黏滞力作用，也没有考虑在孔喉尺度下流体与岩石骨架的相互作用，为此，本章建立了考虑流体与岩石骨架之间分子力作用的水驱动态网络模型，模拟了水驱后剩余油的形成及分布，揭示了多孔介质内的微观流动机理及微观剩余油形成机制。

多孔介质的真实结构可以用三维的网络模型来描述，网络模型由喉道及其相连的孔隙体构成。如图 10-1 所示，是一个二维的 5×5 网络模型示意图，图中黑色圆形截面部分代表孔隙，与孔隙相连的部分为喉道，相邻两个孔隙中心之间的距离为 L，网络模型的孔隙度为

$$\phi = \frac{\sum_{i=1}^{n}\sum_{j=1}^{n} V_{\text{pore},ij} + \sum_{i=1}^{n}\sum_{j=1}^{n} V_{\text{throat},ij}}{V} \tag{10-1}$$

式中，$V_{\text{pore},ij}$ 为位于第 i 行第 j 列的孔隙体积，m^3；$V_{\text{throat},ij}$ 为位于第 i 行第 j 列的喉道体积，m^3；V 为模型体积，m^3。

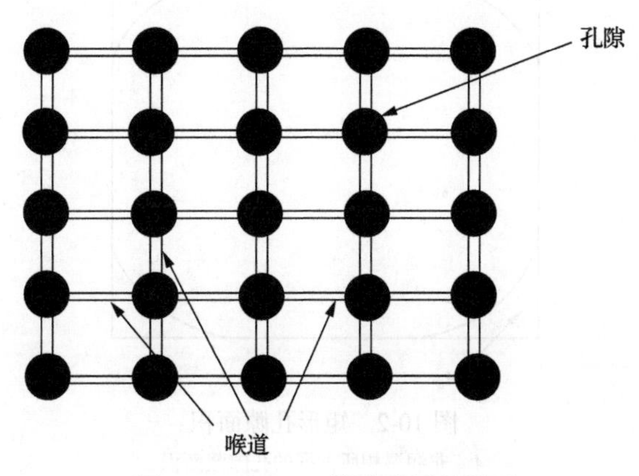

图 10-1　5×5 二维孔隙网络模型

毛细管力指的是两相界面上的压力差，数值上等于界面两侧非润湿相压力减去润湿相压力，通常用杨-拉普拉斯方程来表示：

$$p_c = p_{nw} - p_w = \sigma\left(\frac{1}{r_1} + \frac{1}{r_2}\right) \tag{10-2}$$

对于圆形截面的孔隙，毛细管力可表示为

$$p_c = \frac{2\sigma\cos\theta}{r}$$

对于矩形截面的孔隙，毛细管力可表示为

$$p_c = \frac{\sigma}{r}\left(\frac{\theta + \cos^2\theta - \dfrac{\pi}{4} - \sin\theta\cos\theta}{\cos\theta - \sqrt{\pi/4 - \theta} + \sin\theta\cos\theta}\right) \tag{10-3}$$

式(10-2)和式(10-3)中，p_{nw}为非润湿相压力，Pa；p_w为润湿相压力，Pa；p_c为毛细管力，Pa；σ为两相间界面张力，N/m；r为毛细管半径，m；θ为润湿角，(°)；r_1、r_2分别为任意曲面的两个主曲率半径，m。

由于储层岩石的润湿性，在真实的多孔介质孔隙和喉道空间一般由非润湿相与润湿相流体共同占据，润湿相流体占据孔喉的角隅位置，孔隙中心的空间由非润湿相占据。对于非圆形截面的孔喉，比如矩形截面的孔隙，润湿相与非润湿相所占据的孔隙截面积如图 10-2 所示。

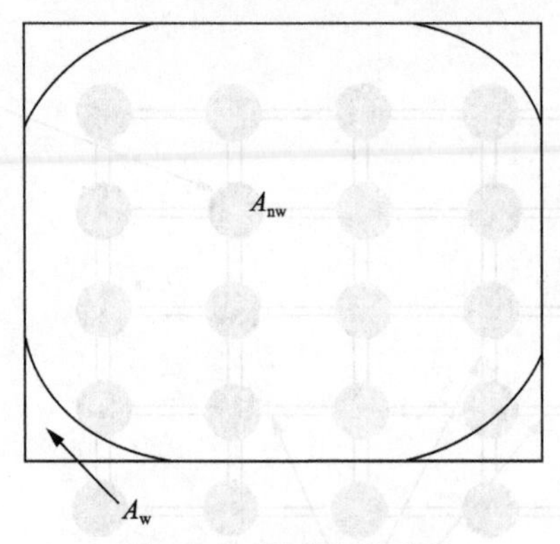

图 10-2　矩形孔隙面积

A_{nw}.非润湿相所占据的孔隙截面积

对于截面积为多边形的孔隙，A_{nw}为

$$A_{nw} = A - n_{corners} r_{w/nw}^2 \left\{ \cot\alpha \cos(\alpha + \theta_{w/nw}) + \left[\frac{\pi}{2} - (\alpha + \theta_{w/nw}) \right] - \cos(\alpha + \theta_{w/nw}) \sin(\alpha + \theta_{w/nw}) \right\} \tag{10-4}$$

式中，A 为孔隙截面积，m^2；$r_{w/nw}$为两相交界面的曲率半径，m；$\theta_{w/nw}$为两相界面与壁面夹角，(°)；α为角隅半角，如图 10-3 所示，表示的是孔隙截面角隅示意图；$n_{corners}$为多边形边数。

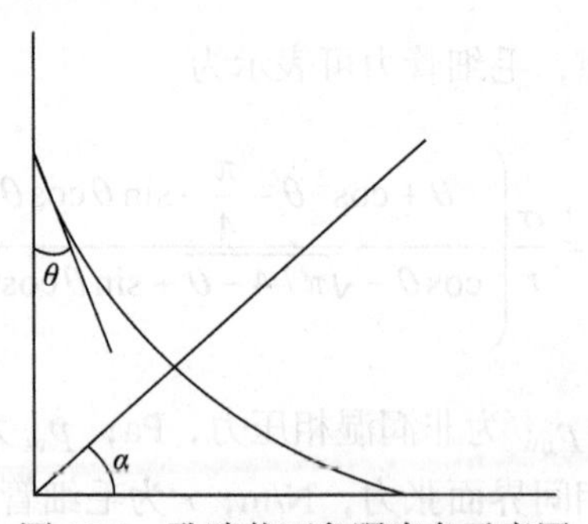

图 10-3　孔隙截面角隅半角示意图

考虑岩石壁面与流体的分子间作用力，引入前边推导的微圆管流动数学模型，那么网络模型中两个相邻孔隙 i 和孔隙 j 之间的运动方程可表示为

$$q_{ij} = -\frac{\pi}{8} \frac{(1-\varepsilon) r_{eff}^4 \Delta p}{\overline{\mu} L_{tij}} \tag{10-5}$$

其中，

$$r_{\mathrm{eff}}=\frac{1}{2}\left(\sqrt{\frac{A_{\mathrm{nw}}}{\pi}}+r_{\mathrm{t}ij}\right) \tag{10-6}$$

$$L_{\mathrm{t}ij}=L-(r_{\mathrm{p}i}+r_{\mathrm{p}j}) \tag{10-7}$$

令两个相邻孔隙 i 和孔隙 j 之间的导流系数 G_{ij} 为

$$G_{ij}=-\frac{\pi}{8}\frac{(1-\varepsilon)r_{\mathrm{eff}}^4}{\overline{\mu}L_{\mathrm{t}ij}} \tag{10-8}$$

那么两个相邻孔隙 i 和孔隙 j 之间的运动方程可以简化为

$$q_{ij}=G_{ij}\Delta p \tag{10-9}$$

式(10-5)～式(10-9)中，$r_{\mathrm{p}i}$ 和 $r_{\mathrm{p}j}$ 分别为孔隙 i 和孔隙 j 的半径；$\overline{\mu}$ 为孔隙内流体的黏度，Pa·s；$r_{\mathrm{t}ij}$ 为连接孔隙 i 和孔隙 j 的喉道半径，m；ε 为固-液分子间作用系数；Δp 为孔隙 i 和孔隙 j 之间的压力差，Pa；r_{eff} 为喉道的有效半径，m；$L_{\mathrm{t}ij}$ 为连接孔隙 i 和孔隙 j 的喉道长度，m；q_{ij} 为孔隙 i 与相邻喉道连接的孔隙 j 之间的流量，m^3。

假定流体是不可压缩的，孔隙节点数为 $m\times n$，相邻两个孔隙中心的距离为 L，孔隙喉道半径的大小满足一定的分布函数，网络模型充满非润湿相和润湿相，非润湿相占据中心位置，润湿相占据角隅，忽略孔隙内的毛细管压力，考虑喉道内的毛细管力作用，那么根据质量守恒原理，注入孔隙的流量之和应等于流出孔隙的流量，即

$$\sum_{j=1}^{z}q_{ij}=0 \tag{10-10}$$

式中，z 为与孔隙 i 连接的喉道个数，即孔隙的配位数。

相邻孔隙 i 和孔隙 j 之间的运动方程可表示为

$$q_{ij}=G_{ij}(p_i-p_j) \tag{10-11}$$

式中，p_i、p_j 分别为孔隙 i 和孔隙 j 的压力。

相邻孔隙 i 和孔隙 j 之间的黏度方程可表示为

$$\overline{\mu}=\mu_{\mathrm{o}}S_{ij}+\mu_{\mathrm{w}}(1-S_{ij}) \tag{10-12}$$

式中，μ_{w} 为水相黏度，Pa·s；μ_{o} 为油相黏度，Pa·s；S_{ij} 为位于第 i 行第 j 列孔

隙的含油饱和度。

水驱油时，每经过一个时间步 $t_{\min}$，有一个孔隙会被驱替相充满，模型内流动阻力发生变化，使网络模型的压力系统产生一个瞬时的响应，孔隙节点的压力重新分布。若孔隙 i 被驱替相充满，那么连接孔隙 i 和孔隙 j 的喉道存在油-水界面，需要判断孔隙 i 和孔隙 j 对应的孔隙压力差与毛细管力的关系，通过该喉道的流量用数学公式可表示为

$$q_{ij}=\begin{cases}G_{ij}(p_i-p_j+p_{c,ij}), & p_i-p_j+p_{c,ij}\geqslant 0\\ 0, & p_i-p_j+p_{c,ij}<0\end{cases} \tag{10-13}$$

式中，$p_{c,ij}$ 为孔隙 i 与孔隙 j 之间的毛细管力，Pa。

孔隙中水相饱和度的值随着时间步 $t_{\min}$ 变化，任意一个孔隙 i 在第 n+1 个时间步的水相饱和度可表示为

$$S_{w,i}^{n+1}=S_{w,i}^{n}+\frac{q_{w,i}^{n}t_{\min}^{n}}{V_{pore,i}} \tag{10-14}$$

式中，$S_{w,i}^{n+1}$ 为第 n+1 个时间步驱替时孔隙 i 的含水饱和度；$S_{w,i}^{n}$ 为第 n 个时间步驱替时孔隙 i 的含水饱和度；$q_{w,i}^{n}$ 为第 n 个时间步驱替时孔隙 i 流入的水相流量，m^3/s；$t_{\min}^{n}$ 为第 n 个时间步长，s；$V_{pore,i}$ 为孔隙 i 的体积，m^3。

模型的时间步并不是一个常量，每经过一个时间步只有一个孔隙被驱替相填满，最先被填满的孔隙所需要的时间就是 $t_{\min}$，第 n+1 个时间步可表示为

$$t_{\min}^{n+1}=\min\left\{\frac{S_{o,1}^{n}V_1}{q_{w,1}^{n}},\frac{S_{o,2}^{n}V_2}{q_{w,2}^{n}},\cdots,\frac{S_{o,n}^{n}V_n}{q_{w,n}^{n}}\right\} \tag{10-15}$$

式中，$S_{o,i}^{n}$ 为第 n 个时间步驱替时孔隙 i 的含油饱和度；$t_{\min}^{n+1}$ 为第 n+1 个时间步长，s。

当网络模型只有单相流体流动时，通过求解孔隙节点压力可以求得出口端孔隙的流量 Q，进而可以计算多孔介质的渗透率 K：

$$K=\frac{n\mu LQ}{A(p_1-p_2)}=\frac{n\mu L\sum_{i=1}^{n}q_{i,n}}{A(p_1-p_2)} \tag{10-16}$$

式中，$q_{i,n}$ 为位于第 i 行第 n 列孔隙(模型出口端)的流量，m^3；μ 为单相流体黏度，Pa·s；A 为模型出口截面积，m^2；p_1 为入口边界孔隙压力，Pa；p_2 为出口边界孔

隙压力，Pa。

根据水驱油的模拟结果，可以计算得到模型出口端孔隙的水相流量 Q_w 和油相流量 Q_o，并以此可以计算得到模型的相对渗透率、含水率、累计产油量、采出程度。

水相相对渗透率 K_{rw}：

$$K_{rw} = \frac{Q_w}{Q} = \frac{\sum_{i=1}^{n} q_{wi,n}}{Q} \tag{10-17}$$

油相相对渗透 K_{ro}：

$$K_{ro} = \frac{Q_o}{Q} = \frac{\sum_{i=1}^{n} q_{oi,n}}{Q} \tag{10-18}$$

含水率 f_w：

$$f_w = \frac{Q_w}{Q_w + Q_o} \tag{10-19}$$

累计产油量 Q_{osum}：

$$Q_{osum} = \sum_{j=1}^{m} \sum_{i=1}^{n} q_{oi,n} t_{min}^{m} \tag{10-20}$$

采出程度 R_c：

$$R_c = \frac{Q_{osum}}{V_o} \tag{10-21}$$

式(10-17)～式(10-21)中，$q_{wi,n}$ 为位于第 i 行第 n 列孔隙(模型出口端)的水流量，m^3；$q_{oi,n}$ 为位于第 i 行第 n 列孔隙(模型出口端)的油流量，m^3；V_o 为模型含油孔隙与含油喉道体积之和，m^3。

研究网络模型最重要的过程在于求解孔隙的压力，图 10-4 是一个 $n \times m$ 二维网络型模，图中 $p_{i,j}$ 为第 i 行第 j 列孔隙对应的孔隙压力，$G_{i,j}^{H}$ 和 $G_{i,j}^{V}$ 分别为孔隙间水平方向和垂直方向的导流系数。

假设网络模型大小 $n \times n$，入口边界压力和出口边界压力已知，入口压力 p_1 为第一列孔隙，即 $p_{1,1} = p_{2,1} = \cdots = p_{n,1} = p_1$，出口压力 p_2 为第 n 列孔隙，即 $p_{1,n} = p_{2,n} = \cdots = p_{n,n} = p_2$，对于模型中任意一个孔隙 $p_{i,j}$(这里用压力表示)，与其

相邻的孔隙压力及导流系数如图 10-5 所示。

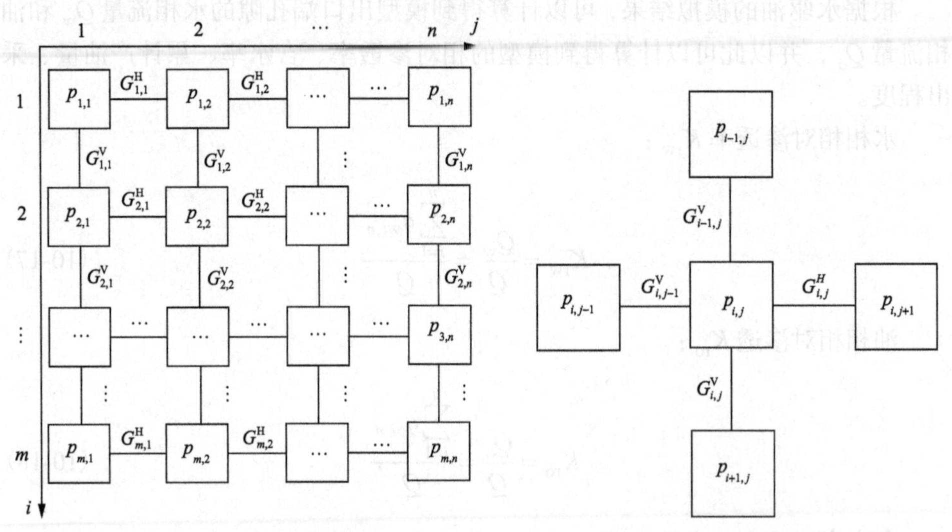

图 10-4　$n \times n$ 二维网络模型　　　　图 10-5　孔隙压力与导流系数关系图

单相流动时，由质量守恒定律可知：

$$(p_{i,j}-p_{i,j-1})G_{i,j-1}^{\mathrm{H}}+(p_{i,j}-p_{i,j+1})G_{i,j}^{\mathrm{H}}+(p_{i,j}-p_{i-1,j})G_{i-1,j}^{\mathrm{V}}+(p_{i,j}-p_{i+1,j})G_{i,j}^{\mathrm{V}}=0 \tag{10-22}$$

联立需要求解压力的孔隙节点的质量守恒方程，可得大型线性方程组，该方程组用矩阵形式可以表示为

$$\boldsymbol{A}p=\boldsymbol{b} \tag{10-23}$$

式中，矩阵 $\boldsymbol{A}$ 为一个行列数为 $m \times (n-2)$ 的大型稀疏矩阵，可表示为

$$\boldsymbol{A}=\begin{bmatrix} \boldsymbol{B}_{1,1} & \boldsymbol{C}_{1,2} & 0 & \cdots & 0 & 0 & 0 \\ \boldsymbol{C}_{2,1} & \boldsymbol{B}_{2,2} & \boldsymbol{C}_{2,3} & \cdots & 0 & 0 & 0 \\ 0 & \boldsymbol{C}_{3,2} & \boldsymbol{B}_{3,3} & \cdots & 0 & 0 & 0 \\ \vdots & \vdots & \vdots & & \vdots & \vdots & \vdots \\ 0 & 0 & 0 & \cdots & \boldsymbol{B}_{m-2,m-2} & \boldsymbol{C}_{m-2,m-1} & 0 \\ 0 & 0 & 0 & \cdots & \boldsymbol{C}_{m-1,m-2} & \boldsymbol{B}_{m-1,m-1} & \boldsymbol{C}_{m-1,m} \\ 0 & 0 & 0 & \cdots & 0 & \boldsymbol{C}_{m,m-1} & \boldsymbol{B}_{m,m} \end{bmatrix} \tag{10-24}$$

矩阵 $\boldsymbol{A}$ 中，$\boldsymbol{C}_{i,j}(i=2,3,\cdots,m,\ j=1,2,\cdots,m-1)=\boldsymbol{C}_{j,i}(j=1,2,\cdots,m-1,i=2,3,\cdots,m)$ 是一个行列数为 $n-2$ 的对角矩阵，矩阵元素为

$$C_{i,j}=\begin{bmatrix} G_{i,2}^{\mathrm{V}} & \cdots & 0 \\ \vdots & \ddots & \vdots \\ 0 & \cdots & G_{i,n-1}^{\mathrm{V}} \end{bmatrix},\quad i=1,2,\cdots,m-1 \tag{10-25}$$

矩阵 $\boldsymbol{A}$ 中，$\boldsymbol{B}_{1,1}$ 和 $\boldsymbol{B}_{m,m}$ 都是行列数为 n–2 的三对角矩阵，分别与入口和出口边界有关，矩阵中元素分别为

$$\boldsymbol{B}_{1,1}=\begin{bmatrix} G_{1,1}^{\mathrm{H}}+G_{1,2}^{\mathrm{H}}+G_{1,2}^{\mathrm{V}} & G_{1,2}^{\mathrm{H}} & \cdots & 0 & 0 \\ G_{1,2}^{\mathrm{H}} & \ddots & \cdots & 0 & 0 \\ \vdots & \vdots & \cdots & \vdots & \vdots \\ 0 & 0 & \cdots & \ddots & G_{1,n-2}^{\mathrm{H}} \\ 0 & 0 & \cdots & G_{1,n-2}^{\mathrm{H}} & G_{1,n-2}^{\mathrm{H}}+G_{1,n-1}^{\mathrm{H}}+G_{1,n-1}^{\mathrm{V}} \end{bmatrix} \tag{10-26}$$

$$\boldsymbol{B}_{m,m}=\begin{bmatrix} G_{m,1}^{\mathrm{H}}+G_{m,2}^{\mathrm{H}}+G_{m-1,2}^{\mathrm{V}} & G_{m,2}^{\mathrm{H}} & \cdots & 0 & 0 \\ G_{m,2}^{H} & \ddots & \cdots & 0 & 0 \\ \vdots & \vdots & \cdots & \vdots & \vdots \\ 0 & 0 & \cdots & \ddots & G_{m,n-2}^{\mathrm{H}} \\ 0 & 0 & \cdots & G_{m,n-2}^{\mathrm{H}} & G_{m,n-2}^{\mathrm{H}}+G_{m,n-1}^{\mathrm{H}}+G_{m-1,n-1}^{\mathrm{V}} \end{bmatrix} \tag{10-27}$$

矩阵 $\boldsymbol{A}$ 中，$\boldsymbol{B}_{i,i}\left(i=2,3,\cdots,m-1\right)$ 是行列数为 n–2 的三对角矩阵，矩阵元素为

$$\boldsymbol{B}_{i,i}=\begin{bmatrix} G_{i,1}^{\mathrm{H}}+G_{i,2}^{\mathrm{H}}+G_{i-1,2}^{\mathrm{V}}+G_{i,2}^{\mathrm{V}} & G_{i,2}^{\mathrm{H}} & \cdots & 0 & 0 \\ G_{i,2}^{\mathrm{H}} & \ddots & \cdots & 0 & 0 \\ \vdots & \vdots & \cdots & \vdots & \vdots \\ 0 & 0 & \cdots & \ddots & G_{i,n-2}^{\mathrm{H}} \\ 0 & 0 & \cdots & G_{i,n-2}^{\mathrm{H}} & G_{i,n-2}^{\mathrm{H}}+G_{i,n-1}^{\mathrm{H}}+G_{i-1,n-1}^{\mathrm{V}}+G_{i,n-1}^{\mathrm{V}} \end{bmatrix} \tag{10-28}$$

系数 $\boldsymbol{b}$ 是一个 $m\times(n-2)$ 行 1 列的矩阵，可以表示为

$$\boldsymbol{b}=[D_1\cdots D_m]^{\mathrm{T}} \tag{10-29}$$

其中，

$$D_i=\left[G_{i,1}^{\mathrm{H}}p_{i,1}\quad 0\quad \cdots\quad 0\quad G_{i,n-1}^{\mathrm{H}}p_{i,5}\right],\quad i=1,2,\cdots,m \tag{10-30}$$

利用矩阵 $\boldsymbol{A}$ 和系数 $\boldsymbol{b}$ 就可以求得孔隙节点的压力分布，当发生两相流动时，

同样依此方法求解孔隙压力，只是常数 ***b*** 不仅与入口和出口压力有关，还与喉道之间的毛细管力有关。

10.1.2 水驱动态网络模型的计算流程

水驱动态网络模型最主要的过程在于时间步和孔隙压力的求解。动态网络模型驱替过程的具体过程：首先利用数学统计规律，按照某一分布函数生成孔隙喉道数据；然后根据质量守恒定律，编写大型稀疏矩阵，求解单相流体流动时孔隙节点的压力；根据计算得到的压力求解第一个孔隙被填满所需要的时间步，这个被填满的孔隙与其相连的喉道之间的毛细管力不可忽略，使网络模型的压力分布会产生瞬时变化，此时计算在毛细管力、黏滞力、固-液分子间作用力共同作用下水相进入孔隙的流量，根据孔隙流量求解第二个孔隙被填满的时间步，计算网络模型的含油、含水饱和度，此时同样因为有孔隙被填满会产生毛细管力，使网络模型的压力再次发生瞬时变化，水驱过程以此规律进行，网络模型的每一个时间步都不相等。图 10-6 是水驱动态网络模型的程序设计示意图。

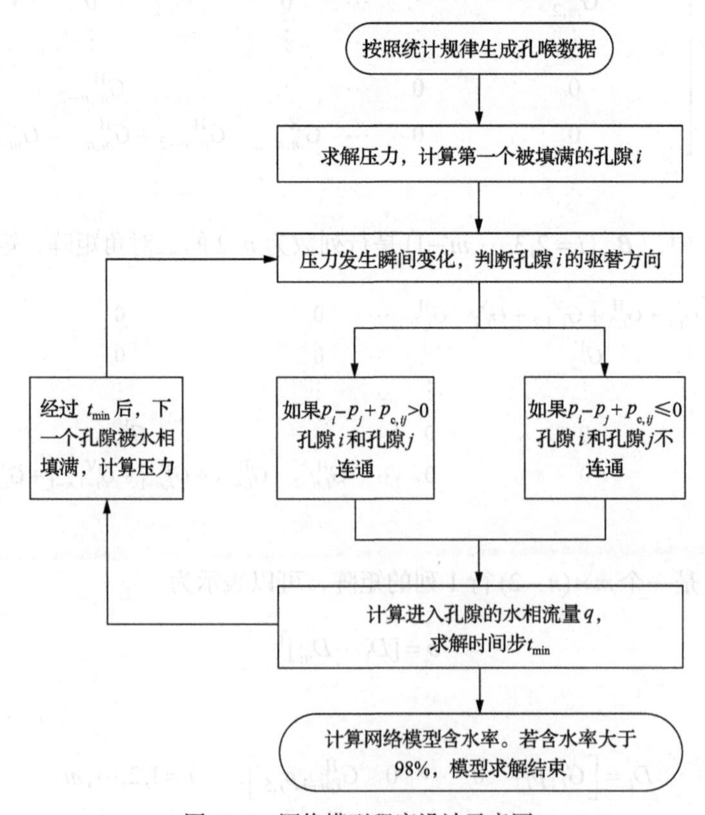

图 10-6 网络模型程序设计示意图

10.2　油水分布规律模拟动态显示

图 10-7 为Ⅰ类储层未见水时孔隙的含油饱和度，其中的网络模型大小为 1.5cm×1.5cm，网格数为 30×30，孔隙半径和喉道半径满足正态分布，平均喉道半径为 22.87μm，模型左边边界为驱替入口端，右边边界为出口端，模型的入口压力和出口压力分别为 0.2MPa 和 0.1MPa。

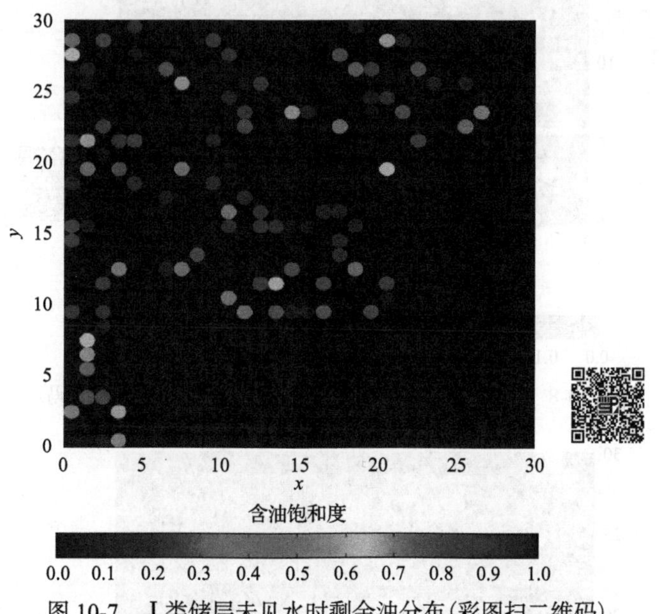

图 10-7　Ⅰ类储层未见水时剩余油分布(彩图扫二维码)

由图 10-7 中可以看出，驱替处于初始阶段，模型的出口端此时未见水，水相逐渐占据一部分孔隙，朝着渗流阻力小的方向突进，优势通道不明显。

图 10-8 为Ⅰ类储层开始见水时孔隙的含油饱和度，反映了模拟进程中开始见水时的剩余油分布特征。可以看出，出口端已开始见水，此时模型中尚有大部分孔隙没有被驱替，水相在出口端突破，出口端含水上升，优势通道逐渐形成。

图 10-9 为Ⅰ类储层含水率 98%时孔隙的含油饱和度，反映了模拟进程中含水率 98%时的剩余油分布特征。如图中所示，出口端含水率达到 98%，网络模型中大部分孔隙已经被驱替，只有少部分孔隙中的原油很难被驱替，形成剩余油。

图 10-10 为Ⅱ类储层未见水时孔隙的含油饱和度，其中的网络模型大小为 1.5cm×1.5cm，网格数为 30×30，孔隙半径和喉道半径满足正态分布，平均喉道半径为 3.82μm，模型左边边界为驱替入口端，右边边界为出口端，模型的入口压力和出口压力分别为 0.2MPa 和 0.1MPa。

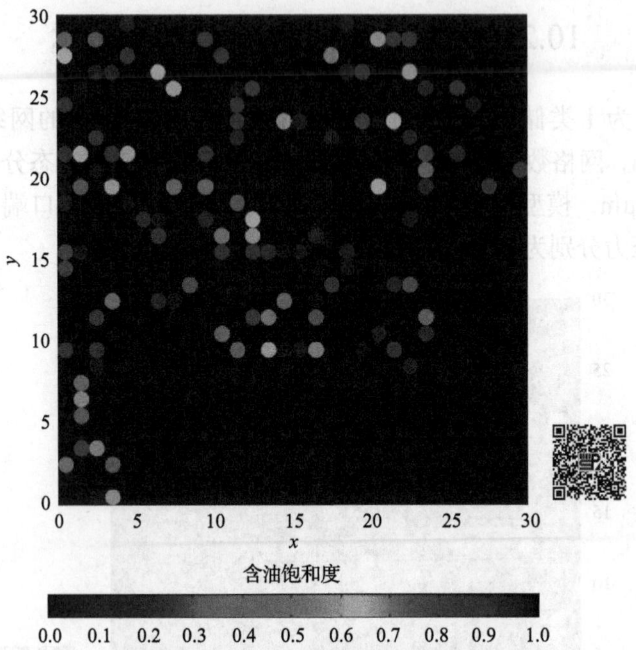

图 10-8　I 类储层开始见水时剩余油分布(彩图扫二维码)

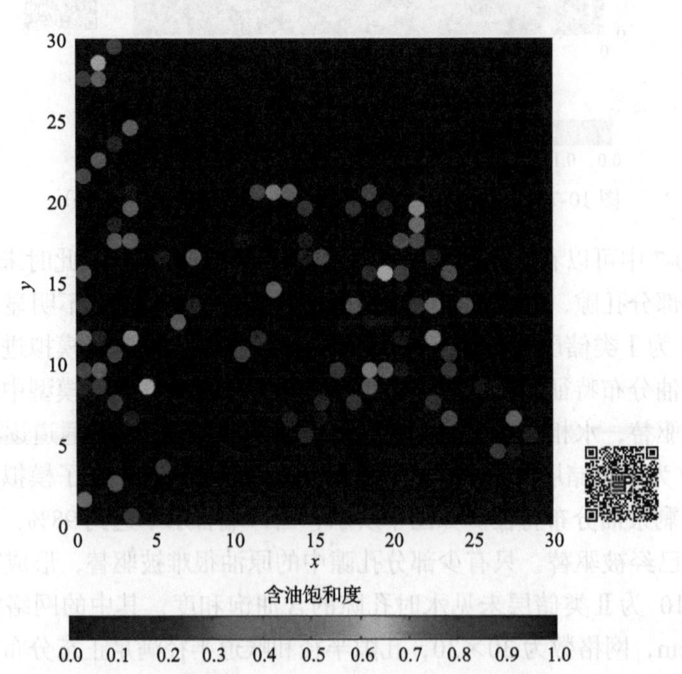

图 10-9　I 类储层含水率 98%时剩余油分布(彩图扫二维码)

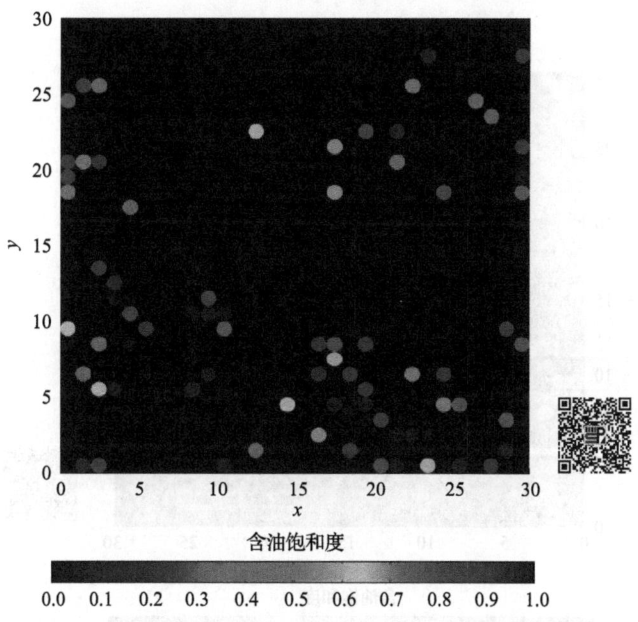

图 10-10　Ⅱ类储层未见水时剩余油分布(彩图扫二维码)

由图 10-10 中可以看出，驱替处于初始阶段，模型的出口端此时未见水，水相逐渐占据一部分孔隙，朝着渗流阻力小的方向突进，Ⅱ类储层的在未见水时的优势通道较Ⅰ类储层明显，这是因为Ⅱ类储层平均喉道半径小，储层物性较Ⅰ类储层差，流体朝着孔喉半径大的方向突进，所以优势通道更明显。

图 10-11 为Ⅱ类储层开始见水时孔隙的含油饱和度，反映了模拟进程中开始见水时的剩余油分布特征。可以看到出口端已开始见水，此时模型中尚有大部分孔隙没有被驱替，水相在出口端突破，出口端含水上升，优势通道逐渐形成，且比Ⅰ类储层更加明显。

图 10-12 为Ⅱ类储层含水率为 98%时孔隙的含油饱和度，反映了模拟进程中含水率为 98%时的剩余油分布特征。Ⅱ类储层的剩余油比例比Ⅰ类储层多，这是由于Ⅱ类储层的物性较Ⅰ类储层差。

图 10-13 为Ⅲ类储层未见水时孔隙的含油饱和度，其中的网络模型大小为 1.5cm×1.5cm，网格数为 30×30，孔隙半径和喉道半径满足正态分布，平均喉道半径为 1.02μm，模型左边边界为驱替入口端，右边边界为出口端，模型的入口压力和出口压力分别为 0.2MPa 和 0.1MPa。

由图 10-13 中可以看出，驱替处于初始阶段，模型的出口端此时未见水，水相逐渐占据一部分孔隙，朝着渗流阻力小的方向突进，Ⅲ类储层的在未见水时的优势通道最明显，这是因为Ⅱ类储层平均喉道半径最小，储层物性最差，流体朝着孔喉半径大的方向突进，所以优势通道最明显。

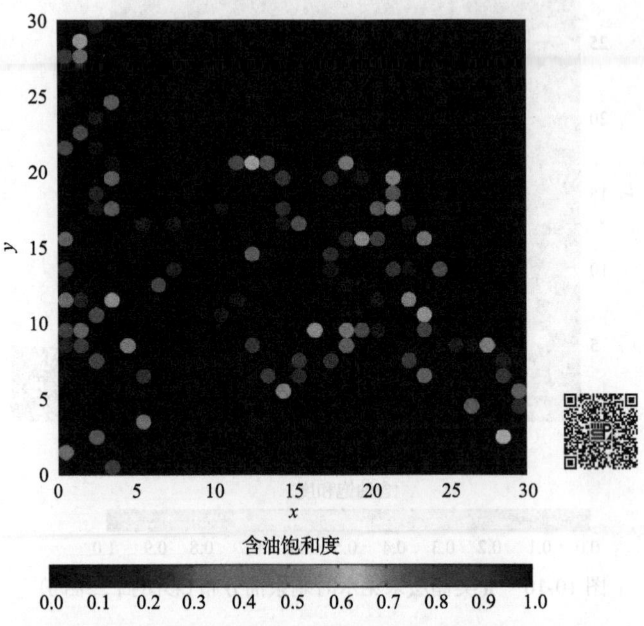

图 10-11　Ⅱ类储层开始见水时剩余油分布(彩图扫二维码)

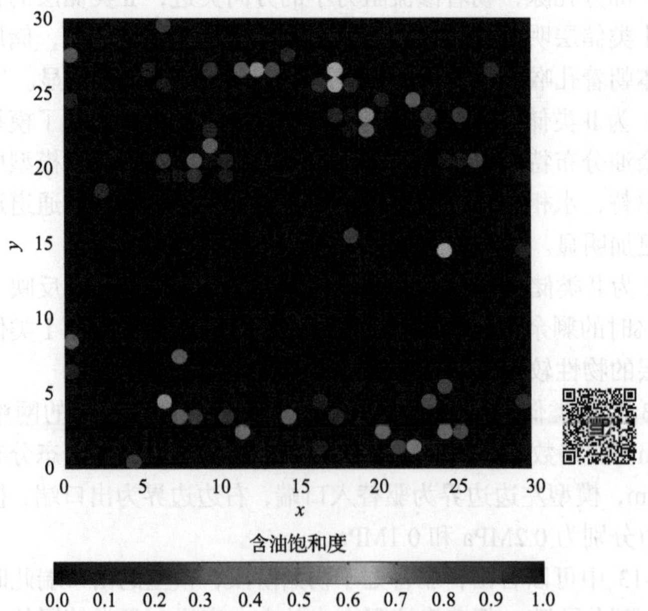

图 10-12　Ⅱ类储层含水率为 98%时剩余油分布(彩图扫二维码)

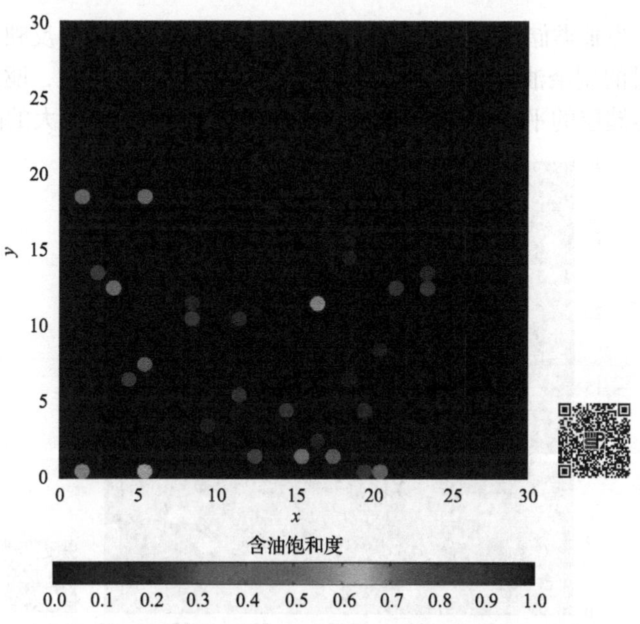

图 10-13　Ⅲ类储层未见水时剩余油分布(彩图扫二维码)

图 10-14 为Ⅲ类储层开始见水时孔隙的含油饱和度，反映了模拟进程中开始见水时的剩余油分布特征。由图可以看出出口端已开始见水，此时模型中尚有大部分孔隙没有被驱替，水相在出口端突破，出口端含水上升，优势通道逐渐形成，且最明显。

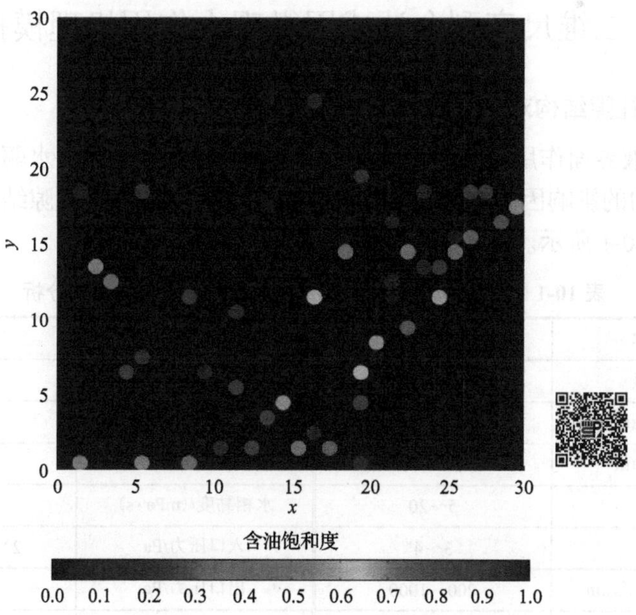

图 10-14　Ⅲ类储层开始见水时剩余油分布(彩图扫二维码)

图 10-15 为Ⅲ类储层含水率 98%时，孔隙的含油饱和度，反映了模拟进程中含水率 98%时的剩余油分布特征。Ⅲ类储层的剩余油比例最大，驱替效果最差，这是由于Ⅲ类储层的平均喉道半径最小，流体流动需要克服更大的阻力。

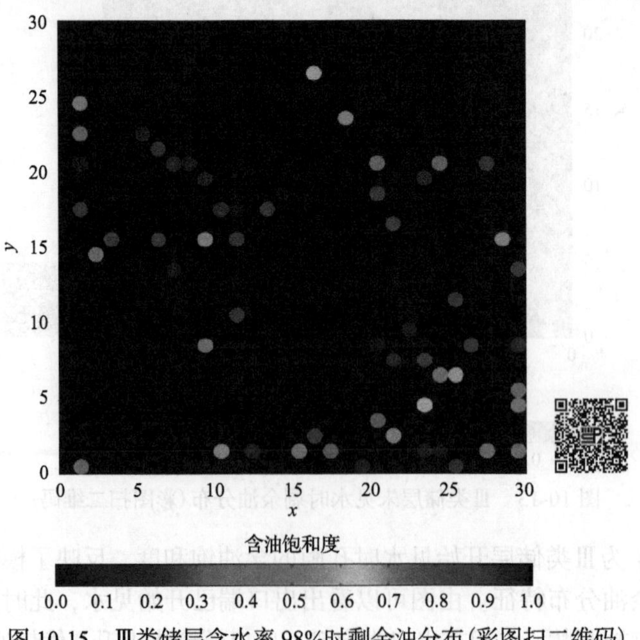

图 10-15　Ⅲ类储层含水率 98%时剩余油分布(彩图扫二维码)

10.3　二维尺度剩余油成因微观力作用机理模拟研究

10.3.1　微观孔隙结构对剩余油分布影响分析

考虑固-液界面作用对流动的影响，下面利用网络模型动态水驱油模拟方法对微观孔隙结构的影响因素分析。结合萨中开发区储层的微观孔隙结构特点，取模拟参数如表 10-1 所示。

表 10-1　二维网络模型动态水驱油模拟方法影响因素分析

参数名称	参数取值	参数名称	参数取值
网络节点	30×30	油-水界面张力/(mN/m)	20
孔隙半径/μm	13.8～200	润湿接触角/(°)	30～160
喉道半径/μm	0.9～15.5	油相黏度/(mPa·s)	3～10
孔喉比	5～20	水相黏度/(mPa·s)	1
配位数	3～4	入口压力/Pa	2×10^5～3×10^5
相邻孔隙中心长/μm	200～1000	出口压力/Pa	1×10^5
固壁哈马克常数/J	3×10^{-20}～50×10^{-20}	液体哈马克常数/J	2×10^{-20}

1. 喉道半径影响

图 10-16 为是两个网络模型的喉道半径分布频率，这两个网络模型的喉道半径均满足瑞利分布，其平均喉道半径 $\bar{R}$ 分别为 5μm、10μm，平均孔隙半径均为 150μm，分别对其进行水驱油模拟分析，如图 10-17～图 10-21 所示。

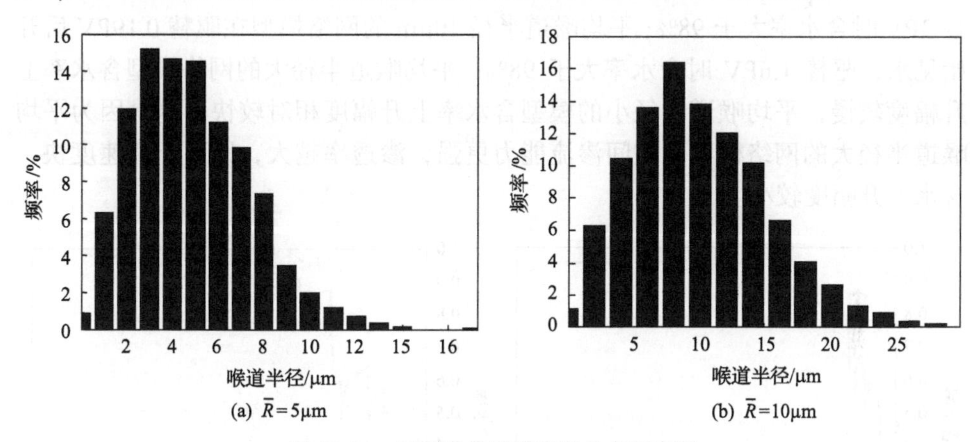

图 10-16 不同平均喉道半径分布频率图

(1)对剩余油分布的影响。

图 10-17 表示当含水率达到 98%时，两个网络模型的剩余油分布，左边边界为驱替入口端，右边边界为出口端。可以看出，平均喉道半径为 5μm 的网络模型剩余油孔隙的比例大，平均喉道半径为 10μm 的网络模型剩余油孔隙比例小。因为平均喉道越大的网络模型，孔隙间渗流能力越强，不易形成剩余油；平均喉道

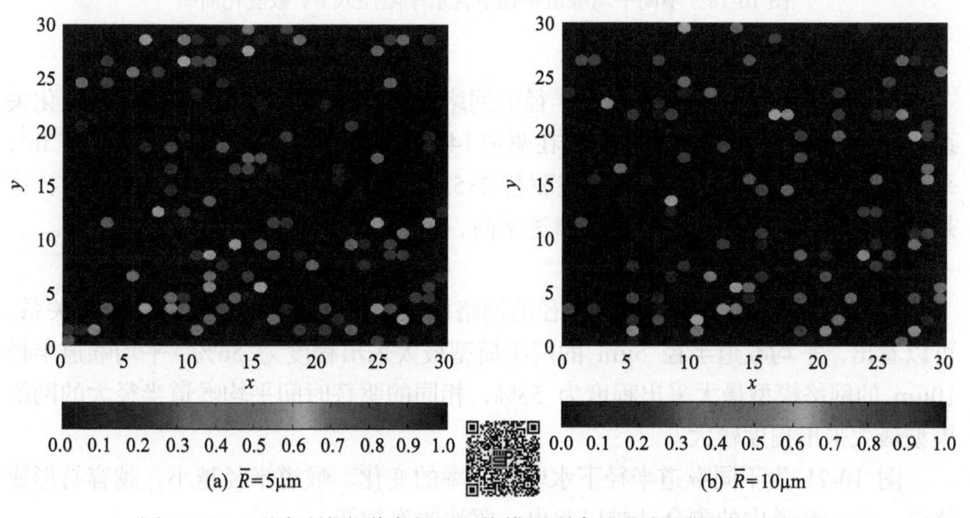

图 10-17 不同平均喉道半径下网络模型剩余油分布(彩图扫二维码)

较小的网络模型，受毛细管力的影响比较大，孔隙的流动受到细小喉道限制很难流动，容易形成剩余油。

(2) 对含水率的影响。

图 10-18 表示不同平均喉道半径的网络模型含水率随注入 PV 数的变化关系。可以看出，平均喉道半径为 5μm 的网络模型在驱替 0.2PV 后开始见水，驱替 3PV 时含水率大于 98%；平均喉道半径 10μm 的网络模型在驱替 0.19PV 后开始见水，驱替 1.6PV 时含水率大于 98%；平均喉道半径大的网络模型含水率上升幅度较慢，平均喉道半径小的模型含水率上升幅度相对较快。这是因为平均喉道半径大的网络模型孔隙间渗流能力更强，渗透率越大，因而驱替速度快，含水上升幅度较小。

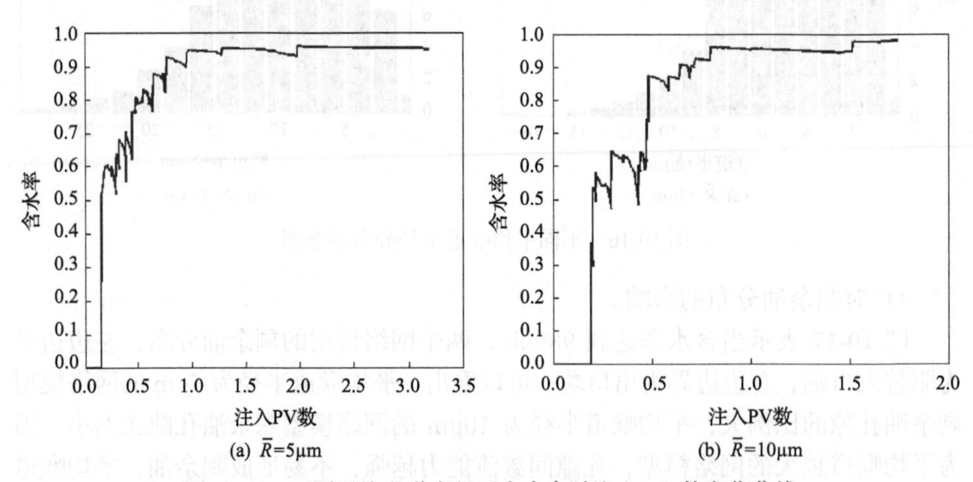

图 10-18　不同平均喉道半径下含水率随注入 PV 数变化曲线

(3) 对累计产油量的影响。

图 10-19 表示不同平均喉道半径的网络模型累计产油量随驱替时间的变化关系。平均喉道半径 5μm 的网络模型在驱替 14842s 时的累计产油量为 $3.68\times10^{-8}m^3$，平均喉道半径 10μm 的网络模型在驱替 2353s 时的累计产油量为 $7.9\times10^{-7}m^3$，这是因为平均喉道半径大，模型的渗透率高，因而驱替速度快，累计产油量高。

(4) 对采出程度的影响。

图 10-20 表示不同平均喉道半径的网络模型采出程度随驱替时间的变化关系。可以看出，平均喉道半径 5μm 的网络模型最大采出程度为 56%，平均喉道半径 10μm 的网络模型最大采出程度为 53%，相同的驱替时间平均喉道半径大的网络模型最大采出程度较大。

图 10-21 为不同喉道半径下水驱采收率的变化。喉道半径越小，越容易形成绕流，使大孔道中的剩余油难以驱出，驱油效率越低。

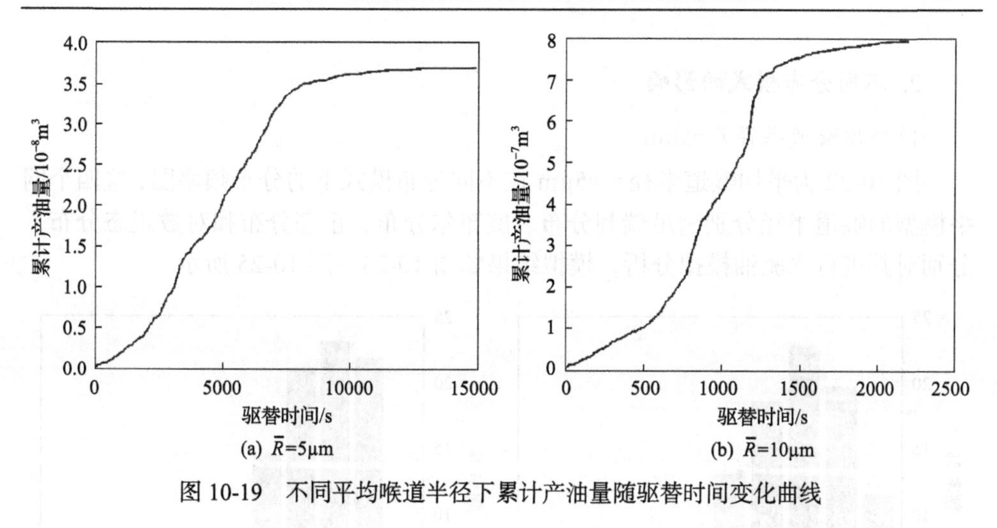

图 10-19　不同平均喉道半径下累计产油量随驱替时间变化曲线

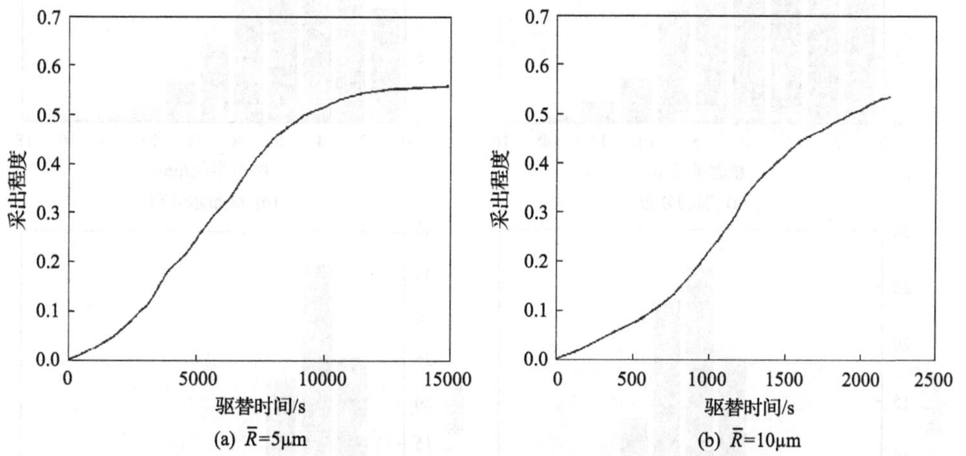

图 10-20　不同平均喉道半径下采出程度随驱替时间变化曲线

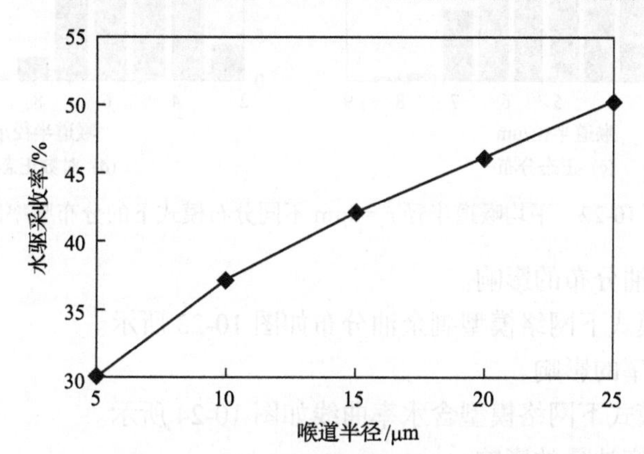

图 10-21　不同喉道半径下水驱采收率随喉道半径的变化曲线

2. 不同分布模式的影响

1) 平均喉道半径 $\bar{r}$ =5μm

图 10-22 为平均喉道半径 $\bar{r}$ =5μm 在不同分布模式下的分布频率图，这四个网络模型的喉道半径分别满足瑞利分布、威布尔分布、正态分布和对数正态分布，分别对其进行水驱油模拟分析，模拟结果如图 10-23～图 10-25 所示。

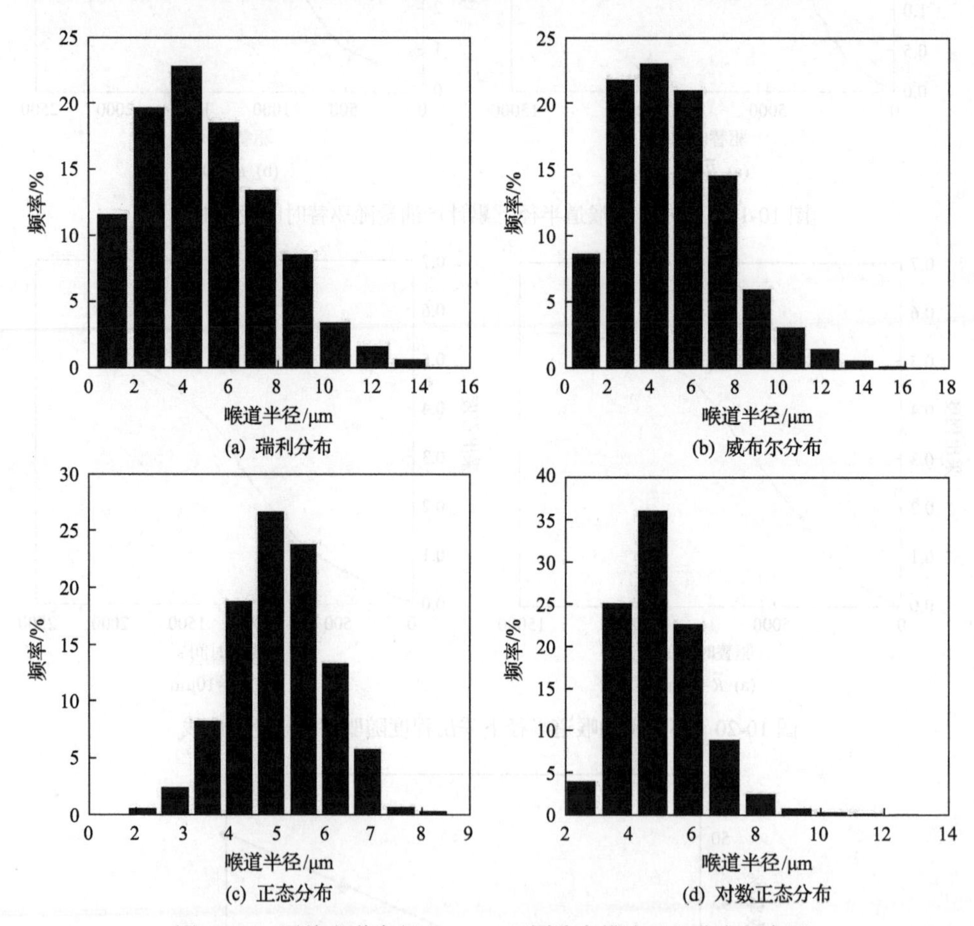

图 10-22　平均喉道半径 $\bar{r}$ =5μm 不同分布模式下的分布频率图

(1) 对剩余油分布的影响。

不同分布模式下网络模型剩余油分布如图 10-23 所示。

(2) 对含水率的影响。

不同分布模式下网络模型含水率曲线如图 10-24 所示。

(3) 对累计产油量的影响。

不同分布模式下网络模型累计产油量随驱替时间变化如图 10-25 所示。

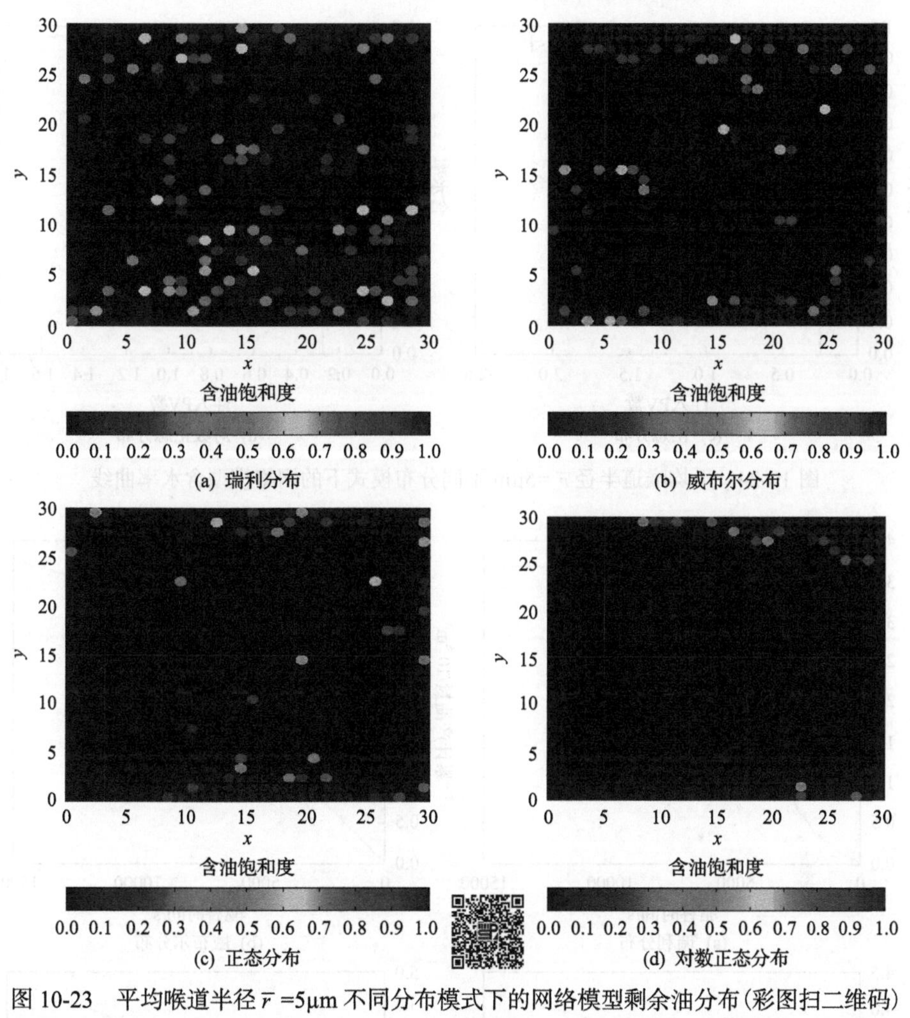

图 10-23　平均喉道半径 $\bar{r}$ =5μm 不同分布模式下的网络模型剩余油分布(彩图扫二维码)

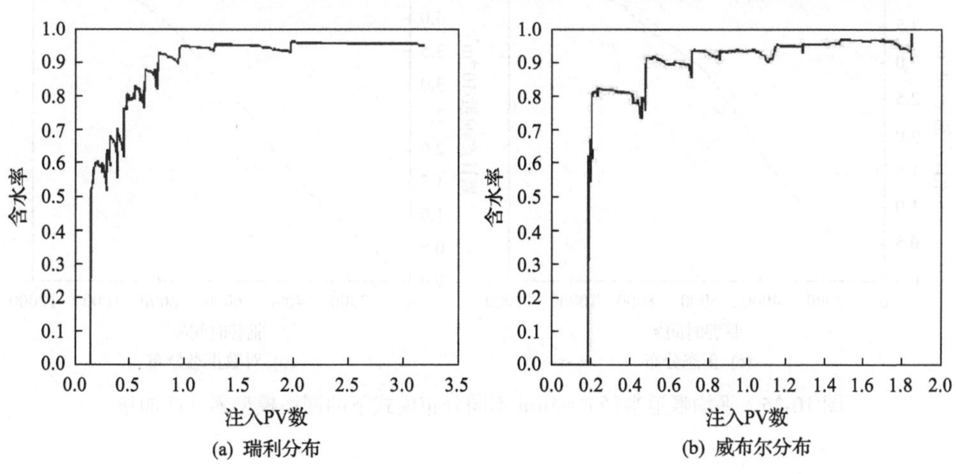

(a) 瑞利分布　(b) 威布尔分布

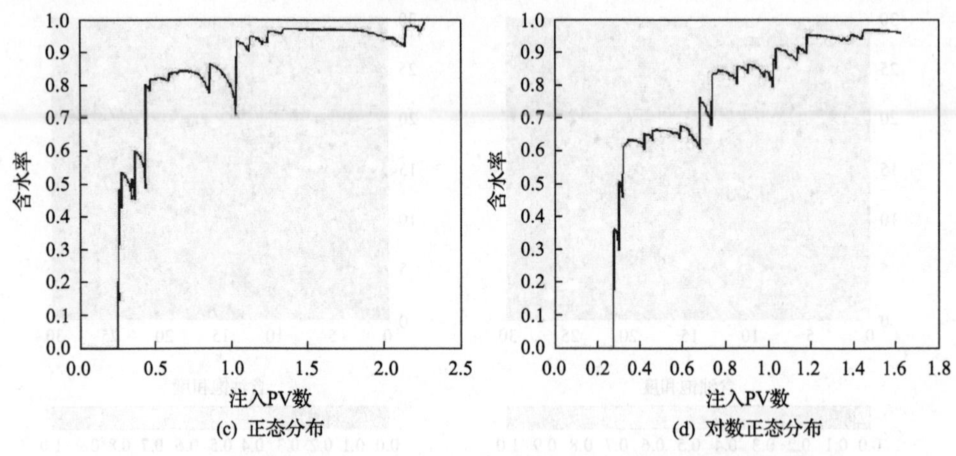

图 10-24　平均喉道半径 $\bar{r}$ =5μm 不同分布模式下的网络模型含水率曲线

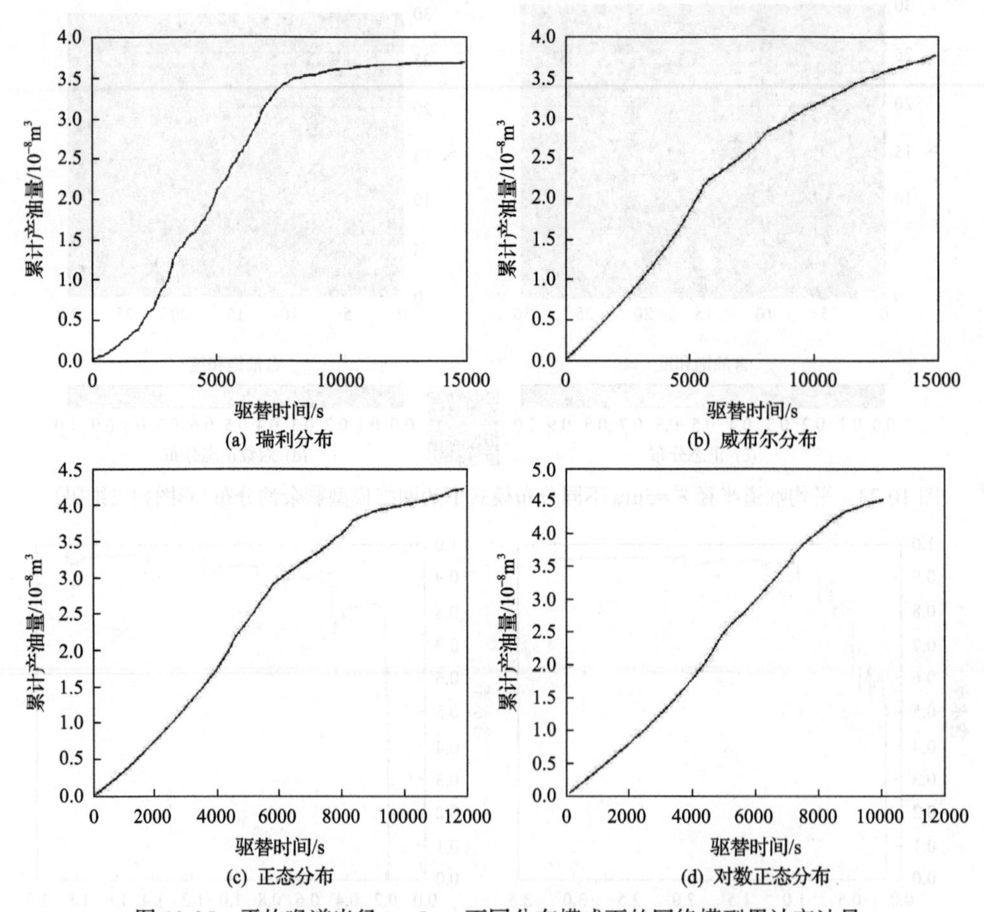

图 10-25　平均喉道半径 $\bar{r}$ =5μm 不同分布模式下的网络模型累计产油量

2) 平均喉道半径 $\bar{r}$ =10μm

图 10-26 为平均喉道半径 $\bar{r}$ =10μm 在不同分布模式下的分布频率图，这四个网络模型的喉道半径分别满足瑞利分布、威布尔分布、正态分布和对数正态分布，分别对其进行水驱油模拟分析，模拟结果如图 10-27～图 10-29 所示。

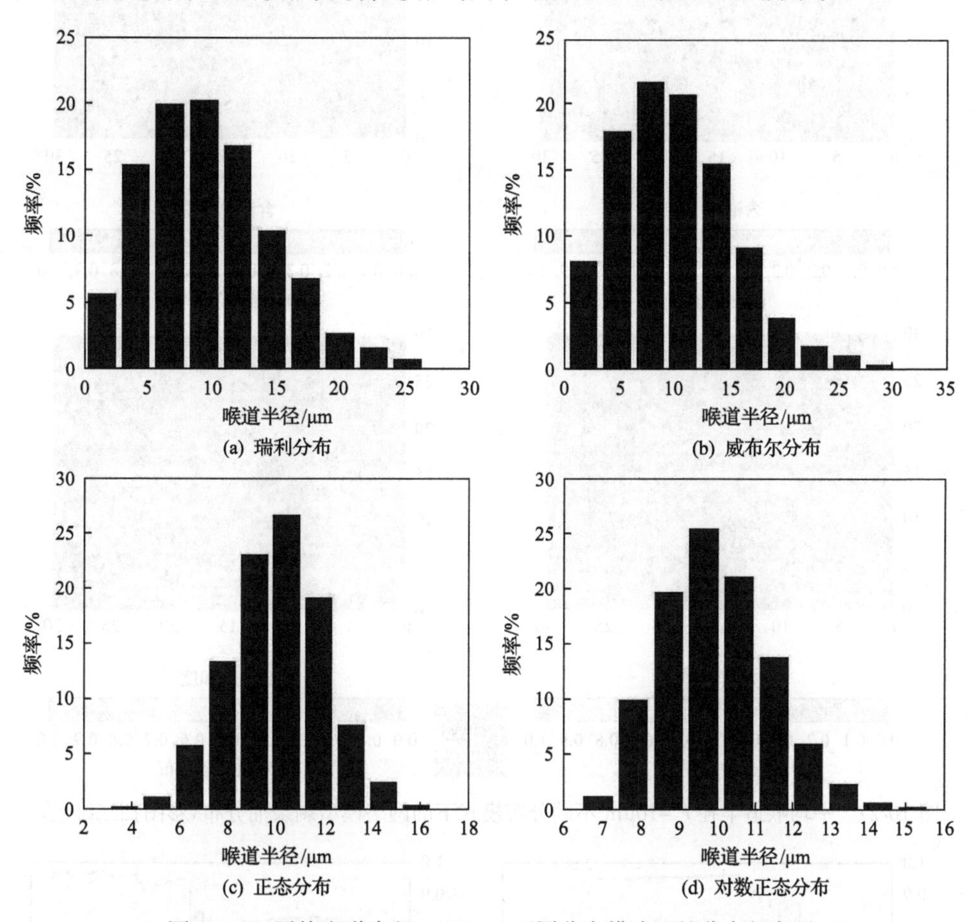

图 10-26 平均喉道半径 $\bar{r}$ =10μm 不同分布模式下的分布频率图

(1) 对剩余油分布的影响。

不同分布模式下网络模型剩余油分布如图 10-27 所示。

(2) 对含水率的影响。

不同分布模式下网络模型含水率曲线如图 10-28 所示。

(3) 对累计产油量的影响。

不同分布模式下网络模型累计产油量随驱替时间变化如图 10-29 所示。

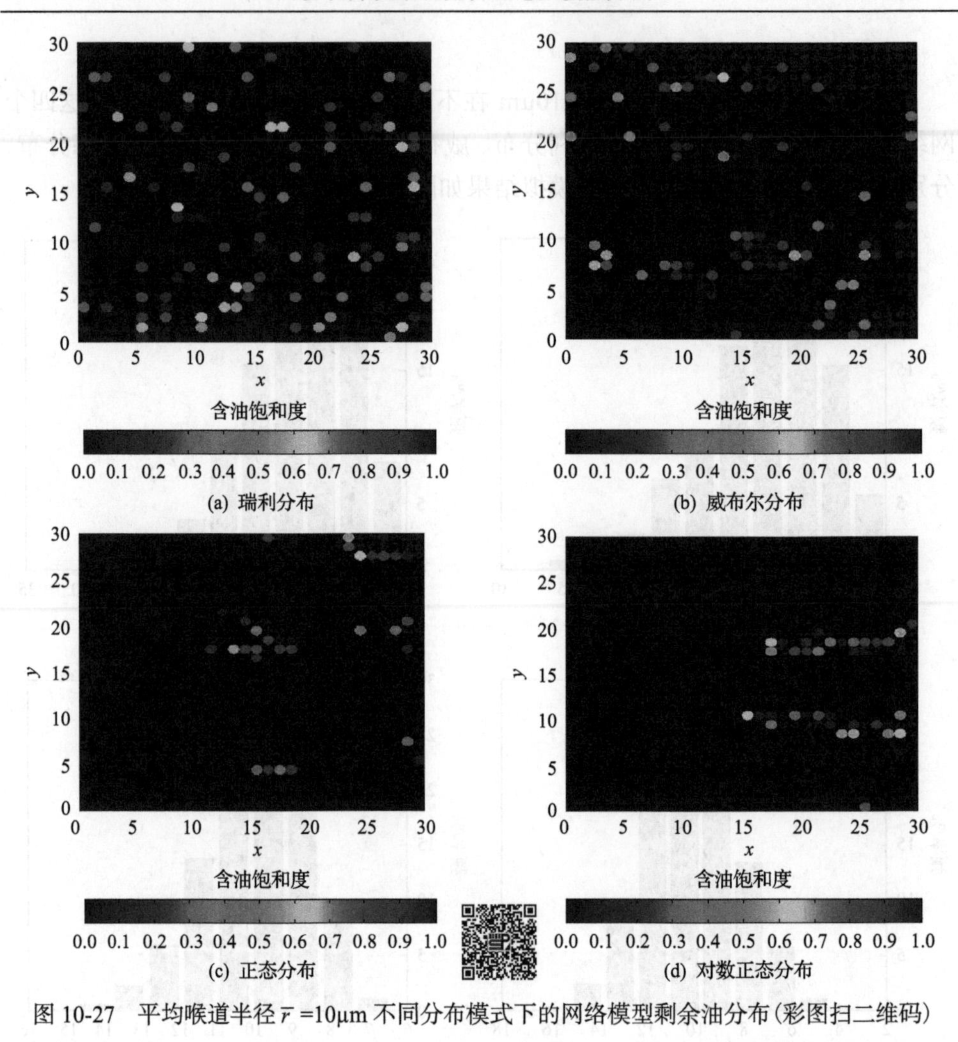

图 10-27　平均喉道半径 $\bar{r}$ =10μm 不同分布模式下的网络模型剩余油分布(彩图扫二维码)

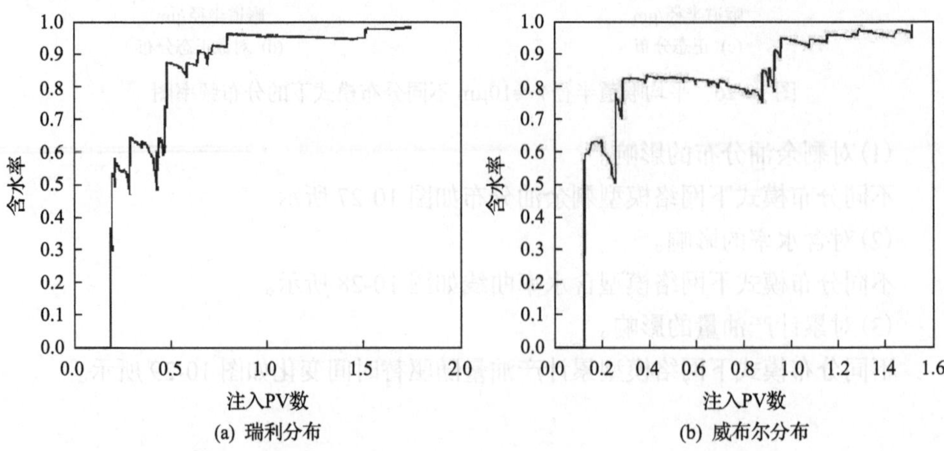

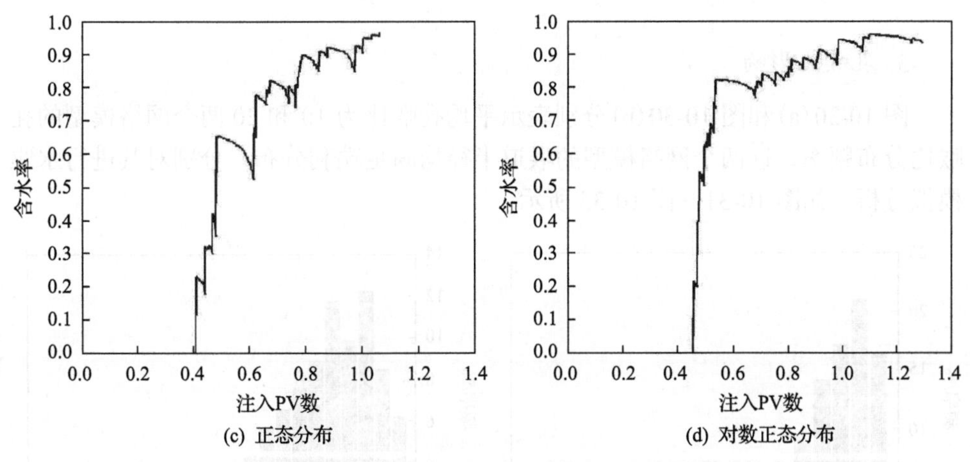

图 10-28　平均喉道半径 $\bar{R}$ =10μm 不同分布模式下的网络模型含水率曲线

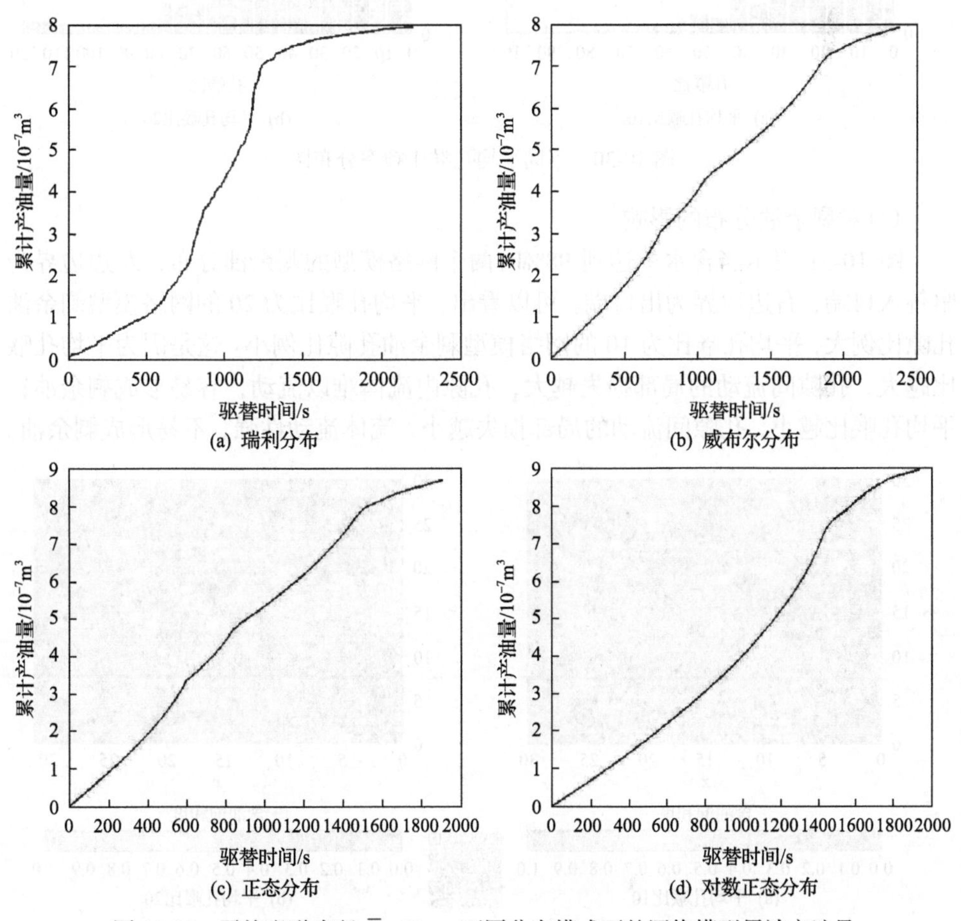

图 10-29　平均喉道半径 $\bar{R}$ =10μm 不同分布模式下的网络模型累计产油量

3. 孔喉比影响

图 10-30(a)和图 10-30(b)分别表示平均孔喉比为 10 和 20 两个网络模型的孔喉比分布频率，这两个网络模型的喉道半径均满足瑞利分布，分别对其进行水驱模拟分析，如图 10-31～图 10-35 所示。

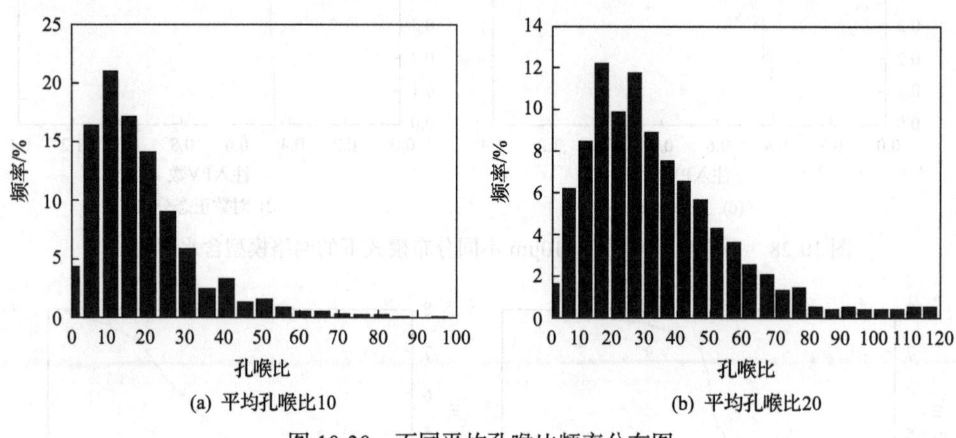

(a) 平均孔喉比10　　(b) 平均孔喉比20

图 10-30　不同平均孔喉比频率分布图

(1)对剩余油分布的影响。

图 10-31 表示当含水率达到 98%时两个网络模型的剩余油分布，左边边界为驱替入口端，右边边界为出口端。可以看出，平均孔喉比为 20 的网络模型剩余油孔隙比例大，平均孔喉比为 10 的网络模型剩余油孔隙比例小。这是因为平均孔喉比越大，孔隙间流动的局部损失越大，孔隙内流体难以流动，容易形成剩余油；平均孔喉比越小，孔隙间流动的局部损失越小，流体流动性强，不易形成剩余油。

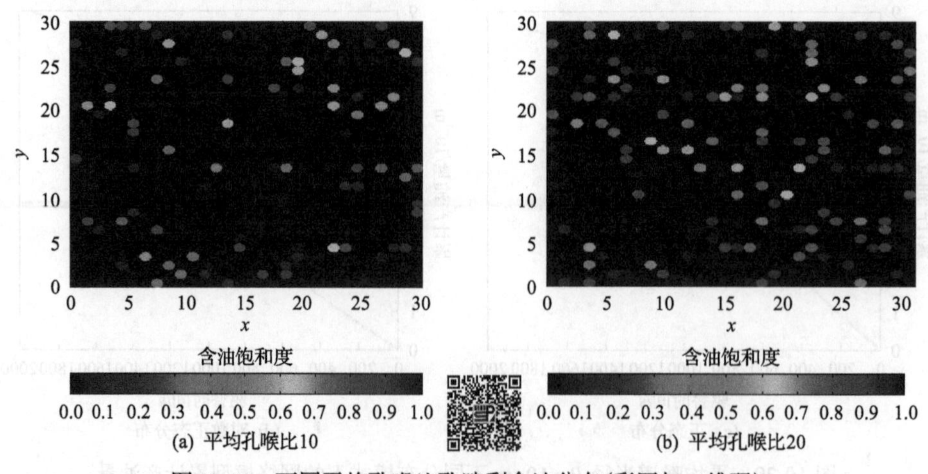

(a) 平均孔喉比10　　(b) 平均孔喉比20

图 10-31　不同平均孔喉比孔隙剩余油分布(彩图扫二维码)

(2)对累计产油量的影响。

图 10-32 为不同平均喉道半径的网络模型累计产油量随驱替时间的变化关系。可以看出，平均孔喉比为 10 的网络模型在驱替 2167s 时的累计产油量为 $3.2\times10^{-8}m^3$,平均孔喉比为 20 的网络模型在驱替 9453s 时的累计产油量为 $4.8\times10^{-8}m^3$，这是因为平均孔喉比越小，孔隙间渗流能力强，网络模型的渗透率越高，因而，驱替速度快，累计产油量高。

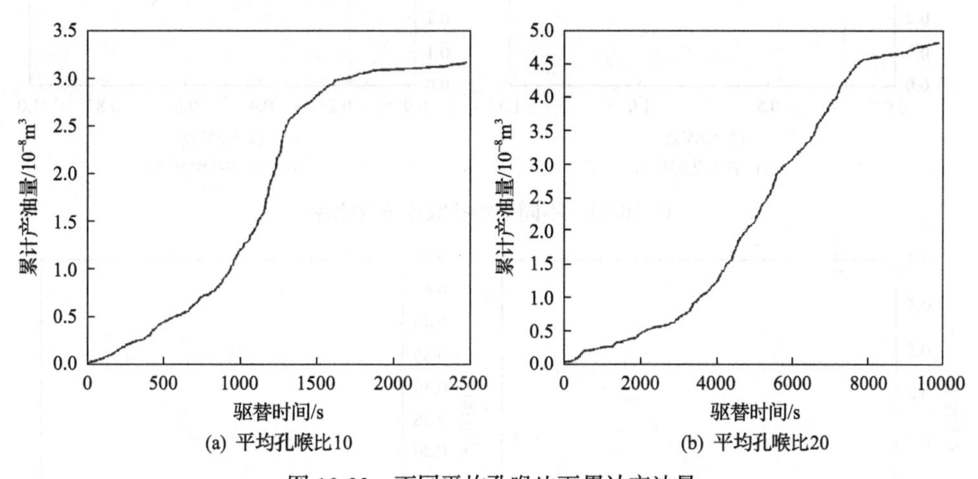

图 10-32　不同平均孔喉比下累计产油量

(3)对含水率的影响。

图 10-33 为不同平均孔喉比的网络模型含水率随驱替时间的变化关系。可以看出，平均孔喉比为 10 的网络模型在驱替 0.2PV 后开始见水，驱替 1.48PV 时含水率大于 98%；平均孔喉比为 20 的网络模型在驱替 0.19PV 后开始见水，驱替 1PV 时含水率大于 98%；平均孔喉比小的网络模型含水率上升幅度较慢，平均孔喉比大的网络模型含水率上升幅度相对较大。这是因为平均孔喉比越小，孔隙间流动的局部损失约小，孔隙间渗流能力强，因而驱替速度快，含水上升幅度较小。

(4)对采出程度的影响。

图 10-34 为不同平均孔喉比下的网络模型采出程度随驱替时间的变化曲线。可以看出，平均孔喉比为 10 的网络模型最大采出程度为 50%，平均孔喉比为 20 的网络模型最大采出程度为 46%，相同的驱替时间下平均孔喉比小的网络模型最大采出程度较大。

图 10-35 为不同孔喉比下水驱采收率曲线。由图可知，当孔喉比很小时，孔隙半径与喉道半径差别不大，水驱替油较容易，不容易形成剩余油。

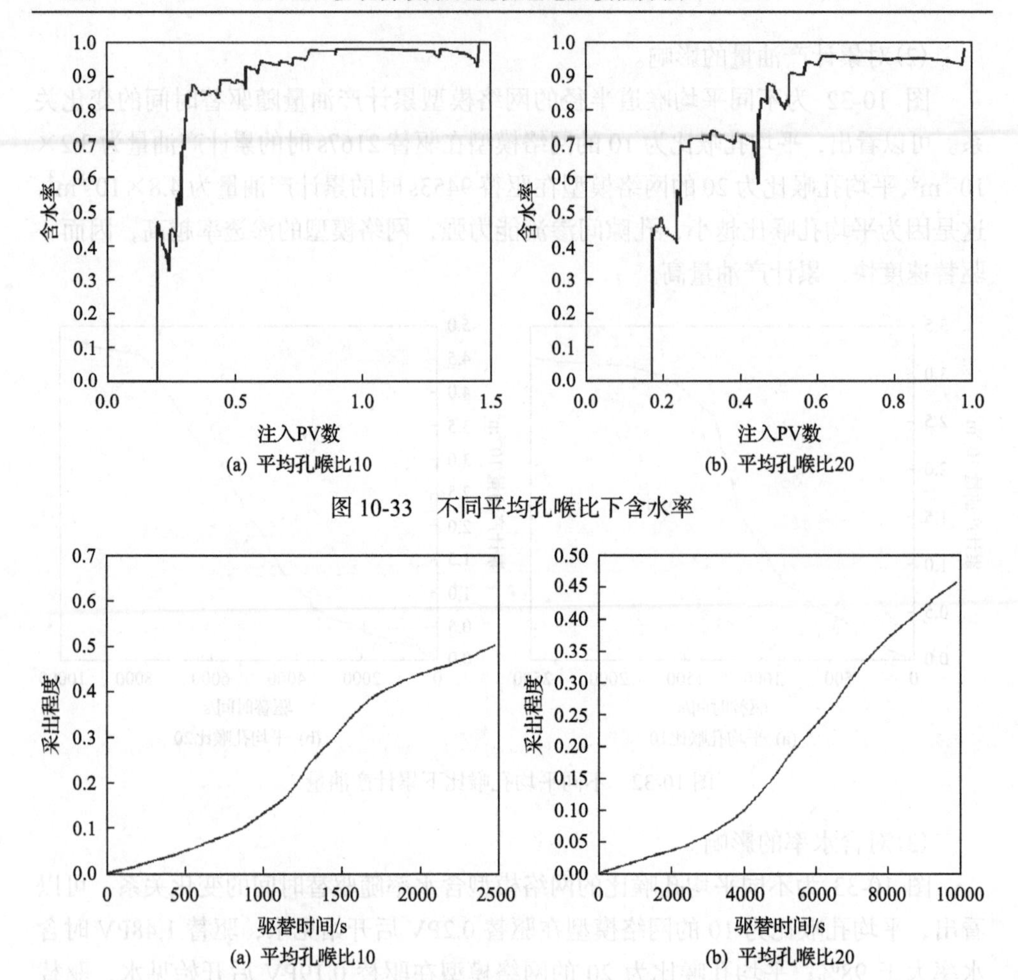

图 10-33　不同平均孔喉比下含水率

图 10-34　不同平均孔喉比下水驱采出程度随驱替时间的变化曲线

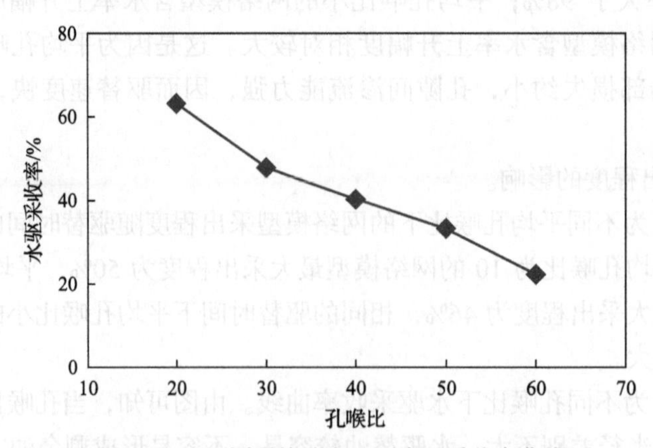

图 10-35　不同平均孔喉比下水驱采收率曲线

4. 配位数影响

考虑平均配位数的影响，关闭部分喉道与孔隙之间的连接，使网络模型的平均配位数分别为 3 和 4，并分别进行水驱模拟，如图 10-36～图 10-40 所示。

(1) 对剩余油分布的影响。

图 10-36 为当含水率达到 98%时，不同平均配位数网络模型剩余油分布，左边边界为驱替入口端，右边边界为出口端。可以看出，平均配位数为 3 的网络模型剩余油孔隙比例较大，平均配位数为 4 的网络模型剩余油孔隙比例较小。因为平均配位数越小，连接孔隙的喉道数目越少，孔隙间的连通性越差，孔隙内的流体难以流动，含剩余油孔隙增多；反之，平均配位数越大，孔隙间的连通性越好，剩余油孔隙比例减小。

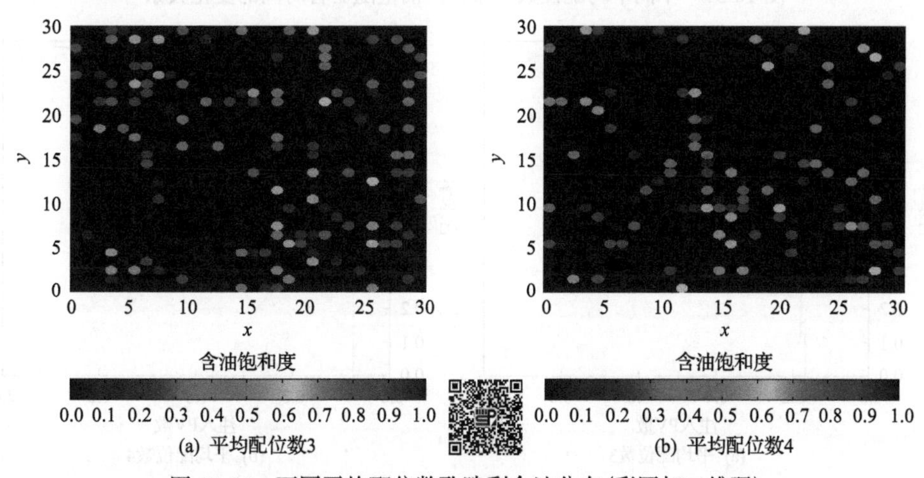

图 10-36　不同平均配位数孔隙剩余油分布(彩图扫二维码)

(2) 对累计产油量的影响。

图 10-37 为平均配位数分别为 3 和 4 的网络模型累计产油量随驱替时间变化关系。可以看出，平均配位数为 3 的网络模型在驱替 13443s 时的累计产油量为 $6.7\times10^{-8}\mathrm{m}^3$，平均配位数为 4 的网络模型在驱替 8925s 时的累计产油量为 $8\times10^{-7}\mathrm{m}^3$，这是因为平均配位数越小，孔隙喉道之间的连通性越差，模型渗透率低，因而水驱速度慢，累计产油量低。

(3) 对含水率的影响。

图 10-38 为平均配位数分别为 3 和 4 的网络模型含水率随注入 PV 数变化关系。可以看出，平均配位数为 3 的网络模型在驱替 0.18PV 后开始见水，驱替 0.9PV 时含水率大于 98%；平均配位数为 4 的网络模型在驱替 0.2PV 后开始见水，驱替 1.8PV 时含水率大于 98%。

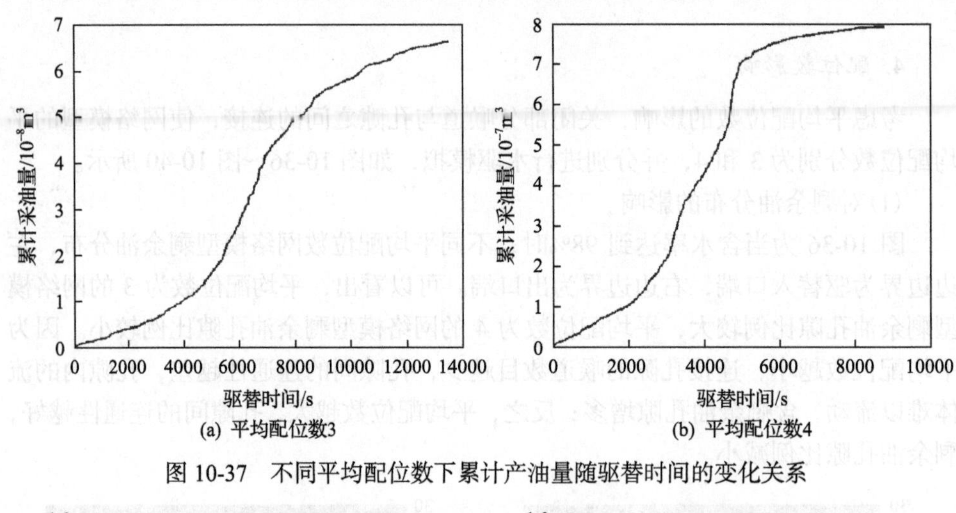

(a) 平均配位数3　　(b) 平均配位数4

图 10-37　不同平均配位数下累计产油量随驱替时间的变化关系

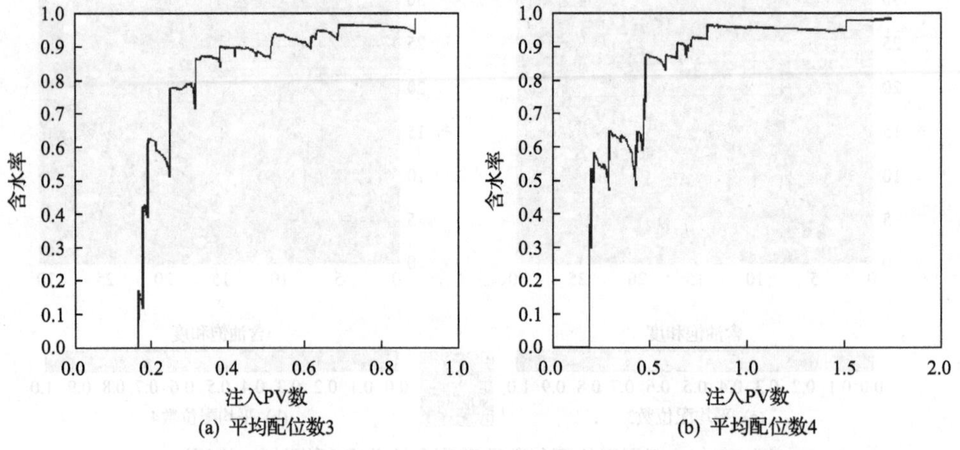

(a) 平均配位数3　　(b) 平均配位数4

图 10-38　不同平均配位数下含水率随注入 PV 数的变化关系

(4) 对采出程度的影响。

图 10-39 为平均配位数分别为 3 和 4 的网络模型采出程度。可以看出，平均配位数为 3 的网络模型最大采出程度为 47%，平均配位数为 4 的网络模型最大采出程度为 52%，相同的驱替时间下平均配位数越大，网络模型最大采出程度较大。

图 10-40 为不同配位数下网络模型水驱采收率曲线，配位数增加，则油滴流动通道增加，有利于油滴形成油流，减少了油滴被驱替流体捕集的机会，使形成剩余油的概率下降，所以配位数增加有利于水驱采收率提高。

5. 润湿比例影响

润湿性是决定多孔介质中流体流动状态和相态分布的主要因素之一。对于水

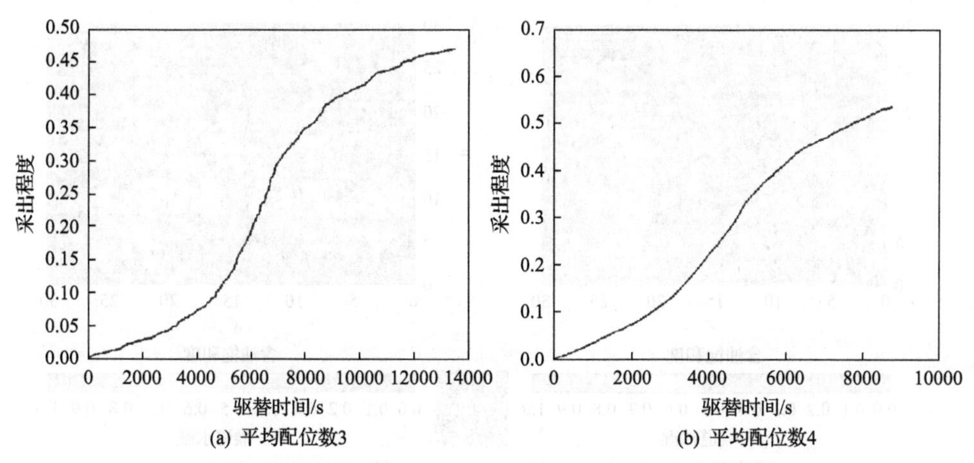

图 10-39　不同平均配位数下采出程度随驱替时间的变化关系

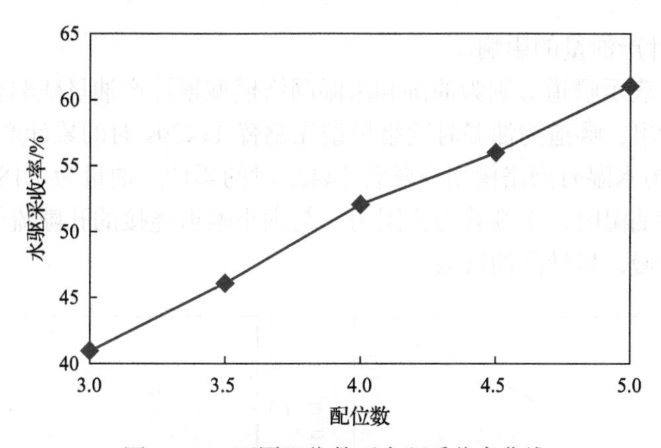

图 10-40　不同配位数下水驱采收率曲线

湿模型，驱替结束后剩余油大部分存在于大孔隙中，而对于油湿模型，油相主要存在于小孔隙中。下面分析润湿性非均质分布的网络模型中剩余油规律。定义润湿比例为油湿孔喉数与水湿孔喉数的比例。

考虑喉道的润湿性，使网络模型的喉道分别为油湿和水湿，对其进行水驱模拟分析，如图 10-41～图 10-47 所示。

(1)对剩余油分布的影响。

图 10-41 为当含水率达到 98%时，喉道分别为油湿和水湿网络模型剩余油分布。可以看出，喉道为油湿网络模型剩余油孔隙比例较大，喉道水湿网络模型剩余油孔隙比例较小。因为喉道油湿时，油-水界面产生的毛细管力为阻力，与细小喉道连接的孔隙受毛细管力的影响难以流动，含剩余油孔隙增多；反之喉道水湿时，毛细管力为动力，剩余油孔隙比例减小。

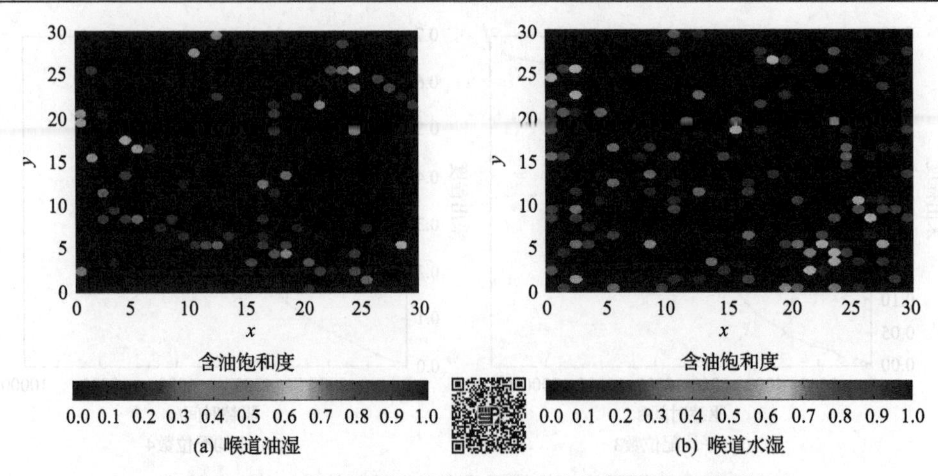

(a) 喉道油湿　　(b) 喉道水湿

图 10-41　不同润湿性下孔隙剩余油分布(彩图扫二维码)

(2) 对累计产油量的影响。

图 10-42 表示喉道分别为油湿和水湿网络模型累计产油量随驱替时间的变化关系。可以看出，喉道为油湿时网络模型在驱替 11430s 时的累计产油量为 $2.3\times10^{-9}m^3$，喉道为水湿时网络模型在驱替 3442s 时的累计产油量为 $1.18\times10^{-7}m^3$，这是因为喉道为油湿时，毛细管力为阻力，与细小喉道连接的孔隙流体难以启动，因而驱替速度慢，累计产油量低。

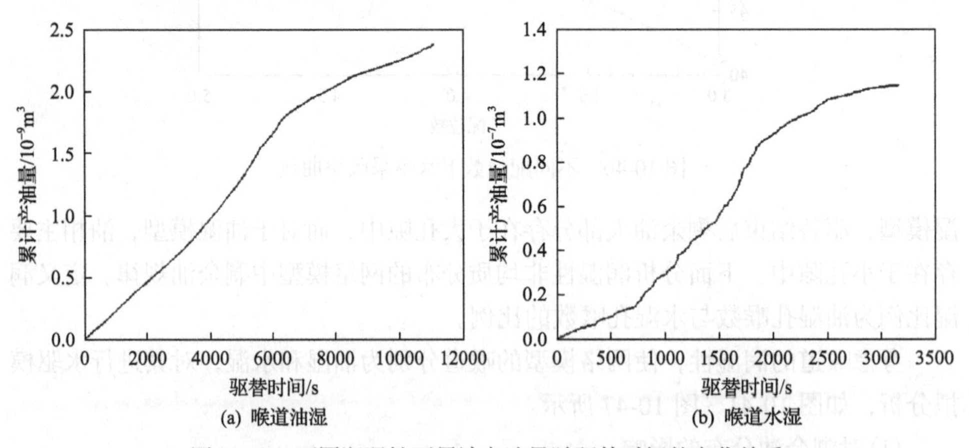

(a) 喉道油湿　　(b) 喉道水湿

图 10-42　不同润湿性下累计产油量随驱替时间的变化关系

(3) 对含水率的影响。

图 10-43 表示喉道分别为油湿和水湿网络模型含水率随注入 PV 数的变化关系。可以看出，喉道为油湿时网络模型在驱替 0.3PV 后开始见水，驱替 1.8PV 时含水率大于 98%；喉道为水湿时网络模型在驱替 0.17PV 后开始见水，驱替 1.2PV 时含水率大于 98%。

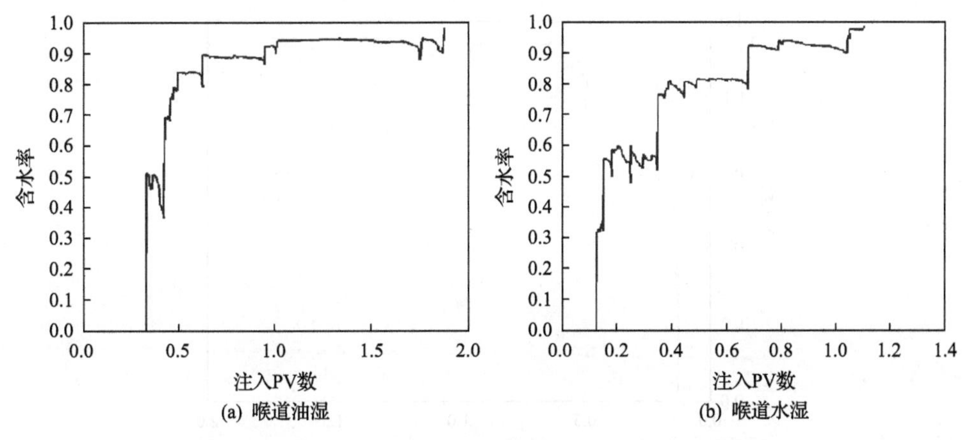

图 10-43　不同润湿性下含水率随注入 PV 数的变化关系

(4)对采出程度的影响。

图 10-44 表示喉道分别为油湿和水湿网络模型的采出程度。可以看出，喉道亲油时网络模型最大采出程度为 52%,喉道亲水时网络模型最大采出程度为 48%,相同驱替时间下喉道亲油时网络模型最大采出程度较小。

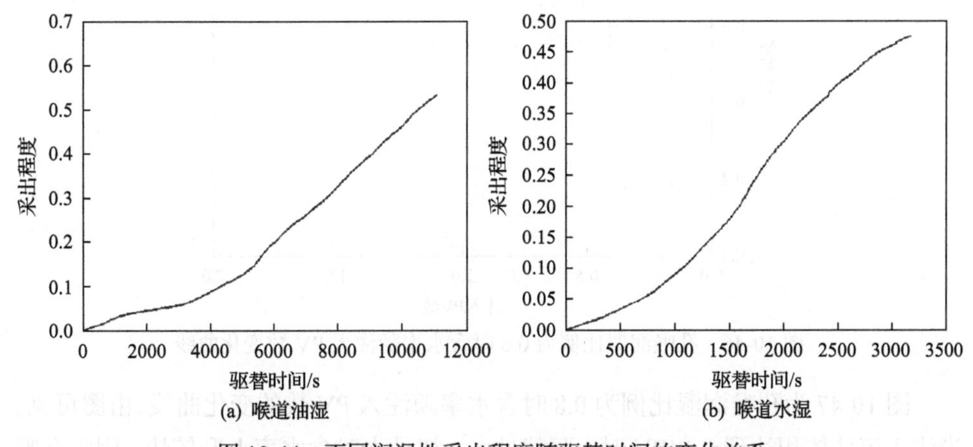

图 10-44　不同润湿性采出程度随驱替时间的变化关系

图 10-45 为孔喉润湿比例为 0.2 时含水率随注入 PV 数的变化曲线,由图可见，当注入流体体积达到 0.18PV 时，驱替见水，而且初始含水率迅速上升，迅速超过了 80%，后续注水驱替效果不好。当注入流体体积达到 1.8PV 时，含水率达到了 98%。

图 10-46 为孔喉润湿比例为 0.6 时含水率随注入 PV 数的变化曲线,由图可见，当注入流体体积达到 0.2PV 时，驱替见水，初始含水率迅速超过了 55%，后续注水含水率上升较慢。当注入流体体积达到 1.8PV 时，含水率达到了 98%。

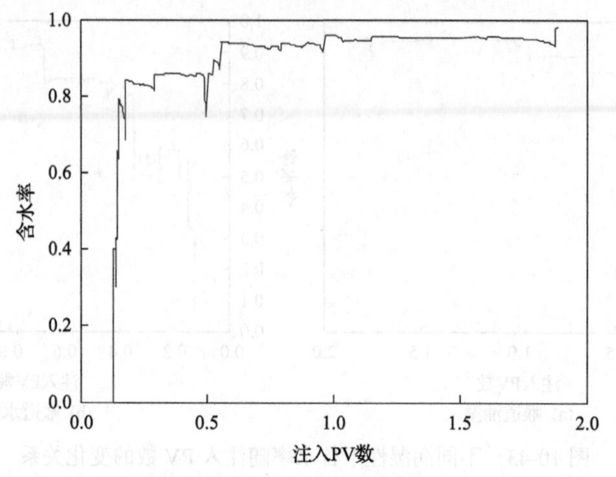

图 10-45 孔喉润湿比例为 0.2 时含水率随注入 PV 数变化曲线

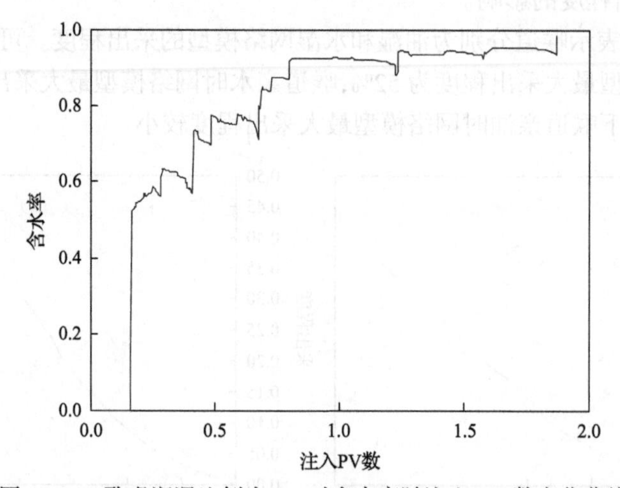

图 10-46 孔喉润湿比例为 0.6 时含水率随注入 PV 数变化曲线

图 10-47 为孔喉润湿比例为 0.8 时含水率随注入 PV 数的变化曲线，由图可见，当注入流体体积达到 0.14PV 时，驱替见水，初见水时含水率上升较快，因为孔喉主要为油湿，水首先从大通道突破，见水后水驱效率很低。当注入流体体积达到 1PV 时，含水率达到了 98%。

以上模拟表明，本节构建的考虑微观力作用的网络模型能够反映不同物性、不同孔喉结构的储层的驱替规律。下面对萨中开发区不同类型储层微观剩余油分布的规律进行分析。

10.3.2 不同类型储层剩余油微观分布特征

微观孔隙结构决定了储层的渗流能力，直接影响储层宏观物性如渗透率和孔隙度的大小，如何获取真实的孔隙结构表征参数对研究不同类型储层的两相渗流特征具有重要的意义。本节通过对萨中开发区不同储层的恒速压汞和铸体薄片分析等实验和数理统计方法获取储层内部孔隙结构特征，并建立不同物性储层微观孔隙结构类型的划分标准。

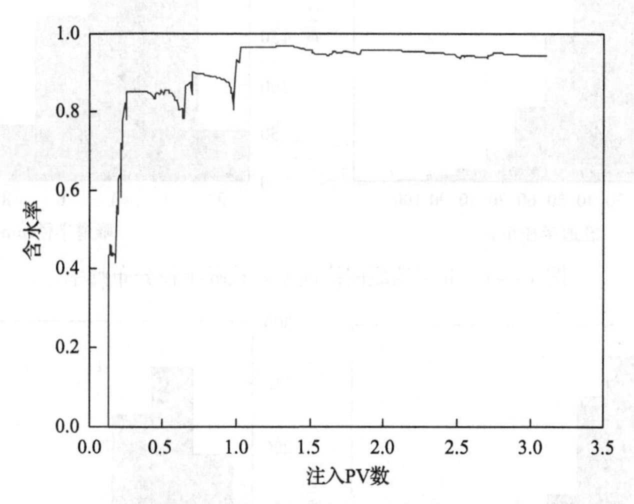

图 10-47　孔喉润湿比例为 0.8 时含水率随注入 PV 数变化曲线

选取了一、三、五类型孔隙网络结构，分别代表Ⅰ类(高渗)、Ⅱ类(中渗)、Ⅲ类(低渗)的储层特征，利用前述已建立的考虑分子间作用力的网络模型两相渗流模拟方法进行剩余油分布规律模拟。孔喉平均特征值如上表所述，为了清晰展示剩余油的分布特征，将三种类型的微观网络结构的平均配位数均设为 4。

图 10-48～图 10-50 分别为三类油藏典型的网络模型喉道半径均满足瑞利分布时的孔、喉半径瑞利分布频率图，其平均喉道半径及平均孔喉比分别为 10μm 和 5、

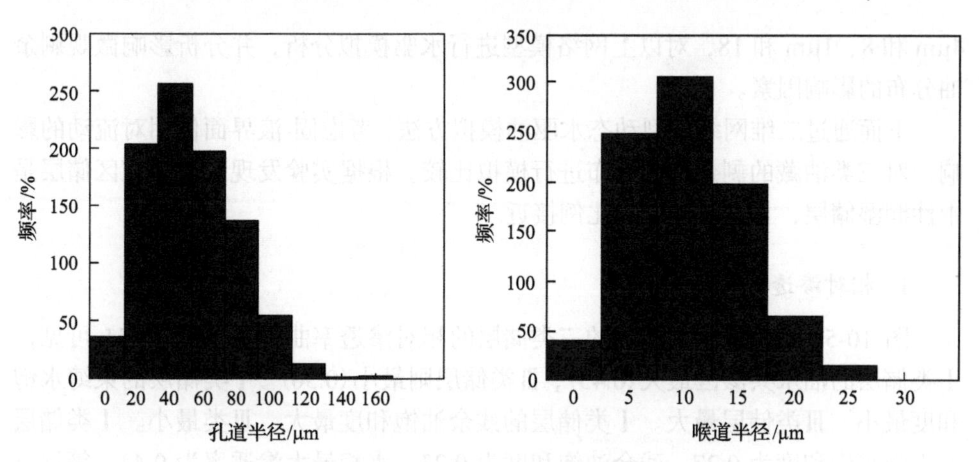

图 10-48　Ⅰ类油藏网络模型的孔喉半径分布频率

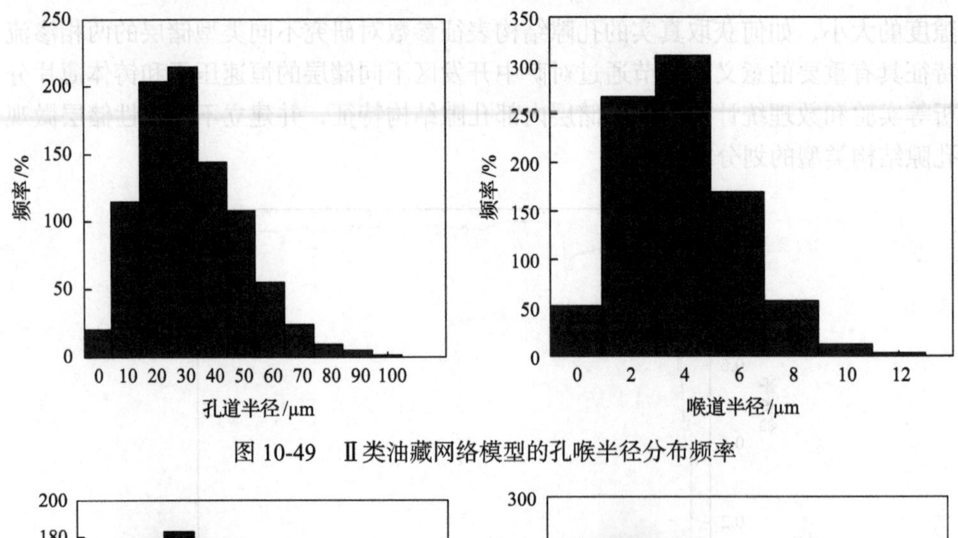

图 10-49 Ⅱ类油藏网络模型的孔喉半径分布频率

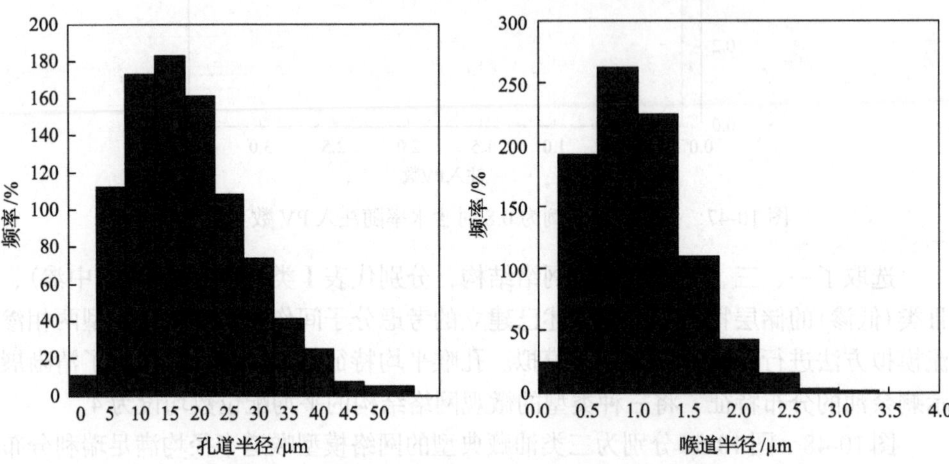

图 10-50 Ⅲ类油藏网络模型的孔喉半径分布频率

4μm 和 8、1μm 和 18，对以上网络模型进行水驱模拟分析，并分析影响微观剩余油分布的影响因素。

下面通过二维网络模型动态水驱油模拟方法，考虑固-液界面作用对流动的影响，对三类油藏的剩余油的分布进行模拟比较。根据实验发现萨中开发区储层是中性润湿储层，且水湿和油湿比例接近。

1. 相对渗透率曲线

图 10-51 为网络模型模拟的三类储层的相对渗透率曲线。由图 10-51 可见，Ⅰ类储层的油水共渗区最大(0.43)，Ⅲ类储层则最小(0.30)。Ⅰ类储层的束缚水饱和度最小，Ⅲ类储层最大。Ⅰ类储层的残余油饱和度最大，Ⅲ类最小。Ⅰ类储层的束缚水饱和度为 0.27，残余油饱和度为 0.23，水相最大渗透率为 0.43，等渗点

为(0.47，0.15)。Ⅱ类储层的束缚水饱和度为0.36，残余油饱和度为0.29，水相最大渗透率为0.3，等渗点为(0.55，0.12)。Ⅲ类储层的束缚水饱和度为0.44，残余油饱和度为0.34，水相最大渗透率为0.21，等渗点为(0.6，0.1)。

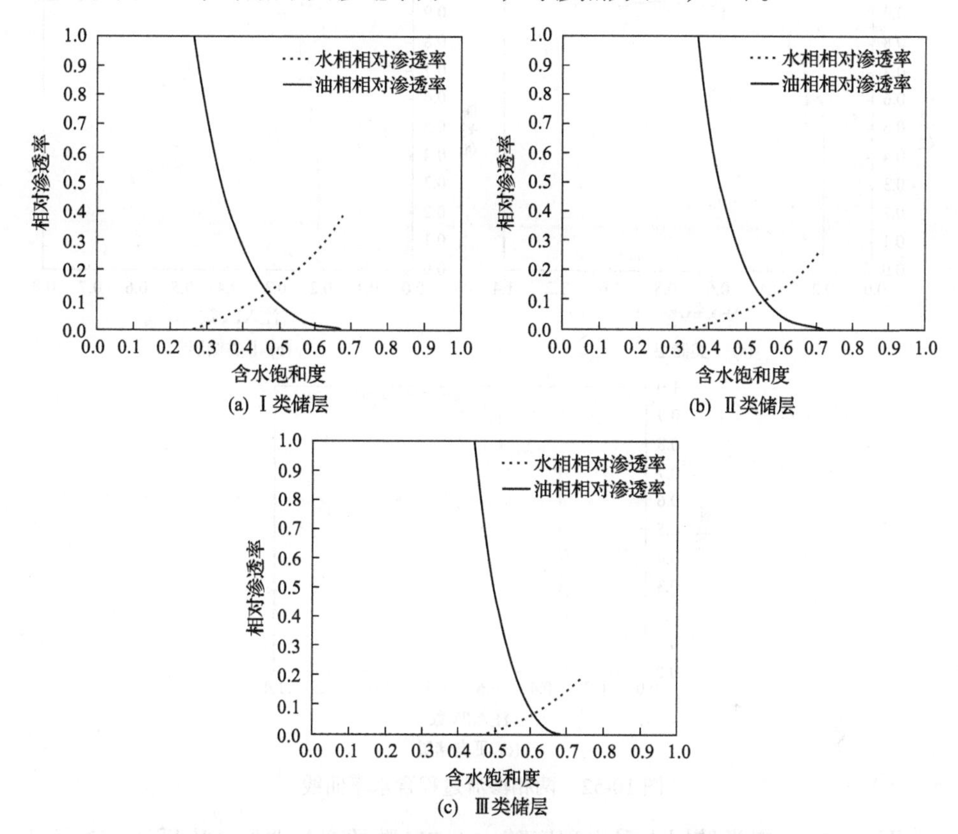

图10-51　二维网络模型模拟三类储层的相对渗透率曲线

比较三类储层的相对渗透率曲线可以发现，随着宏观物性和孔隙结构变差，束缚水饱和度、残余油饱和度逐渐增加，油水两相共渗区间减小，等渗点处的相对渗透率值逐渐降低，等渗点处含水饱和度值逐渐增大，且油相相对渗透率下降速度增大，而水相相对渗透率的增加速度减小。

2. 含水率曲线及采出程度曲线

图10-52为Ⅰ、Ⅱ、Ⅲ类储层中两相渗流过程中的含水率曲线。由图可见，Ⅲ类储层最难注入，因此Ⅲ类储层见水最晚，且达到特高含水期的时间最晚；Ⅰ类储层见水时间最早，且达到特高含水期的速度最快。Ⅰ类储层的初始见水饱和度最大，而Ⅲ类储层的初始见水饱和度最小。Ⅰ类储层在注入0.19PV时开始见水，在注入1.2PV时含水率达到0.98。Ⅱ类储层在注入0.2PV时开始见水，在注

入 0.72PV 时含水率达到 0.98。Ⅲ类储层在注入 0.17PV 时开始见水，在注入 0.42PV 时含水率达到 0.98。

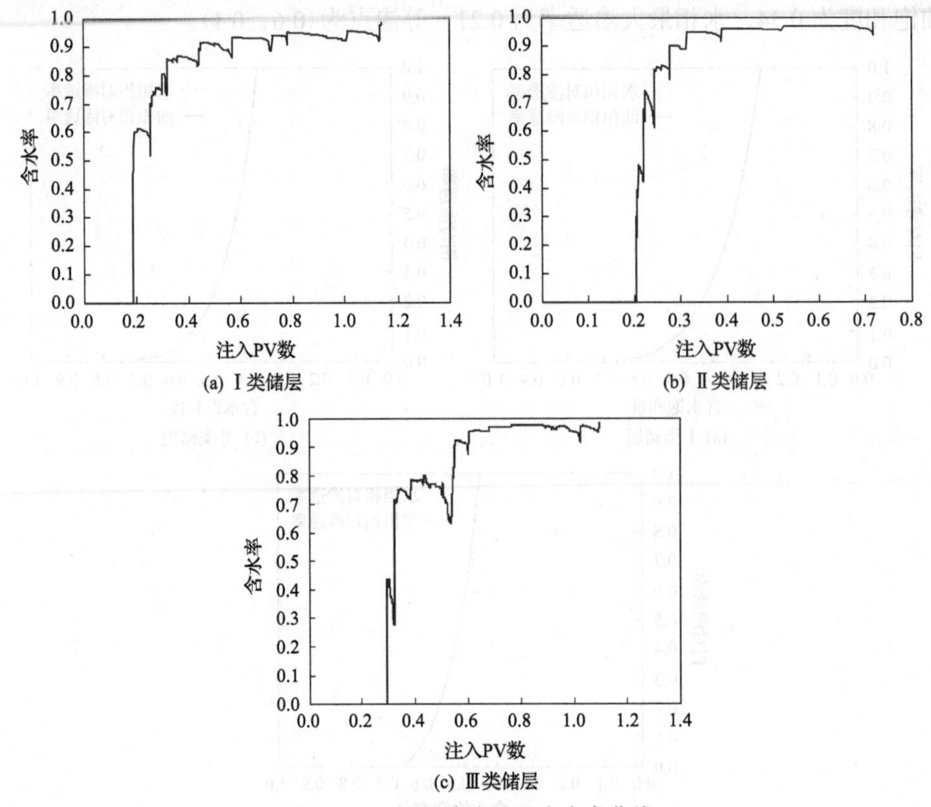

图 10-52　两相渗流过程含水率曲线

图 10-53 为三类储层中采出程度随注入 PV 数的变化曲线，由图 10-53 可见，由于物性较好因此Ⅰ类储层的最终采出程度最大，Ⅲ类储层的最终采出程度最小。Ⅰ类储层在注入 1.1PV 采出程度达到 0.42。Ⅱ类储层在注入 0.75PV 采出程度达到 0.32。Ⅲ类储层在注入 1.37PV 采出程度达到 0.18。

3. 剩余油微观分布规律

利用网络模型可以模拟在不同类型的储层中剩余油分布的几何形态，并进行统计。从剩余油的赋存形态和占据的孔隙个数，从几何角度分析可以归纳为以下几类形态。

(1)分散状，即孔喉中剩余油分布零散，连续分布在较少的孔喉中。

(2)连片状，即部分相连的孔喉空间充满了连续分布的剩余油。

(3)膜状，剩余油与水同存于孔喉中，油以膜状吸附在孔壁的表面。

分类方法如图 10-54 所示。

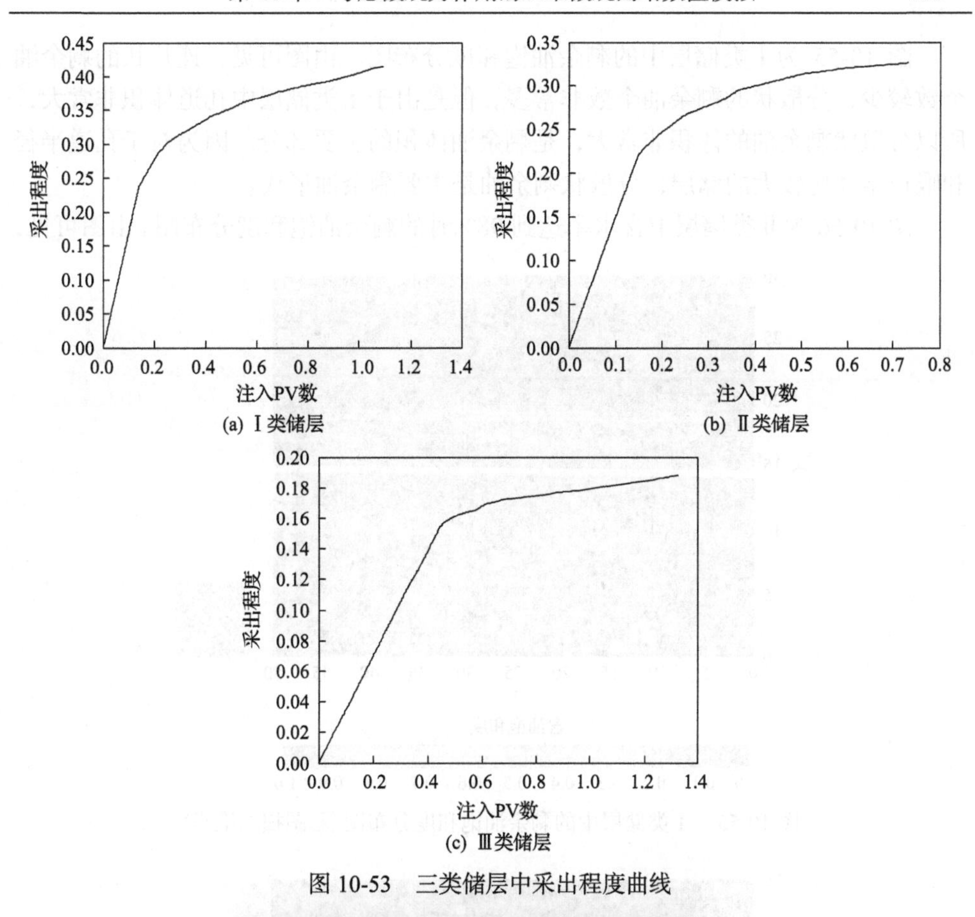

图 10-53　三类储层中采出程度曲线

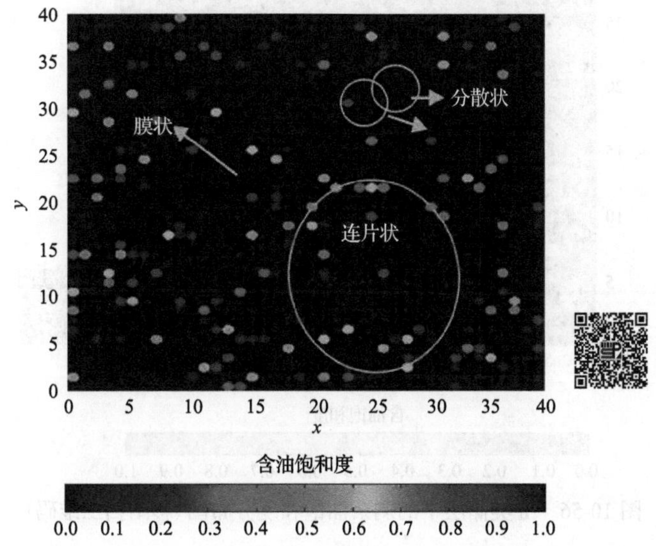

图 10-54　不同类型储层中剩余油分布的分类方法(彩图扫二维码)

图 10-55 为Ⅰ类储层中的剩余油饱和度分布图。由图可见，连片状的剩余油个数较少，分散状的剩余油个数非常多，但是由于Ⅰ类储层中孔道体积非常大，所以分散状剩余油的体积非常大，是剩余油体积的主要部分。因为对于孔道半径和喉道半径比较大的储层，分散状剩余油是主要剩余油形式。

图 10-56 为Ⅱ类储层中含水率达到 98%时的剩余油饱和度分布图。由图可见，

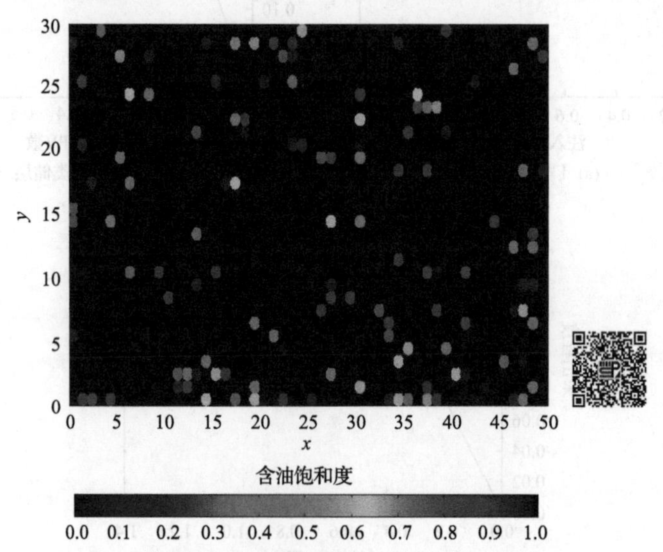

图 10-55　Ⅰ类储层中的剩余油饱和度分布图(彩图扫二维码)

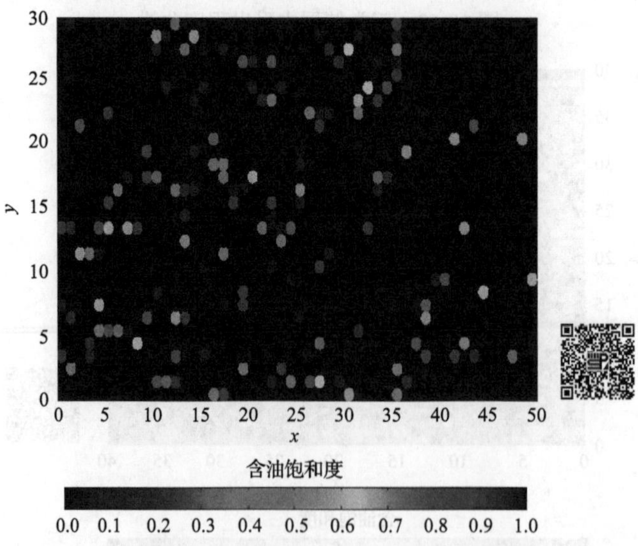

图 10-56　Ⅱ类储层中的剩余油饱和度分布图(彩图扫二维码)

分散状的剩余油相比Ⅰ类储层减少，而连片状剩余油个数比例增加。随着喉道半径的减小，连片状剩余油增加，因为水不易进入细小的孔喉，会导致驱替流体绕流较大的孔隙，形成了连片状的剩余油。

图 10-57 为在Ⅲ类储层中含水率达到 98%时的剩余油饱和度分布图。由图可见，连片状剩余油个数比Ⅱ类储层更多，由于孔道体积非常小，所以剩余油体积较小。

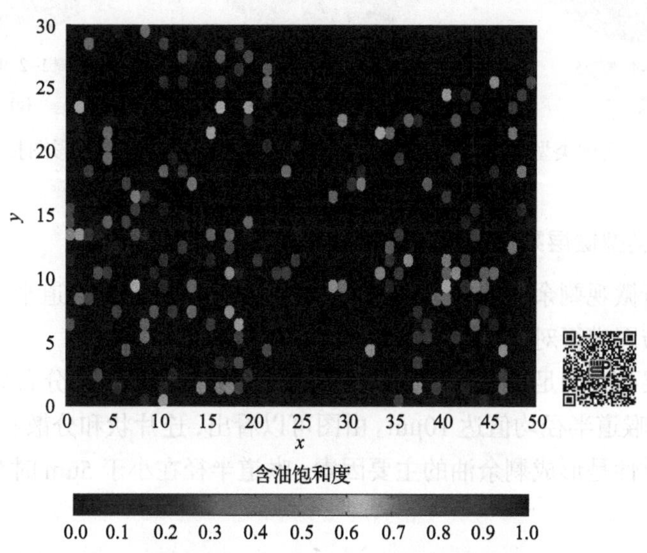

图 10-57　Ⅲ类储层中的剩余油饱和度分布图(彩图扫二维码)

由于三种类型的网络模型的微观结构不同，孔隙的尺寸相差很大，为了将三类储层的剩余油特征进行比较，统计了三类网络结构中液滴占据的孔隙数，如表 10-2 所示。

表 10-2　三类网络结构中连续剩余油占据孔隙数的百分比　(单位：%)

储层类型	占据孔隙数		
	1～2 个孔隙	3～4 个孔隙	≥5 个孔隙
Ⅰ	63.85	21.13	15.02
Ⅱ	16.21	12.56	71.23
Ⅲ	7.35	4.53	88.12

图 10-58 为三种类型网络结构中剩余油连续分布占据孔隙比例图。由图可见，随着储层物性和孔隙网络结构变差，分散状连续分布的剩余油比例显著减小，而连片状剩余油的比例显著增加。

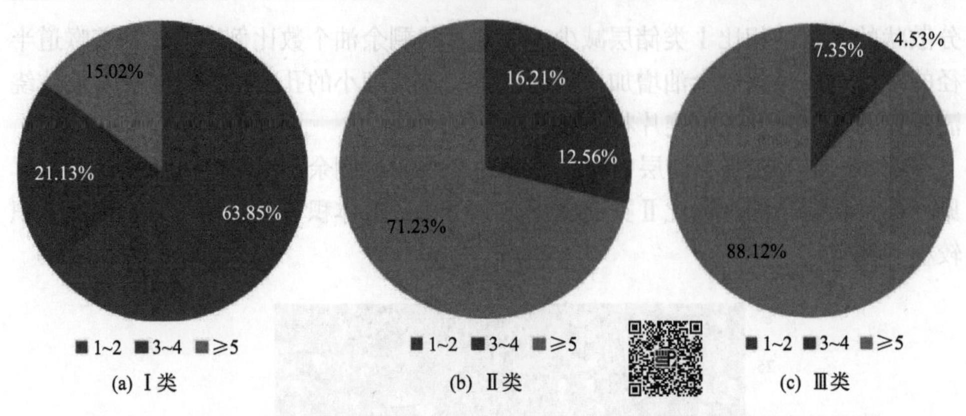

图 10-58 三种类型网络结构中剩余油连续分布占据孔隙比例图(彩图扫二维码)

10.3.3 不同类型储层剩余油成因微观力作用机制研究

为了分析微观剩余油的成因机制，将Ⅰ、Ⅱ、Ⅲ类储层喉道半径的分布云图和剩余油分布图进行对比。

Ⅰ类储层孔喉满足瑞利分布的喉道半径分布云图和剩余油分布如图 10-59 所示，Ⅰ类储层喉道半径均值达 10μm。由图可以看出，连片状和分散状剩余油较少，储层的非均质性是形成剩余油的主要因素，喉道半径在小于 5μm 时容易形成连片状剩余油。

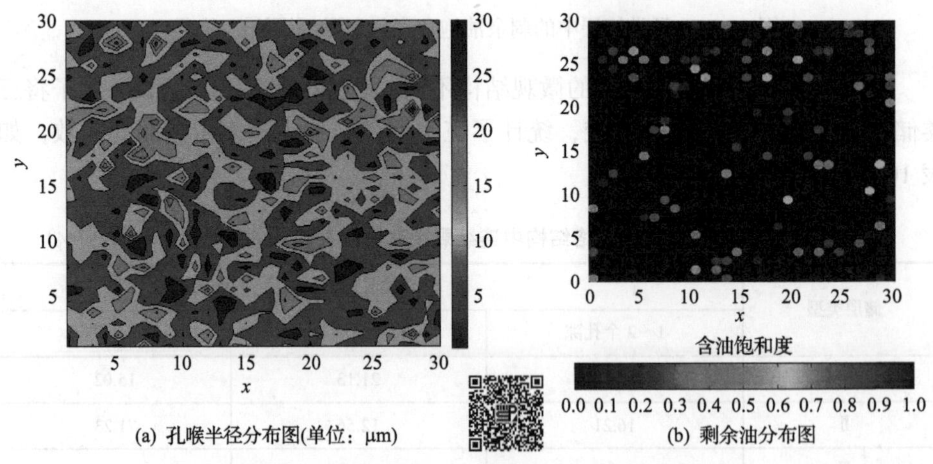

图 10-59 Ⅰ类储层孔喉满足瑞利分布的喉道半径分布云图和剩余油分布图(彩图扫二维码)

Ⅰ类储层孔喉满足正态分布的喉道半径分布云图和剩余油分布如图 10-60 所示，Ⅰ类储层喉道半径均值达 10μm，孔喉满足正态分布时，喉道半径分布比较集中，储层中的大多数油都被驱替出去。储层的非均质性较瑞利分布时弱，连片状

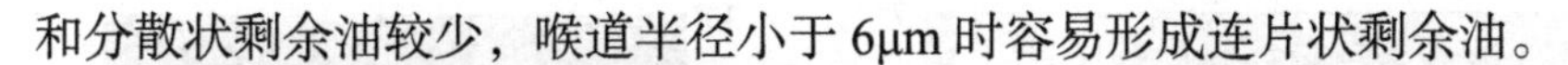
和分散状剩余油较少，喉道半径小于 6μm 时容易形成连片状剩余油。

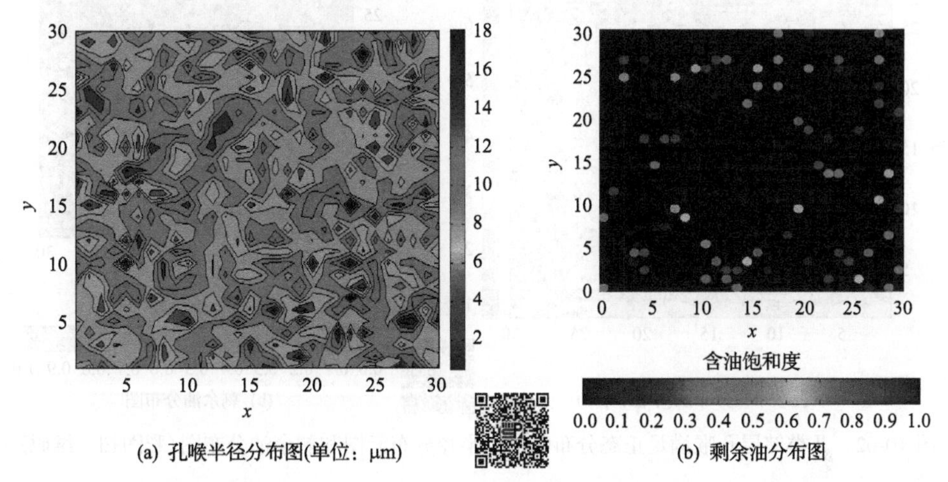

图 10-60　I 类储层孔喉满足正态分布的喉道半径分布云图和剩余油分布图(彩图扫二维码)

Ⅱ类储层孔喉满足瑞利分布的喉道半径分布云图和剩余油分布如图 10-61 所示，Ⅱ类储层喉道半径均值为 4μm，分布比较分散，储层的非均质性较 I 类储层强，喉道半径较小，微观力作用较强。微观力及储层的非均质性是形成剩余油的主要因素，喉道半径小于 6μm 时容易形成连片状剩余油。

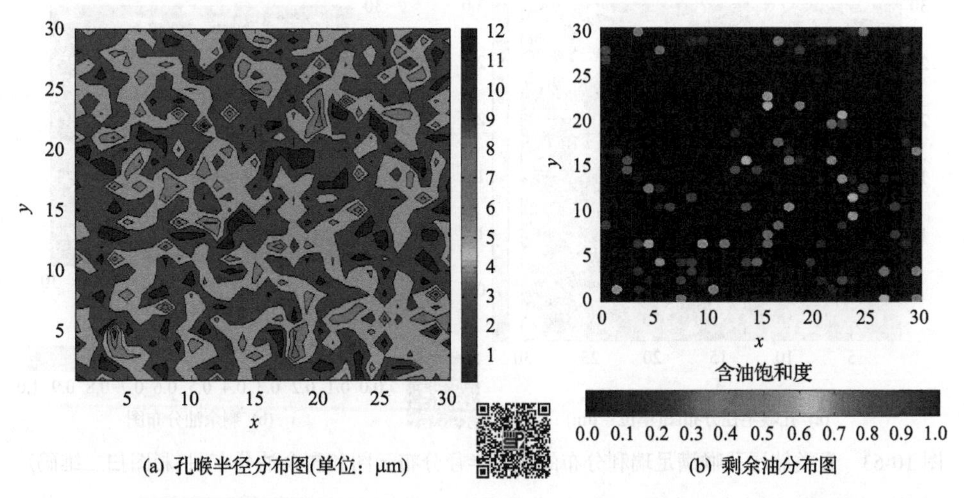

图 10-61　Ⅱ类储层孔喉满足瑞利分布的喉道半径分布云图和剩余油分布图(彩图扫二维码)

Ⅱ类储层孔喉满足正态分布的喉道半径分布云图和剩余油分布如图 10-62 所示，Ⅱ类储层喉道半径均值为 4μm，分布比较集中，大部分油被驱替出去，微观力是形成剩余油的主要因素，喉道半径小于 6μm 时容易形成连片状剩余油。

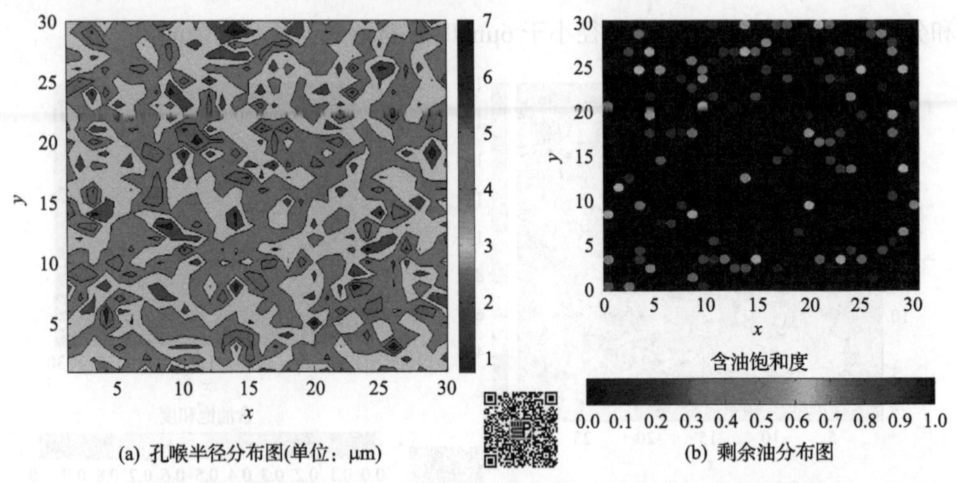

(a) 孔喉半径分布图(单位：μm)　(b) 剩余油分布图

图 10-62　Ⅱ类储层孔喉满足正态分布的喉道半径分布云图和剩余油分布图(彩图扫二维码)

Ⅲ类储层孔喉满足瑞利分布的喉道半径分布云图和剩余油分布如图 10-63 所示，Ⅲ类储层喉道半径均值仅为 1μm，储层的非均质性较强，微观力的影响显著，驱油效果并不理想，形成较多剩余油。在储层的中下部位，喉道半径较小容易形成连片状剩余油。微观力作用和储层的非均质性是形成剩余油的主要因素，喉道半径小于 2μm 时容易形成连片状剩余油。

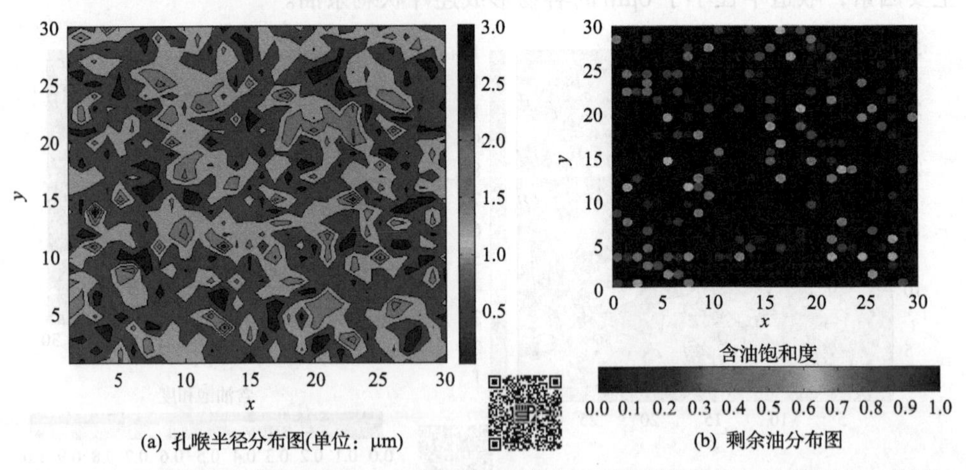

(a) 孔喉半径分布图(单位：μm)　(b) 剩余油分布图

图 10-63　Ⅲ类储层孔喉满足瑞利分布的喉道半径分布云图和剩余油分布图(彩图扫二维码)

Ⅲ类储层孔喉满足正态分布的喉道半径分布云图和剩余油分布如图 10-64 所示，Ⅲ类储层喉道半径均值仅为 1μm，储层的非均质性较瑞利分布弱，但微观力的影响显著，驱油效果并不理想，形成较多剩余油。微观力作用和储层的非均质性是形成剩余油的主要因素，喉道半径小于 2μm 时容易形成连片状剩余油。

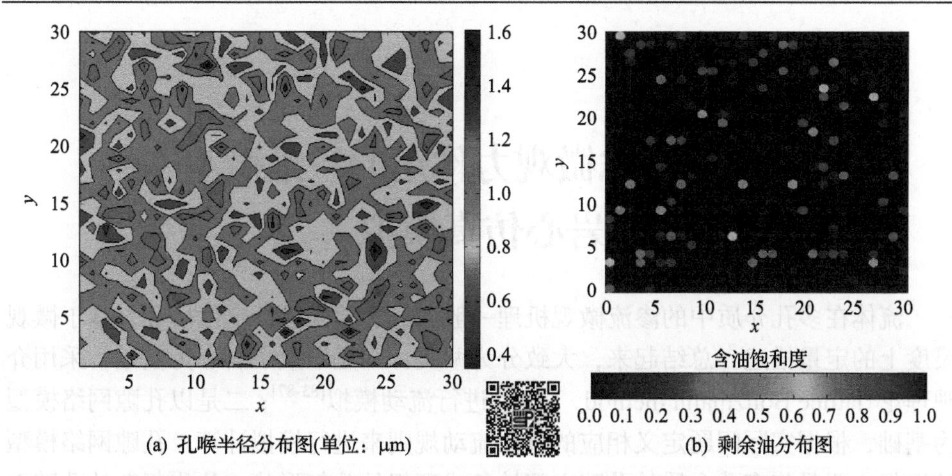

图 10-64　Ⅲ类储层孔喉满足正态分布的喉道半径分布云图和剩余油分布图(彩图扫二维码)

第11章　考虑微观力作用的三维微观网络岩心仿真模拟

流体在多孔介质中的渗流微观机理一般通过实验来进行定性研究，基于微观尺度上的定量描述。总结起来，大致分为两类：一是以数字岩心为基础，采用介观理论(lattice Boltzmann method，LBM)进行流动模拟[83-87]；二是以孔隙网络模型为基础，根据实际问题定义相应的具体流动规则来进行模拟计算。孔隙网络模型的思想主要是将多孔介质的孔隙空间抽象成理想的几何形状，认为复杂的孔隙空间是由众多喉道和孔隙相互连通组成的，较大的孔隙空间为孔隙，而相对狭长的孔隙空间被认为流体流动的喉道。由于孔隙网络模型能够反映真实岩心的孔隙空间特征，如果对其模型赋予相应的渗流规律或运输特性，就可以对一些渗流参数或模拟计算过程做出相应的定量预测。

本章建立三维孔隙网络模型可以利用微 CT 技术重构[88-94]与真实岩样等价的三维孔隙网络模型，也可以依据恒速压汞实验结果。利用压汞资料建立孔隙网络模型对水驱油过程进行模拟，并对萨中开发区水驱油的渗流规律和残余油的形态及其形成机理进行分析。

11.1　岩心三维微观网络模型构建

构建和提取孔隙网络模型，需要基于事先获得的能够准确反映孔隙空间分布及结构特征的数字岩心，或者需要利用恒速压汞技术得到孔隙喉道信息能真实反映多孔介质储集层流体渗流过程中动态的孔、喉特征。数字岩心的获得方法主要分为两大类：物理实验法方法和数值重构方法。物理实验法是借助高精度仪器获取岩心的二维断层图像，通过对断层图像进行三维重建得到数字岩心，物理实验法主要有序列成像法、聚焦扫描法和 CT 扫描法；数值重建方法是借助少量的岩心断层图像等信息，应用图像处理技术得到建模所需信息，最后通过数学方法重建得到三维数字岩心，数值重建法主要有高斯模拟算法、模拟退火算法、过程模拟算法、多点统计算法和马尔可夫随机重建算法。在各种建模方法中，目前国内外常用的算法主要是 X 射线 CT 扫描法和过程法。X 射线 CT 扫描法构建的三维数字岩心具有精度高、图像逼真、样品无损等优点，但缺点是 CT 实验仪器价格昂贵、实验费用高、岩心样品数量有限；过程法构建三维数字岩心的优点是克服了 CT 扫描分辨率的限制，充分利用了储层的二维地质信息，并且建立的数字岩心具有较好的连通性，缺点是建模过程太过理论化。

11.1.1　微 CT 扫描实验仪器及工作原理

微 CT 扫描技术是获取岩心孔隙空间结构最准确、最直接的方式，而且该方法快速、无损，其图像分辨率高。对岩心开展微 CT 扫描的主要步骤有：①对岩心进行预处理制样，针对岩样的孔隙度和渗透率设定合适的分辨率进行 X 射线扫描，获取投影数据；②对岩样的灰度截面图像进行滤波和二值化等后期处理，分割岩石骨架和孔隙空间；③利用岩心截面扫描图像重建三维数字岩心。

微 CT 扫描成像分辨率可达微米级别，仅次于同步加速 X 射线设备成像水平。在扫描过程中，射线源发出的 X 射线穿透过样品并产生衰减。而根据样品材料在射线方向上组成、密度、厚度的不同，对 X 射线的衰减也有差异。这就是 X 射线的成像原理。

微 CT 成像的基本过程是通过微焦点 X 射线球管发射 X 射线，并对样品各个层面进行扫描投射，由探测器接受 X 射线后将 X 射线转换为光信号，再由光电转换器转换微电信号，最后转换为数字信号输入计算机完成成像过程。

11.1.2　微 CT 扫描构建三维数字岩心的过程

微 CT 扫描法构建三维数字岩心需要一系列复杂的实现过程，主要包括 CT 扫描实验、图像滤波处理、图像二值化及 REV 分析四个主要方面，以下对该四个过程分布进行详细介绍。

1. CT 扫描实验

在进行 CT 扫描实验之前，首先要根据样品扫描的分辨率对测量样品的尺寸和规格进行加工，被测样品的尺寸与 X 射线 CT 扫描的分辨率呈反比对应关系，即 CT 扫描的分辨率设置越高，能够测量的样品尺寸就越小。样品尺寸确定后，选择物理滤波器并调整载物台的物质，便可开始岩心的 CT 扫描。整个实验过程分为以下四个步骤：①固定好待扫描的样品；②打开 X 射线源开关；③X 射线探测器检测经样品吸收衰减后的 X 射线；④图像记录软件自动记录并存储探测器所检测的信号。完成一次扫描和采集后，通过旋转仪器上的样品夹持器，使样品精细旋转一定角度后重新扫描并记录衰减后的 X 射线，累计旋转 360°后结束整个扫描实验。

2. 二维图像处理

原始的 CT 扫描二维灰度图像由于存在系统噪声，必须进行有效的滤波处理才能使图像更加准确。目前最常用的滤波技术就是使用中值滤波器对图像进行中值滤波。该方法首先构建一个滑动窗口，该窗口由奇数个像素点构成，利用窗口内所有像素点的中值代表窗口中心点。例如，在一个窗口内有 30、50、150、110 和 100 五个像素灰度值，这五个点的中值为 100，经过中值滤波后窗口内中心点的灰度值都变为100，具体见式(11-1)：

$$y_i = \mathrm{Med}\left\{f_{i-v}, \cdots, f_i, \cdots, f_{i+v}\right\}, \quad v = \frac{m-1}{2} \tag{11-1}$$

式中，y_i 为整个窗口的中心点灰度值；f_i 为第 i 个点的灰度值；m 为窗口的像素值个数，取奇数。

在一般处理过程中，由于图像细节较多，可以针对图像选择区域进行多次中值滤波，再对各个结果进行综合输出，这样处理后平滑和保护边缘的效果更加突出。图像经过中值滤波处理后，图像中所有与周围像素点灰度差异较大的点都被进行重新赋值，使其与周围像素点平稳过渡，因此该处理可以有效地消除图像中的孤立噪声。经过滤波处理后图像中骨架与孔隙之间的过渡变得更加平滑与自然，而且图像中已经不存在不合实际的孤立点，因为在实际岩心中这些孤立点不论是作为骨架还是孔隙，都是不存在的。经过滤波后得到的仍是岩心的二维灰度图像，图像中的灰度值反映了物质与 X 射线发生作用后衰减的强弱，由于射线衰减的强弱主要受物质的密度影响，因此图像的灰度值大小对应物质的相对密度，灰度值越大密度越大，反之密度越小。数字岩心在建模过程中，对骨架与孔隙的详细区分是关系到数字岩心是否准确的关键，在不考虑岩石骨架矿物成分的前提下，最主要的方法就是对灰度图像进行二值化处理。图像经二值化后由两种像素组成，一般情况下，用 0 代表骨架，1 代表孔隙。

在所有的图像二值化处理方法中，阈值法是一种最常用的二值化方法，主要因为该方法比较直观、计算量小、易于实现并且性能稳定，本节也使用了该种方法。该技术的核心就是选取合理、准确的图像分割阈值，阈值的选择关系到三维数字岩心中孔隙与骨架划分的准确程度。通常假设函数 $f(x,y)$ 是像素点位置 (x,y) 的灰度值，经过阈值分割处理后图像变为 $g(x,y)$：

$$g(x,y) = \begin{cases} 1, & f(x,y) > T \\ 0, & f(x,y) \leqslant T \end{cases} \tag{11-2}$$

式中，T 为阈值，或称为门限值，阈值的合理选取是图像分割技术的关键，本节通过直方图法来选取灰度图像的阈值。

该方法中首先假设图像的灰度级别范围为 $0,1,\cdots,l-1$，而每个灰度级/对应的像素值为 n_i，因此该图像的总像素 N 可表示为

$$N = \sum_{i=0}^{l-1} n_i \tag{11-3}$$

灰度级 i 对应的出现概率为

$$P_i = \frac{n_i}{N} \tag{11-4}$$

3. 典型单元体分析

典型单元体(REV)分析是构建三维数字岩心的关键，主要目的是针对三维数字岩心选取合适的尺寸，使其具有代表性。在一般情况下，三维数字岩心的尺寸越大(像素点越多)，其代表的岩石结构信息就越丰富，岩石物理数值模拟的准确性就越高。但是三维数字岩心的尺寸对计算机的存储和运算能力要求较高，不能无限制增大数字岩心的尺寸。因此，通过 REV 分析选取一个合适的三维数字岩心尺寸至关重要。

对岩心进行 REV 分析一般是以孔隙度和自相关函数作为约束条件进行的。首先，在三维数字岩心图像中以任意一个体素点为中心，构建一个边长为 a 的小立方体。计算该小立方体的孔隙度，不断增大立方体的边长并统计对应的孔隙度大小，由此可建立一个由立方体边长与孔隙度二者构成的对应曲线，当立方体边长较小时，不同像素点下的立方体孔隙度相差较大，但当边长大于 10 时，孔隙度的变化趋于平稳并收敛于一个常数，而该常数与实际岩心测量的孔隙度一致。图 11-1 为萨中开发区Ⅱ类储层岩心的三维数字岩心。

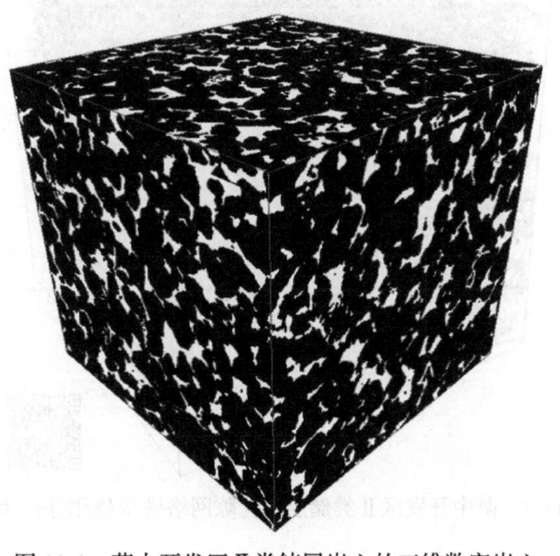

图 11-1　萨中开发区Ⅱ类储层岩心的三维数字岩心

11.1.3　孔隙网络模型的提取

数字岩心获取后，需要根据已获得的数字岩心提取能够和实际岩心真实孔隙空间拓扑性质保持相同的孔隙网络模型。网络模型的好坏及是否与真实岩心孔隙空间等价等都直接取决于提取的算法的好坏(即建模技术的优劣)。常见的提取算法主要有四类：多向扫描法、多面体法、居中轴线法和最大球体法。

经图像处理，得到一系列经过 0/1 二值化的数字岩心，其中 0 代表孔隙，1 代表骨架。再运用最大球算法提取孔隙网络模型，具体算法可参照帝国理工大学孔隙级模拟课题组开发的可执行程序：PORENET.exe。运行程序后可得到四个输出文件，包含了孔隙与喉道的各种特性参数信息。用 VisualAll.exe 可以将这些参数数据整理成为一个文档命令文件，将此命令文件导入到 Rhinoceros 4.0 中，即可实现球杆模型的可视化。

由于微 CT 扫描价格比较昂贵，通过恒速压汞实验结果提取和建立三维孔隙网络模型。萨中开发区Ⅱ类储层岩心的孔隙网络模型如图 11-2 所示，孔隙网络模型中球体表示孔隙，球体半径越大，则该处的孔隙半径越大；圆柱体表示喉道，圆柱体的半径越大，则该处的喉道半径越大。数字岩心的孔隙网络模型只是对岩心孔隙和喉道的示意图，根据形状因子的不同，实际计算中孔隙和喉道均为不同截面形状的柱体。

图 11-2　萨中开发区Ⅱ类储层的孔隙网络模型(彩图扫二维码)

11.2　三维微观网络岩心水驱油网络模型建立

基于孔隙网络的两相渗流模型为准静态模型，即忽略黏滞力的作用，且因为基于微观孔隙结构，所以也忽略了弹性力的作用。

当油水两相流体流过岩心时，在岩心孔隙内的分布状态将受其对岩心润湿特性(即油-水-岩心表面接触角)的影响。渗流过程有两个：一是非润湿相(油)驱润湿相(水)的驱替(drainage)过程；二是润湿相(水)驱非润湿相(油)的吸入(imbibition)过程。在两个过程中采用不同的接触角：驱替过程的接触角是后退角 θ_r，吸入过程的接触角是前进角 θ_a。

驱替过程：初始状态为孔隙空间中充满水，岩心呈强亲水特性，接下来在入口端注入油驱替孔隙空间中的水。

吸入过程：经过驱替过程后(油相侵入孔隙网络)，水相驱替孔隙空间中油相的过程。

11.2.1　孔隙空间的描述

1. 形状因子

真正的孔隙和喉道有着复杂且高度不规则的几何轮廓。我们近似地把它们用截面形状任意的毛细管表示，横截面的不规则度用一个无量纲的形状因子 G 表示：

$$G = \frac{VL}{A_s^2} \tag{11-5}$$

式中，A_s 为孔隙或喉道空间的表面积；V 为空间体积；L 为空间长度。

另有一个等价的公式：

$$G = \frac{A}{P^2} \tag{11-6}$$

式中，A 为横截面积；P 为周长。

不同截面形状的形状因子是不同的，截面形状越规则，形状因子越大。圆的形状因子最大，为 1/4π(0.0796)；正方形的形状因子为 1/16(0.0625)；三角形的形状因子变化范围为 0～$\sqrt{3}$/36(0.0481)，如图 11-3 所示。

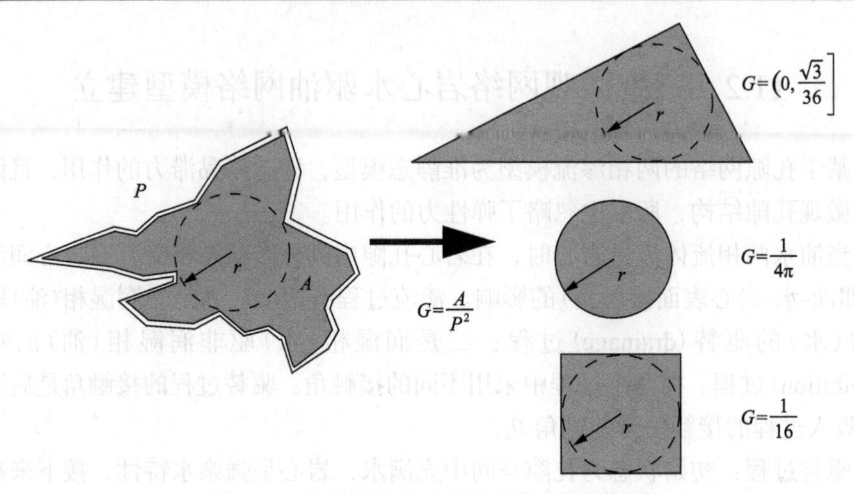

图 11-3　孔隙网络单元体的无量纲形状因子

2. 模型假设

在进行油水两相模拟时，具有如下假设。

(1)孔隙和喉道中流体属于牛顿流体，流体不可压缩，不可混相。

(2)孔隙和喉道中可以同时存在一种或两种流体，在两种流体同时存在的情况下，排液时非润湿相流体占据绝大多数空间，而润湿相主要以液膜的形式仅存在于孔隙和喉道的角隅中。

(3)流体的压力仅仅在孔隙中具有物理意义，孔隙的尺寸足够大以至于驱替前缘流过孔隙时所需的毛细管压力可以忽略不计。

3. 边界条件

最初网络模型中的孔隙和喉道由于饱和水而变为强水湿，在网络入口处的喉道和虚拟的具有一定初始压力的非润湿相的“油藏”相连。模拟开始时，非润湿相流体(油)从入口处所有连接到网络模型中孔隙的喉道流进，润湿相流体(水)从出口流出(出口处的压力为 0)，在平行于渗流方向的其他边界上模型不可渗透。

4. 模拟过程

模拟时为消除末端效应，网络入口的一端同含有驱替流体的储层相连，网络出口的一端同含有被驱替流体的储层相连，中间部分为模拟微观渗流过程及求解宏观参数的测试区，如图 11-4 所示。初始状态下，网络被水充满，呈强水湿性。利用初次排液过程模拟原油运移形成油藏过程，当原油侵入网络后，部分网络的润湿性发生改变。初次排液后进行吸液，模拟一次水驱过程。

图 11-4　模拟网络的三个区域

5. 传导率

传导率 g 定义为：流体沿这些截面不同的毛细管流动时，单位压力梯度下的体积流量。它表征了流体在单个毛细管中的流动能力。由于传导率与所流经的毛细管截面形状有关，即与形状因子 G 有关。所以，圆形、正方形和任意三角形截面的毛细管传导率是不同的。

由于这里研究的孔隙网络模型是静态网络模型，即毛细管力的作用远远大于黏滞力的作用。假设流体是不可压缩的牛顿流体，且黏度为常数。利用该假设，结合连续性方程和 N-S 方程就可以描述不同截面形状的毛细管的流体流动。

圆形截面毛细管的无量纲传导率为

$$\tilde{g}=\frac{1}{8\pi}=\frac{1}{2}G \tag{11-7}$$

正方形截面毛细管的无量纲传导率为

$$\tilde{g}=0.5623G \tag{11-8}$$

任意三角形截面毛细管的无量纲传导率为

$$\tilde{g}=\frac{g\mu}{A^2}\approx\frac{3}{5}G \tag{11-9}$$

式中，μ 为流体黏度。

若不考虑固体管壁与流体分子间作用力时，圆管中单相流体的流动为泊肃叶流，即

$$Q=-\frac{\pi}{8}\frac{R^4}{\mu_0}\frac{\mathrm{d}p}{\mathrm{d}x} \tag{11-10}$$

式中，R 为圆管半径，m；μ_0 为流体黏度，Pa·s；p 为压力，Pa。

因此对于复杂的孔隙及喉道的截面形状，定义一个等效半径 R_{equ}，即

$$R_{\text{equ}}=\left(\frac{8g}{\pi}\right)^{1/4} \tag{11-11}$$

11.2.2　引流过程及毛细管力

由于初始状态时孔隙网络(孔隙和喉道)被水完全饱和，引流过程仅发生活塞

驱替，即孔隙体中心被油相占据，与相邻的孔隙体形成连续的流体。在油-水弯液面上，毛细管压力可通过杨-拉普拉斯方程得到

$$p_{\mathrm{cow}} = p_{\mathrm{o}} - p_{\mathrm{w}} = \sigma_{\mathrm{ow}}\left(\frac{1}{R_1}+\frac{1}{R_2}\right) \tag{11-12}$$

式中，p_{o} 和 p_{w} 分别为油相和水相压力；σ_{ow} 为油-水界面张力；R_1 和 R_2 均为曲率半径。

由于已知孔隙截面形状，所以可以将式(11-12)简化。如圆形孔隙可以简化为

$$p_{\mathrm{cow}} = \frac{2\sigma_{\mathrm{ow}}\cos\theta_{\mathrm{owr}}}{r} \tag{11-13}$$

式中，θ_{owr} 为油水后退接触角；r 为内切半径。

涉及重力作用的影响，可以通过从毛细管压力表达式中减去 $\Delta\rho_{\mathrm{ow}}gh$ 表示，其中 $\Delta\rho_{\mathrm{ow}}$ 为油和水之间的密度差，g 为重力常数，h 为到基线的高度。本章以下部分将省略油-水下标。

因为很少有截面是圆形的孔隙体，然而多边形截面孔隙体的毛细管压力因为润湿相流体在角落里的滞留而变得复杂，如图 11-5 所示。Øren 等[86]总结公式如下：

$$p_{\mathrm{c}} = \frac{\sigma\cos\theta_{\mathrm{r}}(1+2\sqrt{\pi G})}{r}F_{\mathrm{d}}(\theta_{\mathrm{r}},G,\beta) \tag{11-14}$$

式中，θ_{r} 为润湿角，(°)；r 为孔喉半径，m；β 为角隅半角，(°)；F_{d} 为润湿性流体可能滞留在角落中的无量纲因子；G 为形状因子。

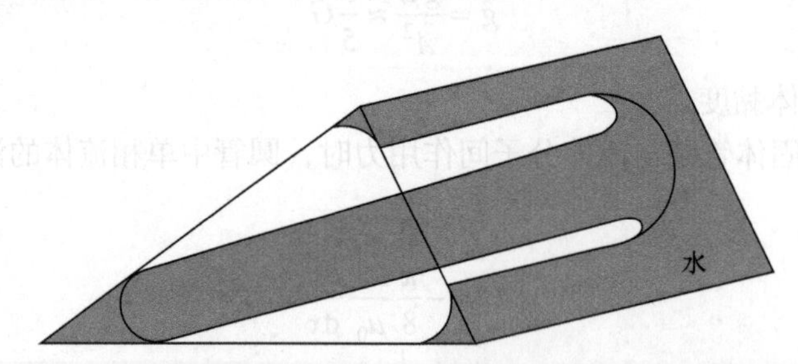

图 11-5 在截面为三角形的孔隙体中油驱水活塞驱替示意图

多边形孔隙体的一个角的截面如图 11-6 所示。图中角落里的润湿相呈现出半月板的形状，假设半月板产生很小的位移 dx，通过表面自由能建立方程：

$$p_{\mathrm{c}}A_{\mathrm{e}} = (L_{\mathrm{ow}}\sigma_{\mathrm{ow}} + L_{\mathrm{os}}\sigma_{\mathrm{os}} + L_{\mathrm{os}}\sigma_{\mathrm{ws}})\mathrm{d}x \tag{11-15}$$

式中，A_{e} 为油相占据的有效面积；L_{os} 为油-固体表面的界面长度；L_{ow} 为油-水界面长度。

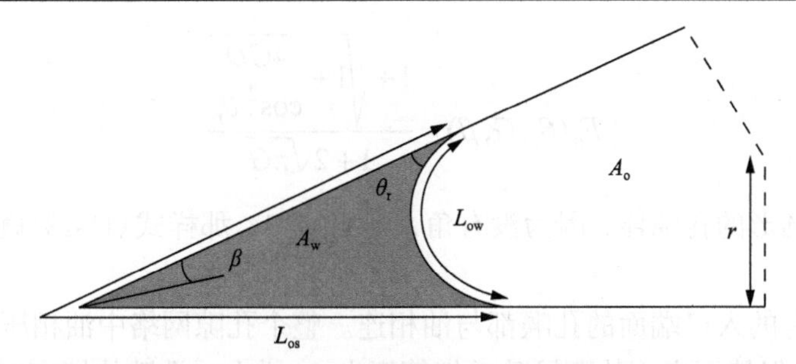

图 11-6　多边形孔隙体的一个角的截面图

水平方向力的平衡：

$$\sigma_{os} = \sigma_{ws} + \sigma_{ow}\cos\theta_{owr} \tag{11-16}$$

将式(11-15)简化为

$$\frac{p_c}{\sigma_{ow}} = \frac{1}{R} = \frac{L_{ow} + L_{os}\cos\theta_{owr}}{A_e} \tag{11-17}$$

式中，R 为曲率半径。界面长度由初等几何计算：

$$A_e = A - R^2\sum_{i=1}^{n}\left[\frac{\cos\theta_r\cos(\theta_r+\beta_i)}{\sin\beta_i} + \theta_r + \beta_i - \frac{\pi}{2}\right] = \frac{r^2}{4G} - R^2 S_1 \tag{11-18}$$

$$L_{os} = \frac{r}{2G} - 2R\sum_{i=1}^{n}\frac{\cos(\theta_r+\beta_i)}{\sin\beta_i} = \frac{r}{2G} - 2RS_2 \tag{11-19}$$

$$L_{ow} = 2R\sum_{i=1}^{n}\left(\frac{\pi}{2} - \theta_r - \beta_i\right) = RS_3 \tag{11-20}$$

式中，n 为半月板中所有 $\beta<\pi/2-\theta_r$ 的角的数量和；$A=r^2/4G$ 是总共多边形面积；曲率半径 R 的二次表达式为

$$R = \frac{r\cos\theta_r\left(-1\pm\sqrt{1+\dfrac{4GD}{\cos^2\theta_r}}\right)}{4GD} \tag{11-21}$$

$$D = S_1 - 2S_2\cos\theta_r + S_3 \tag{11-22}$$

式(11-21)中曲率半径一定小于内切半径。式(11-14)中的无量纲因子因此可以得出

$$F_{\mathrm{d}}(\theta_{\mathrm{r}},G,\beta)=\frac{1+\sqrt{1+\dfrac{4GD}{\cos^{2}\theta_{\mathrm{r}}}}}{1+2\sqrt{\pi G}} \tag{11-23}$$

截面为圆形的孔隙体，因为没有角，则 F_{d} 是 1，那样式(11-23)就可以变成式(11-14)。

假设所有的入口端面的孔喉都与油相连。整个孔隙网络中油相压力 p_{o} 增大，水相压力 p_{w} 保持不变，从而导致毛细管压力 p_{c} 增大。孔隙体填充的顺序是毛细管入口压力逐渐增大的顺序(假设每个孔隙体都与一个填充油相的孔隙体相连)。这个过程一直持续到达到预设饱和度或者所有孔隙体都被油相填充。一旦多边形截面孔隙体被油相填充，水仍然存在于角落中。这将确保水相作为润湿相，将在整个引流过程中保持连续，因为油相逃逸到出口总是可以通过润湿层。

11.2.3　渗吸过程及毛细管力

由于润湿特性的改变和角隅中残留的水分，自发渗吸过程的机理就会变得更复杂，主要过程有三个，分别是活塞驱替、孔隙体填充和阶跃。

1. 活塞驱替

随着毛细管压力的减小，在角隅 i 的油-水界面仍然保持在最初通过引流过程得到的最终位置 b_i，如图 11-7(a)所示。

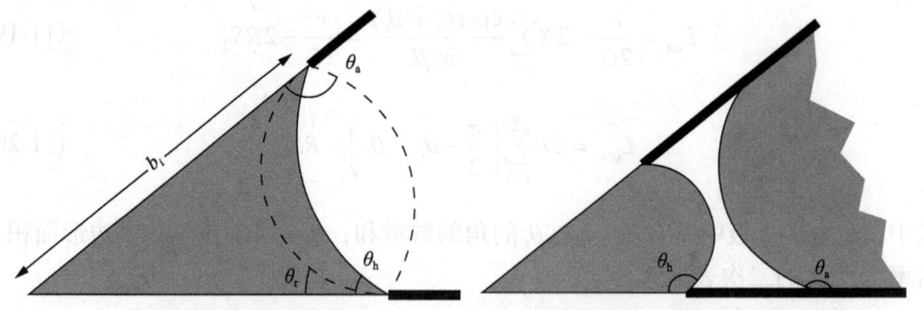

(a) 自发渗吸过程的初始状态　　(b) 自发渗吸过程中可能出现的状态

图 11-7　流体在角隅中的分布

为了保持毛细管压力的平衡，界面接触角 $\theta_{h,i}$ 将在该位置形成，因此：

$$b_i=R_{\min}\frac{\cos(\theta_{\mathrm{r}}+\beta_i)}{\sin\beta_i} \tag{11-24}$$

$$\theta_{h,i}=a\cos\frac{b_i\sin\beta_i}{R}-\beta_i \tag{11-25}$$

式中，R 为引流过程中的曲率半径，$R=\sigma/p_c$；$R_{\min}$ 为引流过程中的曲率半径和最小曲率半径。

只有当达到前进角 θ_a 时，界面才会沿着孔隙表面移动。在自发(毛细管压力为正)的活塞驱替过程中，毛细管压力是通过计算界面上的力平衡而得到的。为了得到与毛细管进口压力相关的曲率半径的解，按下面的公式进行迭代计算：

$$R=\frac{A_e}{L_{ow}+L_{ws}\cos\theta_a} \tag{11-26}$$

$$A_e=A-R^2\sum_{i=1}^{n}\left[\frac{\cos\theta_{h,i}\cos(\theta_{h,i}+\beta_i)}{\sin\beta_i}+\theta_{h,i}+\beta_i-\frac{\pi}{2}\right] \tag{11-27}$$

$$L_{ws}=\frac{r}{2G}-2\sum_{i=1}^{n}b_i \tag{11-28}$$

$$L_{ow}=2R\sum_{i=1}^{n}a\sin\frac{b_i\sin\beta_i}{R} \tag{11-29}$$

如果界面接触角的值达到前进角的极限值，那么毛细管压力的表达式与用后退角代替前进角的引流过程的毛细管压力的表达式是一样的。当一个或多个界面的接触角达到前进角的情况下，式(11-24)中的 b_i 可以化简为

$$b_i=R\frac{\cos(\theta_a+\beta_i)}{\sin\beta_i} \tag{11-30}$$

通过这些表达式，不难看出，自发的活塞驱替可能在前进角大于 90°的情况下发生，此时，最大接触角通过式(11-31)得到

$$\cos\theta_{a,\max}\approx\frac{-4G\sum_{i=1}^{n}\cos(\theta_r+\beta_i)}{\frac{r}{R_{\min}}-\cos\theta_r+12G\sin\theta_r} \tag{11-31}$$

在强制引流过程中(毛细管压力为负)，毛细管力的绝对值如式(11-24)所示，此时，后退角 θ_r 等于 $\pi-\theta_a$。

2. 孔隙体填充

能够自发的引流过程中填充孔隙体所需要的毛细管压力由最大曲率半径所限

制。这取决于临近的被油相填充的喉道数目，如图 11-8 所示。

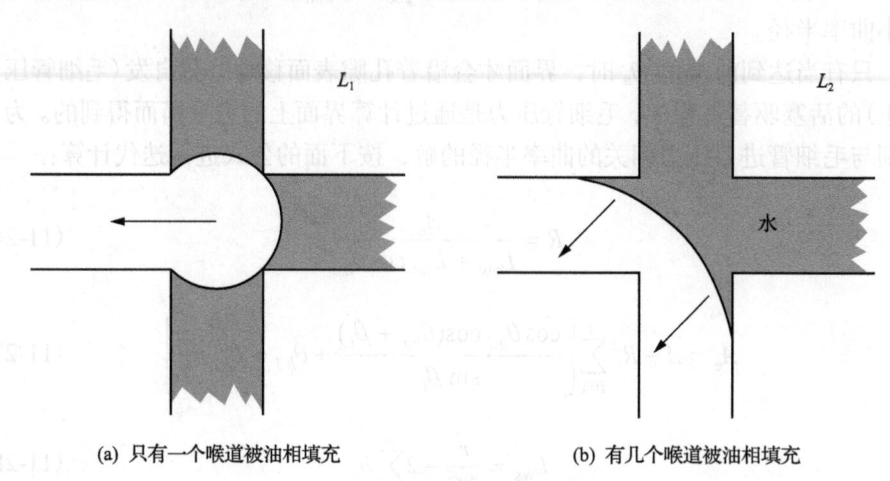

(a) 只有一个喉道被油相填充　　(b) 有几个喉道被油相填充

图 11-8　孔隙体填充过程

配位数为 z 的孔隙体，可以被 z–1 个喉道的水相所填充，I_1 到 I_{z-1} 的每个对应不同的毛细管压力。只有一个临近的喉道被气相填充(则为 I_1 机制)，那么该过程与活塞驱替过程一样，其毛细管压力的创建方法在前面章节已被描述过了。既然估计被油相填充喉道的准确空间位置比较困难，那么就用参数模型来表达毛细管压力：

$$p_{\mathrm{c}} = \frac{2\sigma\cos\theta_{\mathrm{a}}}{r} - \sigma\sum_{i=1}^{n} A_i x_i \tag{11-32}$$

式中，n 为被油相填充的连接喉道的个数；A_i 为任意数；x_i 为 0 到 1 之间的随机数。因为 A_i 的单位是 m^{-1}，所以选择将其与渗透率联系到一起。

$$A_2 - A_n = \frac{0.03}{\sqrt{K}} \tag{11-33}$$

式中，K 为渗透率，m^2。

当只有一个喉道含油相(I_1 机制)，那么该过程与活塞驱替过程一样，因此 A_i=0.0μm^{-1}。在强制自发渗吸过程中，毛细管压力与相邻的被油相填充的喉道数目没关系，而且该过程又与活塞驱替过程相似。

权重系数的选择很明显将会影响哪种驱替方法更受合适。当孔隙体被许多填充油相的喉道包围时，大的权重数能够降低毛细管压力，这导致发生其他的驱替方式，如阶跃。这种方式所带来的影响与减小前进角或增大孔隙和喉道之间的半径比类似，而这两种情况使阶跃方式比孔隙体充填方式更容易发生。

3. 阶跃

在阶跃过程中孔隙体之所以被水相填充，是因为角落边界的水层膨胀过多，以至于液液之间的流体界面不稳定而引起的。阶跃只有当孔隙体周围没有中心被水填充的孔喉时才会发生。当 $\theta_a < \pi/2 - \beta_1$ 时，只要接触角达到 θ_a，弧线随着孔隙壁平稳的往前移动。只要两个弧线相遇，就没有油-水-固体之间的接触了，导致油-水接触界面的不稳定，从而引发的水相填充，如图 11-9(a)所示。发生该情况的毛细管压力的大小取决于是否有一个或多个弧线开始随着孔隙壁往前移动。如果两个或更多个弧线开始移动，在最尖锐角隅的弧线的毛细管压力为

$$p_c = \frac{\sigma}{r}\left(\cos\theta_a - \frac{2\sin\theta_a}{\cot\beta_1 + \cot\beta_2}\right) \tag{11-34}$$

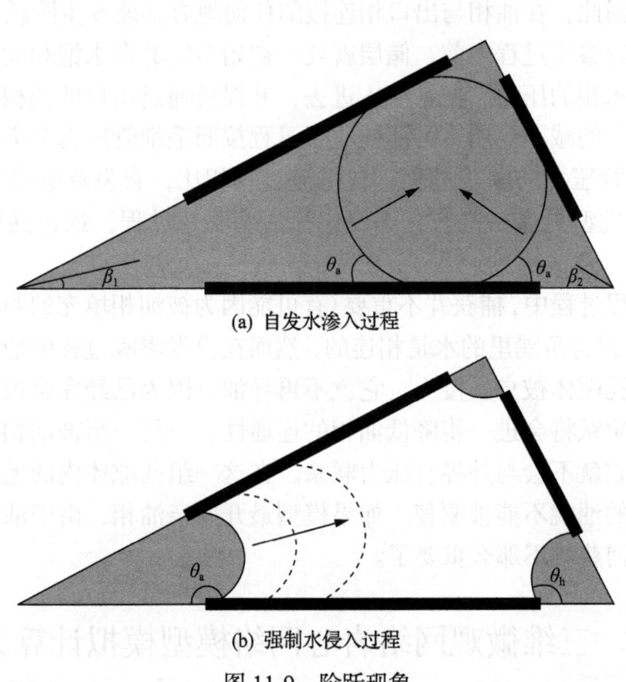

(a) 自发水渗入过程

(b) 强制水侵入过程

图 11-9　阶跃现象

然而，只要当最尖锐角隅的弧线开始前进，它就满足最倾斜角隅固定弧线的毛细管压力：

$$p_c = \frac{\sigma}{r}\frac{\cos\theta_a\cot\beta_1 - \sin\theta_a + \cos\theta_{h,3}\cot\beta_3 - \sin\theta_{h,3}}{\cot\beta_1 + \cot\beta_2} \tag{11-35}$$

此为最大毛细管压力。

在强制自发渗吸过程中，阶跃在 $\theta_{h,i}$ 达到 θ_a 或 $\theta_a-\beta_1$ 时就会发生，此时 $\theta_a<\pi/2-\beta_1$。当弧线开始沿着孔隙壁向前移动时，导致自发填充过程的不稳定，如图 11-9(b)所示。

此时，毛细管压力如下：

$$p_c=\begin{cases}\dfrac{\sigma\cos(\theta_a+\beta_1)}{R_{\min}\cos(\theta_r+\beta_1)}, & \theta_a\leqslant\pi-\beta_1\\[2ex] \dfrac{-\sigma}{R_{\min}\cos(\theta_r+\beta_1)}, & \theta_a>\pi-\beta_1\end{cases}\tag{11-36}$$

当活塞驱替在拓扑结构上可行时，活塞驱替比阶跃更受欢迎(在毛细管压力较高时发生)。然而，阶跃仍然是非常重要的驱替过程，因为它不要求任何邻近的元素被水填充。因此，在油相与出口相连接的任何地方都能发生阶跃。

在开始自发渗吸过程之前，储层就处于初始给定的含水饱和度和毛细管压力中。通过增加水相的压力，把水注入进去，并保持通过出口的油相压力不变，这导致毛细管压力的减小。所有可能的驱替过程按照毛细管压力分类，并首先执行具有最高毛细管压力的驱替过程。与引流过程相比，自发渗吸过程初始状态包含的驱替过程类型更多一些。它不仅包括活塞驱替过程，还包括所有可能的阶跃过程。

在引流过程过程中，捕获并不重要(有可能因为被油相填充的圆形截面孔隙体不包含水层)，因为角隅里的水是相连的，然而在自发渗吸过程中捕获是至关重要的。一旦一个孔隙体被自发侵入，它就不再导油，因为已经完全被水填满。在较小的喉道发生阶跃将会进一步降低油相的连通性。一旦一组被油相填充的孔隙体被捕获，那么它就不会与外界有压力联系。在这一组孔隙体内的毛细管压力被冻结，而且其内的油就不能被驱替。如果模型最开始亲油相，由于油相可以从油相层里逃出去，捕获就不那么重要了。

11.3 三维微观网络岩心网络模型模拟计算方法

11.3.1 饱和度的计算方法

孔隙网络模型采用简单截面形状的几何体来表征孔隙空间，所以，油水两相在每个孔隙、喉道中的具体分布采用简单的几何方法即可以求解。计算出每一个孔隙、喉道中的油水量后，统计所有孔隙、喉道中的含水量便得到模型的含水饱和度：

$$S_{\mathrm{w}}=\frac{\sum_{i=1}^{n}V_{i\mathrm{w}}}{\sum_{i=1}^{n}V_{i}} \tag{11-37}$$

式中，S_{w} 为含水饱和度；n 为网络模型中孔隙、喉道总数；$V_{i\mathrm{w}}$ 为第 i 个孔隙、喉道中含水体积；V_i 为第 i 个孔隙、喉道的体积。

11.3.2　渗透率的计算方法

计算模型的绝对渗透率时，将整个模型饱和一种流体，之后给模型施加一个驱动压力，统计流体流量，利用达西公式求解：

$$K=\frac{\mu_p q_{\mathrm{ts}p}L}{A(p_{\mathrm{inlet}}-p_{\mathrm{outlet}})} \tag{11-38}$$

式中，μ_p 为 p 相流体的黏度，mPa·s；$q_{\mathrm{ts}p}$ 为模型完全饱和 p 相流体时，模型两端所加压差$(p_{\mathrm{inlet}}-p_{\mathrm{outlet}})$下的总流量，$\mathrm{cm^3/s}$；$L$ 为模型长度，cm；A 为模型截面积，$\mathrm{cm^2}$。

根据基于孔隙网络模型的绝对渗透率计算思路，即运用单一相填充孔隙空间，通过计算其总传导率，进而得到绝对渗透率，进一步运用到多相相对渗透率的计算中。所以可以得到相对渗透率

$$K_{\mathrm{r}p}=\frac{q_{\mathrm{tm}p}}{q_{\mathrm{ts}p}} \tag{11-39}$$

式中，$q_{\mathrm{tm}p}$ 为与 $q_{\mathrm{ts}p}$ 同压差下的多相流中 p 相的总流率。

由于假设流体不可压缩，且与毛细管力相比黏滞力可以忽略不计，所以孔隙网络模型中每一个孔隙通过与之相连的所有喉道流入、流出的量是守恒的，即通过相连喉道流入和流出该孔隙的总流量为 0：

$$\sum_{j}q_{p,ij}=0 \tag{11-40}$$

考虑岩石壁面与流体之间的分子力作用，引入微圆管流动数学模型，那么网络模型中两个相邻孔隙 i 和 j 之间的流量为

$$q_{p,ij}=\frac{g_{p,ij}(1-\varepsilon)}{L_{ij}}(p_{p,i}-p_{p,j}) \tag{11-41}$$

式中，$g_{p,ij}$ 是 p 相流体在 i 和 j 孔隙间流动时的传导率；L_{ij} 为两孔隙中心点之间的长度；$p_{p,i}-p_{p,j}$ 为两个孔隙处的压差。

对网络模型中的所有孔隙利用式(11-41)和式(11-39)就可以组成一线性方程组，求解可得到每一孔隙处的压力，进而求出孔隙间的流量，对出口端所有孔隙的流量求和就得到流经整个孔隙网络模型的总流量。计算出流量后分别利用式(11-38)和式(11-39)求出绝对渗透率和相对渗透率。在流动模拟过程中不断增加孔隙网络模型两端的压差，计算出每一压差下每相流体的饱和度和相对渗透率，由不同压差下的饱和度与相对渗透率就可以得到油水两相流的相对渗透率曲线。

11.3.3　传导率的计算方法

两个孔隙间的传导率是两个孔隙和之间连通孔喉的传导率的调和平均，如图 11-10 所示。

$$\frac{L_{ij}}{g_{p,ij}}=\frac{L_{p,i}}{g_{p,i}}+\frac{L_{\mathrm{t}}}{g_{\mathrm{t}}}+\frac{L_j}{g_{p,j}} \tag{11-42}$$

式中，L_{ij} 为孔隙 i 中心到孔隙 j 中心的距离；$L_{p,i}$ 和 $L_{p,j}$ 分别为两个孔隙体的长度，即孔隙与喉道的交界处到孔隙中心的距离；L_{t} 为孔喉的净长度。

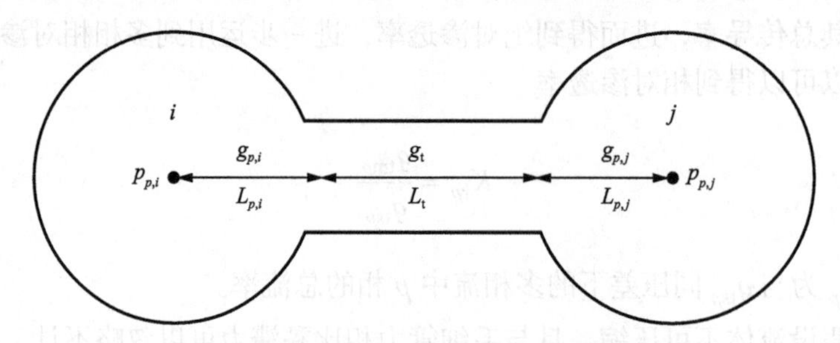

图 11-10　两孔隙 i 和孔隙 j 之间的传导率

圆形截面的孔隙、喉道中发生单相层流时的传导率可采用泊肃叶解析方程计算：

$$g_p=k\frac{A^2G}{\mu_p}=\frac{1}{2}\frac{A^2G}{\mu_p} \tag{11-43}$$

式中，k 为系数，无因次；μ_p 为流体黏度，mPa·s；G 为截面形状因子，无因次。

在多相渗流中，一个孔隙体中会包含油-水两相，且每一相在孔隙体中的分布不同，各相截面的几何形状复杂，角隅结构内各相的截面形状参数，如图 11-11 所示。

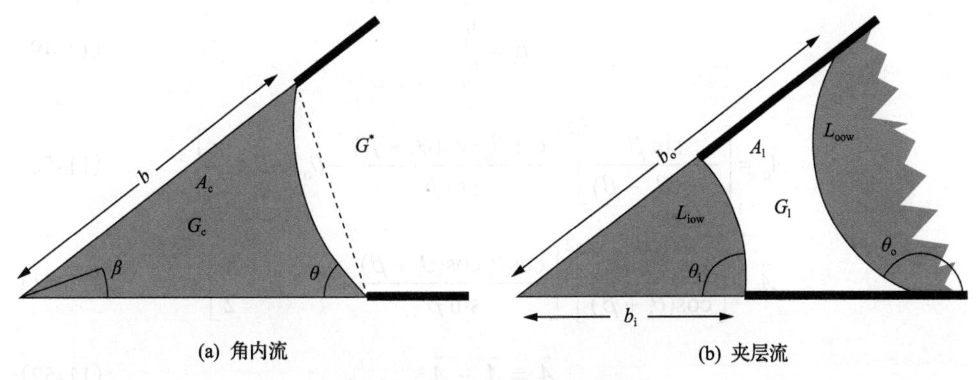

图 11-11　角隅结构的形状参数

下面将分别介绍各相的传导率计算方法。

1. 水层传导率

流体在角隅中的传导率：

$$g_{pc} = C\frac{A_c^2 G_c}{\mu_p} \tag{11-44}$$

$$\ln \tilde{g}_l = a_1 \ln^2(\tilde{A}_l^3 G_l) + a_2 \ln(\tilde{A}_l^3 G_l) + a_3 \tag{11-45}$$

$$G_c = \frac{A_c}{4b_i^2\left[1 - \dfrac{\sin\beta}{\cos(\theta_i+\beta)}\left(\theta_i + \beta - \dfrac{\pi}{2}\right)\right]^2} \tag{11-46}$$

$$G^* = \frac{\sin\beta\cos\beta}{4(1+\sin\beta)^2} \tag{11-47}$$

$$C = 0.364 + 0.28\frac{G^*}{G_c} \tag{11-48}$$

式(11-44)～式(11-48)中，$\tilde{A}_l$为无量纲夹层面积；g_{pc}为流体在角隅中的传导率；$\tilde{g}_l$为无量纲夹层传导率；G_c为包含油角隅区域的形状因子；G^*为流体界面没有任何曲度的形状因子；A_c为角隅面积。

2. 油层传导率

预测油层传导率要难于预测水层传导率，因为要涉及两个界面，如图 11-11(b)所示。得到以下关系式：

$$\tilde{b}_{\mathrm{i}} = \frac{b_{\mathrm{i}}}{b_{\mathrm{o}}} \tag{11-49}$$

$$\tilde{A}_{\mathrm{o}} = \left[\frac{\sin\beta}{\cos(\theta_{\mathrm{o}}-\beta)}\right]^2 \left[\frac{\cos\theta_{\mathrm{o}}\cos(\theta_{\mathrm{o}}-\beta)}{\sin\beta} - \theta_{\mathrm{o}} + \beta + \frac{\pi}{2}\right] \tag{11-50}$$

$$\tilde{A}_{\mathrm{i}} = \left[\frac{\tilde{b}_{\mathrm{i}}\sin\beta}{\cos(\theta_{\mathrm{i}}+\beta)}\right]^2 \left[\frac{\cos\theta_{\mathrm{i}}\cos(\theta_{\mathrm{i}}+\beta)}{\sin\beta} + \theta_{\mathrm{i}} + \beta - \frac{\pi}{2}\right] \tag{11-51}$$

$$\tilde{A}_{\mathrm{l}} = \tilde{A}_{\mathrm{o}} - \tilde{A}_{\mathrm{i}} \tag{11-52}$$

$$\tilde{L}_{\mathrm{oow}} = \frac{2\sin\beta}{\cos(\theta_{\mathrm{o}}-\beta)}\left(\frac{\pi}{2} - \theta_{\mathrm{o}} + \beta\right) \tag{11-53}$$

$$\tilde{L}_{\mathrm{iow}} = \frac{2\tilde{b}_{\mathrm{i}}\sin\beta}{\cos(\theta_{\mathrm{i}}+\beta)}\left(\frac{\pi}{2} - \theta_{\mathrm{i}} - \beta\right) \tag{11-54}$$

$$G_{\mathrm{l}} = \frac{\tilde{A}_{\mathrm{l}}}{[\tilde{L}_{\mathrm{oow}} + \tilde{L}_{\mathrm{iow}} + 2(1-\tilde{b}_{\mathrm{i}})]^2} \tag{11-55}$$

$$\ln\tilde{g}_{\mathrm{l}} = a_1\ln^2(\tilde{A}_{\mathrm{l}}^3 G_{\mathrm{l}}) + a_2\ln(\tilde{A}_{\mathrm{l}}^3 G_{\mathrm{l}}) + a_3 \tag{11-56}$$

$$g_{\mathrm{pl}} = \frac{b_{\mathrm{o}}^4\tilde{g}_{\mathrm{l}}}{\mu_{\mathrm{p}}} \tag{11-57}$$

式中，$\tilde{A}_{\mathrm{l}}$为无量纲夹层面积；$\tilde{A}_{\mathrm{o}}$和$\tilde{A}_{\mathrm{i}}$分别为出口和进口的无量纲面积；$\tilde{L}_{\mathrm{oow}}$和$\tilde{L}_{\mathrm{iow}}$分别为无量纲油、水界面长度；G_{l}为夹层形状因子；$\tilde{g}_{\mathrm{l}}$为无量纲夹层传导率；a_1到a_3均为常量，其取值如表 11-1 所示。

表 11-1　不同半角范围对应的多项式拟合参数

半角 β/(°)	$a_1/10^{-2}$	$a_2/10^{-1}$	a_3
整体拟合	−2.401	2.840	−2.953
0～10	−1.061	5.161	−2.065
10～20	−2.681	1.867	−3.598
20～30	−4.402	−0.632	−4.375
30～40	−3.152	1.695	−3.360
40～50	−3.137	1.933	−3.267
50～60	−2.320	3.118	−2.925
＞60	−3.576	−0.006537	−4.702

11.4　三维尺度剩余油成因微观力作用机理模拟研究

11.4.1　模拟参数

建立萨中开发区三类储层的三维网络模型，孔隙网络模型尺寸为 3mm×3mm×3mm，共包含 12349 个孔隙和 26146 个喉道，网络模型模拟过程所需要的参数如表 11-2～表 11-4 所示。

表 11-2　Ⅰ类储层三维网络模型模拟参数取值

参数名称	参数取值	参数名称	参数取值
网络尺寸/mm	3×3×3	润湿接触角/(°)	30～160
孔隙半径/μm	0.43～48.57	油-水界面张力/(mN/m)	20
平均喉道半径/μm	22.87	油相密度/(g/cm^3)	0.88
平均喉道长度/μm	52.89	水相密度/(g/cm^3)	1.0
平均孔喉比	4.94	油相黏度/(mPa·s)	10
平均配位数	5.10	水相黏度/(mPa·s)	1
固壁哈马克常数/J	3×10^{-20}～50×10^{-20}	液体哈马克常数/J	2×10^{-20}

表 11-3　Ⅱ类储层三维网络模型模拟参数取值

参数名称	参数取值	参数名称	参数取值
网络尺寸/mm	3×3×3	润湿接触角/(°)	30～160
孔隙半径/μm	0.37～34.73	油-水界面张力/(mN/m)	20
平均喉道半径/μm	3.82	油相密度/(g/cm^3)	0.88
平均喉道长度/μm	19.71	水相密度/(g/cm^3)	1.0
平均孔喉比	10.21	油相黏度/(mPa·s)	10
平均配位数	4.06	水相黏度/(mPa·s)	1
固壁哈马克常数/J	3×10^{-20}～50×10^{-20}	液体哈马克常数/J	2×10^{-20}

表 11-4　Ⅲ类储层三维网络模型模拟参数取值

参数名称	参数取值	参数名称	参数取值
网络尺寸/mm	3×3×3	润湿接触角/(°)	30～160
孔隙半径/μm	0.02～9.41	油-水界面张力/(mN/m)	20
平均喉道半径/μm	1.02	油相密度/(g/cm^3)	0.88
平均喉道长度/μm	2.43	水相密度/(g/cm^3)	1.0
平均孔喉比	33.56	油相黏度/(mPa·s)	10
平均配位数	3.42	水相黏度/(mPa·s)	1
固壁哈马克常数/J	3×10^{-20}～50×10^{-20}	液体哈马克常数/J	2×10^{-20}

根据建立的萨中开发区三类储层的三维网络模型进行数值模拟，模拟结果如下。

11.4.2　相对渗透率曲线

图 11-12 为萨中开发区三类储层的考虑和不考虑固-液分子间作用的相对渗透率曲线。

从图 11-12 中可以看出，固-液分子间作用对油相相对渗透率影响较大，对水相相对渗透率影响较小；Ⅰ类储层的束缚水饱和度为 0.25，残余油饱和度为 0.35；Ⅱ类储层的束缚水饱和度为 0.31，残余油饱和度为 0.37；Ⅲ类储层的束缚水饱和度为 0.38，残余油饱和度为 0.39。Ⅰ类储层的油水共渗区最大，Ⅲ类储层则最小；

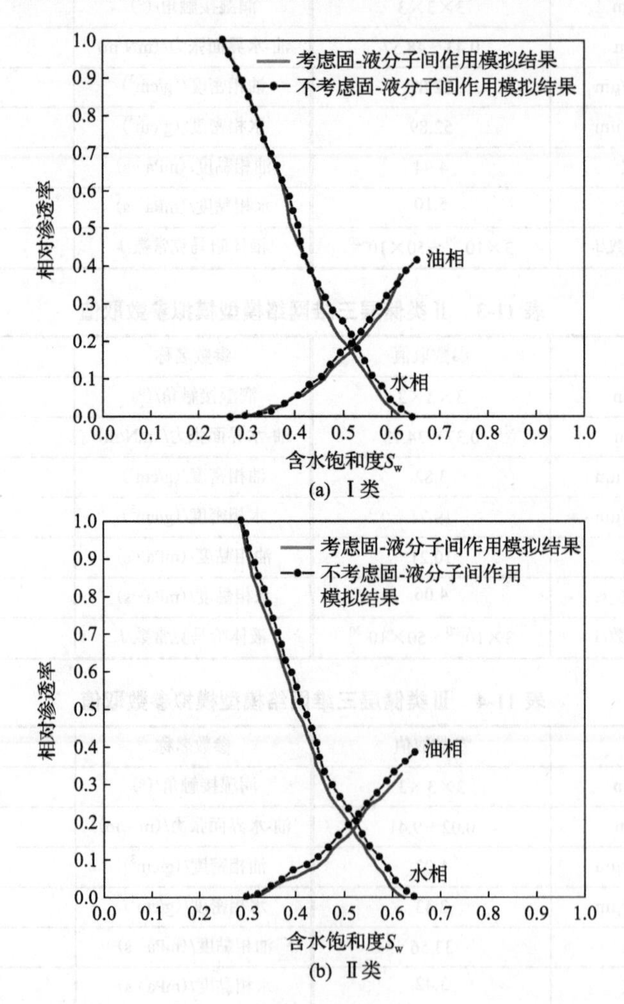

(a)　Ⅰ类

(b)　Ⅱ类

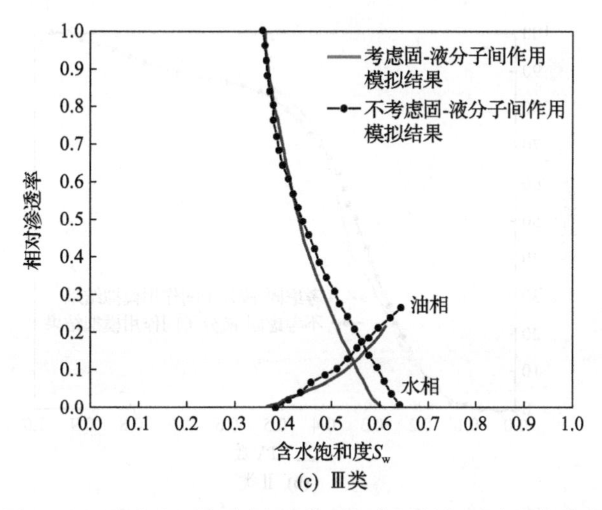

(c) Ⅲ类

图 11-12　考虑和不考虑固-液分子间作用的相对渗透率曲线

Ⅰ类储层的束缚水饱和度最小，Ⅲ类储层最大；Ⅰ类储层的残余油饱和度最小，Ⅲ类最大；固-液分子间作用对Ⅱ、Ⅲ类储层的影响较大。考虑固-液分子间作用时，等渗点左移，两相共流区变小，残余油饱和度增大。这是因为考虑了孔隙介质与流体分子间作用，则流体在孔隙内的流动阻力增大，越容易形成剩余油，所以残余油饱和度增大。

11.4.3　含水率曲线

图 11-13 为萨中开发区三类储层的考虑和不考虑固-液分子间作用的含水率曲线。

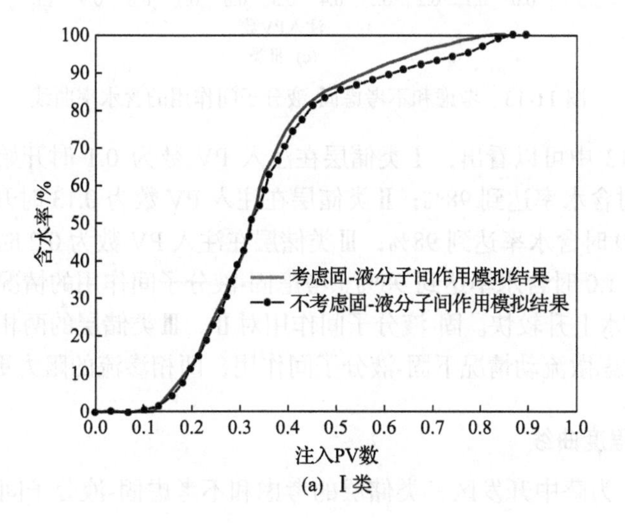

(a) Ⅰ类

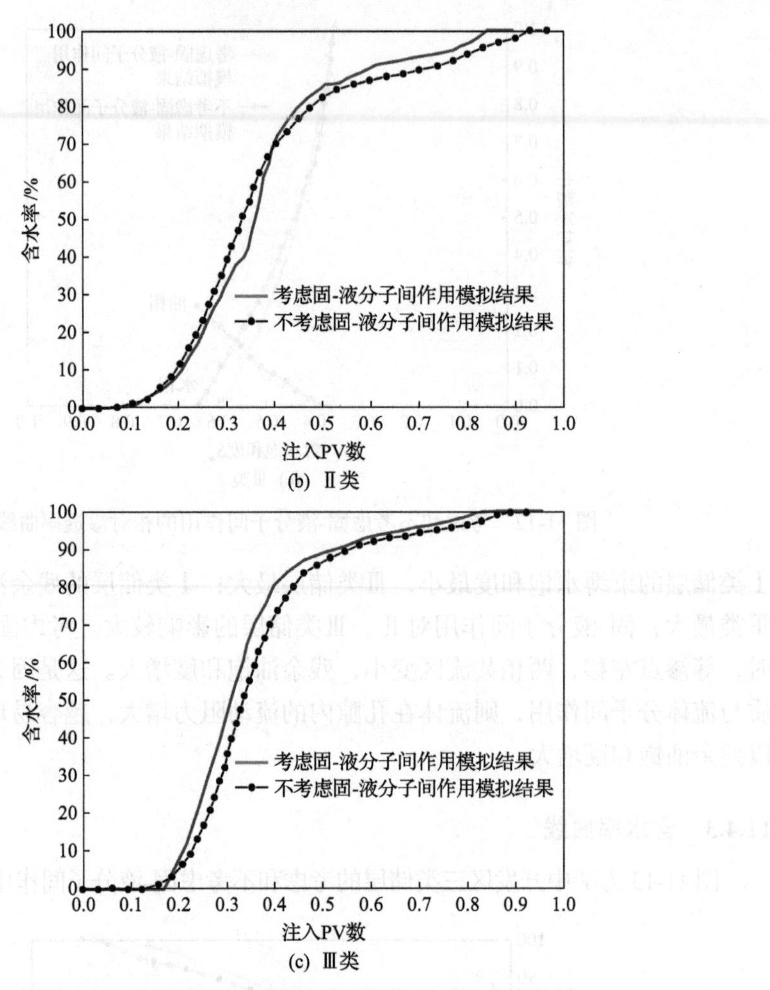

图 11-13　考虑和不考虑固-液分子间作用的含水率曲线

从图 11-13 中可以看出，Ⅰ类储层在注入 PV 数为 0.1 时开始见水，在注入 PV 数为 0.8 时含水率达到 98%；Ⅱ类储层在注入 PV 数为 0.13 时开始见水，在注入 PV 数为 0.9 时含水率达到 98%；Ⅲ类储层在注入 PV 数为 0.2 时开始见水，在注入 PV 数为 1.0 时含水率达到 98%。考虑固-液分子间作用的情况下，初始见水时间较长，含水上升较快。固-液分子间作用对Ⅱ、Ⅲ类储层的两相渗流规律影响较大。因为考虑微流动情况下固-液分子间作用，两相渗流的阻力更大。

11.4.4　采出程度曲线

图 11-14 为萨中开发区三类储层的考虑和不考虑固-液分子间作用的采出程度曲线。

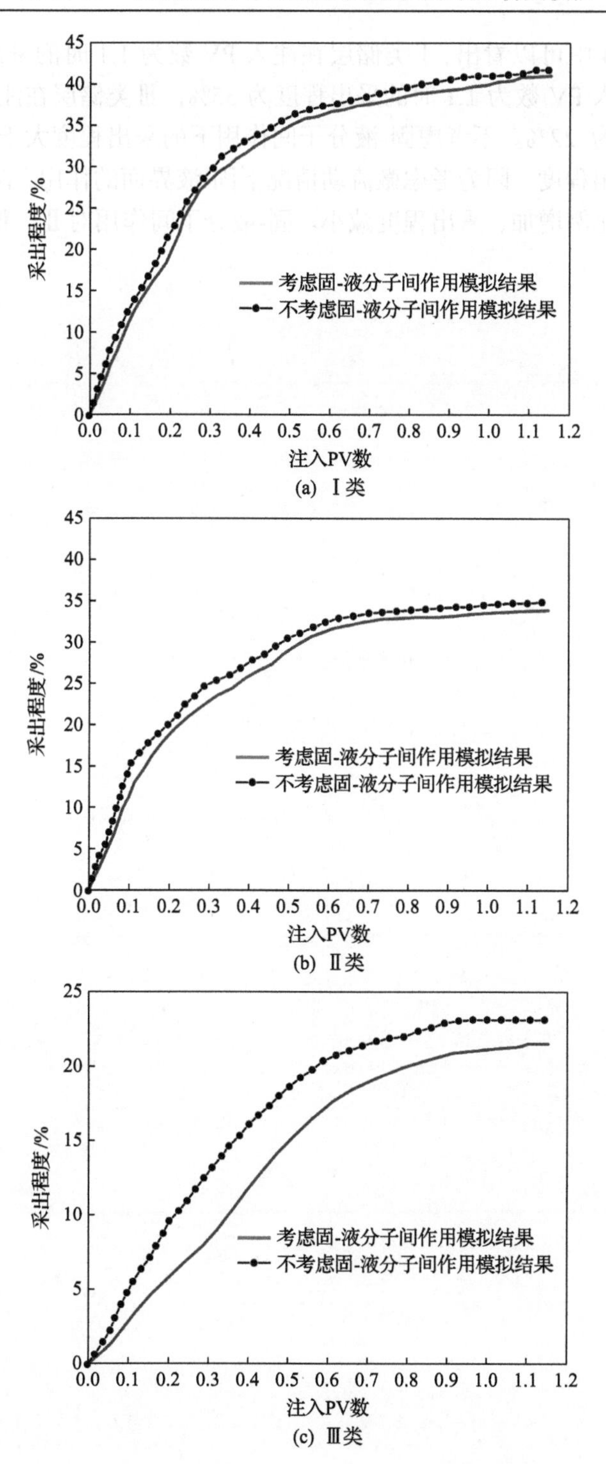

图 11-14　考虑和不考虑固-液分子间作用的采出程度曲线

从图 11-14 中可以看出，Ⅰ类储层在注入 PV 数为 1.1 时的采出程度为 43%，Ⅱ类储层在注入 PV 数为 1.1 时的采出程度为 35%，Ⅲ类储层在注入 PV 数为 1.1 时的采出程度为 22%。不考虑固-液分子间作用下的采出程度大于考虑固-液分子间作用下的采出程度。因为考虑微流动情况下固-液界面的作用，两相渗流的阻力更大，剩余油比例增加，采出程度减小。固-液分子间作用对Ⅱ、Ⅲ类储层的采出程度影响较大。

第 12 章　微观网络仿真模拟与室内模拟验证及分析

Chatenever 和 Calhoun 于 1952 年报道的第一个珠粒填充模型，开创了对多孔介质中流体驱替过程的微观研究[95,96]。自这些早期实验以来，已经广泛使用了多种珠粒充填模型及其他材料充填的模型来进行微观观测。填砂管模型、人造岩心、大型平面模型和天然岩心等物理模拟实验[52,97-105]，已为人们研究水驱油机理及水驱油效果影响因素的主要手段之一，并已取得令人满意的研究结论。本章内容主要利用微观网络仿真模拟与室内模拟验证及分析微观剩余油的分布情况。

12.1　二维微观网络水驱模拟的实验模拟验证

12.1.1　实验设计

1. 微观可视化规则物理模型设计

微观可视化模型可以通过显微镜与图像显示器连接实现水驱油过程的可视化，便于在可视化条件下观察流体在多孔介质微观渗流模型中的流动规律、驱油机理、渗流特征，及其在水驱后剩余油分布情况。规则模型可以排除不规则模型中的迂曲度、孔喉比各异、喉道直径不同等因素对水驱油后剩余油分布的影响，针对配位数进行开展研究。

设计可视化规则物理模型(图 12-1)，喉道直径为 40μm，配位数分别是 2、3、4，通过 CAD 软件作图。

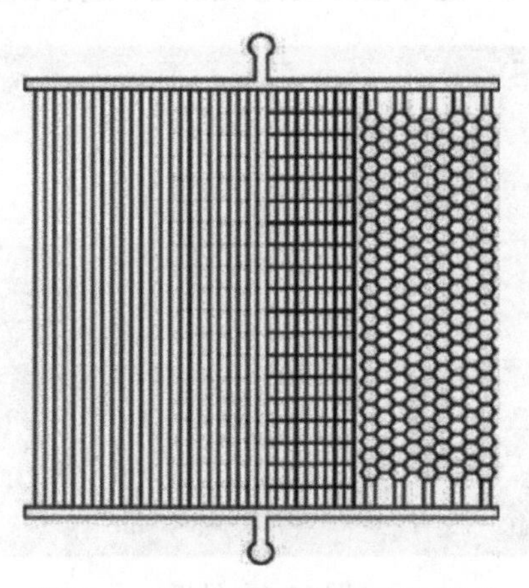

图 12-1　微观可视化规则物理模型

2. 自主设计模型孔隙结构制作

为了能够更加直接地探索流体在特殊孔隙网路结构中的流动规律，明确孔道结构对流体渗流过程、剩余油状态、剩余油分布特征等的影响，需要自主设计一些孔隙结构，其制作步骤如下。

(1)孔隙结构设计：通过 AutoCAD 软件自主设计孔隙网络结构，包括微米级喉道尺寸、孔喉比(即孔道与喉道的直径比)和配位数(即一个孔道连接的喉道数)，研究配位数对剩余油的影响，实现对流体渗流机理、流动形态等的全方面研究。

(2)光刻掩膜版：掩膜版是一块在二氧化硅玻璃片上镀一层金属铬，铬层上面附一层光刻胶的匀胶铬版。首先，把掩膜版置于紫外线下曝光，使光刻胶感光、显影，去掉感光的光刻胶部分，保留未感光部分。然后，对铬层进行镜像腐蚀，去掉光刻胶部分铬层暴露，被腐蚀掉，形成透光的孔隙网络通道，成为图形的透光部分。保留光刻胶部分则保护铬层不被腐蚀，铬层最终保留，成为图形的不透光部分。最后，去掉全部光刻胶，清洗掩膜版。这样，就形成了一块含有自主设计孔隙网络结构的母版。

3. 可视化规则物理模型制作

1)母板制作

用精密电子天平取适量的聚二甲基硅氧烷(PDMS)和固化剂，通过搅拌器搅拌均匀后的真空干燥箱中进行脱气与固化，待开始成型并具有一定黏度时，经处理干净的光刻掩膜版黏结上去，继续固化；固化完成后，再次用精密电子天平取适量的聚二甲基硅氧烷(PDMS)和固化剂，通过搅拌器搅拌均匀后放入真空干燥箱进行脱气，脱气完成后，浇铸在光刻掩膜版上，进行固化，即成母版(图 12-2)。

图 12-2　母板

2) 弹性模具制作

将 PDMS 浇铸在母版上，放入真空干燥箱中进行抽真空脱气，消除 PDMS 自身气泡和 PDMS 与母版界面上的气泡。脱气后使其固化成型。成型冷却后将 PDMS 与母版剥离，得到母版上的岩心截面孔隙通道、流体流入孔道及流体流出孔道的互补镜像结构，此即弹性模具(图 12-3)。由于岩心母版孔道结构较为复杂，可能导致 PDMS 与母版脱离时发生粘连的情况而破坏翻模的结构，所以在浇铸 PDMS 之前，用匀胶机在岩心母版上旋涂几滴硅油，这样既能避免脱模过程发生粘连情况，又不影响翻模效果。

图 12-3　弹性模具

3) 底板制作

取适量热固化树脂和固化剂搅拌均匀后浇铸到弹性模具上，放入真空箱中进行抽真空脱气与固化成型。成型后将弹性模具剥离，得到与母版截面上孔隙网络通道及母版上的流体流入和流体流出孔道相同的结构，即底板。

4) 模型黏结

将一块尺寸与底板相同的玻璃片钻两个孔，分别对应底版上的两个进、出口，剥离下来底版后，立刻与玻璃黏结，放入干燥箱中 5min 使两者紧密黏结。即为可视化规则物理模型。

5) 模拟井黏结

将针头分别对应低渗透储层可视化微观渗流模型的流体流入口和流体流出口，模拟低渗透油藏的注入井和采出井。此时一块完整的用来模拟低渗透油藏流体微观渗流机理的二维可视化规则物理模型制备完成。

6) 模型划分

模型划分为 16 等份，其中配位数为 4 的区域注入口到采出口依次标注为 1、2、3、4，如图 12-4 所示，方便数值仿真模拟结果做比对。

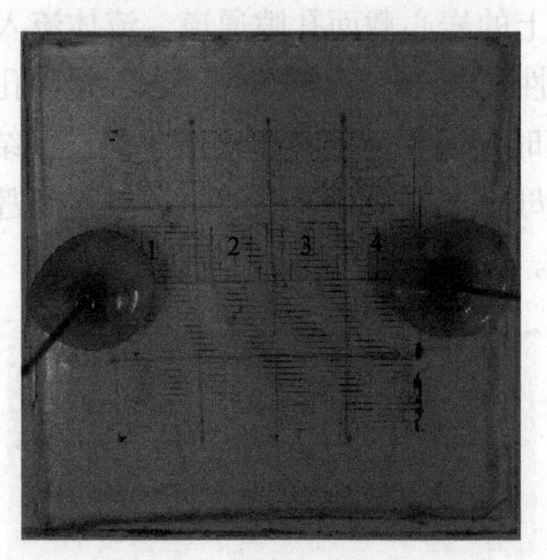

图 12-4　微观模型分区

4. 实验步骤

具体实验实施步骤如下(图 12-5)。

(1) 对可视化规则物理模型进行区域划分。

(2) 对可视化规则物理模型饱和水。

(3) 对可视化规则物理模型饱和模拟油。

(4) 对可视化规则物理模型进行水驱油试验，用高倍电子显微镜观察驱替现象及低渗透储层微尺度孔道内流体的流动状况，通过计算机保存实验过程图像。

(5) 对录取的实验图像进行分析。

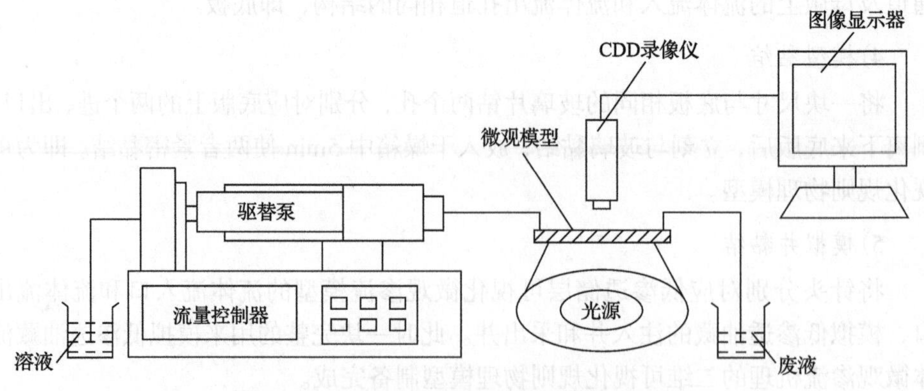

图 12-5　可视化微观渗流模型驱替实验装置

5. 模型孔隙内剩余油量变化定量分析方法

为得到剩余油量变化的定量数据，采用图像处理技术对图片进行了分析。图像处理技术主要是利用计算机对图像取样、产生数字图像，对数字图像做各种变换等预处理操作，得到清晰有效的图像以方便处理，进而对图像进行分割，在此基础上进行相关渗流参数的计算。对微观渗流图像进行处理的过程包括图像预处理、分割图像及渗流参数的计算。

由于实验所获微观渗流图像由照相机与显微镜组装直接拍摄得到，对图片稍做预处理，就可根据软件计算出的阈值对图片像素进行分割，进而得到渗流参数。根据像素灰度值对图像进行分割，得到油像素所占图像像素的比例。

12.1.2　实验结果及分析

模型饱和水时间为 16min56s，饱和油时间为 21min1s，水驱油时间为 31min54s，饱和水、饱和油及驱替速度均为 1mL/min，在驱替过程中油水流动主要表现出以下几点特征。

(1) 水驱油过程中油水流动呈现连续性。

(2) 水驱油过程中油水流动表现出指进现象。

(3) 水驱油过程中油水间存在界面张力。

(4) 水驱油过程中剩余油分布形态主要为膜状剩余油和柱状剩余油两种形态。

图 12-6 为微观可视化模型三个配位数(4、3、2)区域水驱前后剩余油分布情况。

模型中存在大量的剩余油，分布在喉道中，且与主流线方向不一致(垂直或倾斜)的喉道中的剩余油所占比例最多。由于模型孔道为亲油型，模型中存在着大量的膜状剩余油；喉道中同时存在着大量柱状剩余油。在整块模型中存在着“指进”现象，一部分喉道未被波及，整块柱状剩余油残留在喉道内。

配位数为 4 的区域在微观模型的主通道区，与主流线平行的喉道中的油很容易被水驱替，因此膜状剩余油分布较多，而垂直方向喉道中的油，由于没有压差或压差太小，不易被水驱替，分布大量柱状剩余油。

配位数为 3 的区域在微观模型的边界区，受“指进”现象影响，喉道分布膜状剩余油和柱状剩余油，柱状剩余油占多数。

配位数为 2 的区域分布在主通道区和边界区，孔隙结构简单，可看作在进出口之间有单一的通道，水驱油压差最大，所以驱替较好，受“指进”现象影响，

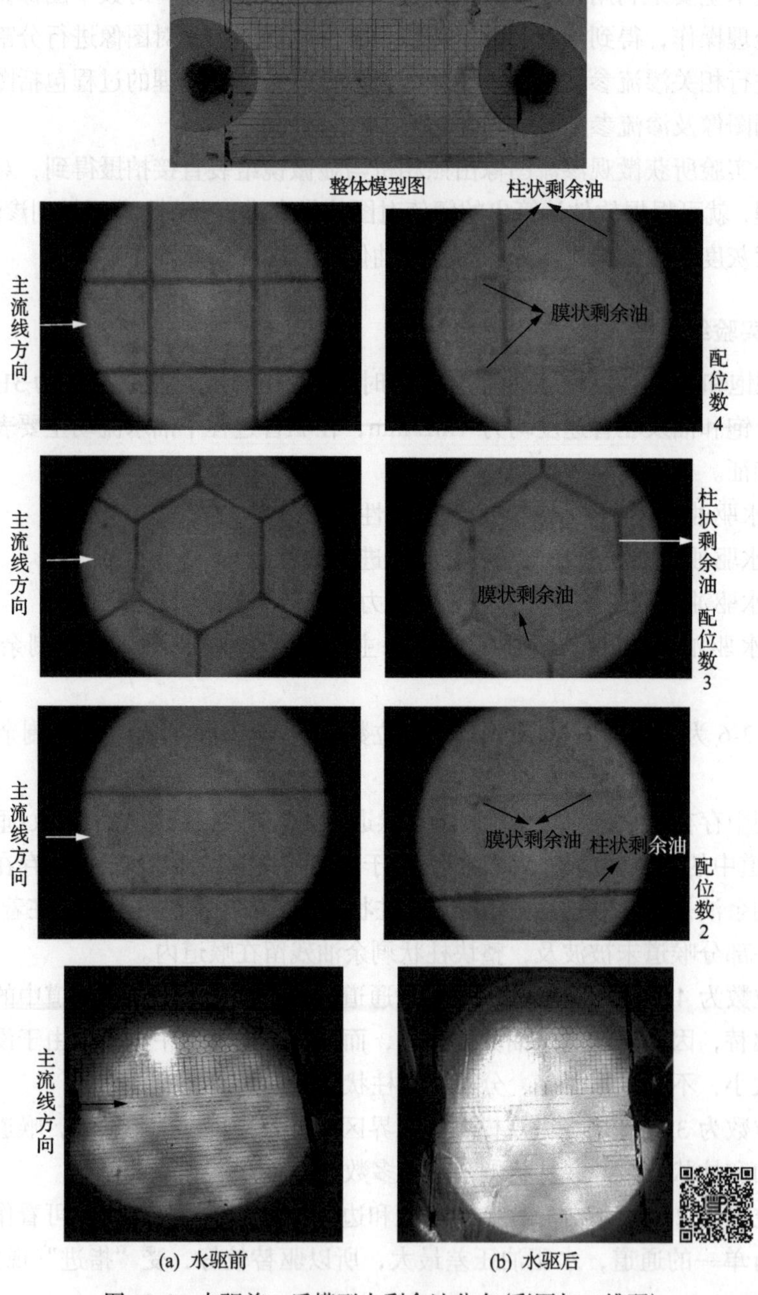

图 12-6　水驱前、后模型内剩余油分布(彩图扫二维码)

有的喉道中油较早地被水驱替完，实现进出口水的连通，只在喉道壁上分布少量膜状剩余油，但有的通道中的油未感觉到压差，或驱替过程中压差越来越小，导致通道内全部或部分油未被驱替出，形成柱状剩余油。

由表 12-1 可以看出，配位数为 4 的区域驱替效率最高，配位数为 2 的区域其次，配位数为 3 的区域驱替效率最低。配位数增大，参与渗流的喉道数目随之增加，油的流动通道增加，利于形成油流，可视为提高了油相相对渗透率，流体被捕集的机会减少，使形成剩余油的概率下降，所以配位数为 4 的区域剩余油较小，水驱采收率提高。

表 12-1　驱油效率与剩余油所占比例

配位数	驱油效率/%	膜状剩余油所占比例/%	柱状剩余油所占比例/%
4	64.93	11.82	23.25
3	52.27	17.3	30.43
2	55.88	13.45	30.67

12.1.3　剩余油分布与数值仿真模拟比对

选取配位数为 4 的区域做数值仿真模拟。

编号为 1、2、3、4 的区域数值实验比对如图 12-7～图 12-10 所示。

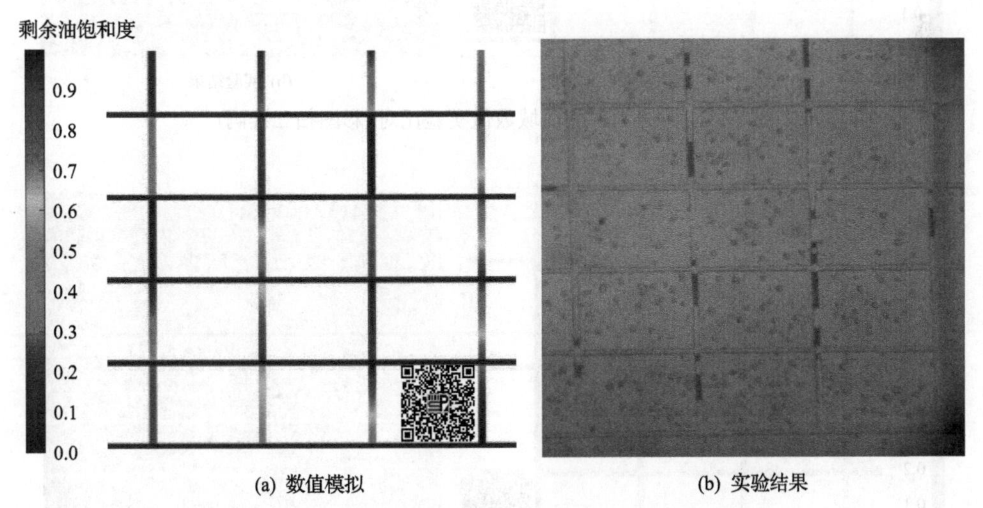

(a) 数值模拟　　(b) 实验结果

图 12-7　编号为 1 的区域数值实验比对(彩图扫二维码)

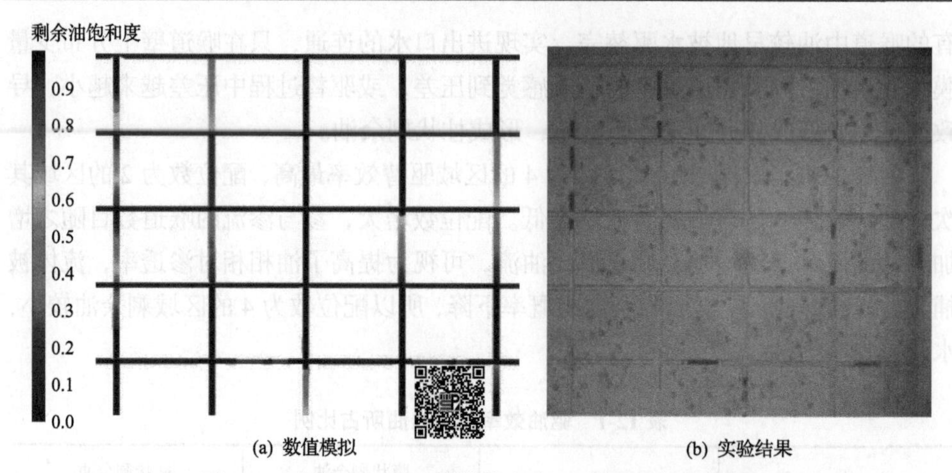

图 12-8　编号为 2 的区域数值实验比对(彩图扫二维码)

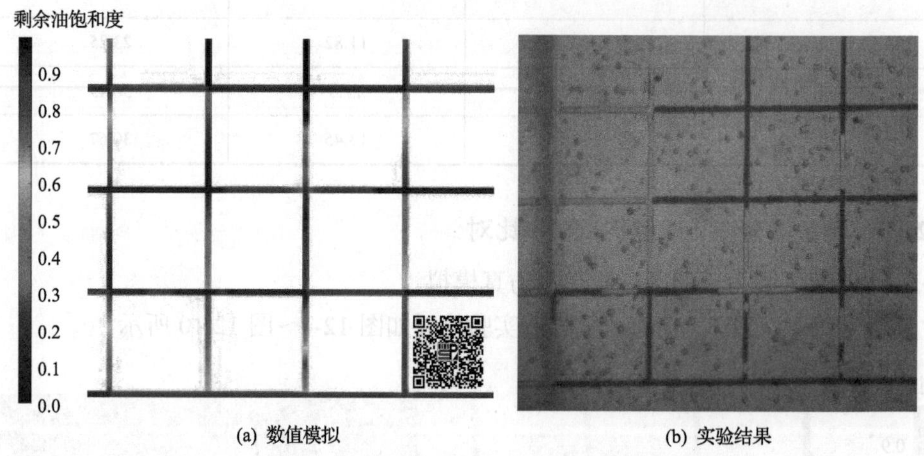

图 12-9　编号为 3 的区域数值实验比对(彩图扫二维码)

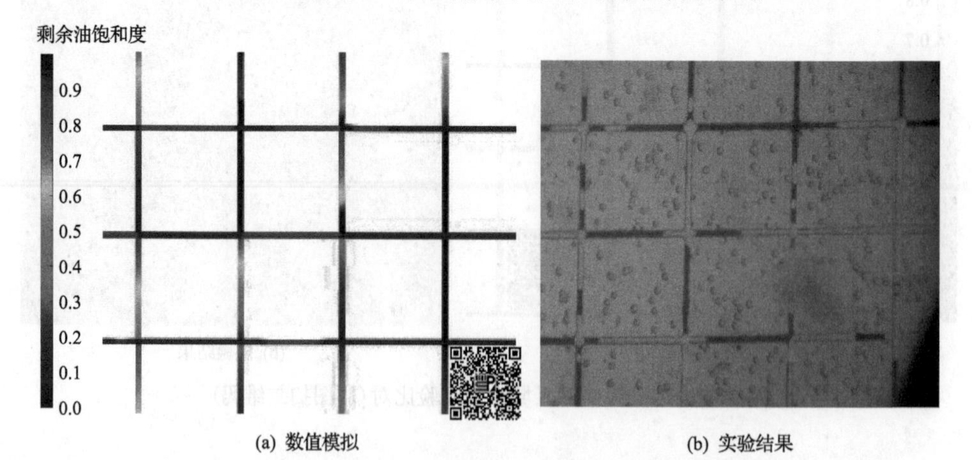

图 12-10　编号为 4 的区域数值实验比对(彩图扫二维码)

12.2　岩心水驱相对渗透率曲线规律影响分析

12.2.1　实验原理

非稳态法是以水驱油基本理论(即贝克莱-列维尔特前沿推进理论)为出发点，并认为在水驱油过程中，油、水饱和度在岩石中的分布是水驱油时间和距离的函数。因此油水在孔隙介质中的渗流能力，即油水的相渗透率也随饱和度分布的变化而变化，油水在岩石某一横断面上的流量也随时间变化。这样，只要在水驱油过程中能准确地测量出恒定压力时的油水流量或恒定流量时的压力变化，即可计算出两相相对渗透率随饱和度的变化关系。由于油、水饱和度的大小及分布随时间和距离而变化，整个驱替过程为非稳态过程，所以该方法被称为非稳态法(即不稳定法)。

12.2.2　实验方法

非稳态法测定岩心中油水两相相对渗透率曲线的基本步骤如下。

(1)驱替开始前，首先把饱和水的岩心放入夹持器里，围压为上覆岩石压力，并将岩心加热至地层温度，测定岩心的绝对渗透率 K。

(2)接着用 10 倍孔隙体积的油在恒速下进行油驱水实验，实验结果得到驱替过程的相对渗透率曲线，实验的终点则是束缚水饱和度，并测定束缚水饱和度下油相相对渗透率(即油相端点渗透率)。

(3)紧接着再用 10 倍孔隙体积的水在恒速下进行水驱油实验，实验结果可得到吸入过程的相对渗透率曲线。实验的终点是残余油饱和度，并测定残余油饱和度下水相的端点渗透率。

12.2.3　岩心选取

选取高台子油层的岩心，渗透率级别分别为 300mD、70～100mD、20～50mD。样品井号及层段如表 12-2 所示。

表 12-2　相渗曲线测定实验岩心基本数据表

井号	样品编号	层号	渗透率级别/mD	有效渗透率/mD
北 1-6—检 26 井(北高台子)	相渗-1	G114	300	287.4
	相渗-2	G118-19	70～100	83.5
	相渗-3	G110	20～50	46.7
	相渗-4	G118		70.6
中丁 3—检 09 井(中高台子)	相渗-5	G14+5	300	243.2
	相渗-6	G219	70～100	85.6
	相渗-7	G214	20～50	37.5
	相渗-8	G118		28.7

12.2.4 实验结果及分析

油田在开发效果的评价过程中，是以相对渗透率曲线为基础，是评价注水开发油田开发效果的重要资料。岩样对应的有效渗透率、束缚水饱和度、残余油时水相相对渗透率、油水两相跨度、油水两相交点饱和度、残余油饱和度数据如表 12-3 所示。

表 12-3 相渗曲线测定实验结果

井号	样品编号	有效渗透率/mD	束缚水饱和度/%	残余油时水相相对渗透率/%	油水两相跨度/%	油水两相交点饱和度/%	残余油饱和度/%
北 1-6—检 26 井（北高台子）	相渗-1	287.4	29.2	31.2	32.36	51.3	38.44
	相渗-2	83.5	43.2	25.4	23.06	57.3	33.74
	相渗-3	46.7	45.8	18.6	20.98	56.8	33.22
	相渗-4	70.6	44.8	22.5	21.64	56.7	33.56
中丁 3—检 09 井（中高台子）	相渗-5	243.2	31.6	28.9	29.82	52.6	38.58
	相渗-6	85.6	41.5	25.5	25.04	56.8	33.46
	相渗-7	37.5	44.6	16.9	22.44	57.7	32.96
	相渗-8	28.7	48.8	15.5	20.38	61.1	30.82

北 1-6—检 26 井高台子油层、中丁 3—检 09 井高台子油层的油水相对渗透率曲线分别如图 12-11 和图 12-12 所示。

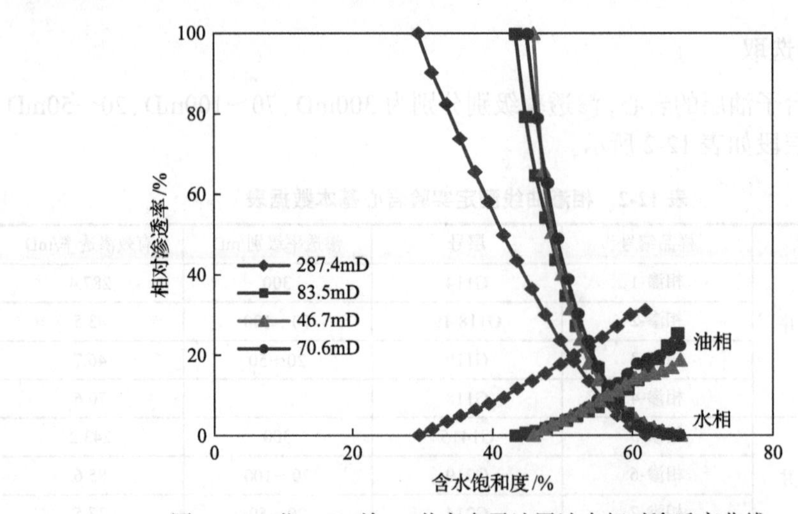

图 12-11 北 1-6—检 26 井高台子油层油水相对渗透率曲线

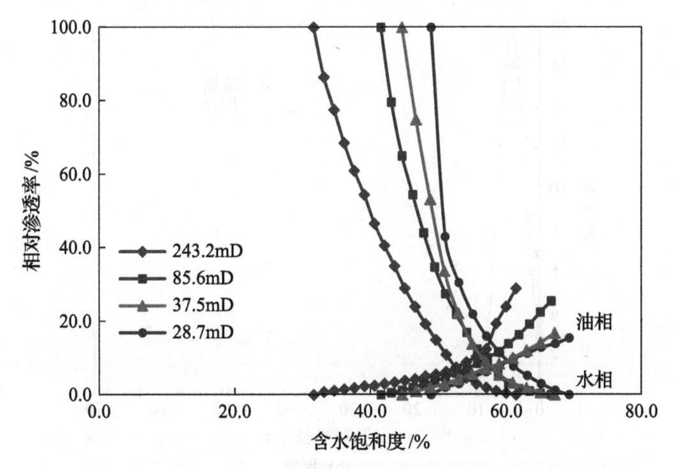

图 12-12　中丁 3—检 09 井高台子油层油水相对渗透率曲线

北高台子油层中，随着渗透率的减小，相对渗透率曲线整体右移，且右移的幅度越来越小，除了 287.4mD 岩样的相对渗透率曲线外，其他三块岩心的相对渗透率曲线差别不大。中高台子油层中，随着渗透率的减小，相对渗透率曲线整体右移，规律变化明显。

12.3　三维网络模型仿真模拟的岩心水驱实验模拟验证

12.3.1　模拟参数

根据前述的恒速压汞实验，选取萨中开发区Ⅲ类和Ⅳ类储层建立三维网络模型进行数值模拟，并和岩心驱替实验结果进行对比。

将恒速压汞实验数据进行拟合，孔喉半径拟合结果基本满足正态分布，实验数据和拟合函数如图 12-13 所示。

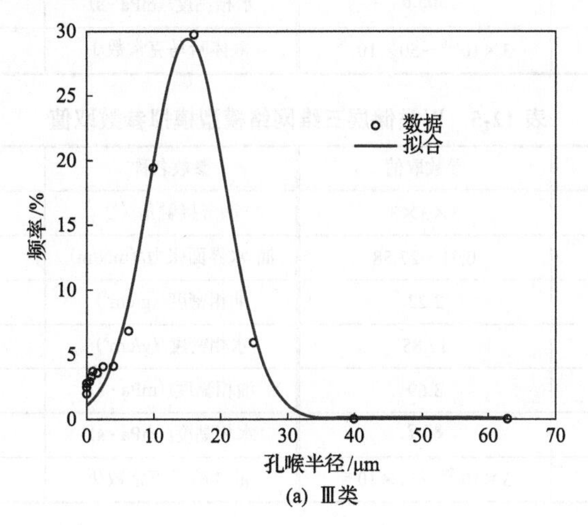

(a) Ⅲ类

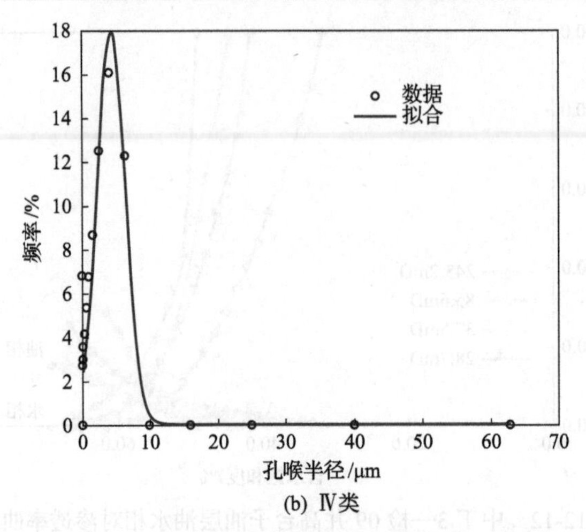

(b) Ⅳ类

图 12-13　Ⅲ类和Ⅳ类储层实验数据正态拟合函数

建立的Ⅲ类和Ⅳ类储层的孔隙网络模型共包含 12349 个孔隙和 26146 个喉道，等效渗透率为 305.6mD、82.7mD，网络模型模拟过程所需要的参数分别如表 12-4 和表 12-5 所示。

表 12-4　Ⅲ类储层三维网络模型模拟参数取值

参数名称	参数取值	参数名称	参数取值
网络尺寸/mm	3×3×3	润湿接触角/(°)	30～160
孔隙半径/μm	0.37～34.73	油-水界面张力/(mN/m)	20
平均喉道半径/μm	3.82	油相密度/(g/cm^3)	0.88
平均孔喉比	10.21	水相密度/(g/cm^3)	1.0
平均配位数	4.06	油相黏度/(mPa · s)	10
等效渗透率/mD	305.6	水相黏度/(mPa · s)	1
固壁哈马克常数/J	3×10^{-20}～50×10^{-20}	液体哈马克常数/J	2×10^{-20}

表 12-5　Ⅳ类储层三维网络模型模拟参数取值

参数名称	参数取值	参数名称	参数取值
网络尺寸/mm	3×3×3	润湿接触角/(°)	30～160
孔隙半径/μm	0.31～27.58	油-水界面张力/(mN/m)	20
平均喉道半径/μm	2.22	油相密度/(g/cm^3)	0.88
平均孔喉比	17.85	水相密度/(g/cm^3)	1.0
平均配位数	3.69	油相黏度/(mPa · s)	10
等效渗透率/mD	82.7	水相黏度/(mPa · s)	1
固壁哈马克常数/J	3×10^{-20}～50×10^{-20}	液体哈马克常数/J	2×10^{-20}

12.3.2　模拟结果和实验结果对比

利用网络模拟计算吸吮过程的油水相对渗透率曲线，Ⅲ类和Ⅳ类储层三维孔隙网络模型的等效渗透率为 287.4mD、83.5mD，其相对渗透率曲线拟合结果如图 12-14 所示，图中实线为利用网络模拟吸吮过程油水相对渗透率曲线计算值，而散点为相对渗透率曲线室内实验结果，由图可以看出，室内实验结果与考虑固-液分子间作用的模拟结果曲线拟合基本一致，验证了网络模拟的有效性，同时表明固-液分子间作用是必须要考虑的因素。

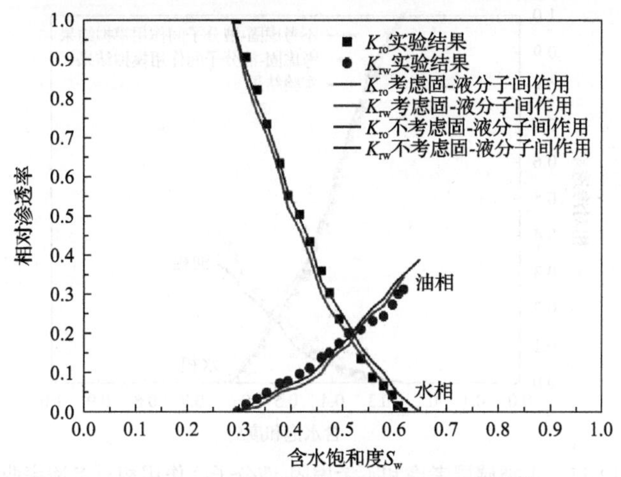

(a) 北1-6—检26井高台子油层K=287.4mD的岩心

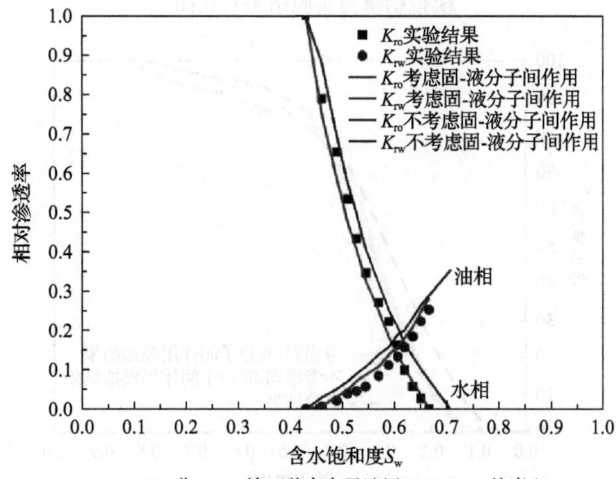

(b) 北1-6—检26井高台子油层K=83.5mD的岩心

图 12-14　计算水驱相对渗透率曲线与实验结果对比

12.4 室内岩心水驱实验与三维网络模型仿真模拟结果对比分析

选取萨中开发区Ⅰ、Ⅱ、Ⅲ类储层的岩心进行驱替实验，并与Ⅰ、Ⅱ、Ⅲ类储层考虑和不考虑固-液分子间作用时的三维网络模型的模拟结果进行对比分析(图 12-15～图 12-23)。

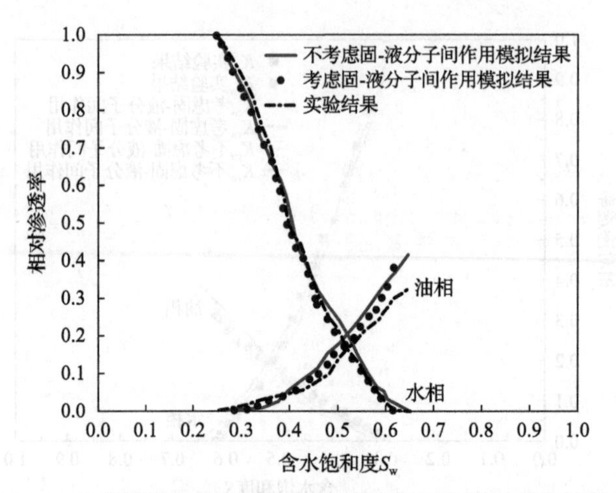

图 12-15 Ⅰ类储层考虑和不考虑固-液分子间作用相对渗透率曲线模拟结果与实验结果对比图

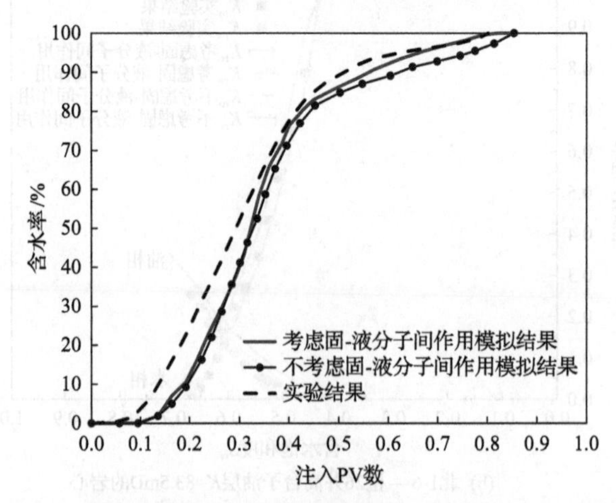

图 12-16 Ⅰ类储层考虑和不考虑固-液分子间作用时含水率曲线的模拟结果与实验结果的对比图

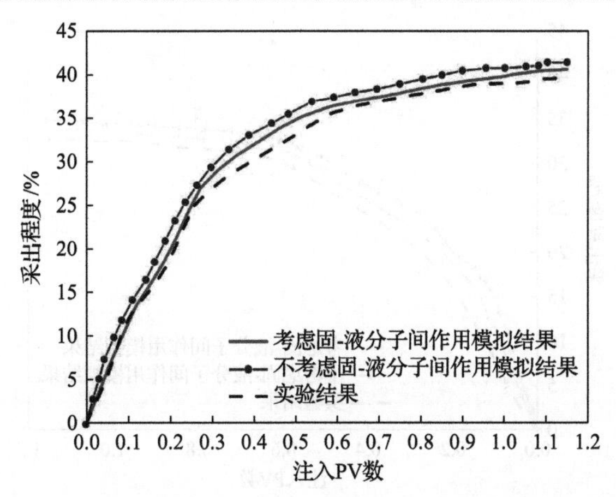

图 12-17　Ⅰ类储层考虑和不考虑固-液分子间作用时采出程度曲线的模拟结果与实验结果的对比

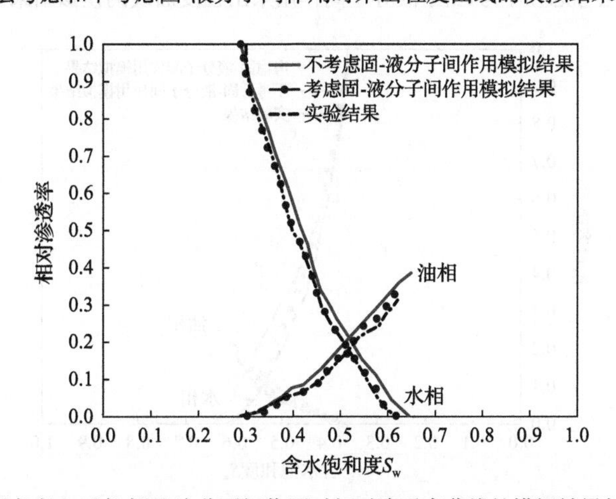

图 12-18　Ⅱ类储层考虑和不考虑固-液分子间作用时相对渗透率曲线的模拟结果与实验结果的对比图

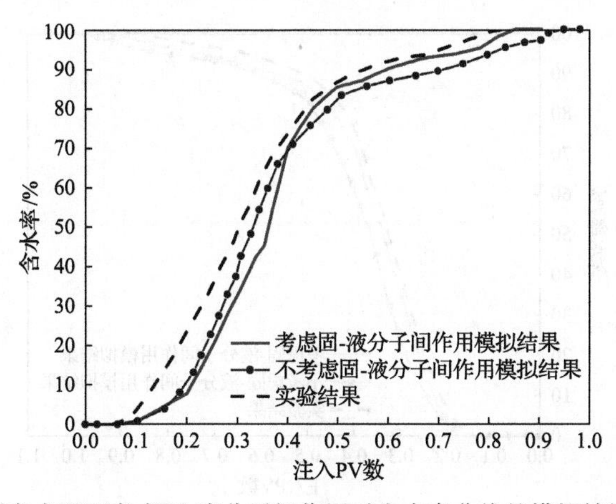

图 12-19　Ⅱ类储层考虑和不考虑固-液分子间作用时含水率曲线的模拟结果与实验结果对比图

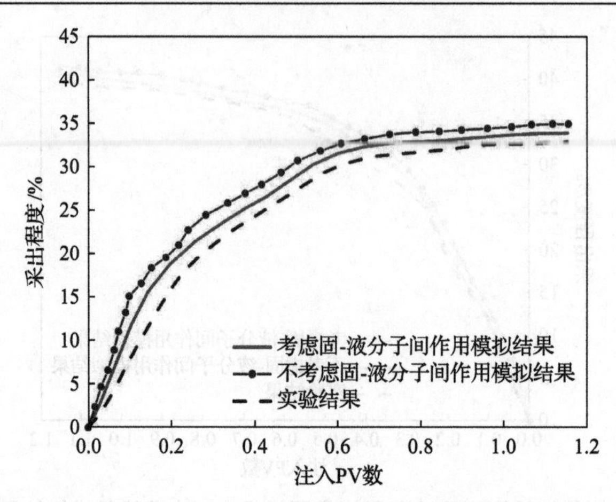

图 12-20　Ⅱ类储层考虑和不考虑固-液分子间作用采出程度曲线的模拟结果与实验结果对比图

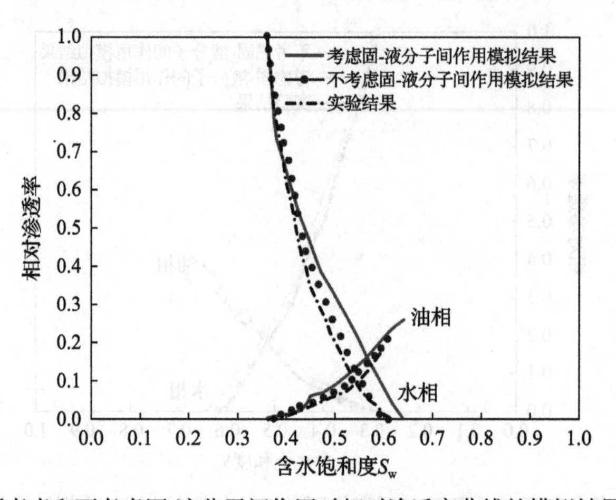

图 12-21　Ⅲ类储层考虑和不考虑固-液分子间作用时相对渗透率曲线的模拟结果与实验结果对比图

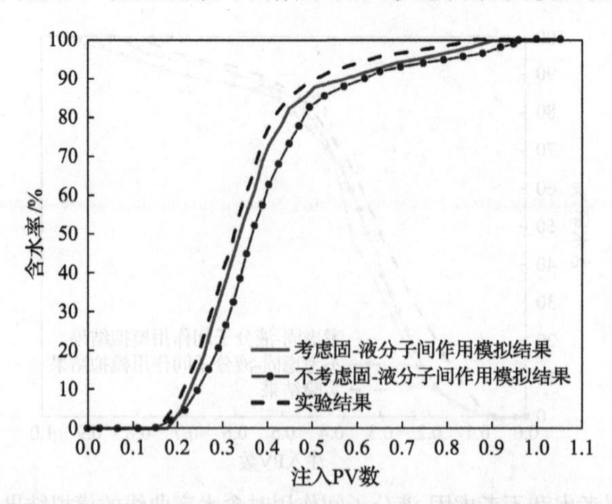

图 12-22　Ⅲ类储层考虑和不考虑固-液分子间作用时含水率曲线的模拟结果与实验结果的对比图

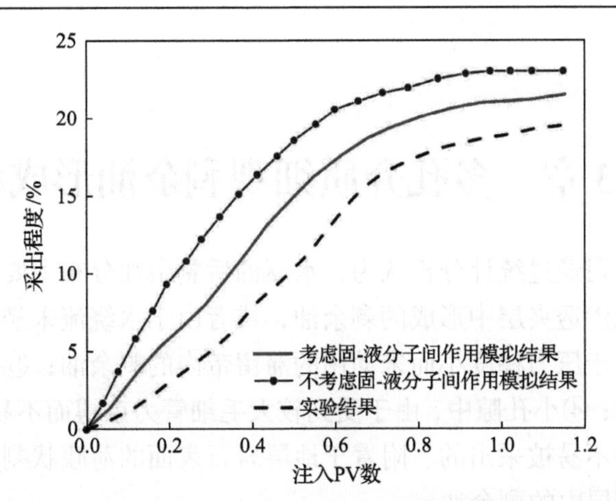

图 12-23 Ⅲ类储层考虑和不考虑固-液分子间作用采出程度曲线的模拟结果与实验结果对比图

图 12-15～图 12-23 中实线为利用网络模拟吸吮过程采出程度曲线的计算值，而虚线为室内实验结果。考虑固-液分子间作用时的模拟曲线和实验曲线总体的趋势基本吻合。固-液分子间作用对Ⅲ类储层采出程度的影响最大。

比较三类储层的相对渗透率曲线可知(图 12-15、图 12-18、图 12-21)，随着宏观物性和孔隙结构变差，束缚水饱和度、残余油饱和度逐渐增加，油水两相共渗区间减小，等渗点处的相对渗透率值逐渐降低，等渗点处含水饱和度值逐渐增大，油相相对渗透率下降速度增大，水相相对渗透率的增加速度减小。比较三类储层的含水率曲线可知(图 12-16、图 12-19、图 12-22)，Ⅲ类储层最难注入，因此Ⅲ类储层见水最晚，且达到特高含水期的时间速度最晚；Ⅰ类储层见水时间最早，且达到特高含水期的速度最快；比较三类储层的采出程度曲线可知(图 12-17、图 12-20、图 12-23)，由于Ⅰ类储层物性较好，Ⅰ类储层的最终采出程度最大，而Ⅲ类储层的最终采出程度最小，随着宏观物性和孔隙结构变差，驱油效率降低。固-液分子间作用对Ⅰ类储层的影响较小，对Ⅱ和Ⅲ类储层的影响较大。

第 13 章　多孔介质细观剩余油形成机制

国外石油公司经过统计分析认为，水驱油后剩余油分布主要可以分为：①注入水未波及的低渗透夹层中形成的剩余油，或者由于水绕流未经过的低渗透带中的剩余油；②由于压力梯度小而未动用的滞留带内的剩余油；③没有被钻遇的透镜体中的剩余油；④小孔隙中，由于受到较大毛细管力束缚而不易流动的剩余油；⑤在开采过程中不易被采出的、附着于地层岩石表面的薄膜状剩余油；⑥存在于局部不渗透遮挡层内的剩余油。

而国内学者从地质条件和井网条件出发对剩余油进行了划分。陈永生[105]把剩余油类型划分为五种：①未动用和基本未动用的油层；②已动用油层内平面上未波及的油层；③油层纵向上未波及的厚度；④水未驱到的或部分驱替的饱含油的孔隙中的剩余油；⑤水驱油后孔隙中的残留油。彭仕宓和黄述旺[106]把剩余油划分为 11 种类型：①注采系统不完善、独立砂体中的剩余油；②成片低渗差油层、层间干扰而未能很好动用形成的剩余油；③河道主体带边部变差部分中的剩余油；④注水未波及的夹层和水绕流过的渗透层中的剩余油；⑤残留在水动力滞留带中的剩余油；⑥残留在小孔隙中的剩余油；⑦以薄膜形式分布于岩石颗粒表面的剩余油；⑧存在于局部不渗透遮挡处的剩余油；⑨由于笼统注水、层间干扰造成的剩余油；⑩井底污染造成的剩余油；⑪油层上倾方向断层、岩性遮挡圈闭的死油区。一些研究人员进行了大量的微观驱油实验，对驱油效率和剩余油类型进行了具体分析[107-117]。本章重点分析研究了微观剩余油成因机理和不同类型微观剩余油的启动条件。

13.1　微观剩余油成因机理分析

13.1.1　介质细观力作用与剩余油特征关系

1. 实验仪器设备及实验方法

1) 实验仪器

实验中所用仪器及其厂商信息如表 13-1 所示。

表 13-1　实验中所用仪器

名称	厂商
微量驱替泵	日本岛津公司
温度控制仪	南通华兴石油仪器有限公司
Sartorius BSA1245 电子天平	深圳市衡通伟业科技仪器有限公司
DZF-6020 真空干燥箱	上海德英真空照明设备有限公司
2XZ(S)-2 型旋转片式真空泵	上海德英真空照明设备有限公司
单相双值电容电动机	上海德英真空照明设备有限公司
单筒显微镜	北京视界通仪器有限公司
显微镜	北京视界通仪器有限公司

实验中所使用的微观玻璃仿真模型是一种透明的二维平面模型，如图 13-1 所示。微观玻璃实验模型的大小为 6.5cm×6.5cm，采用光刻工艺技术，按照岩心铸体薄片的真实孔隙系统，经过适当的显微放大后精密地光刻到平面光学玻璃上，然后对涂有感光材料的光学玻璃模板进行曝光，用氢氟酸处理曝光后的玻璃模板，再通过烧结成型。在孔隙结构特征上，具有储油岩孔隙系统的真实标配，相似的几何形状和形态分布。在模型的相对两角处分别打一小孔，模拟注入井和采出井。微观透明仿真模型具有可视性，可直接观察驱油过程；具有仿真性，可根据油藏天然岩心的孔隙结构，实现几何形态和驱替过程的仿真。

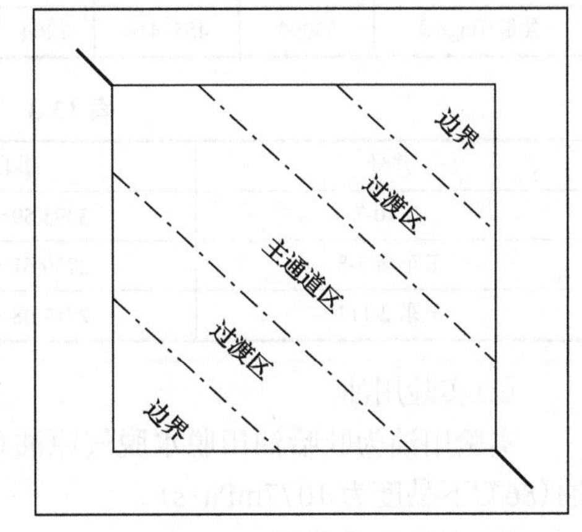

图 13-1　微观玻璃模型及模型分区

图 13-2 为高温高压微观实验装置示意图。该装置可以利用普通玻璃微观实验模型进行压力 25MPa 以下、温度 150℃以下的各种微观实验研究。

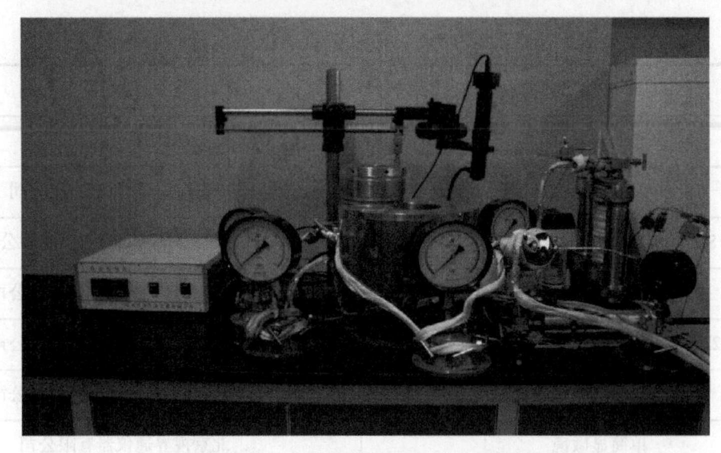

图 13-2　高温高压微观实验装置图

2) 实验材料

(1) 实验用水。

为了与油藏实际条件一致，实验中模拟产出水的组成，配制模拟地层水。表 13-2 给出了吐哈油田玉东 2 块油藏地层水的离子组成，总矿化度 160599mg/L，符合实际地层总矿化度 100252～174925mg/L，阴离子以 Cl^-含量为主，属于 $CaCl_2$ 型水；实验温度为 86℃；实验中所用地层水，是根据表 13-2 离子组成配制的模拟地层水，注入水和产出水为油田提供的实际水样储藏条件(表 13-3)。

表 13-2　吐哈油田玉东 2 块油藏地层矿化度

	Na^++K^+	Ca^{2+}	Mg^{2+}	Cl^-	SO_4^{2-}	HCO_3^-	总矿化度	水型
含量/(mg/L)	53090	4557416	1204	97400	1224	265	160599	$CaCl_2$

表 13-3　储层条件

井号	井段/m	温度/℃
玉 10-7	3395.59～3475.51	102.5
玉东新 3-3	2739.61～2817.89	86
玉东 2-113	2717.08～2816.65	86

(2) 实验用油。

实验用油为吐哈油田脱水脱气原油(86℃下黏度为 524mPa·s)和胜利油田原油(86℃下黏度为 1077mPa·s)。

(3) 实验微观模型。

玉 10-7 岩心微观模型、玉东 2-113 岩心微观模型、玉东新 3-3 岩心微观模型。

(4) 冷采洗油剂。

中国石油化工股份公司胜利油田采油工艺研究院自主研发配制的两性型离子

表面活性剂体系，浓度为 1000ppm。

(5) 实验温度为 86℃。

3) 实验步骤

(1) 对微观模型进行显微镜观察前，先确定好几个重点区域，以便每次录像时进行对比分析。

(2) 将夹持器下腔体内加满蒸馏水，保证模型进出口处没有气体的情况下，将模型小心安装到夹持器内，避免下腔体与模型之间出现气泡；模型安装好后，再将上腔体内添加自来水至一定高度，放空状态下缓慢拧紧夹持器，保证模型上下腔体内没有气泡进入。

(3) 保证夹持器环压出口打开的状况下，对模型进行 86℃定温加热，温度稳定后，关闭环压放空阀；对模型注入自来水，注意观察入口压力值，当入口压力升高时，缓慢摇动手摇泵向夹持器内注入水，保证环压值与入口压力值相差不超过 0.5MPa。

(4) 向微观模型中注入地下原油，直到出口处无水流出，此时注意观察入口压力值，当入口压力升高时，缓慢摇动手摇泵向夹持器内注入水，保证环压值与入口压力值相差不超过 0.5MPa。

(5) 对微观玻璃模型拍照记录原始模型内原油饱和情况。

(6) 注入水：在水驱 1.2PV 后，对其剩余油分布、剩余油形态及标注的重点区域拍照。此后缓慢增加回压，此时入口压力也随之升高，此过程保证围压与入口压力值相差不大，且保证回压比入口压力高 0.8MPa 左右。

(7) 水驱过程要对微观模型中的驱替过程录像记录，拍照记录剩余油分布，剩余油的形态及重点区域的变化情况。

(8) 实验结束后，先缓慢降温，并适当调整进出口压力，降到室温后观察容器压力，然后缓慢降压，保证环压、进出口压力同时降低。

(9) 实验结果整理分析。

剩余油变化：分析拍摄图片中孔隙剩余油的像素灰度值，得到原油像素占孔隙像素的比值，即视野孔隙中含油饱和度值。

2. 动态界面张力与界面动态变化特性

图 13-3 是观测到的油-水界面动态变化图。水驱油过程以注入水驱动原油时出现的指进现象和绕流现象为主。前者是水驱油过程中普遍存在的现象，由于孔隙结构的复杂性，油水在这些孔隙内流动时，在各个孔隙所受的阻力各不相同，所以在各个孔隙中的渗流速度不相同，加上孔隙润湿性的差异性，油水流动过程中所受到的毛细管力不同，因此注入水在不同孔隙内会以不同的速度向前推进；后者是孔喉分布的非均质性造成的，从而使注入水首先沿一条或几条阻力小的含油孔隙前进，绕过渗流阻力较大的含油孔喉。

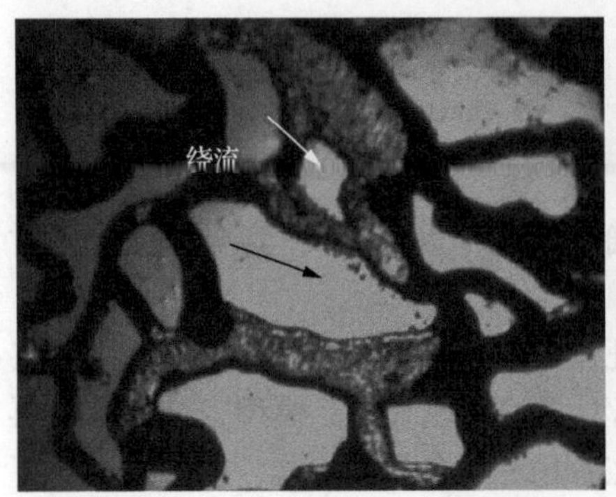

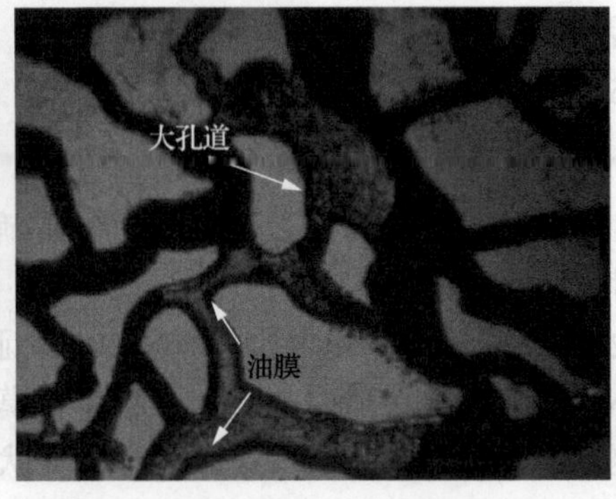

图 13-3　水驱过程中油-水界面动态变化图(彩图扫二维码)

图 13-4 为一次水驱过程中水流驱动原油的常见现象。水驱动原油至下游过程中，孔隙壁上分布着较厚的油膜，且水流遇到孔隙的分叉口后，流向压力相对小的大孔隙内，与水流垂直的孔隙及狭窄的喉道内的原油未启动。图 13-4 中看到，水流沿着大孔隙向上流动的趋势，而非沿着水平方向(模型出入口方向)流出。

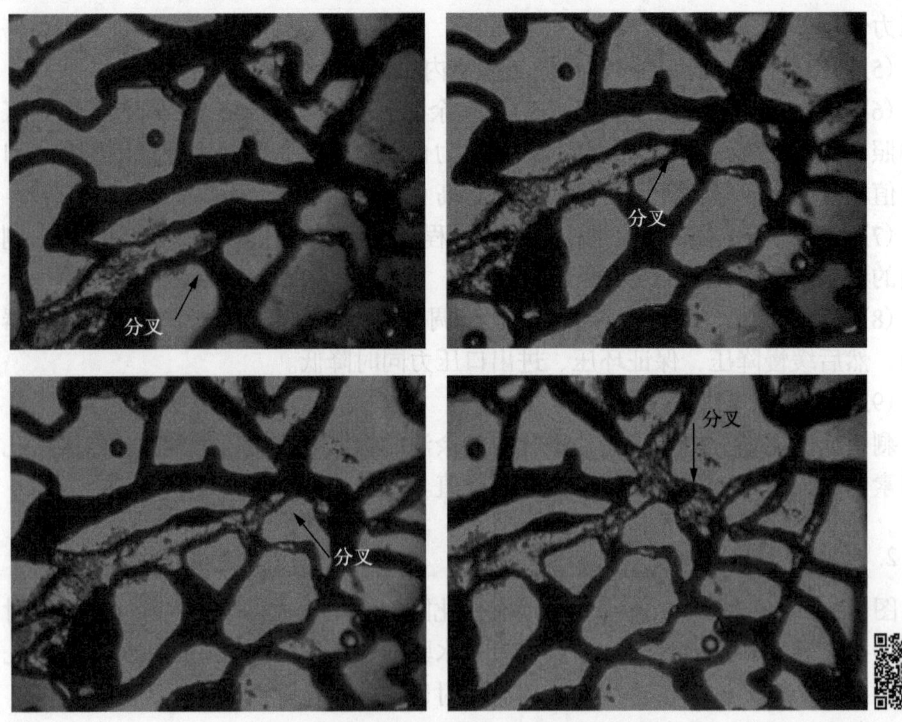

图 13-4　水驱原油过程(彩图扫二维码)

水驱油速度十分缓慢，再加上附加的毛细管阻力，空隙内滞留大片剩余油，一次水驱采油量不大。水驱过程的剪切力不能够脱落黏附于孔隙壁上的原油，原油受到孔隙壁的黏滞力形成膜状剩余油；原油受到模型孔隙的剪切、阻碍及原油间的挤压作用，模型内出现不同直径、不同形状的孤岛状剩余油。水驱油过程中，连续油带往往发生卡断现象产生油珠，当孔隙介质中含油饱和度较低时，采收率变化不大。

3. 介质结构对水驱剩余油的影响

(1)玉 10-7 井较小渗透率微观模型水驱实验。

水驱后剩余油形态及分布如图 13-5 所示，该模型孔道普遍较细，孔隙体积较小，导致渗透率相对较小，水驱后有较多剩余油。

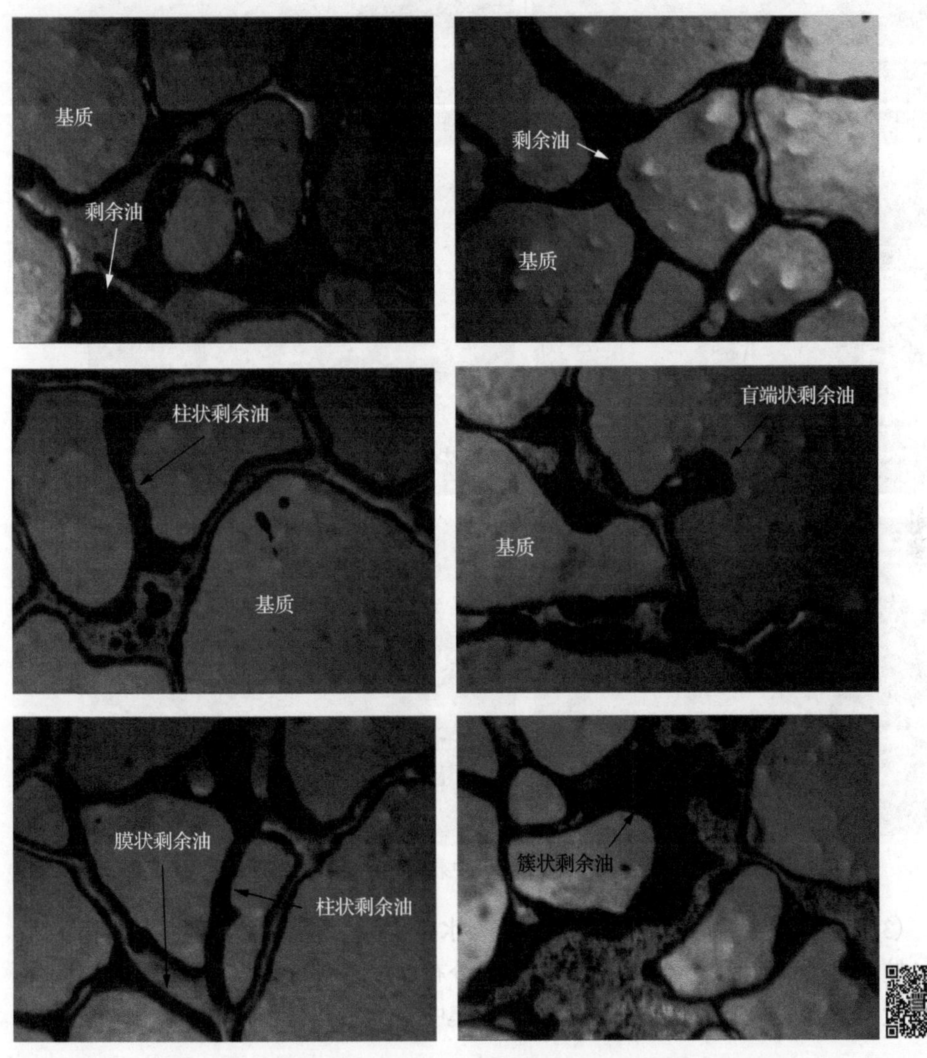

图 13-5　水驱后较小渗透率模型中剩余油状态(彩图扫二维码)

(2)玉东 2-113 井中等渗透率微观模型水驱实验。

中等渗透率模型水驱后剩余油形态及分布如图 13-6 所示，孔隙体积相对第一组较大，水驱后有细小孔道及模型边界仍有大量剩余油。

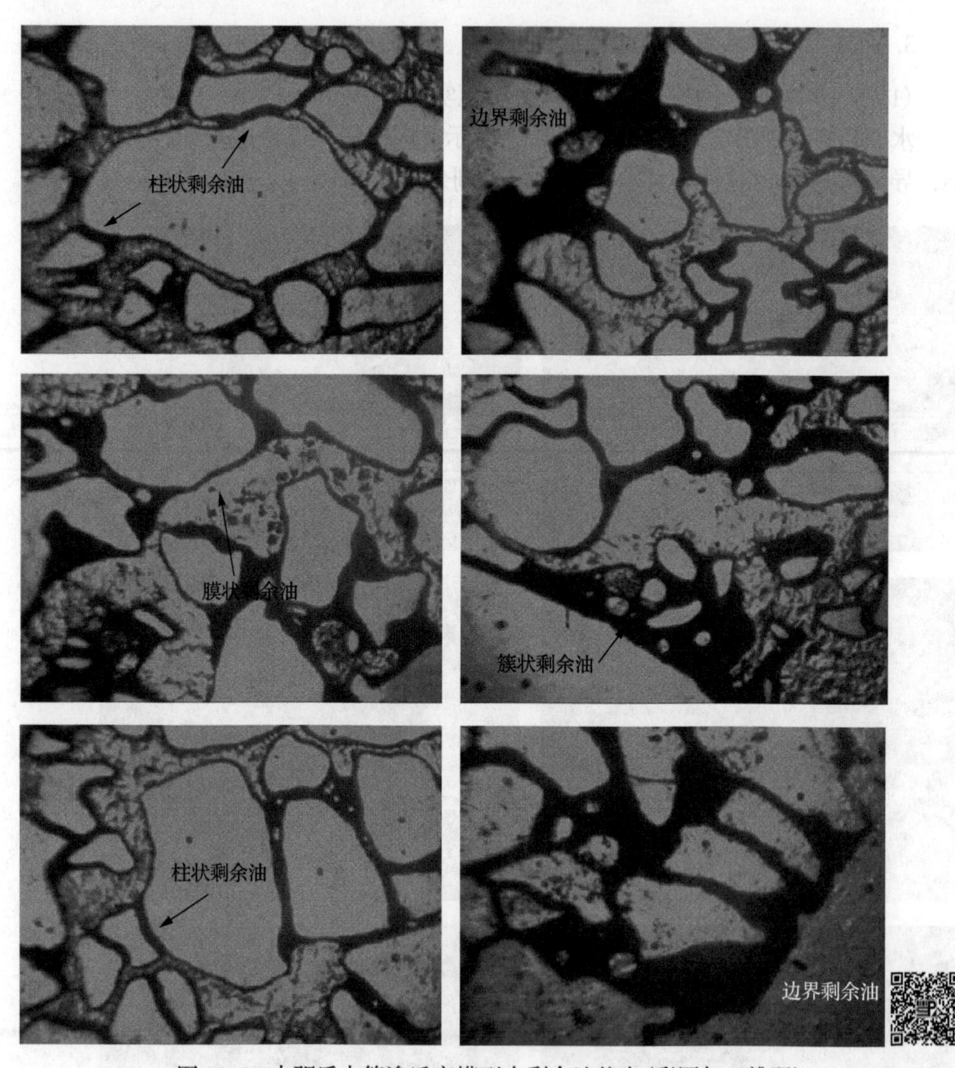

图 13-6 水驱后中等渗透率模型中剩余油状态(彩图扫二维码)

(3)玉东新 3-3 井较大渗透率微观模型水驱实验。

较大渗透率模型水驱后剩余油形态及分布如图 13-7 所示，孔隙体积相对前两组更大，并且大孔道较多，水驱后剩余油集中在细小孔道和盲端。

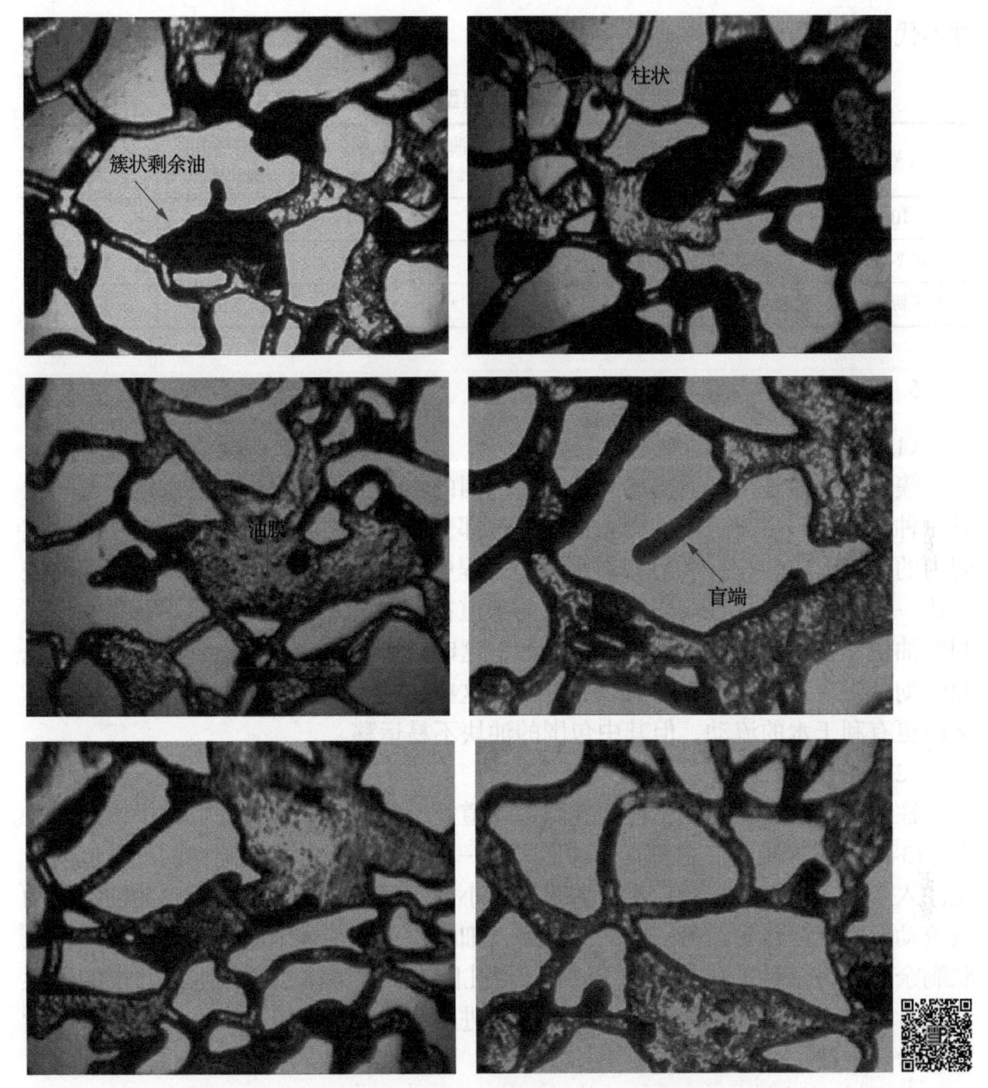

图 13-7　水驱后较大渗透率模型剩余油状态(彩图扫二维码)

4. 剩余油的类型特征与介质结构关系

三种渗透率模型实验的剩余油饱和度定量计算如表 13-4 所示。不同渗透率模型定量计算的剩余油饱和度也不同，按模型渗透率由大到小，水驱结束后剩余油饱和度分别为 39.42%、53.62%和 74.21%(平均为 55.74%)。不同模型的水驱稠油实验发现，簇状剩余油在三个模型中占的比例均为最大，其次为柱状剩余油，水驱结束后不同类型剩余油比例为簇状剩余油＞柱状剩余油＞膜状或盲端剩余油。其中，中等渗透率模型的盲端剩余油明显较少，这是由于该模型本身盲端很少，并不代表水驱盲端油效率高。

表 13-4 水驱后不同渗透率模型各类型剩余油饱和度

井号	渗透率/mD	簇状剩余油饱和度/%	柱状剩余油饱和度/%	膜状剩余油饱和度/%	盲端剩余油饱和度/%	总计剩余油饱和度/%
玉 10-7	127.9	34.5	20.79	9.01	9.91	74.21
玉东 2-113	523.6	29.52	11.87	11.01	1.22	53.62
玉东新 3-3	823.5	14.41	11.20	6.76	7.05	39.42

5. 介质细观力作用与剩余油类型关系

(1)簇状剩余油。

簇状剩余油是指被通畅的大孔隙所包围的小喉道控制群中的剩余油，实际上是一种水淹区内更小范围的剩余油块。这部分剩余油主要是由于注入水在孔隙空间内的绕流形成的(图 13-5)。在水驱油过程中，注入水沿着阻力较小的孔隙前进要快一些，即微观指进。当两条突进的水道在前方某些孔隙合拢后，两条水道之间的油块就会残留下来成为簇状剩余油，这时由于注入水总是沿着阻力最小的孔隙流动，当注入水的通道形成以后，水在这些通道内的流动阻力就会大大降低，从而更有利于水的流动，但其中包围的油块不易运移。

(2)柱状剩余油。

柱状剩余油主要存在于连通孔隙的喉道处，特别是在细长的喉道中更加明显(图 13-5)。柱状剩余油主要有两种形式，一种是存在于并联孔隙中的细喉道内，当注入水进入喉道一端后，水沿着阻力较小的粗喉道前进，细喉道中的油不流动或流动较慢，当水到达另一端的孔隙后，细喉道中的油被卡断而成为剩余油。柱状剩余油的另一种形式是存在于“H”形孔隙内，注入水沿着细喉道两端的孔喉流动，细喉道内由于阻力较大而使水无法进入，油流在喉道两端的孔隙处被卡断而成为剩余油。

(3)膜状剩余油。

膜状剩余油主要存在于亲油的孔隙中，由于油在孔隙壁面的附着力大于水驱过程的剪切力，注入水在孔隙中间通过，使黏附在孔隙表面的油剩下，形成油膜或油环(图 13-5)。膜状剩余油在油湿的孔隙内普遍存在，是油湿孔隙内一种主要形式的剩余油。实验所用的模型是亲水模型，但是驱油过程中仍有较多油膜存在，这可能是因为原油成分中含有蜡、胶质等组分的缘故，也可能是因为模型的反复使用，使部分孔隙壁表面为亲油性。

(4)孤岛状剩余油。

孤岛状剩余油是亲水孔隙结构中特有的一种剩余油形式。在水驱油过程中，注入水沿着亲水孔隙壁面或壁面上的水膜前进，在孔隙内的油被完全驱走之前，水已占据了油流通道前的喉道，使油流被卡断，油即以油滴的形式留在大孔隙内，成为孤岛状剩余油。孔喉相差越大，孤岛状剩余油越容易形成，且孔隙介质亲水性越强，形成的可能性越大。

(5)盲端剩余油。

盲端剩余油主要是指被水扫过后密封于死角或孔隙盲端的残余油，而与其相连的孔喉则大部分被水取代。盲端剩余油存在于大量的孔隙盲端中，且盲端越深，其残余油量越大，也就越不易被驱替出来。实验用模型中主要的盲端状态有圆形、梯形、三角形和柱形。

6. 介质结构和细观力作用对剩余油形态和分布特征的影响

为了更进一步了解水驱稠油微观机理，对各类型剩余油进行分区计算，以玉东 2-113 为例(表 13-5)。

表 13-5　水驱后模型分区各类型剩余油饱和度(中等渗透率模型)　(单位：%)

模型区域	主通道	过渡区	边界	整个模型
簇状	17.35	31.02	49.44	29.52
柱状	12.58	15.66	2.28	11.87
膜状	13.89	10.37	6.93	11.01
盲端	0.00	1.50	2.91	1.22
总计	43.82	58.55	61.56	53.62

簇状剩余油在模型中的分布规律明显，在主通道簇状剩余油较少，而在边界的剩余油中簇状剩余油占了 49.44%。边界存在的这种大块簇状剩余油，验证了实验观察到的水驱波及程度较低，优先走主通道的现象。边界的柱状和膜状剩余油比主通道少，结合对微观模型水驱过程的观察发现，这并不是水驱效率高的结果，而是由于大部分边界区域没有被水驱到，形成不了柱状和膜状的剩余油形态。总的来看，主通道、过渡区和边界的剩余油饱和度分别为 43.82%、58.55%和 61.56%，主通道剩余油最少，边界最多。

13.1.2　介质细观各种力的相互作用关系及对驱动影响

1. 界面力大小对驱动效果的影响

饱和油后进行的一次水驱，驱替过程表现为沿壁驱替，先流通的一侧作为流通路径，更容易成为“优势通道”，同时，在水湿性模型中，由于模型的强亲水性，使水驱喉道的壁面较为干净，膜状剩余油的赋存量仅占剩余油总体的 7%(图 13-8)。这个过程中，模型壁面的亲水性和孔道的不规则性影响水驱过程的分流率，造成水驱过程呈现不规则指进，这是影响采收率的一个重要因素。

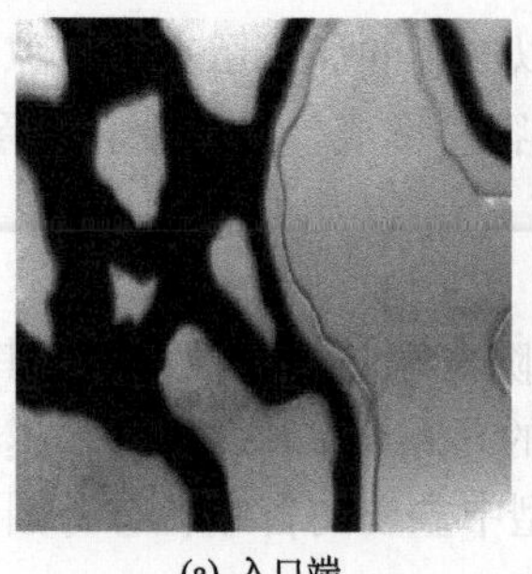
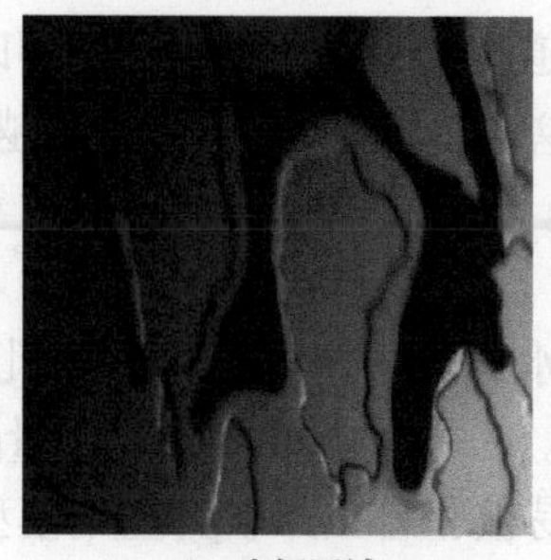
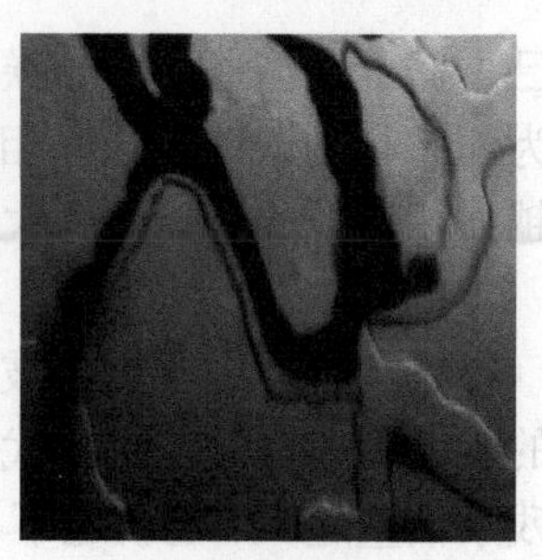
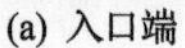

(a) 入口端　(b) 中间区域　(c) 出口端

图 13-8　一次水驱后驱替效果图

随后进行冷采洗油剂驱替时，冷采洗油剂与剩余油之间产生低界面张力体系，使剩余油的活动性增强，原本赋存的剩余油、水和冷采洗油剂相互发生推挤，重新排布，剩余油附存量明显减少。且由于亲水性壁面对剩余油的滞留作用没有油湿性壁面强，冷采洗油剂注入作用后，剩余油多以包裹冷采洗油剂的油膜形式赋存[图 13-9(b)]，这种赋存形式使剩余油之间的连接性较强，使在后续水驱过程中，包裹冷采洗油剂的油膜在后续注入水的驱替下，发生运移，部分剥离脱落为较小的膜状剩余油，广泛散布在孔隙内；部分剩余油沿油膜运移，剥离后汇入前沿的油膜[图 13-9(c)]，这些运移形式均增强了剩余油的流动性，使后续水驱的主通道和边界区的总体驱替效率分别提高了 7.6%和 5.4%(表 13-6)。

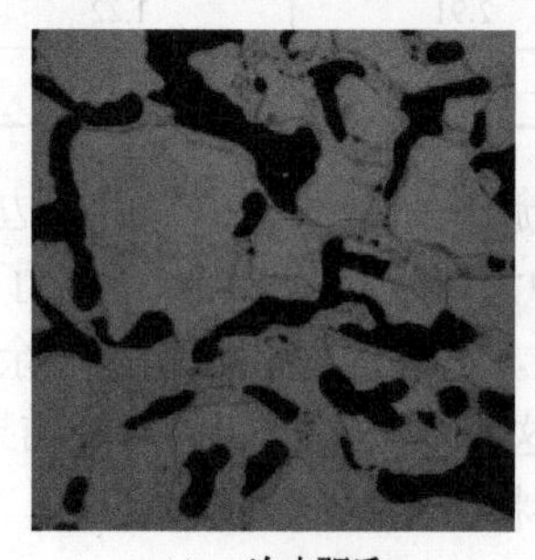
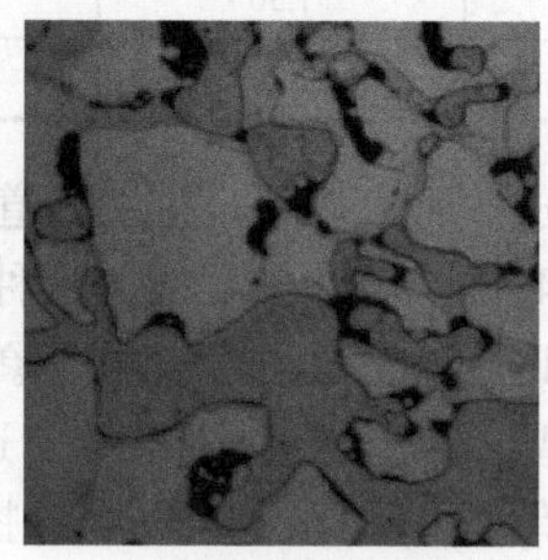
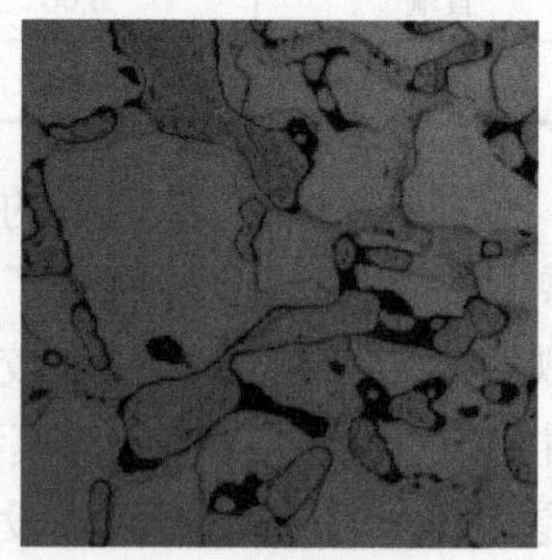

(a) 一次水驱后　(b) 冷采洗油剂驱后　(c) 后续水驱后

图 13-9　水驱和 SL 自扩散剂驱后模型的剩余油分布图

表 13-6　水湿性模型不同驱替过程驱替效率　(单位：%)

区域	一次水驱后	冷采洗油剂驱后	后续水驱后
主通道	30.7	34.9	38.3
边界区	28.3	28.8	33.7

2. 毛细管力大小对驱动效果的影响

1) 油湿性模型微观驱油实验

水驱后，由于细喉道对油的吸附能力强，注入水的阻力大，模型内剩余油饱和度较大，剩余油多数以柱状剩余油、膜状的形式残留在模型内，这是油湿性模型剩余油的分布特点(图 13-10)。

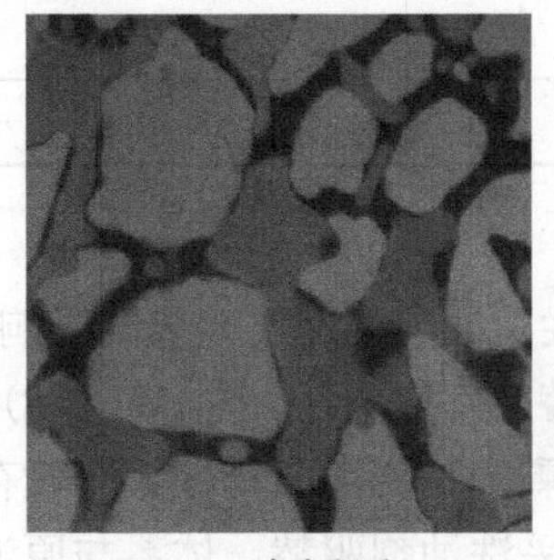
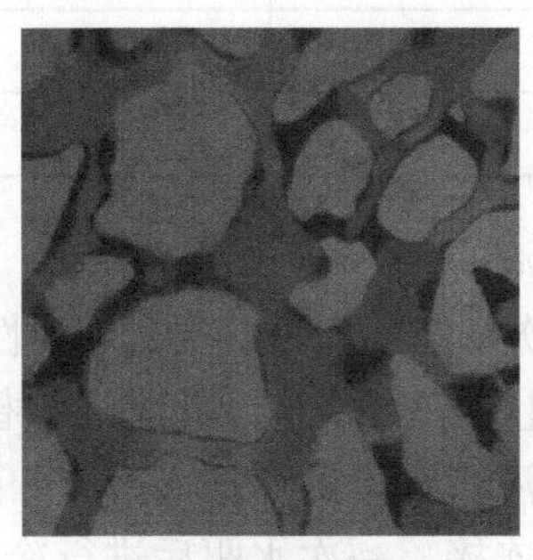
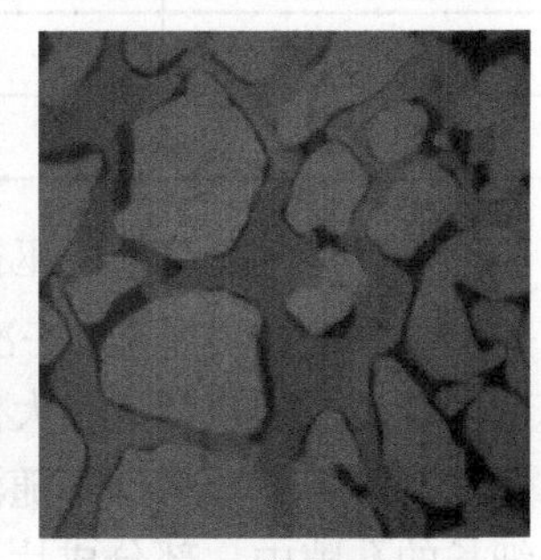
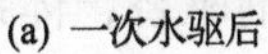

(a) 一次水驱后　(b) 冷采洗油剂驱后　(c) 后续水驱后

图 13-10　油湿性模型不同驱替阶段效果图

一次水驱后，柱状剩余油主要存在于连通孔隙的喉道处，膜状剩余油则由于孔隙壁面的附着力大于水驱过程的剪切力，在一次水驱结束后附着在孔隙壁面[图 13-10(a)]，受驱替波及范围的影响，模型主通道采收率的提高值略高于边界区，分别为 36.2%和 31.1%。之后进行冷采洗油剂驱，冷采洗油剂注入后，由于模型内油-水界面张力降低，使柱状剩余油得到重新启动，同时，孔隙壁对剩余油的截留能力下降，模型内冷采洗油剂波及的部分膜状剩余油从壁面剥离，整体剩余油的赋存情况得到明显改善[图 13-10(b)]。随着不同驱替过程的进行，活动性增强的剩余油在模型内部分区域内发生运移，导致原本驱替干净的喉道内再次发生“堆积”，原本“堆积”的喉道被清洗干净，并且经过后续水驱，剩余油被进一步驱替出来，说明随着冷采洗油剂的注入并在其作用下，剩余油会发生重新分布(图 13-11)，更有利于下一步驱替，冷采洗油剂驱替和后续水驱完成后，主通道区和边界区的驱替效率分别提高了 3.6%和 4.0%、4.7%和 2.6%(表 13-7)。

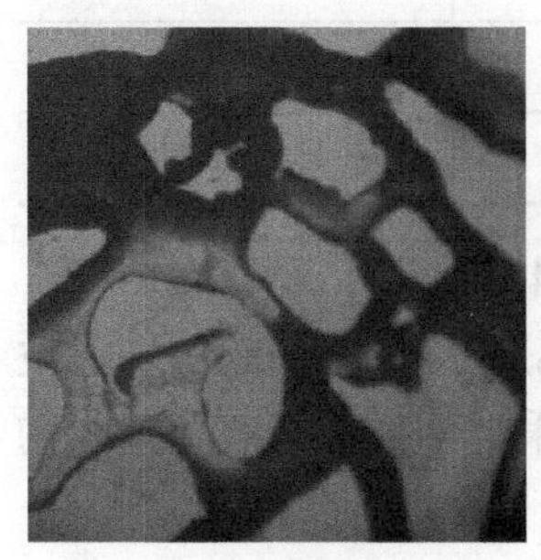
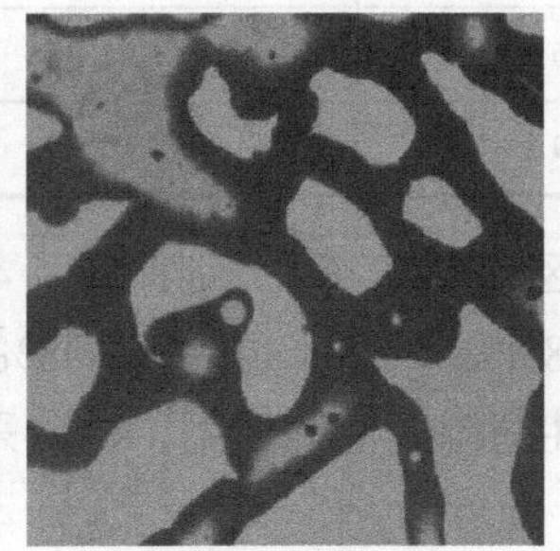
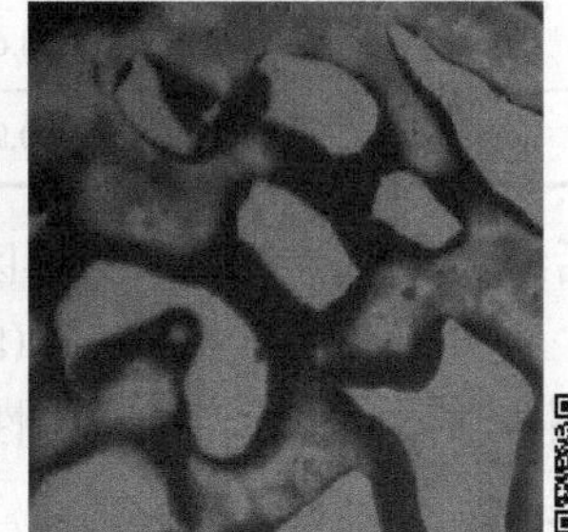

(a) 一次水驱后　(b) 冷采洗油剂驱后　(c) 后续水驱后

图 13-11　油湿性模型不同驱替阶段效果图(彩图扫二维码)

表 13-7 油湿性模型不同驱替过程驱替效率 （单位：%）

区域	一次水驱后	冷采洗油剂驱替后	后续水驱后
主通道	36.2	39.8	44.5
边界区	31.1	35.1	37.7

2) 中性润湿模型微观驱油实验

对于中性润湿模型，一次水驱后，受模型非均质性及油水黏度比差异的影响，模型内剩余油的残留量很大[图 13-12(a)]，此时的驱替效率仅为 38.6%(表 13-8)，剩余油的分布和形态已不随注入水量的增加而改变，剩余油失去活动性，多赋存于细长的孔隙中，部分成片连接。一次水驱后进行冷采洗油剂驱替，体系与原油薄膜界面相互作用后，体系对原油薄膜有剥离作用，使驱替后模型内剩余油活动性得到改善，部分剩余油发生运移，一些原本驱替干净的位置再次“浸润”油，剩余油重新堆积，发生局部润湿性的改变[图 13-12(b)]。

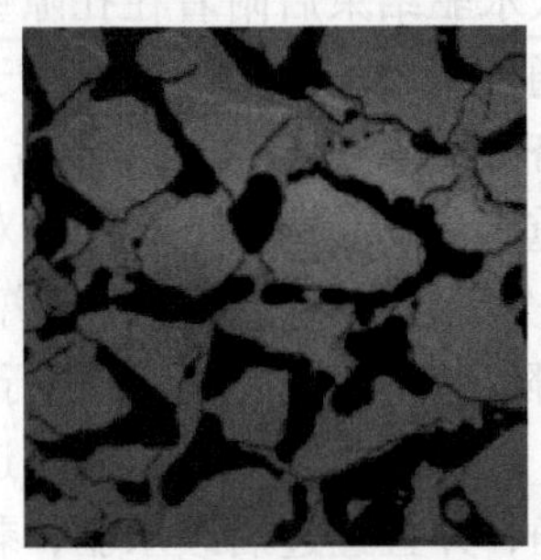

(a) 一次水驱后

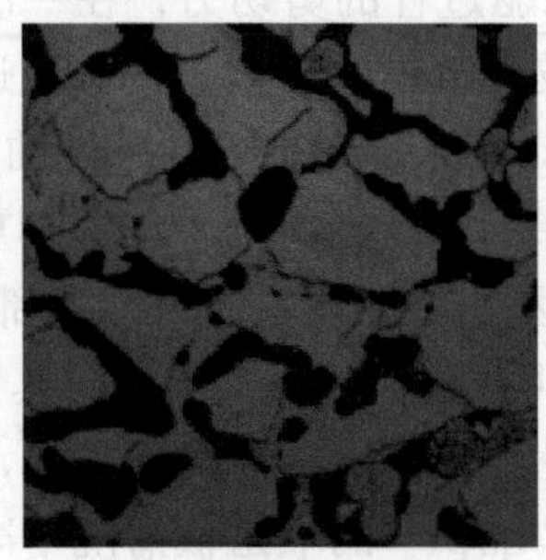

(b) 冷采洗油剂驱后

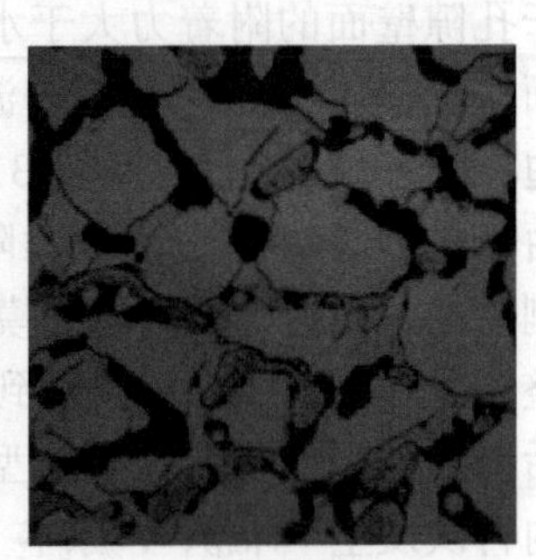

(c) 后续水驱后

图 13-12 中性润湿模型不同驱替阶段效果图

表 13-8 中性润湿性模型不同驱替过程驱替效率 （单位：%）

区域	一次水驱后	冷采洗油剂驱后	后续水驱后
主通道	38.6	42.6	47.0
边界区	30.9	33.0	36.8

后续水驱后，主通道和边界区总驱替效率分别达到了 47.0%和 36.8%(表 13-8)，其中，主通道驱替效率提高值(8.4%)略高于边界区(6.8%)，冷采洗油剂的扩大波及范围和洗油作用，说明在中性润湿润湿性模型中，冷采洗油剂扩大波及范围的作用效果优于洗油作用。

3. 不同润湿性模型驱替效率对比

从图 13-13 中可以看出，不同润湿性模型的驱替效率不同，冷采洗油剂的作用效果也存在差异。

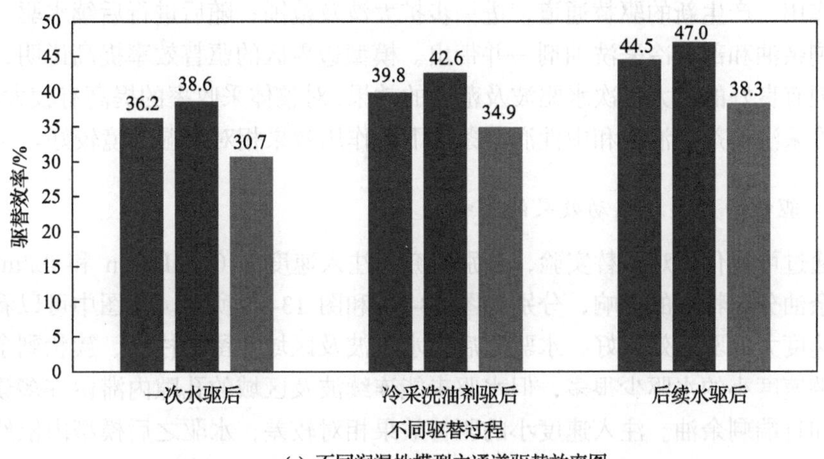

(a) 不同润湿性模型主通道驱替效率图

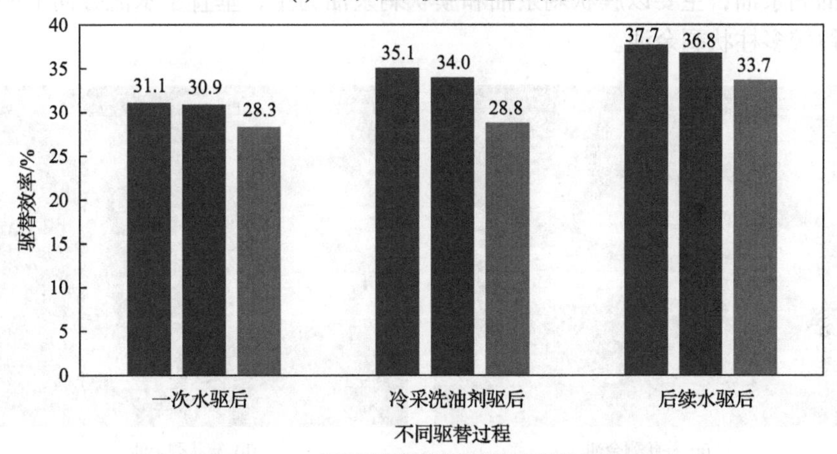

(b) 不同润湿性模型边界区驱替效率图

■ 油湿性模型　■ 中性润湿模型　■ 水湿性模型

图 13-13　不同润湿性模型不同区域驱替效率图

在一次水驱后的模型边界区，由于水湿性模型中发生了极明显的指进现象，相比于油湿性和中性润湿性模型过早形成了优势通道，影响了驱替的波及范围，因此除水湿模型边界区驱替效率相对较低(主通道和边界区分别为 30.7%和 28.3%)，另外两模型相差不大(分别为 36.2%和 31.1%，38.6%和 30.9%)。对于冷采洗油剂驱替后的模型主通道，中性润湿性模型的驱替效率提高值相对最大(4.0%)，原因是相对于油湿性模型，中性润湿性模型孔隙与原油间的毛细管力相对较弱，赋存在细小孔隙的剩余油在冷采洗油剂作用后更容易重新获得活动性，而相对于水湿性模型的指进现象也不那么明显，因此，冷采洗油剂的驱替过程一部分沿着一次水驱的作用通道，对模型剩余油进行清洗、携带；另外一部分通过调剖作用，产生新的驱替通道，进一步扩大波及范围；随后进行后续水驱，将活动的剩余油和部分冷采洗油剂一并带出。模型边界区的驱替效率提高说明，冷采洗油剂有良好的扩大一次水驱波及范围的效果，对整体采收率的提高有较大贡献，并且冷采洗油剂在油湿和中性润湿条件下的作用效果相对水湿环境较好。

4. 驱替力大小对驱动效果的影响

通过可视化微观驱替实验，分别研究了注入速度为 0.1mL/min 和 0.2mL/min 对剩余油分布特征的影响，分别如图 13-14 和图 13-15 所示。从图中可以看出，注入速度大的驱替效果好，水驱之后，水流波及区域残留的柱状、簇状剩余油相比驱替速度小的水驱少很多，但水驱未能连续波及区域的孔隙内滞留许多簇状剩余油和盲端剩余油。注入速度小的驱替效果相对较差，水驱之后模型内依然滞留大量的剩余油，主要以膜状剩余油和簇状剩余油为主，垂直于水流方向上的喉道上滞留较多柱状剩余油。

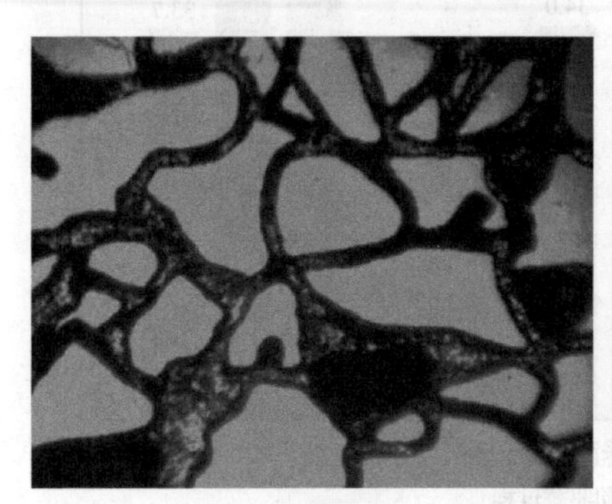
(a) 柱状剩余油

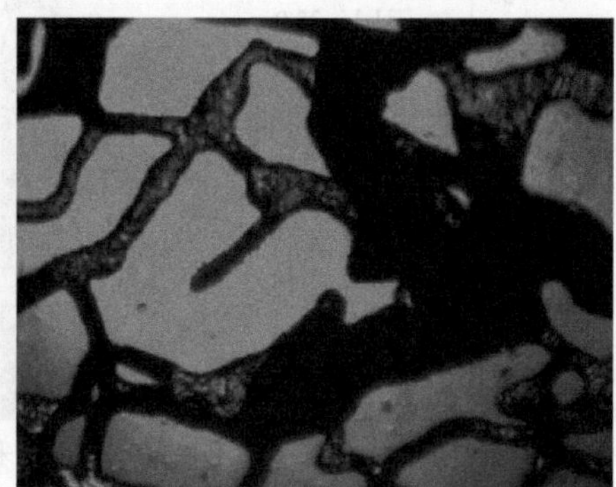
(b) 簇状剩余油

图 13-14　注入速度为 0.1mL/min 的剩余油分布图

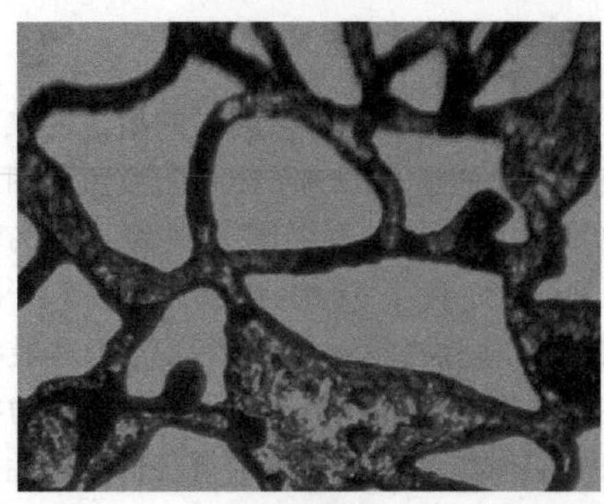
(a) 膜状剩余油

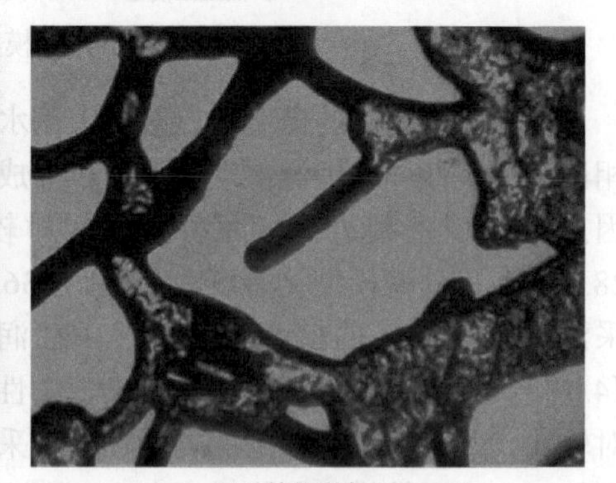
(b) 簇状剩余油

图 13-15　注入速度为 0.2mL/min 的剩余油分布图

13.2　不同类型微观剩余油启动条件

13.2.1　调整驱动压力梯度

图 13-16 给出了Ⅱ类储层在不同压差下剩余油饱和度分布的比较，注入压力从高到低分别为 2MPa，1.5MPa，1.0MPa，0.8MPa，0.5MPa。通过图 13-16 可以明显发现，随着注入压力的下降，剩余油分布区域先是减少，然后增加，存在最优注入压力，约为 1～1.5MPa。当注入压力大于最优注入压力时，流体的快速驱替会迅速形成优势通道，使得边界角隅处形成连片状剩余油增加；当注入压力小于最优注入压力时，由于毛细管力作用和界面微观力作用，主流通道外的油难以动用，连片状剩余油显著增加。

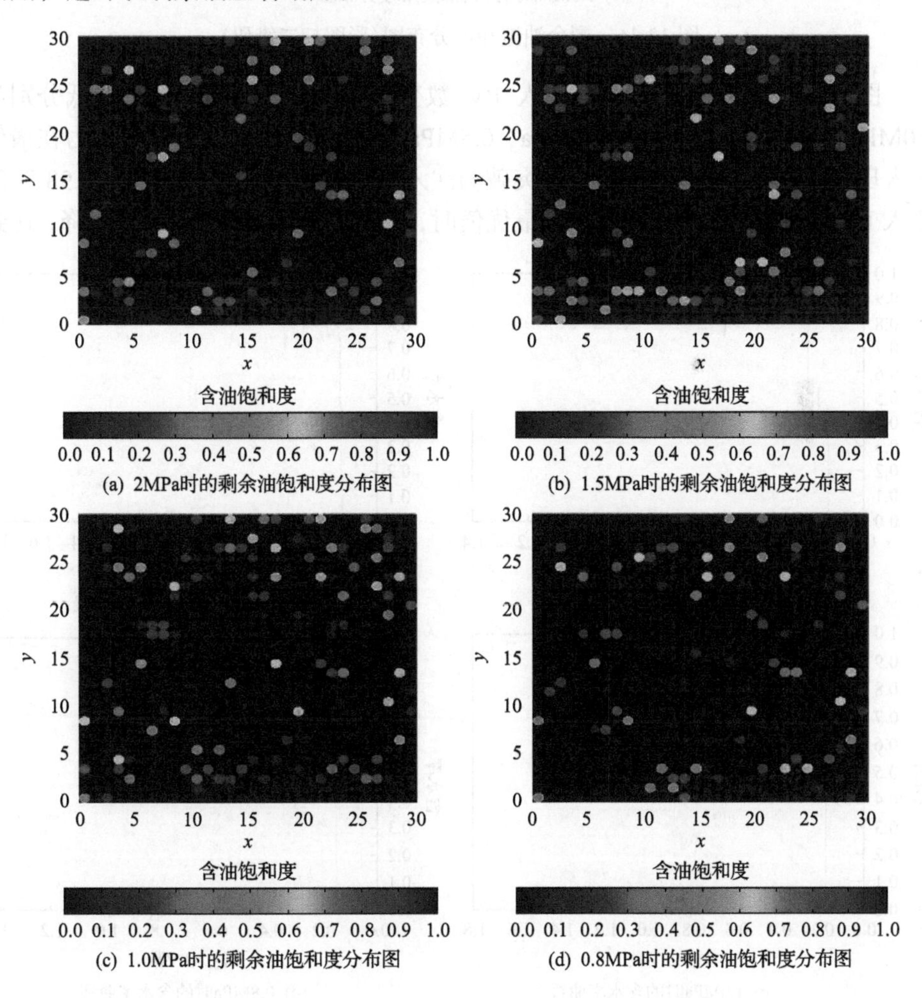

(a) 2MPa时的剩余油饱和度分布图　(b) 1.5MPa时的剩余油饱和度分布图

(c) 1.0MPa时的剩余油饱和度分布图　(d) 0.8MPa时的剩余油饱和度分布图

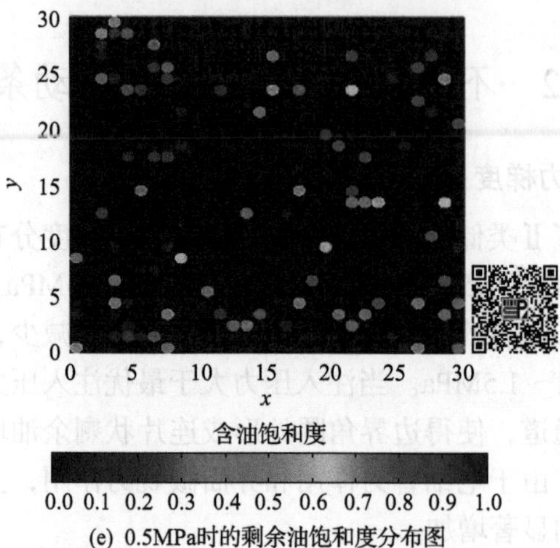

(e) 0.5MPa时的剩余油饱和度分布图

图 13-16　剩余油饱和度分布图(彩图扫二维码)

图 13-17 给出了含水率随注入 PV 数变化曲线，注入压力从高到低分别为 2.0MPa、1.5MPa、1.0MPa、0.8MPa、0.5MPa。由图 13-17 可见，注入压力在最优注入压力(1～1.5MPa)范围时，水突破的注入 PV 数最小，含水率达到 0.98 时的注入 PV 数最大。当注入压力大于最优值时，水突破的注入 PV 数明显下降，达到

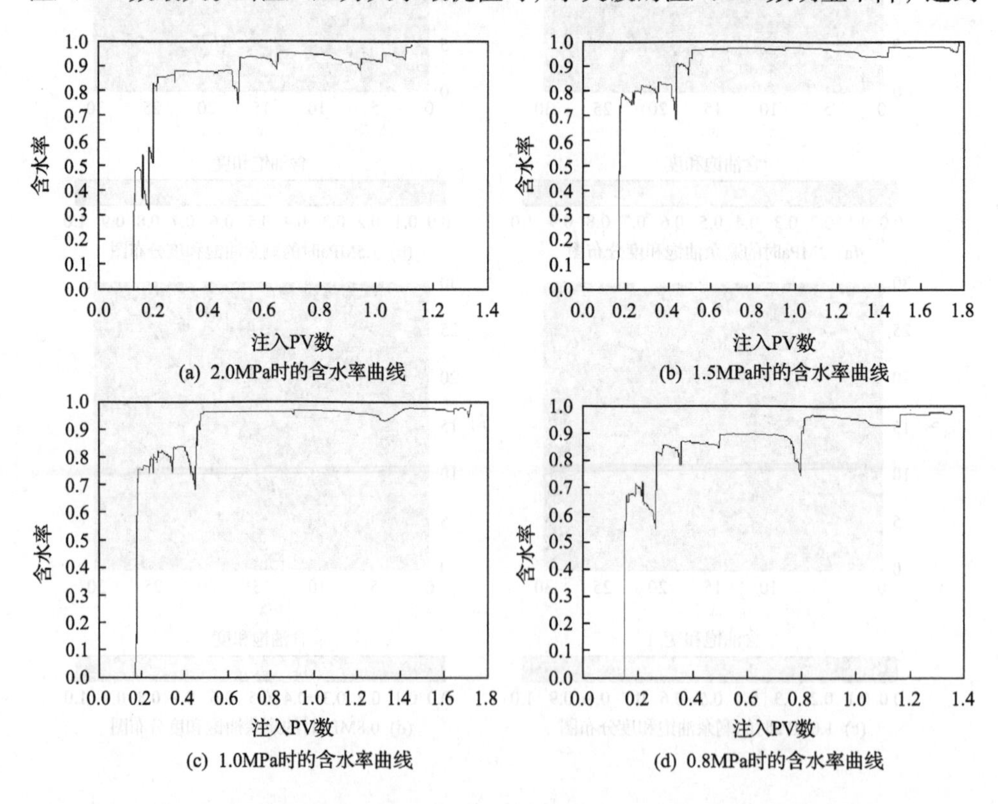

(a) 2.0MPa时的含水率曲线　(b) 1.5MPa时的含水率曲线

(c) 1.0MPa时的含水率曲线　(d) 0.8MPa时的含水率曲线

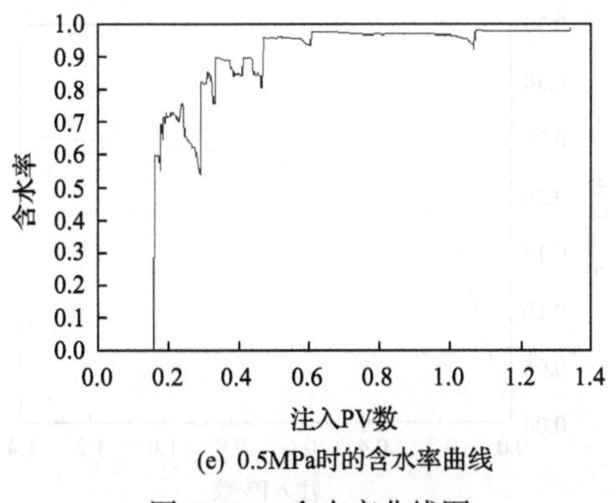

(e) 0.5MPa时的含水率曲线

图 13-17　含水率曲线图

含水率 0.98 的注入 PV 数则最小。当注入压力过小时，水突破的注入 PV 数也明显早于最优值，而达到含水率 0.98 的注入 PV 数也显著小于最优值。

图 13-18 给出了采出程度曲线。注入压力从高到低分别为 2.0MPa、1.5MPa、1.0MPa、0.8MPa、0.5MPa。由图 13-18 可见，当注入压力在最优压力范围时，采出程度最大。而 2.0MPa 和 0.5MPa 时采出程度较小。

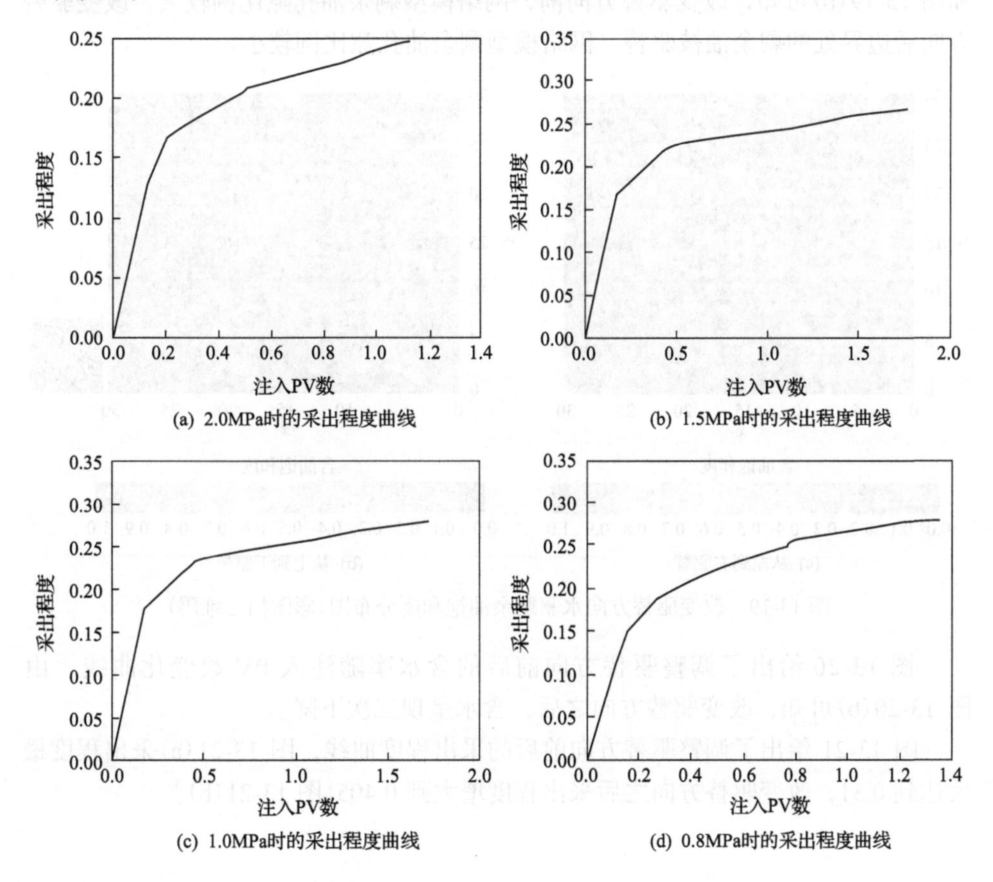

(a) 2.0MPa时的采出程度曲线　(b) 1.5MPa时的采出程度曲线

(c) 1.0MPa时的采出程度曲线　(d) 0.8MPa时的采出程度曲线

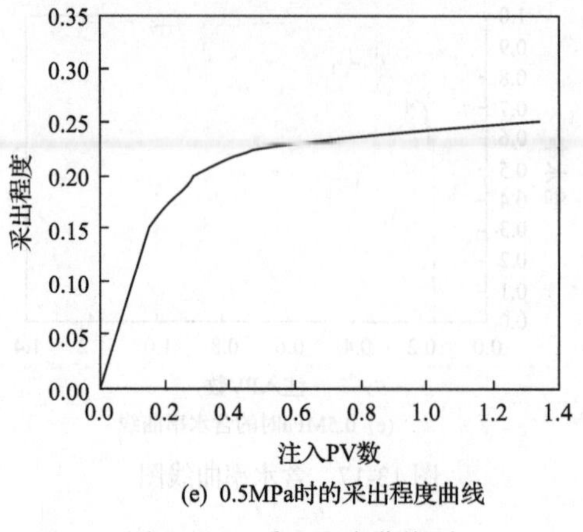

(e) 0.5MPa时的采出程度曲线

图 13-18　采出程度曲线图

13.2.2　调整驱替方向

图 13-19 给出了Ⅱ类储层调整驱替方向前后剩余油饱和度分布图，由图 13-19(a)和图 13-19(b)可知，改变驱替方向前，网络模型剩余油孔隙比例较大，改变驱替方向后边界处的剩余油被驱替，网络模型剩余油孔隙比例较小。

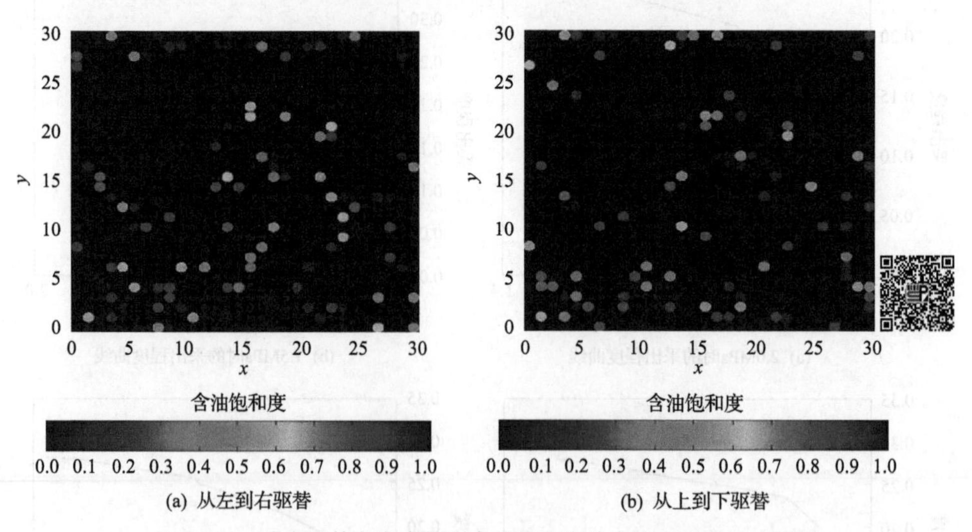

图 13-19　改变驱替方向水驱剩余油饱和度分布图(彩图扫二维码)

图 13-20 给出了调整驱替方向前后的含水率随注入 PV 数变化曲线，由图 13-20(b)可知，改变驱替方向之后，含水呈现二次下降。

图 13-21 给出了调整驱替方向前后的采出程度曲线，图 13-21(a)采出程度最大达到 0.31，改变驱替方向之后采出程度增大到 0.405[图 13-21(b)]。

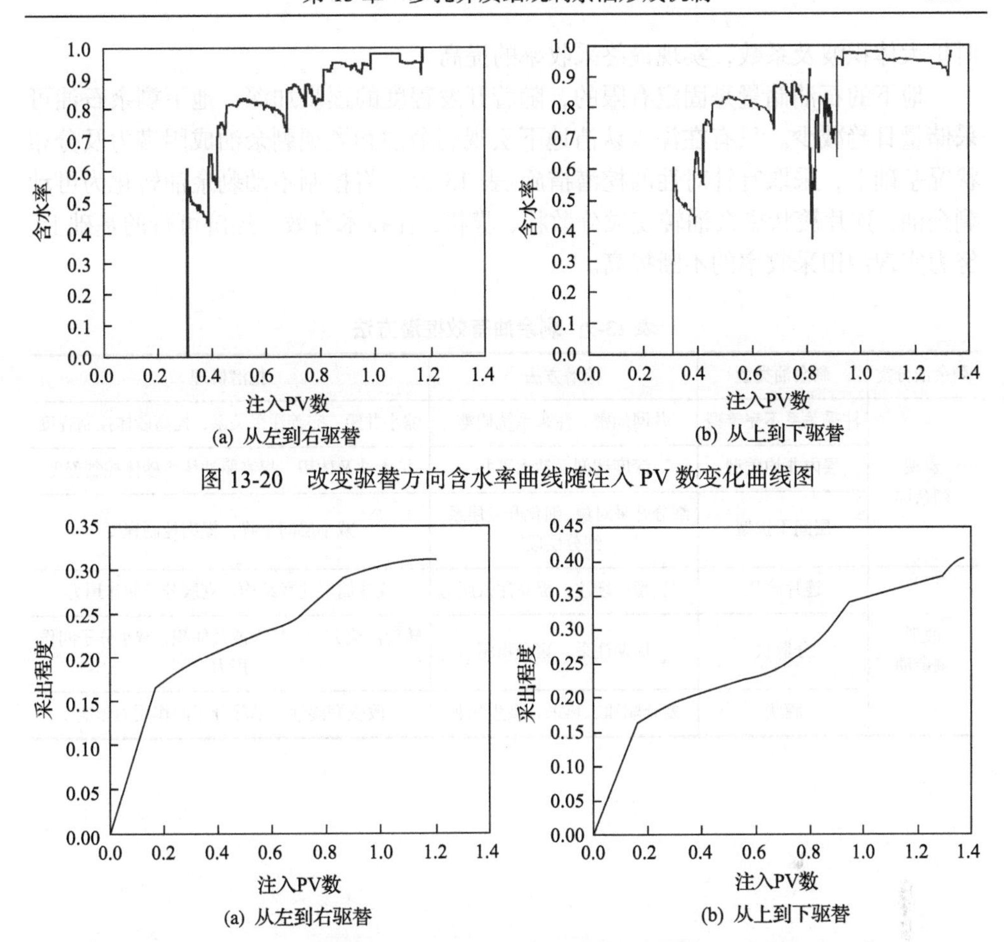

(a) 从左到右驱替　(b) 从上到下驱替

图 13-20　改变驱替方向含水率曲线随注入 PV 数变化曲线图

(a) 从左到右驱替　(b) 从上到下驱替

图 13-21　改变驱替方向采出程度曲线图

13.2.3　剩余油有效动用方法

原油采收率的表达式为

$$E_R=E_W E_V E_D$$

式中，E_R 为原油采收率；E_W 为井网控制程度；E_V 为体积波及系数；E_D 为驱油效率。

可见，若要使油田最终采收率提高：一是通过井网加密，提高井网对砂体的控制程度，从而达到提高采收率的目的；二是在井网确定条件下，通过细分开采对象、细化开发层系、细分层段注水开采及水平井、周期注水、压裂等技术综合调整，进一步提高油层动用状况，扩大注入体积波及系数，从而达到提高采收率的目的；三是实施提高原油采收率(enhanced oil recovery，EOR)技术(化学驱、微生物技术等)在三次采油开发过程中，提高采收率以提高注入剂驱油效率为主，同时扩大体积波及系数，实现最终采收率的提高。

地下的石油储量是固定有限的，随着开发程度的逐步加深，地下剩余石油可采储量日趋减少。只有在深入认清地下宏观剩余油和微观剩余油成因潜力及分布状况基础上，采取有针对性的挖潜措施(表 13-9)，将控制不动剩余油转化为可动剩余油，连片簇状剩余油转变成分散状、膜状，在技术有效、经济可行的基础上，努力实现油田采收率的不断提高。

表 13-9　剩余油有效挖潜方法

剩余油分类	剩余油类型	挖潜方法	挖潜机理
宏观剩余油	注采关系不完善型	井网加密、注采系统调整	缩小井距，完善注采关系，提高砂体控制程度
	层内非均质型	深度调剖、钻水平井	扩大波及体积，提高驱油体系砂体控制程度
	层间干扰型	细分开采对象、细化开发层系、细分层段	减小层间干扰，提高控制程度
微观剩余油	连片簇状	压裂增产增注，提高注入压力	改变储层孔喉结构，克服分子间作用力
	分散状	周期注采，聚合物驱	转变液流方向，扩大波及体积，减小分子间作用力
	膜状	复合驱油、热采、微生物驱	改变润湿性，消除分子间作用力影响

第 14 章　聚合物驱网络模型及数值模拟

建立了同时考虑岩石骨架与流体之间分子作用、毛细管力、黏滞力影响的聚合物驱动态网络模型和聚合物驱三维网络模型，二维和三维网络模型能够准确计算和模拟聚合物驱孔隙的剩余油饱和度[118-126]。模拟结果表明，聚合物溶液优先占据流动阻力小的水相优势通道孔隙，迫使流体往流动阻力小的未被驱替的油相孔隙流动，扩大了能被驱替的油相孔隙比例，使连片状剩余油比例减少。本章主要是利用前面章节已有的数学模型进行聚合物驱网络模型构建及数值模拟。

14.1　聚合物溶液黏度方程

黏度是影响流体流动最重要的表征参数。利用聚合物溶液增加黏度的效果，可以改善油水流度比，使波及体积增加，从而提高采收率，所以研究聚合物溶液的黏度具有很重要的意义。聚合物溶液是典型的非牛顿流体，溶液黏度受剪切速率、聚合物浓度、聚合物相对分子质量等因素影响。和田等[127]把聚合物分子看作由数目极大的亚分子组成，每个亚分子像是连接在一根弹簧线上的小物质，这样可以近似地表征聚合物溶液的黏弹特征，他计算出在剪切场中每个亚分子位移的耗散等于作用力与对溶剂的相对速度之积，对整个亚分子的耗散求和，可以得到聚合物溶液黏度：

$$\mu_{\mathrm{p}} = \mu_{\mathrm{s}} + a(\mu_0 - \mu_{\mathrm{s}}) \tag{14-1}$$

式中，μ_{p} 为聚合物溶液黏度，Pa·s；μ_{s} 为溶剂黏度，Pa·s；μ_0 为零剪切黏度，Pa·s。a 的表达式为

$$a = 1 - \frac{6}{\pi^2}\sum_{n=1}^{N}\frac{\gamma^2\lambda_1^2}{n^2(n^4+\gamma^2\lambda_1^2)}\left(1-\frac{\gamma^2\lambda_1^2}{n^4+\gamma^2\lambda_1^2}\right)$$

其中，γ 为剪切速率，s^{-1}；n 为单项分子数；λ_1 为聚合物分子的特征松弛时间，s，其表达式为

$$\lambda_1 = \frac{12(\mu_0 - \mu_{\mathrm{s}})M}{\pi^2 C_{\mathrm{p}} RT}$$

其中，M为聚合物相对分子量，g/mol；R为气体常数，J/(K·mol)；T为热力学温度，K；C_p为聚合物溶液浓度，mg/L；μ_0可表示为

$$\mu_0 = \mu_\mathrm{s} + a_{01}C_\mathrm{P}[\eta] + a_{02}(C_\mathrm{P}[\eta])^2 + a_{03}(C_\mathrm{P}[\eta])^3 \tag{14-2}$$

其中，$[\eta]$为聚合物溶液特性黏度，mg/L；a_{01}、a_{02}、a_{03}均为实验常数。

14.2　聚合物溶液二维动态网络模型及数值模拟

对于聚合物驱网络模型，相邻两个孔隙i和孔隙j之间的运动方程为

$$q_{ij} = G_{ij}(p_i - p_j) \tag{14-3}$$

式中，q_{ij}为通过孔隙i和孔隙j之间的流量，m^3；p_i和p_j分别为孔隙i和孔隙j的压力，Pa；G_{ij}为导流系数，其表达式为

$$G_{ij} = -\frac{\pi}{8}\frac{(1-\varepsilon)(r_\mathrm{eff}-\delta)^4}{\bar{\mu}L_{tij}} \tag{14-4}$$

$$\bar{\mu} = \mu_\mathrm{p}S_{ij} + \mu_\mathrm{o}(1-S_{ij}) \tag{14-5}$$

其中，μ_o为油相黏度，Pa·s；$\bar{\mu}$为孔隙内流体的黏度，Pa·s；δ为油层厚度，nm；S_{ij}为孔隙内聚合物溶液的饱和度；ε为固-液分子间作用系数；r_eff为喉道的有效半径，m；L_{tij}为连接孔隙i和孔隙j的喉道长度，m。

模型动态网络模型流动机理参见本书10章。聚合物驱动态网络模型模拟所需要的参数如表14-1所示。

表14-1　网络模型模拟参数取值

参数名称	参数取值	参数名称	参数取值
网络节点	30×30	界面张力/(mN/m)	25
孔隙半径/μm	16.5～200.8	聚合物溶液浓度/(mg/L)	1000～2000
喉道半径/μm	1.6～18.5	油相黏度/(mPa·s)	10
喉道长度/μm	80～165	聚合物分子量	1×10^7～2×10^7
孔喉比	1.8～20.4	入口压力/Pa	2×10^5
配位数	3～4	出口压力/Pa	1×10^5

图 14-1 给出了水驱和聚驱后的剩余油饱和度分布图，由图 14-1(a)和图 14-1(b)可知，聚驱后剩余油的孔隙比例较少。

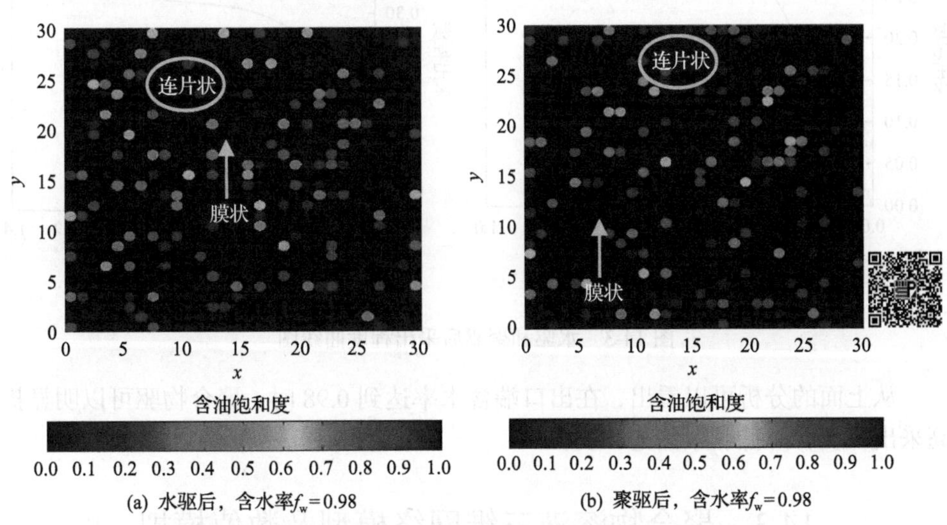

(a) 水驱后，含水率f_w=0.98　(b) 聚驱后，含水率f_w=0.98

图 14-1　水驱和聚驱后剩余油饱和度分布图(彩图扫二维码)

图 14-2 给出了水驱和聚驱后含水率随注入 PV 数变化关系图，水驱在注入 PV 数为 0.19 时开始见水，在含水率达到 0.98 时加入聚合物，加入聚合物后含水率先下降然后缓慢上升，最后达到 0.98。

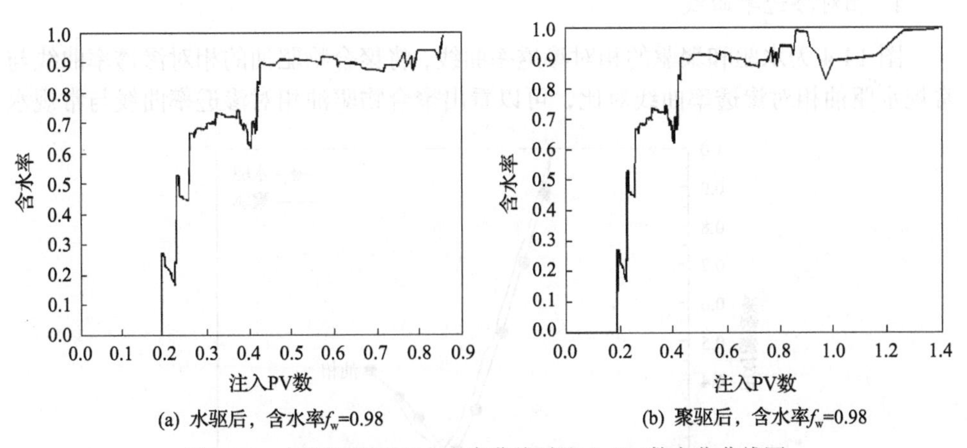

(a) 水驱后，含水率f_w=0.98　(b) 聚驱后，含水率f_w=0.98

图 14-2　水驱和聚驱后含水率曲线随注入 PV 数变化曲线图

图 14-3 给出了水驱和聚驱后采出程度曲线图，由图 14-3(a)和图 14-3(b)可知，水驱在注入 PV 数为 0.8 时采出程度达到 0.32，加入聚合物后在注入 PV 数为 1.35 时采出程度达到 0.44，加入聚合物后采出程度明显高于水驱。

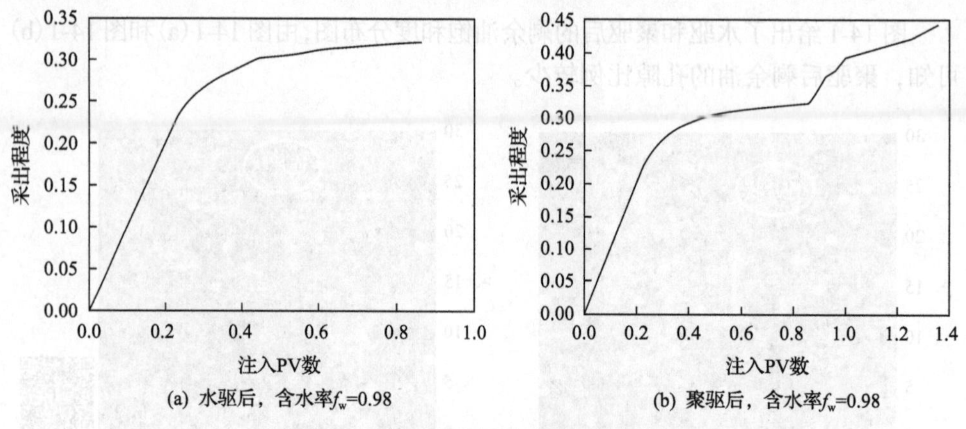

图 14-3　水驱和聚驱后采出程度曲线图

从上面的分析可以看出，在出口端含水率达到 0.98 时，聚合物驱可以明显提高采出程度，降低剩余油饱和度。

14.3　聚合物溶液三维网络模型及数值模拟

根据式(14-2)聚合物溶液的浓度方程，通过三维网络模型模拟了聚合物溶液的驱油过程。

1. 相对渗透率曲线

图 14-4 为水驱和聚驱的相对渗透率曲线，将聚合物驱油的相对渗透率曲线与常规水驱油相对渗透率曲线对比，可以看出聚合物驱油相对渗透率曲线与常规水

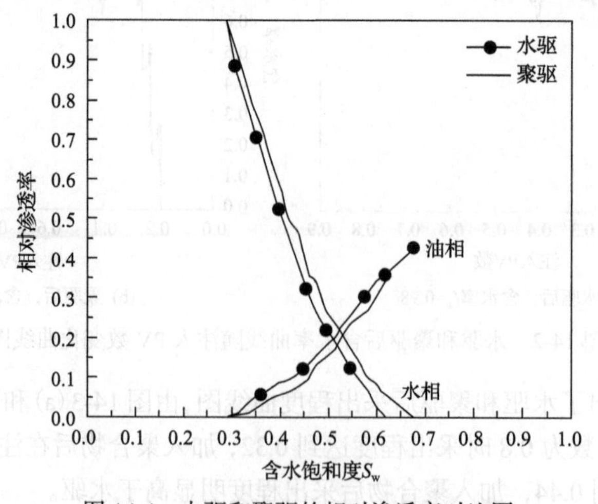

图 14-4　水驱和聚驱的相对渗透率对比图

驱油曲线有很好的吻合性。聚合物驱水相相对渗透率曲线比水驱时低从理论上解释了聚合物驱油时，油井产水量的大幅度降低。聚驱提高驱油效率的主要机理应是改变流度比，提高非均质油藏的体积波及系数。因为聚合物并不像其他表面活性剂那样，可以降低表面张力，使润湿性发生反转，聚合物驱的最终残余油饱和度比常规水驱残余油饱和度低，即聚合物/油体系的相对渗透率曲线的右端点向右移。在相同含水饱和度下，聚合物溶液相对渗透率明显低于常规油/水体系的水相相对渗透率。由此看出，聚驱时驱替相的相对渗透率降低，减慢了指进现象的发生，而被驱替相相对渗透率提高，则有更多的被驱替相被驱替，使驱油效率提高。

2. 含水率曲线

图 14-5 为三维孔隙网络模型水驱和聚驱的含水率曲线对比图。由图 14-5 可见，聚驱的见水时间比水驱晚，含水率上升较慢。

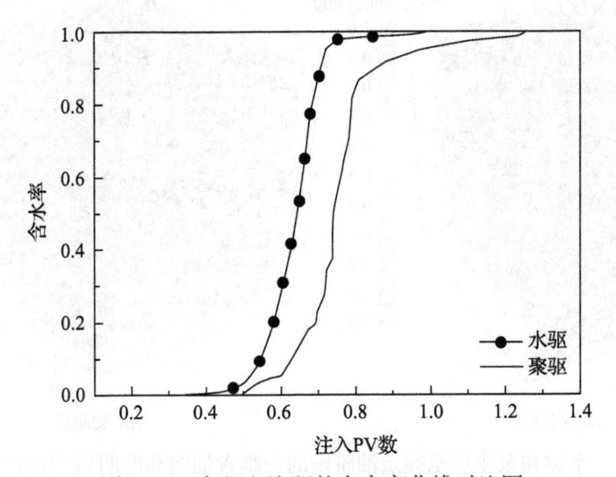

图 14-5　水驱和聚驱的含水率曲线对比图

3. 采出程度曲线

图 14-6 为水驱后和聚驱后的采出程度曲线，由图 14-6 可以看出，聚驱的采出程度明显高于水驱的采出程度。

4. 剩余油分布

图 14-7(a)为水驱后网络模型的剩余油分布图，图 14-7(b)为水驱后聚驱的网络模型的剩余油分布图。由图 14-7(b)可以看出，聚驱后含剩余油的孔隙比例减少，连片状和分散状剩余油比例减少。

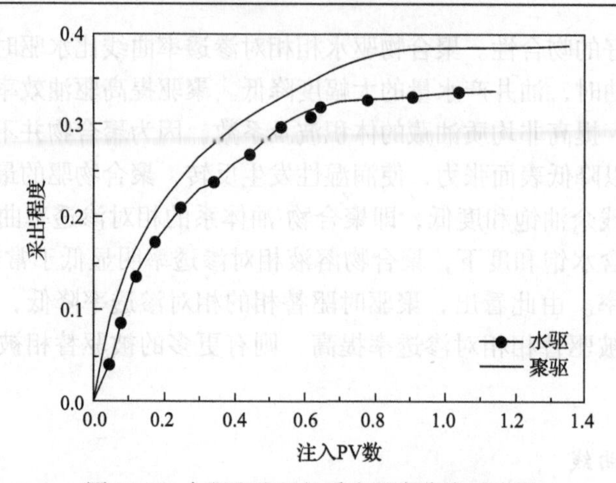

图 14-6　水驱和聚驱的采出程度曲线对比图

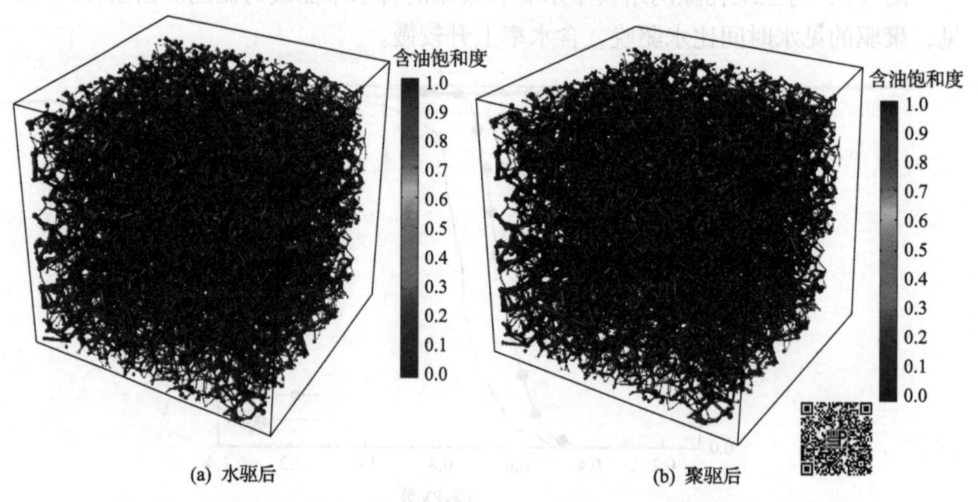

图 14-7　水驱和聚驱后至残余油阶段的三维含油饱和度图(彩图扫二维码)

参 考 文 献

[1] 翟云芳. 渗流力学(第四版)[M]. 北京: 石油工业出版社, 2016.

[2] 何更生, 唐海. 油层物理[M]. 北京: 石油工业出版社, 2011.

[3] Fatt I. The network model of porous media capillary pressure characteristics[J]. Transactions of the AIME, 1956, 01(207): 144.

[4] 刘倞. 地下水的合理利用与开发[J]. 中国煤炭地质, 2018, 30(S2): 48-49.

[5] 江霞, 蒋文举, 金燕, 等. 改性活性炭在环境保护中的应用[J]. 环境科学与技术, 2003, 26(5): 55-57.

[6] 杨银栋. 空气过滤器在医学和实验生物学中的应用[J]. 暖通空调, 1977, (3): 46-48.

[7] 李晓宇, 侯森, 冯喜增. 微流控技术在细胞生物学中的应用[J]. 生命科学, 2008, (3): 397-401.

[8] 姚军, 孙海, 李爱芬, 等. 现代油气渗流力学体系及其发展趋势[J]. 科学通报, 2018, 63(4): 425-451.

[9] Alcock N W. Secondary bonding to nonmetallic elements[J]. Advances in Inorganic Chemistry and Radiochemistry, 1972, 15: 1-58.

[10] 大连理工大学无机化学教研室. 无机化学[M]. 第五版. 北京: 高等教育出版社, 2006.

[11]《中国大百科全书》总编委会. 中国大百科全书[M]. 北京: 中国大百科全书出版社, 2009.

[12] 刘喜斌. 静电力与静电场应力张量[J]. 湖南理工学院学报(自然科学版), 2009, 22(04): 58-61.

[13] 王小锋, 朱维耀, 邓庆军, 等. 考虑固液范德瓦耳斯力作用的微圆管流动数学模型[J]. 东北石油大学学报, 2013, 37(5): 85-89.

[14] Pfahler J N, Harley J, Bau H, et al. Liquid and gas transport in small channels[J]. ASME DSC, 1990, 19(1): 149-157.

[15] Cheikh C, Koper G. Stick-slip transition at the nanometer scale[J]. Physical Review Letters, 2003, 91(15): 156102.

[16] 吴望一. 流体力学[M]. 北京: 北京大学出版社, 1982.

[17] 蒋利众. 正则摄动法及其在非线性力学中的一些应用[J]. 湖南大学邵阳分校学报, 1988, (1): 59-62.

[18] Venerus D C. Laminar capillary flow of compressible viscous fluids[J]. Journal Fluid Mechanics, 2006, 555: 59-80.

[19] 张雪龄, 朱维耀, 蔡强, 等. 考虑固壁作用力的微可压缩流体纳微米圆管流动分析[J]. 北京科技大学学报, 2014, 36(05): 569-575.

[20] Ansumali S, Karlin I V. Consistent lattice Boltzmann method[J]. Physical Review Letters, 2005, 95(26): 260605.

[21] Cai C, Sun Q, D Boyd I. Gas flows in microchannels and microtubes[J]. Journal of Fluid Mechanics, 2007, 589: 305.

[22] Vinay G, Wachs A, Agassant J F. Numerical simulation of weakly compressible Bingham flows: The restart of pipeline flows of waxy crude oils[J]. Journal of Non-Newtonian Fluid Mechanics, 2006, 136(2-3): 93-105.

[23] Guo Z Y, Li Z X. Size effect on single-phase channel flow and heat transfer at microscale[J]. International Journal of Heat Fluid Flow, 2003, 24(3): 284.

[24] Guo Z Y, Wu X B. Compressibility effect on the gas flow and heat transfer in a microtube[J]. International Journal of Heat Mass Transfer, 1997, 40(13): 3251.

[25] 牧原光宏, 仓久仁彦, 永山昭. 微小管における液体の流れ—Navier-Stokes 方程式の适用性に关する考察[J]. 精密工学会志, 1993, 59(3): 31-36.

[26] Makihara M, Sasakura K, Nagayama A. Flow of liquids in microcapillary tube consideration to application of the Navier-Stokes equations[J]. Journal of the Japan Society of Precision Engineering/Seimitsu Kogaku Kaishi, 1993, 59(3): 399-404.

[27] Jiang X N, Zhou Z Y, Yao J, et al. Micro-fluid flow in microchannel[C]//Proceedings of the International Solid-State Sensors and Actuators Conference-TRANSDUCERS'95, IEEE, 1995, 2: 317-320.
[28] Xu B, Ooi K T, Wong N T. Experiment investigation of flow friction for liquid flow in microchannels[J]. International Communications in Heat & Mass Transfer, 2000, 27(8): 1165-1176.
[29] 李战华，周兴贝，宋善农，等. 非极性小分子有机液体在微流道中的流量特性[J]. 力学学报，2002，(3): 432-438.
[30] Mara G M, Li D Q. Flow characteristics of water in microtubes[J]. International Journal of Heat and Fluid Flow, 1999, 20(1): 142-148.
[31] Qu W L, Mara G M, Li D Q. Pressure-driven flows in trapezoidal silicon microchannels[J]. International Journal of Heat and Transfer, 2000, 43(2): 353-364.
[32] 孔祥言. 高等渗流力学[M]. 合肥：中国科学技术大学出版社, 2010.
[33] 阎庆来，何秋轩，尉立岗，等. 低渗透油层中单相液体渗流液体特征的实验研究[J]. 西安石油学院学报，1990, 5(2): 1-6.
[34] 阎庆来，马宝岐，邓英尔. 界面分子力作用与渗透率的关系及其对渗流的影响[J]. 石油勘探与开发，1998, 25(2): 46-51.
[35] 阎庆来. 单相均质液体低速渗流机理及流动规律[M]. 北京：科学出版社, 1983.
[36] 黄延章. 低渗透油层非线性渗流特征[J]. 特种油气藏, 1997, 4(1): 9-14.
[37] 黄延章. 低渗透油层渗流机理[M]. 北京：石油工业出版社, 1998.
[38] 吕春红，任泰安. 微尺度流动研究的历史与现状[J]. 重庆电力高等专科学校学报, 2007, 12(1): 11-13.
[39] 宫献华. 微尺度流动阻力特性的研究[D]. 杭州：浙江大学, 2007.
[40] 王玮，李志信，过增元. 粗糙表面对微尺度流动影响的数值分析[J]. 工程热物理学报, 2003, 24(1): 85-87.
[41] Stemme G, Kittilsland G, Norden B. A sub-micron particle filter in silicon channels[J]. Sensors and Actuators, 1990, 431(4): 21-23.
[42] 王喜世. 微管内气液两相流中液膜厚度的实验测量[J]. 实验力学, 2002, 22(4): 435-439.
[43] 杨正明，于荣泽，苏致新，等. 特低渗透油藏非线性渗流数值模[J]. 石油勘探与开发, 2010, 37(1): 94-98.
[44] 韩式方，伍岳庆. 管内上随体 Maxwell 流体非定常流动[J]. 力学学报, 2002, 26(2): 519-525.
[45] 过增元. 国际传热研究前沿-微细尺度传热[J]. 力学进展, 2000, 30(1): 1-6.
[46] Ho C M, Yu C T. Micro electro mechanical systems and fluid flows[J]. Annual Reviews Fluid Mechanics, 1998, 30(2): 579-612.
[47] Harley J C, Huang Y F, Bau H H, et al. Gas flow in micro channels[J]. Journal of Fluid Mechanics, 1995, 28(4): 257-274.
[48] Chih M H, Yu C T. Micro electro mechanical systems and fluid flows[J]. Fluid Mechanics, 1998, 30(4): 579-612.
[49] Mohamed G E H. The fluid mechanics of microdevices-the freeman scholar lecture[J]. Journal of Fluids Engineering, 1999, 121(1): 5-33.
[50] 刘静. 微米纳米尺度传热学[M]. 北京：科学出版社, 2001.
[51] 王玉生. 天然水驱老油田剩余油研究[D]. 武汉：中国地质大学, 2006.
[52] 贾忠伟，杨清彦，兰玉波. 水驱油微观物理模拟实验研究[J]. 大庆石油地质与开发, 2002, 21(1): 46-50.
[53] 陈民锋，姜汉桥. 基于孔隙网络模型的微观水驱油驱替特征变化规律研究[J]. 石油天然气学报，2006, 28(5): 91-96.
[54] 李振泉，侯健，曹绪龙，等. 储层微观参数对剩余油分布影响的微观模拟研究[J]. 石油学报，2005, 26(6): 69-73.

[55] 王金勋, 吴晓东, 杨普华, 等. 孔隙网络模型法计算气液体系吸吮过程相对渗透率[J]. 天然气工业, 2003, 23(2): 8-11.
[56] 胡雪涛, 李允. 随机网络模拟研究微观剩余油分布[J]. 石油学报, 2000, 21(4): 46-51.
[57] 侯健, 李振泉, 关继腾, 等. 基于三维网络模型的水驱油微观渗流机理研究[J]. 力学学报, 2005, 37(6): 783-787.
[58] 高慧梅, 姜汉桥, 陈民锋. 多孔介质孔隙网络模型的应用现状[J]. 大庆石油地质与开发, 2007, 26(2): 74-79.
[59] 王小锋, 朱维耀, 邓庆军, 等. 考虑固-液分子间作用的多孔介质动态网络模型[J]. 北京科技大学学报, 2014, 36(2): 145-152.
[60] 夏惠芬. 黏弹性聚合物溶液的渗流理论及其应用[M]. 北京: 石油工业出版社, 2002.
[61] Rowland R F, Eirich F R. Flow rates of polymer solutions through porous media discs as function of solute[J]. Journal of Polymer Science, 1966, 35(3): 240-249.
[62] 拜佳 S K. 聚合物在多孔介质中的流动[M]. 张贵孝译. 北京: 石油工业出版社, 1986.
[63] Alexander G, Mark K, Michael K, et al. Viscosity-dependent enhancement of fluid resistance in water/glycerol micro fluid segments[J]. Microfluid Nanofluid, 2008, 5: 281-287.
[64] 徐征, 李战华, 刘冲, 等. 锥形轴对称微管道内流动特性实验研究[J]. 应用力学学报, 2004, 21(2): 125-128.
[65] Uri R, Susan P. Fluidity of water confined down to subnanometer films[J]. Langmuir, 2004, 20(24): 5322-5332.
[66] 钟映春, 谭湘强, 杨宜民. 微流体力学几个问题的探讨[J]. 广东工业大学学报, 2001, 18(3): 46-48.
[67] 张颖, 王蔚, 田丽, 等. 微流动的尺寸效应[J]. 微纳电子技术, 2008, 45(1): 33-36.
[68] 刘中春, 侯吉瑞, 岳湘安, 等. 微尺度流动界面现象及其流动边界条件分析[J]. 水动力学研究与进展, 2006, 21(3): 339-346.
[69] Wang X M, Wu J K. Flow behavior of periodical electroosmosis in microchannel for biochips[J]. Journal of Colloid and Interface Science, 2006, 29(3): 483-488.
[70] 武东健, 贾建援. 微细管道内的流体阻力分析[J]. 电子机械工程, 2005, 21(4): 38-40.
[71] Kumar S. The EDL effect in microchannel flow: A critical review[J]. International Journal of Advanced Computer Research, 2013, 3(4): 242-250.
[72] Li D. Electro-viscous effects on pressure-driven liquid flow in microchannels[J]. Colloids and Surfaces A: Physicochemical and Engineering Aspects, 2001, 195(1): 35-57.
[73] Ren C L, Li D. Improved understanding of the effect of electrical double layer on pressure-driven flow in microchannels[J]. Analytica Chimica Acta, 2005, 531(1): 15-23.
[74] Mala G M, Chung Y, Li D. Electric double layer potential distribution in rectangular microchannel[J].Colloids and Surfaces, 1998, 135: 109-116.
[75] 任晓娟. 低渗砂岩储层孔隙结构与流体微观渗流特征研究[D]. 西安: 西北大学, 2006.
[76] 杨仁锋, 姜瑞忠, 孙君书, 等. 低渗透油藏非线性微观渗流机理[J]. 油气地质与采收率, 2011, 18(2): 90-93.
[77] Ahraoush R, Thompson K E, Willson C S. Comparison of network generation techniques for unconsolidated porous media systems[J]. Soil Science Society of America Journal, 2003, 67(6): 1687-1700.
[78] Vogel, H J, Roth K. Quantitative morphology and network representation of soil pore structure[J]. Advances in Water Resources, 2001, 24: 233-242.
[79] Koplik J, Redner S, Wilk inson D. Transport and dispersion in random networks with percolation disorder[J]. Physical Review A, 1988, 37(7): 2619-2636.
[80] Blunt M, King P. Relative Permeabilities from two and three-dimensional pore-scale network modeling[J]. Transport in Porous Media, 1991, (6): 407-433.

[81] Kristian M, Erling S, Srilekha B, et al. Comparison of iterative methods for computing the pressure field in a dynamic network model[J]. Transport in Porous Media, 2009, 37: 277-301.
[82] 刘学锋, 张伟伟, 孙建孟. 三维数字岩心建模方法综述[J]. 地球物理学进展, 2013, 28(6): 3066-3072.
[83] 姚军, 赵秀才. 数字岩心及孔隙级渗流模拟理论[M]. 北京: 石油工业出版社, 2010.
[84] 赵明, 郁伯铭. 数字岩心孔隙结构的分形表征及渗透率预测[J]. 重庆大学学报: 自然科学版, 2011, 34(4): 88-94.
[85] 张磊, 姚军, 孙海, 等. 基于数字岩心技术的气体解析/扩散格子 Boltzmann 模拟[J]. 石油学报, 2015, 36(3): 361-365.
[86] Øren P E, Bakke S, Arntzen O J. Extending predictive capabilities to network models[J]. SPE Journal, 1998, 3(04): 324-336.
[87] Porous C A O. Micro-CT analysis of porous rocks and transport prediction[J]. Science & Technology of Advanced Materials, 2010, 11(6): 69801-69803.
[88] Kleinberg R L, Farooqui A S, Ridgefield C T, et al. T_1/T_2 ratio and frequency dependence of NMR relaxation in porous sedimentary rocks[J]. Journal of Colloid & Interface Science, 1993, 158(1): 195-198.
[89] Chen L, Zhang Q, Huang R, et al. Porous peanut-like Bi_2O_3-$BiVO_4$ composites with heterojunctions: One-step synthesis and their photocatalytic properties[J]. Dalton Transations, 2012, 41(31): 9513-9518.
[90] Devin J E, Attawia M A, Laurencin C T. Three-dimensional degradable porous polymer-ceramic matrices for use in bone repair[J]. Journal of Biomaterials Science Polymer Edition, 1996, 7(8): 661-669.
[91] Lowry M I, Miller C T. Pore-scale modeling of nonwetting-phase residual in porous media[J]. Water Resources Research, 1995, 31(3): 455-474.
[92] Li H, Pan C, Miller C T. Viscous coupling effects of two-phase flow in porous media[J]. Water Resources Research, 2004, 40(1): 62-74.
[93] Gray W G, Miller C T. Examination of Darcy's law for flow in porous media with variable porosity[J]. Environmental Science & Technology, 2004, 38(22): 5895-5901.
[94] Chatenever A, Calhoun J C. Visual examinations of fluid behavior in porous media[J]. Journal of Petroleum Technology, 1952, 4(06): 149-156.
[95] Templeton, Charles C. A study of displacements in microscopic capillaries[J]. Journal of Petroleum Technology, 1954, 6(7): 37-43.
[96] 曲志浩, 万发宝, 孔令荣, 等. 真实储集岩微观孔隙模型及其制作技术: CN93105170.3[P]. (1993-04-29).
[97] 任熵, 赵福麟. 用于驱油的可视化物理模拟驱替平面模型: CN2500803[P]. (2001-08-27).
[98] 胡雅仍, 郭尚平, 黄延章, 等. 微观渗流仿真模型的制作方法: CN1332368[P]. (2003-05-07).
[99] 冯庆贤, 马同海, 滕克孟, 等. 一种可视化孔隙级平面模型的制作方法: CN200610000168.8[P]. (2007-07-11).
[100] 宋考平, 张继成, 张涛, 等. 微观驱油用三维玻璃多孔介质模型及制造方法: CN200710098328.1[P]. (2008-01-15).
[101] 吴飞鹏, 蔡永富, 施盟泉. 真实岩心可视化微观模型及其制作方法: CN201110116572.2[P]. (2012-11-06).
[102] 赵阳, 曲志浩, 陈蓉. 真实砂岩微观模型活性水驱油实验研究[J]. 西北地质, 1999(02): 30-34.
[103] 宋考平, 李世军, 方伟. 用荧光分析方法研究聚合物驱后微观剩余油变化[J]. 石油学报, 2005, 26(2): 92-95.
[104] 刘凯辉, 肖晓天, 刘莹. 平行板微通道内压力驱动流的流动机理[J]. 机械设计与研究, 2010, 26(5): 84-88.
[105] 陈永生. 油田非均质对策论[M]. 北京: 石油业出版社, 1993.
[106] 彭仕宓, 黄述旺. 油藏开发地质学[M]. 北京: 石油工业出版社, 1998.
[107] 何秋轩, 高永利, 任晓娟. 沈阳油田储层微观驱油效率研究[J]. 西南石油学院学报, 1996, 18(2): 20-24.
[108] 张继成, 李朦, 穆文志. 聚合物驱后宏观和微观剩余油分布规律[J]. 齐齐哈尔大学学报, 2008, 24(1): 3-36.

[109] 彭红利, 周小平, 姚广聚. 大孔道油藏聚驱后微观剩余油分布规律及提高采收率实验室研究[J]. 天然气勘探与开发, 2005, 28(3): 62-67.
[110] 王尤富, 鲍颖. 油层岩石的孔隙结构与驱油效率的关系[J]. 河南石油, 1999, 13(1): 23-25.
[111] 王尤富, 凌建军. 低渗透砂岩油层岩石孔隙结构特征参数研究[J]. 特种油气藏, 1999, 6(4): 25-30.
[112] 王根久, 张继春, 寇实, 等. 碳酸盐岩油藏剩余油分布模型[J]. 石油大学学报(自然科学版), 1999, 23(4): 26-28.
[113] 徐霜, 张兴焰, 闫志军, 等. 低渗透储层微观孔隙结构及其微观剩余油分布模式[J]. 西部探矿工程, 2005, 113(9): 57-60.
[114] 王夕宾, 钟建华, 王勇, 等. 濮城油田南区沙二上4-7砂层组储层孔隙结构及与驱油效率的关系[J]. 应用基础与工程科学学报, 2006, 14(3): 324-332.
[115] 王夕宾, 刘玉忠, 钟建华, 等. 乐安油田草 13 断块沙四段储集层微观特征[J]. 石油大学学报, 2005, 29(3): 6-10.
[116] 王克文, 孙建孟, 关继腾. 聚合物驱后微观剩余油分布的网络模型模拟[J]. 中国石油大学学报, 2006, 30(1): 72-76.
[117] 王新海. 聚合物驱数值模拟主要参数的确定[J]. 石油勘探与开发, 1990, 17(3): 69-76.
[118] 隋军, 廖广志, 牛金刚. 大庆油田聚合物驱油动态特征及驱油效果影响因素分析[J]. 大庆石油地质与开发, 1999, (5): 19-22, 55.
[119] 张彦辉, 曾雪梅, 王颖标, 等. 大庆油田三类油层聚合物驱数值模拟研究[J]. 断块油气田, 2011, (02): 232-234.
[120] 侯树伟, 常晓平, 袁庆. 聚合物驱数值模拟应用方法研究[J]. 石油地质与工程, 2009, (2): 110-112.
[121] 芦文生. 绥中 36-1 油田聚合物驱数值模拟研究[J]. 中国海上油气地质, 2002, (05): 40-47.
[122] 常晓平, 马玉霞, 熊英. 聚合物驱数值模拟应用方法研究[C]//提高油气采收率技术文集, 山东省科学技术协会, 2009.
[123] 庞宗威, 程杰成, 高秀兰, 等. 聚合物驱数值模拟渗流参数的测定研究[J]. 油田化学, 1993, (1): 43-47.
[124] 曹肖萌. 多种聚合物驱数值模拟研究[D]. 青岛: 中国石油大学, 2010.
[125] 胡靖邦, 张子香, 曲德斌. 聚合物驱油数值模拟的有限元方法[J]. 石油学报, 1991, (2): 72-79.
[126] 王业飞. 聚合物驱数值模拟参数敏感性研究[J]. 石油地质与采收率, 2016, (1): 75-79.
[127] Bueche F. Physical Properties of Polymers[M]. New York: Interscience Publishers, 1962.